絵から学ぶ
半導体デバイス工学

谷口研二・宇野重康 著

朝倉書店

本書は，株式会社昭晃堂より出版された同名書籍を再出版したものです．

まえがき

　1947 年に米国のベル研究所で半導体デバイスが誕生して以来，過去 50 年間にわたって私たちの生活とそれを取り巻く環境は大きく変わった．なかでもマイクロプロセッサと半導体メモリが開発された 1970 年以降は脳の機能の一部が集積回路に置き換えられる知的産業革命が起こったと言って過言ではない．身の回りでは，パソコンや腕時計も，家電製品の中にも様々な集積回路が組み込まれており，もはや 21 世紀の高度情報化社会は集積回路なくして成り立たなくなっている．もちろん集積回路の大部分はディジタル回路部でできているが，携帯電話や無線 LAN などの高周波回路，光や圧力などのセンサ，ADSL に代表されるインタフェースでは相変わらずアナログデバイスや高周波デバイスが幅を利かせている．ディジタル回路で使われている半導体デバイスも最近では 100 nm もの微小な構造をしており，デバイスを単なるディジタル・スイッチとみなすことはできなくなっている．このような時代の流れの下，今後の最先端集積回路や高周波回路を開発してゆくには半導体デバイスに関する深い知識が必須となっている．

　本書の執筆は，過去 15 年間にわたり大学で「半導体工学」（学部 3 年次）を教えてきた体験から，最近の学生の資質に合った半導体工学教育の必要性を痛感したことが動機となっている．近年，電気系の学科でも物性の勉強を苦手とする学生が増えている．この背景には，難しい量子力学の理論を十分理解できないまま物性や半導体工学を学び始める学生が多くなったことがあげられる．このような時代の流れを踏まえ，本書では量子力学の知識がなくても半導体デバイスの本質が理解できるよう直感的なイメージ図を多用した．幼少の頃からテレビやゲームソフトで目が肥えている学生にとって数式や板書中心の教育になじめなくなっているが，逆に年配の人たちにはない優れた視覚センスを持っている．このような最近の学生に対しては，「百聞は一見にしかず」の通り，微視的世界の物理現象を学生にイメージとして示すことが重要であると考えたからである．数年前からは半導体工学の授業にパワーポイントを使っている．講義中，重要な箇所ではアニメーションを用いて，教官が抱いているデバイス動作の本質を学生に伝える努力をしたところ，板書形式の従来の教育法に比べて半導体デバイスの動作を正しく理解する学生が増えていると実感した．

　本書はこの講義で用いた図面を再アレンジし，教える範囲を半導体デバイスの基礎に限って教科書にしたものである．多くの読者が本書の中で使用しているイメージ図から半導体デバイスの動作の本質を掴み，半導体の物理に興味を持たれることを期待している．一方，本書に掲載した図面を「半導体デバイス」の教育に活かしたいと希望される教官には pdf ファイルのカラー図面を提供するつもりです．もちろん学生の本書に関する質問も受け付けているので，下記のホームページにアクセスして問い合わせをしてください．こうした教官・学生同士のネットワークを通して半導体デバイスを深く理解する学生・技術者が数多く育つことを期待しています．

　最後に，著者のわがままを通していただいた昭晃堂の小林孝雄部長，佐藤直樹様に心から感謝

まえがき

します.

ホームページ http://www6.eie.eng.osaka-u.ac.jp/index.html

2003年2月

筆者

目　　次

1　シリコン基板中における電子輸送
1.1　シリコン結晶の物理 …………………………………………………………… 1
1.2　シリコン結晶中でのキャリアの移動 ………………………………………… 17
　　　演 習 問 題 ………………………………………………………………………… 29

2　PN 接 合
2.1　PN 接合とは何か ………………………………………………………………… 31
2.2　PN 接合の電流電圧特性 ………………………………………………………… 37
2.3　PN 接合の電気容量 ……………………………………………………………… 46
2.4　PN 接合の破壊現象 ……………………………………………………………… 53
　　　演 習 問 題 ………………………………………………………………………… 56

3　MOSFET の動作を理解する
3.1　CPU 開発の歴史 ………………………………………………………………… 58
3.2　MOSFET の構造と動作原理 …………………………………………………… 60
3.3　MOSFET の電気的特性 ………………………………………………………… 64
3.4　MOSFET の性能を表すパラメータ …………………………………………… 87
3.5　MOSFET での諸現象 …………………………………………………………… 88
3.6　短チャネル効果 ………………………………………………………………… 99
　　　演 習 問 題 ………………………………………………………………………… 107

4　バイポーラ素子
4.1　バイポーラ素子とは？ ………………………………………………………… 108
4.2　バイポーラトランジスタの動作原理 ………………………………………… 109
4.3　バイポーラトランジスタの素子特性 ………………………………………… 117
　　　演 習 問 題 ………………………………………………………………………… 137

5　光デバイス
5.1　半導体の発光・受光の原理 …………………………………………………… 138
5.2　発 光 素 子 ……………………………………………………………………… 144
5.3　受 光 素 子 ……………………………………………………………………… 157

演習問題 ··· 182
演習問題略解 ··· 183
索　引 ··· 187

1 シリコン基板中における電子輸送

半導体デバイスの動作を理解する上で，半導体の性質や半導体中の電子の振る舞いを知ることは非常に大切なことである．

本章では最初に半導体デバイスの材料として最も広く用いられている「シリコン」という物質の性質を解説していく．後半部では次章以降で取り上げる半導体デバイスの動作を理解する上で必要となる電子物性の基礎知識を説明する．この基礎知識を応用すると，第2章以降の各種半導体デバイスの特性が理解できるので，本章をしっかり学習しておくことが重要である．

まず，第1節ではシリコン結晶の持つ物理的性質を解説する．第2節では結晶中での電子の振る舞いと電流との関係を明らかにし，第2章以降でデバイスの性質を調べる上で必要な基礎方程式を導出する．

1.1 シリコン結晶の物理

半導体デバイスの9割以上はシリコンという物質によって作られている．このため，半導体デバイスでの電気伝導を理解するためには，シリコン結晶の基本的な性質を知っておく必要がある．この節では半導体の中でも特にシリコンに注目して，その基礎的な性質について述べることにしよう．

1.1.1 半導体って，何？

「半導体」という言葉は新聞や雑誌でもよく見られ，この言葉を聞いたことのない人はいないはずである．しかし「じゃぁ，半導体って何ですか？」という質問をされると，理系の学生でも意外に戸惑うものである．まずは半導体とはいったい何なのかという点を確認しておこう．

自然に存在する物質はその組成と形状によって決まる電気抵抗を持っている．

たとえば図1.1に示す直方体（断面積 S，長さ L）の抵抗は式（1.1）で与えられる．ここで ρ は抵抗率（単位：$\Omega\,\mathrm{cm}$）とよばれ，物質の種類のみによって決まる「電気の流しにくさ」の指標である．抵抗率 ρ は式（1.2）のように物質中の電子密度にほぼ逆比例する．

一般に $10^{-5}\,\Omega\,\mathrm{cm}$ 以下の物質は「金属」とよばれ，逆に $10^{10}\,\Omega\,\mathrm{cm}$ 以上の抵抗率を持つ物質は「絶縁体」とよばれる．そして，このどちらにも属さない抵抗率を有する"電気的に中途半端な物質"が「半導体」なのである．

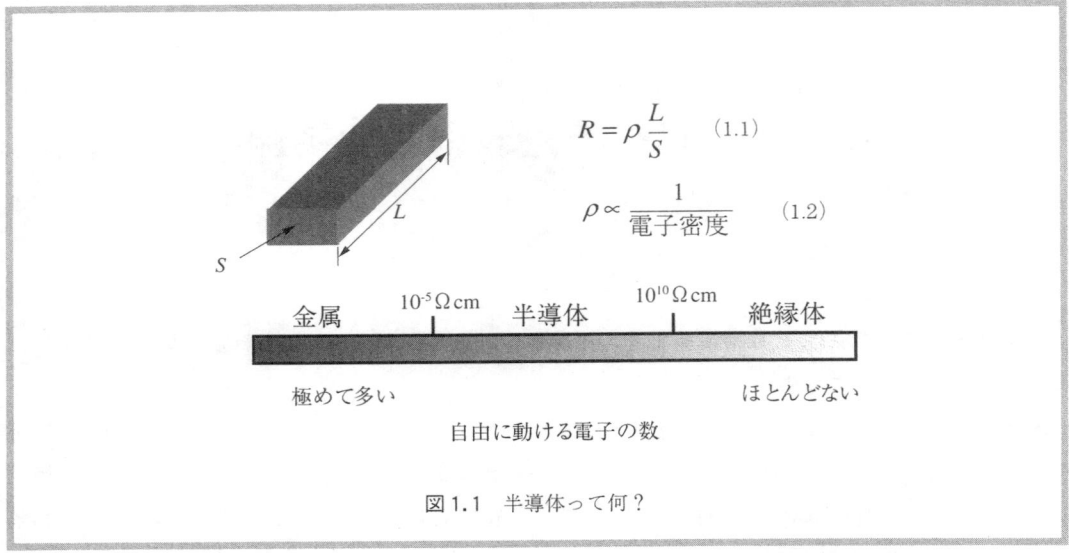

図1.1 半導体って何？

1.1.2 シリコンをミクロな視点で理解する

半導体の正体がわかったところで，ミクロな原子レベルの視点から半導体デバイスの主な材料である「シリコン」という物質について考えてみよう．

図1.2は元素の周期律表である．

各元素にはそれ固有の「原子番号」と「原子量」とがある．原子番号はその原子の持つ陽子（電荷：$+e$）の数，および周りにいる電子（電荷：$-e$）の数を表し，原子量はアボガドロ数（6×10^{23}個）の原子を集めたときの質量をグラム単位で表したものである．

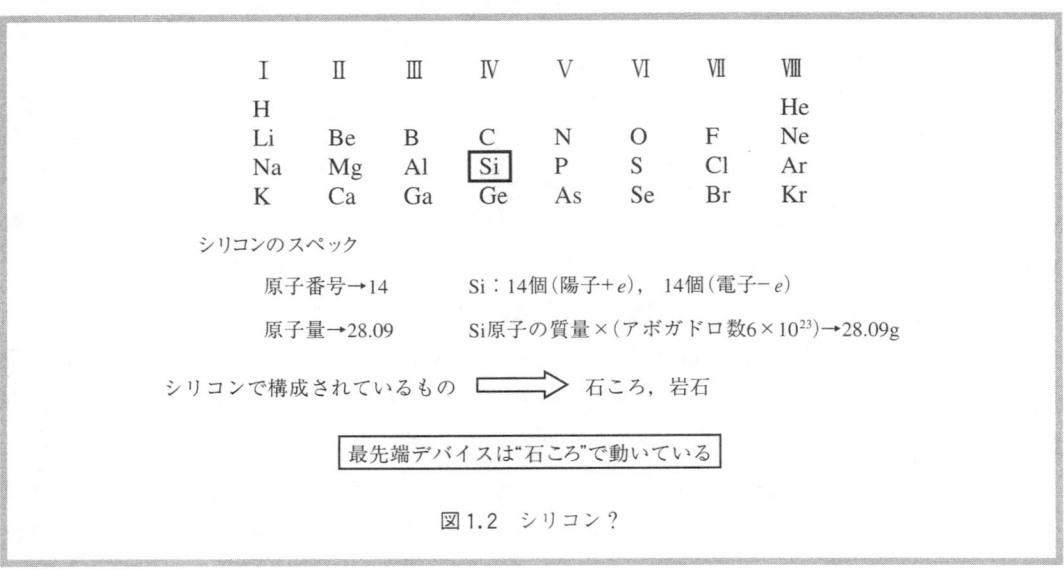

図1.2 シリコン？

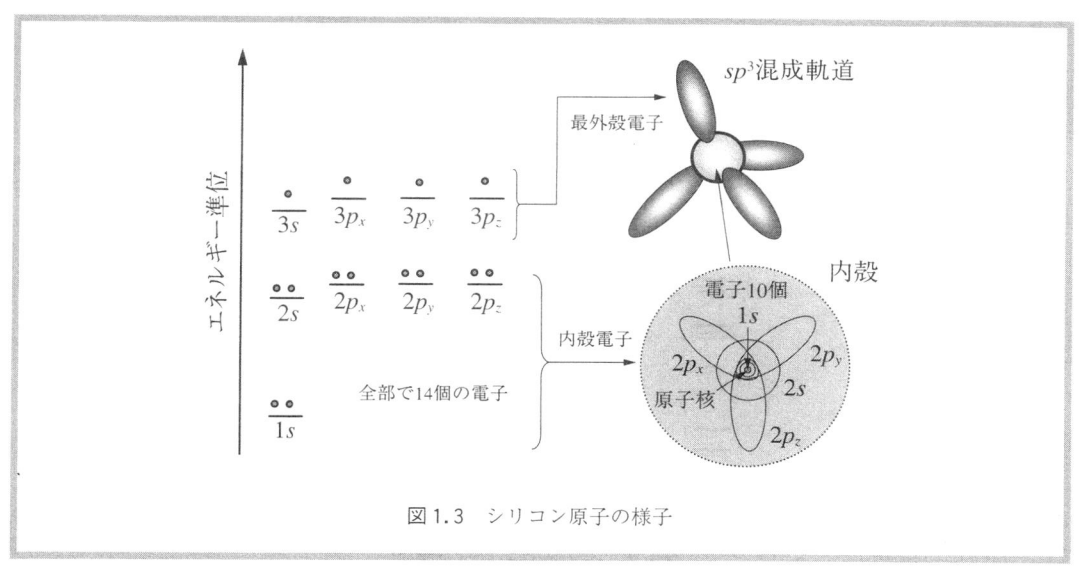

図1.3 シリコン原子の様子

　シリコンの原子番号は14であるから，シリコンの原子核は14個の陽子を持ち，その周りを14個の電子が周回している．シリコンの原子量は28.09であり，28.09gのシリコン中には6×10^{23}個のシリコン原子が含まれている．実はシリコンは地球上に大量に存在しており，道ばたにゴロゴロ転がっている石ころや岩を構成する元素の大半はシリコンと酸素である．こう考えると，情報化社会を支える最先端デバイスは，ただの"石ころ"の上で動いていると考えられるのだ．

　空間に孤立したシリコン原子のエネルギー準位の模式図を図1.3に示す．

　シリコン原子核は$+14e$に帯電しており，その周りを14個の電子が周回している．しかし，電子の周回軌道は人工衛星の軌道のようにニュートン方程式で説明できるような代物ではない．このようなミクロな世界での電子軌道の形や，周回電子のエネルギーは量子力学によって記述される．

　難しい計算は省略して結果だけ示すと，電子は原子核が作るクーロン力の中で「エネルギー準位」とよばれる飛び飛びのエネルギーを持つ$1s$, $2s$, $2p_x$, $2p_y$, $2p_z$, $3s$, $3p_x$, $3p_y$, $3p_z$, ……などの軌道上を周回運動している．ここで，s軌道は円軌道，p軌道は楕円軌道を表している．また，数字はその軌道のエネルギーを表し，数字が大きいほどエネルギーが高い．ただし，複数の電子が相互作用を及ぼすことを考慮すると，p軌道のエネルギーはs軌道よりやや高くなる．

　シリコンでは14個の電子がこれらの準位をエネルギーの低い順に占有していくが，1つの軌道には電子が2つまでしか入ることができない（パウリの排他律と呼ばれる）．このため$1s$, $2s$, $2p_x$, $2p_y$, $2p_z$軌道までが10個の電子によって完全に占有され，「内殻」という"電子雲のカタマリ"を形成する．一方，残る4個の電子は$3s$, $3p_x$, $3p_y$, $3p_z$の軌道に入るが，これらの電子は複雑に相互作用することで形を変え，$3s$軌道と$3p$軌道が混ざって新たな「sp^3混成軌道」という正四面体の頂点方向に伸びる4つの軌道を形成する．そして4つの電子はそれぞれ1本ずつの「手」に配置され，最外殻電子となる．

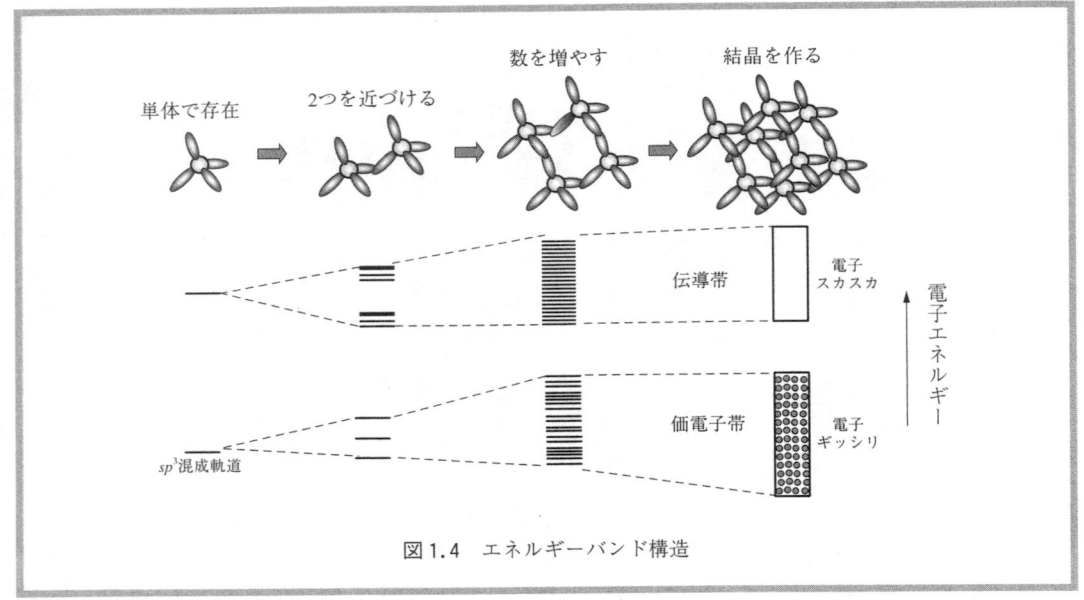

図1.4　エネルギーバンド構造

ここでシリコン原子を寄せ集めるとエネルギー準位はどうなるだろうか？

シリコン原子どうしが十分離れているときには，隣接する原子間に相互作用はない．このため，これらのシリコン原子はそれぞれが孤立しているときの状態にあり，各エネルギー準位も図1.4の左端のように同一のエネルギー値となっている．

ところが2つのシリコン原子間の距離が近くなると，これらの原子の軌道が混ざり合い，新たなエネルギー準位の軌道が形成される．さらに多数のシリコン原子を寄せ集めると電子軌道のエネルギー準位はさらに分裂する．最終的にシリコン結晶となると右端に示したほぼ連続的な準位の集合である「伝導帯」と「価電子帯」が形成される．

このような準位の帯の構造は「エネルギーバンド構造」とよばれ，物質の性質を議論する上で重要な役割を果たす．価電子帯はシリコン原子が単体で存在しているときの sp^3 混成軌道に由来しているものであり，価電子帯の電子は原子どうしを結びつける"接着剤"の役割を果たす．一方，伝導帯は sp^3 混成軌道よりもさらに外側の高エネルギー軌道（電子がない空の軌道）に由来したものである．絶対零度では全シリコン原子の sp^3 混成軌道の電子（原子数×4個）がこの価電子帯をちょうどぴったり満杯に占有しているが，後に詳しく述べるように，室温では価電子帯の電子の一部が熱エネルギーによって伝導帯に励起され，電気伝導を担う電子となっている．伝導帯にいる電子はシリコン原子のネットワークから離れて結晶中を自由に動き回ることができる．

シリコン結晶の価電子帯と伝導帯との間にはエネルギー的にわずかな隙間があることに注意しよう．図1.4の右端の図はこの様子を模式的に示したものである．

価電子帯と伝導帯との間の隙間は「エネルギーバンドギャップ」とよばれ，これが金属か，絶縁体か，あるいは半導体かを決めている．

金属ではこの隙間がないか，伝導帯の途中まで電子が埋まっているため，伝導帯には常に多量

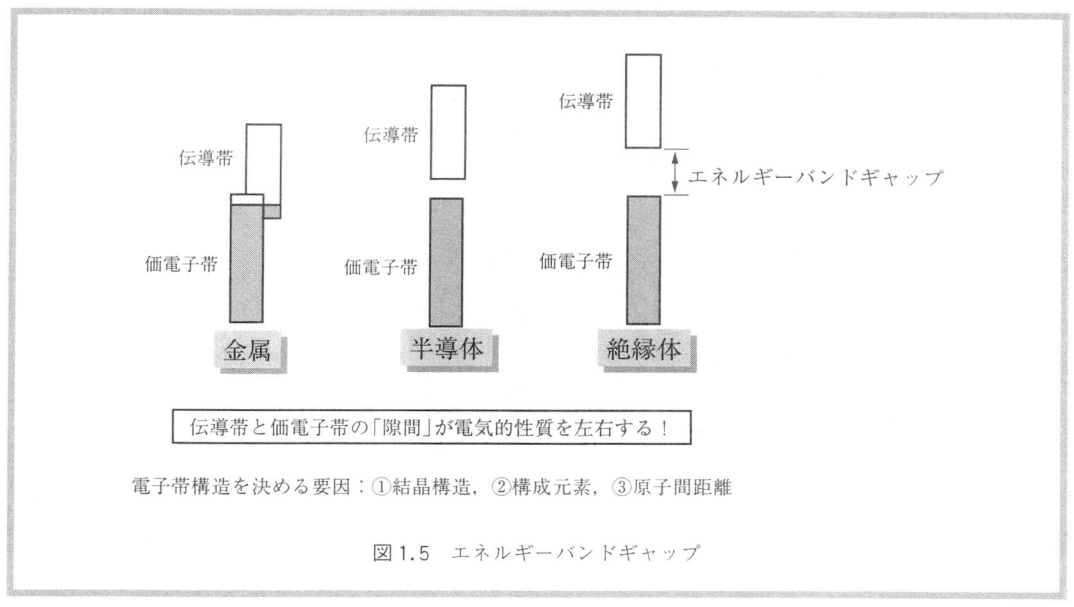

図 1.5　エネルギーバンドギャップ

の電子が存在し，抵抗率は小さい．

　一方，絶縁体では，伝導帯と価電子帯がエネルギー的に大きく離れており，価電子帯の電子が熱エネルギーを得て伝導帯に励起するのが困難である．このため絶縁体ではほとんど伝導電子が存在せず，抵抗率が非常に高い．この様子を図 1.5 に示している．

　伝導帯と価電子帯との間のエネルギーバンドギャップが狭い半導体では，価電子帯の電子の一部は伝導帯に励起している．このため室温でもある程度の伝導電子を持ち，半・導体的な抵抗率を持つのである．

　伝導帯，価電子帯のエネルギー位置は物質固有のものであり，結晶構造，構成元素，原子間距離に依存する．

　次に，シリコン結晶の原子配置＝結晶構造について見てみよう．

　シリコン原子を小さな領域に集めるとシリコン原子の最外殻電子が隣接するシリコン原子同士を結びつけ，最終的には図 1.6 に示すシリコン結晶となって構造が安定する．原子間を結合する軌道は sp^3 混成軌道であるため，1 つのシリコン原子から見ると周囲のシリコン原子は正四面体構造（テトラポッドの形）の各頂点に位置する．このような構造は最外殻電子が sp^3 混成軌道を形成する物質に特徴的な構造である．

　ちなみに，炭素の結晶であるダイヤモンドが同様の構造をしていることから，この結晶構造は「ダイヤモンド構造」とよばれている．

　図 1.6 に示した一辺 0.543 nm の立方体中にはシリコン原子が 8 個含まれている．ここで，[nm] は 1 m の 10 億分の 1（10^{-9}）の長さを表す単位である．8 個のシリコン原子を含む立方体の一辺（0.543 nm）を 1000 万倍しても 5.43 mm に過ぎず，原子間隔が極めて小さいことがわかる．

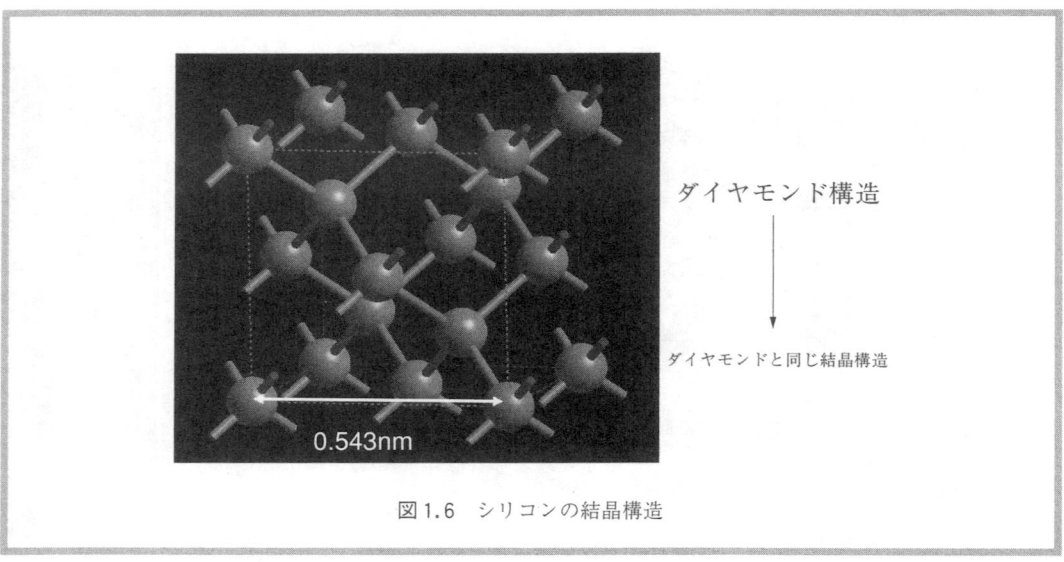

図1.6 シリコンの結晶構造

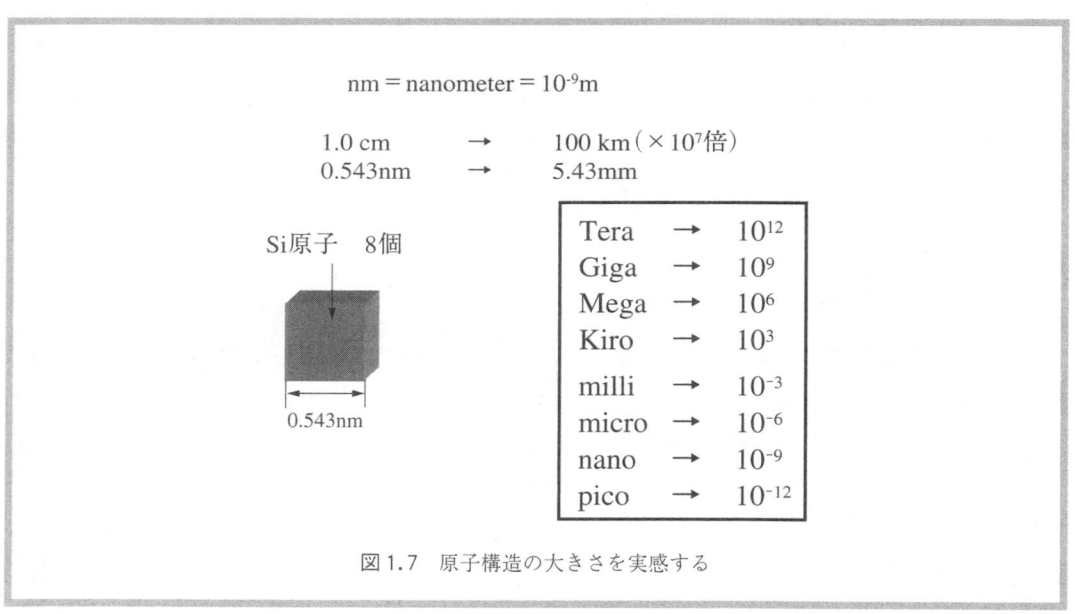

図1.7 原子構造の大きさを実感する

ちなみに，1 cm の長さを1000万倍すると100 km もの長さになる．

参考に，桁を表す記号（Tera，kiro，nano など）の単位系について一覧表を図1.7に示す．

一辺0.543 nm の立方体中に8個の原子があることは，1 cm³ のシリコン結晶中に $5×10^{22}$ 個ものシリコン原子が含まれていることに相当する．この数が天文学的に大きな数字であることを実感するため，次のような思考実験をしてみよう（図1.8）．

1.5 cm³ の水の中に含まれている水分子の数は上の例と同じく $5×10^{22}$ 個である．この微量の水を海に流し，それらが地球上に十分拡散される100万年後には，ジョッキ一杯の海水に最初に

```
1.0cm³ Si結晶  →  5×10²²個（Si原子）
              同数
1.5ccの水  →  H₂O分子：5×10²²個

海に滴下 ⟹ 100万年待つ（均一分布）
        ↳ ジョッキ一杯(900cc)の海水に30個の分子
```

図1.8　シリコン結晶中の原子の多さを実感する

流した水分子が30個も含まれていることになる．

なお，この計算の過程で海の平均水深が約4kmであることを考慮した．

1.1.3　シリコン結晶中でのキャリア発生

シリコン中での電気伝導の様子を詳しく解析するには，電気の担い手（キャリア）の様子を知る必要がある．ここではシリコン結晶で伝導を担う電子，正孔の発生過程について考えることで，以降の電気伝導現象を議論するための準備をする．

前述したようにシリコン原子を寄せ集めると各原子は図1.6のような結合のネットワーク（結晶構造）を形成する．以下では図1.6を簡単化して，シリコンの結晶構造を図1.9左に示されて

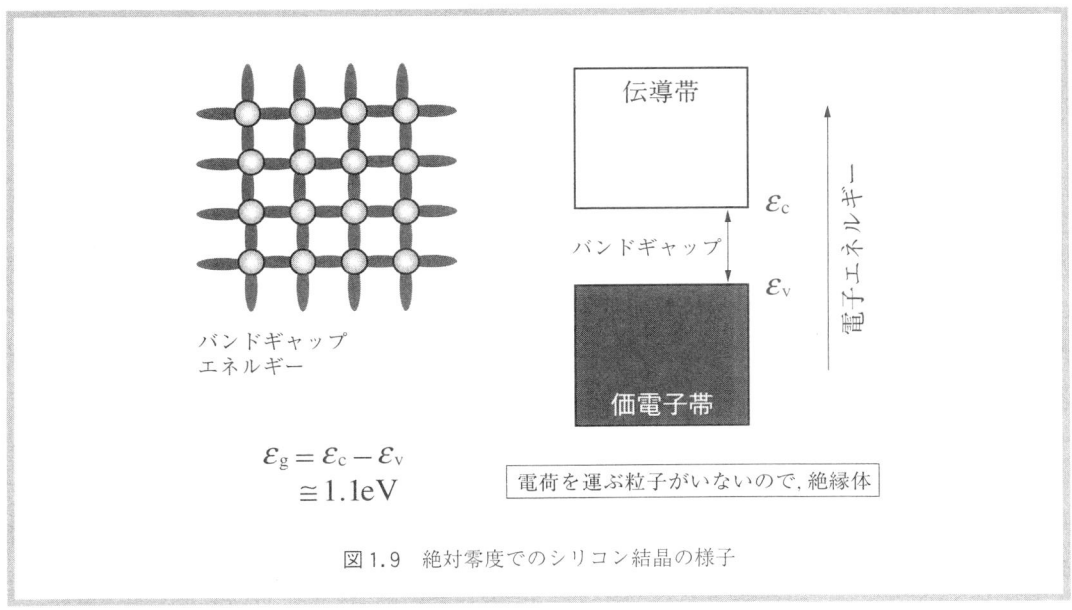

$$\varepsilon_g = \varepsilon_c - \varepsilon_v \cong 1.1\mathrm{eV}$$

図1.9　絶対零度でのシリコン結晶の様子

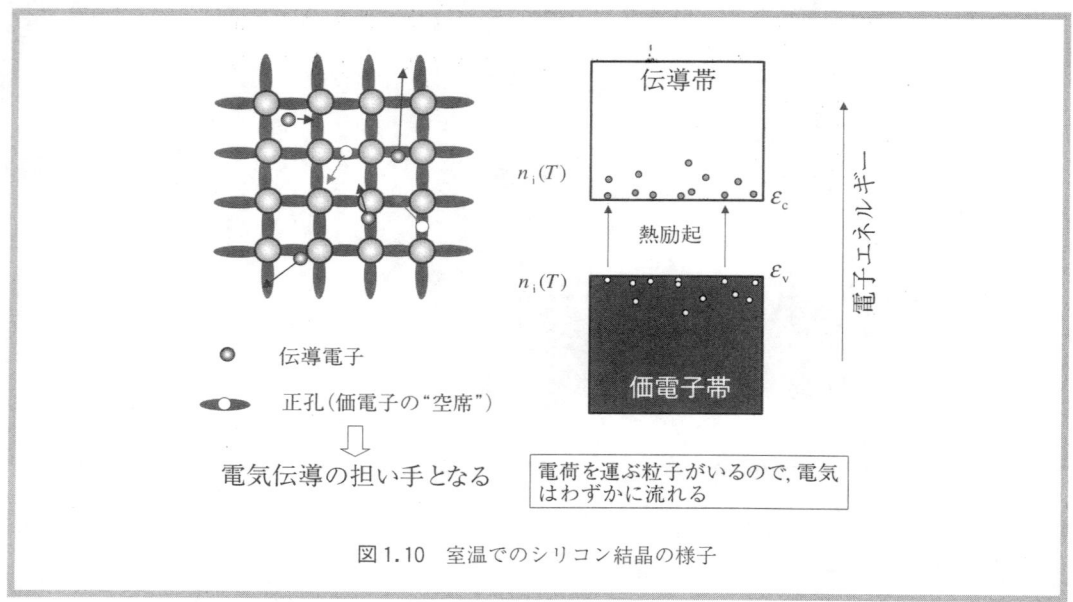

図1.10 室温でのシリコン結晶の様子

いるような平面図で代用する．このような結晶構造では各シリコン原子の電子軌道が相互作用してエネルギーバンド構造を形成する．価電子帯の上には空の伝導帯があり，価電子帯と伝導帯の間のバンドギャップエネルギーは約 1.1 eV である．

絶対零度（−273℃）では各シリコン原子の 14 個の電子は全て内殻か sp^3 混成軌道に束縛されており，価電子帯を完全に埋め尽くしている．このときには結晶中に電気の担い手となる電荷は存在せず，シリコン結晶は絶対零度では絶縁体である．

ところが室温では，sp^3 混成軌道の価電子の一部が図 1.10 のように熱振動によって結合ネットワークから解き放たれ，結晶中を自由に移動する伝導電子となる．このように電子が熱振動のエネルギーを得て高エネルギー状態になることを「励起」という．伝導帯に励起された電子はシリコン結晶中で電気伝導の担い手となる．

価電子が励起されると，原子間結合のネットワーク（網目）（したがって価電子帯）には電子の「空席」が生じる．この空席に隣の価電子が入ると，その電子が元いた場所が新たに空席となる．価電子がこのように移動することにより，実効的に空席が価電子とは反対方向へ移動するように見なすことができる．いわば，満席の教室で1つだけ空席があれば，隣接する人がその席へ順次移動していくことで，結果的に空席が教室の中を移動しているように見えるようなものである．この空席は「正孔」とよばれ，あたかも正の電荷を持った粒子が自由に移動しているかのように振る舞うため，伝導電子と同様にシリコン結晶での電気伝導の担い手となる．

このように，室温ではシリコン結晶中に熱励起によって価電子帯からわき出した伝導電子と，それと同数の正孔が存在しており，これらが電気伝導の担い手となってシリコン結晶の電気的性質を決定する．

価電子の熱励起は温度が高いほどよく生じるため，与えられた温度での伝導電子の濃度（＝正

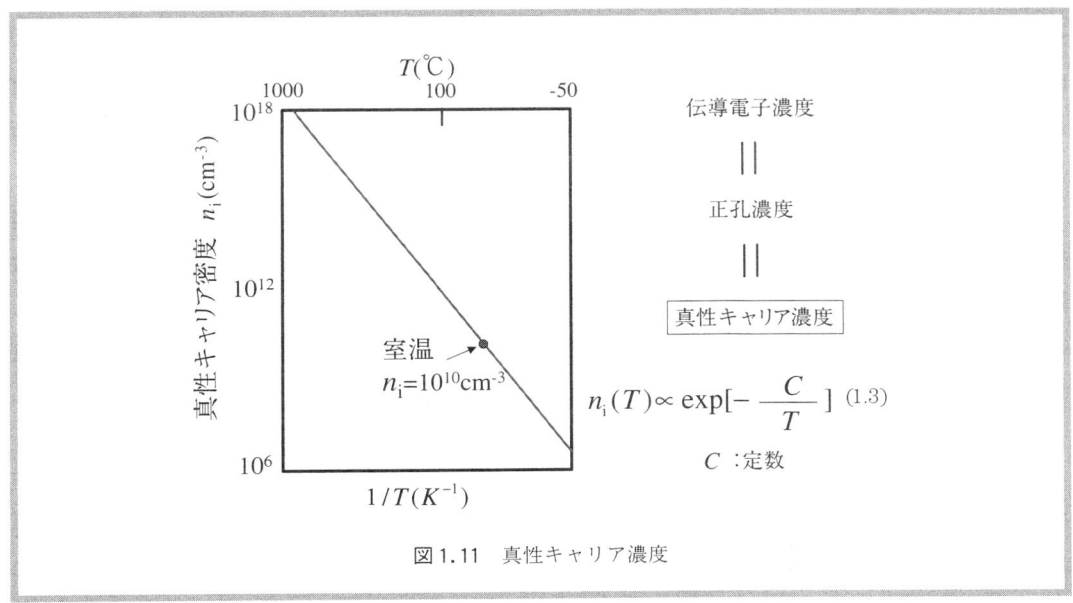

図 1.11 真性キャリア濃度

孔の濃度) は温度の関数となる．この濃度を「真性キャリア濃度」とよび n_i で表す．ちなみに，「キャリア」とは英語の Carrier (担い手) のことであり，伝導電子や正孔が電気伝導の担い手であることに由来している．真性キャリア濃度の温度依存性は図 1.11 に示す式 (1.3) のように表される．ただし C は図中の直線の傾きであり，温度によらない定数である．真性キャリア濃度 n_i は室温では $10^{10}\mathrm{cm}^{-3}$ 程度の値である．

伝導帯に励起された電子の様子について詳しく調べてみよう．

伝導帯に励起された電子は図 1.12 に示すようにシリコン結晶中を様々な方向に勝手な速度で

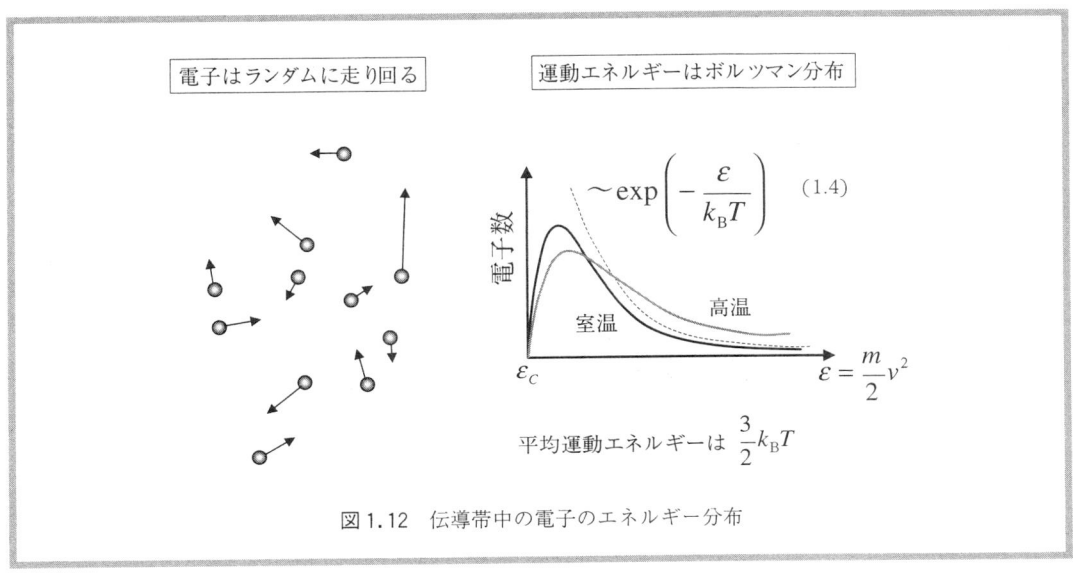

図 1.12 伝導帯中の電子のエネルギー分布

自由に動き回っている．このような乱雑な運動をする多数の粒子を取り扱うには統計力学が適している．統計力学によると，与えられた運動エネルギー ε を持つ電子の数は高エネルギーになるにつれて指数関数的に減少する．この指数関数的なエネルギー分布は「ボルツマン分布」とよばれ，式 (1.4) のように表される．ここで式の指数部分に含まれる k_B は「ボルツマン定数」である．

ボルツマン分布の式 (1.4) を見ると，温度 T が高くなるとボルツマン分布の高エネルギー側の減少傾向が緩やかになることがわかる．また，伝導帯中の電子分布はエネルギーとともに指数関数的に減少するが，温度が高くなると電子の存在確率が高エネルギーの領域にまでひろがることがわかる．式 (1.4) を用いて全電子の運動エネルギーの平均をとると，温度のみによって決まる値，$3k_BT/2$ となる．

以上の結果から，室温でのシリコン結晶中の電荷の様子は図 1.13 のようにまとめられる．

価電子帯は電子によって満たされている"地下水脈"のようなものであり，伝導帯は"地上"に対応する．室温では地下水脈中の"水"である電子が熱励起によって地上に"わき水"としてわき出しており，地上での"水の流れ"に寄与する．地上での電子の高さはボルツマン分布に従い，上に位置する電子ほど高い運動エネルギーを持っている．

一方，地下水脈中には"泡"が残され，この泡は地下水脈での水の流れを引き起こす．ここで価電子帯の電子にとっては図の下部ほどエネルギーが低いため，電子はできるだけ価電子帯の深いところ（低エネルギー）へと移動しようとする．この現象を正孔に注目して見直すと，正孔は価電子帯のより上部へ移動するように見える．すなわち，正孔にとって"楽＝エネルギーの低い"状態は，価電子帯の上の位置に相当し，正孔の運動エネルギー分布は電子とは逆の形をしている．これは地下水脈中で上に集まる傾向のある"泡"に対応している．

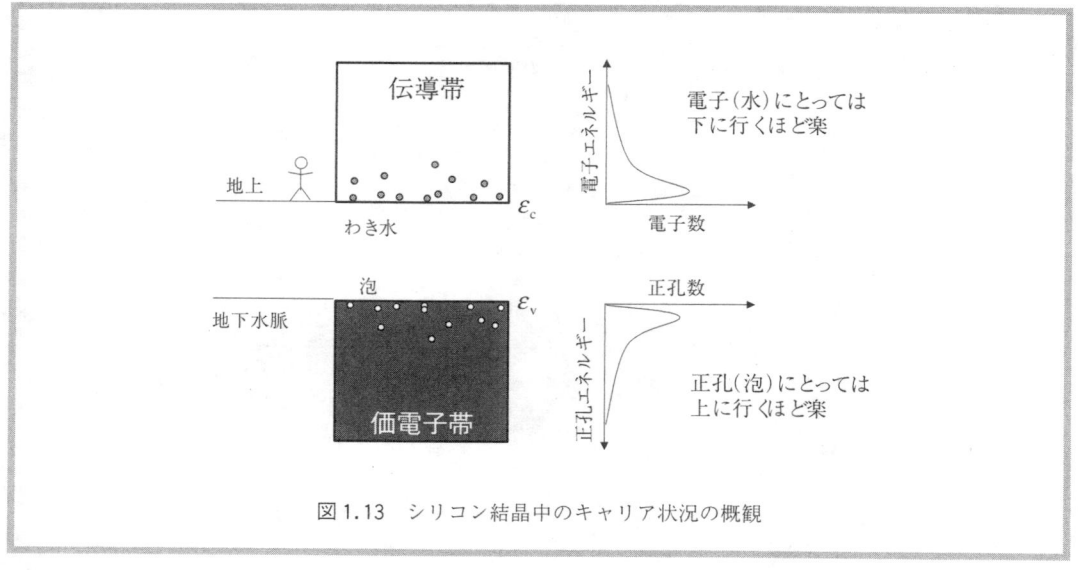

図 1.13　シリコン結晶中のキャリア状況の概観

1.1.4 不純物ドーピングによるキャリア濃度の制御

すでに述べたように，シリコン結晶中のキャリア濃度は温度で決まる値（真性キャリア濃度）となっている．しかし，シリコン結晶中に意図的に不純物原子を導入するとキャリア濃度を好きなように制御することができる．ここでは不純物原子導入によるキャリア発生のメカニズムについて考える．

図1.14中の表は周期律表のIII族，IV族，V族に相当する元素を抜粋して示したものである．シリコンはIV族元素であり最外殻電子が4つであるが，III族の原子は3つ，V族の原子は5つの最外殻電子を持つ．これらをシリコン結晶中に組み込むと，総電子数を増減させることができる．

図1.14中の(a)は純粋なシリコン結晶を表している．ここでシリコン原子を1つ取り除き，かわりに(b)のようにV族のリン原子を格子位置に入れてみよう．リン原子の最外殻には，シリコンと同様にsp^3混成軌道を構成する4個の電子と混成軌道を周回する余分な電子1個が存在する．このため結晶中に取り込まれたリン原子は隣接するSi原子と結合する際に最外殻の電子4個を使う他，これに関与しなかった余分な電子1個がリン原子から離れ，シリコン結晶中を自由に動き回ることになる．取り残されたリン原子は，原子核が$+15e$に帯電しているのに周囲に電子が14個しかないので，$+e$に帯電した固定イオンと見なせる．このようにリン原子はシリコン結晶に組み込まれるとシリコン結晶に余分な電子を与えるので，「ドナー」(donor "供給源" の意味) とよばれている．以下では(b)の電気的な性質のみに着目して，(c)のように簡易表現する．

図1.14ではV族のリン原子をシリコン結晶中に組み入れたが，代わりにIII族のボロン（B）原子がシリコン結晶に組みこまれると，最外殻電子が3つしかないボロン原子が隣接する4つのシリコンと化学結合する際に結合電子が1個不足する．この空席に隣接するシリコン原子の価電子が捕獲されると，この電子が元いた場所が空席となり，この空席が正孔として電気伝導に寄与

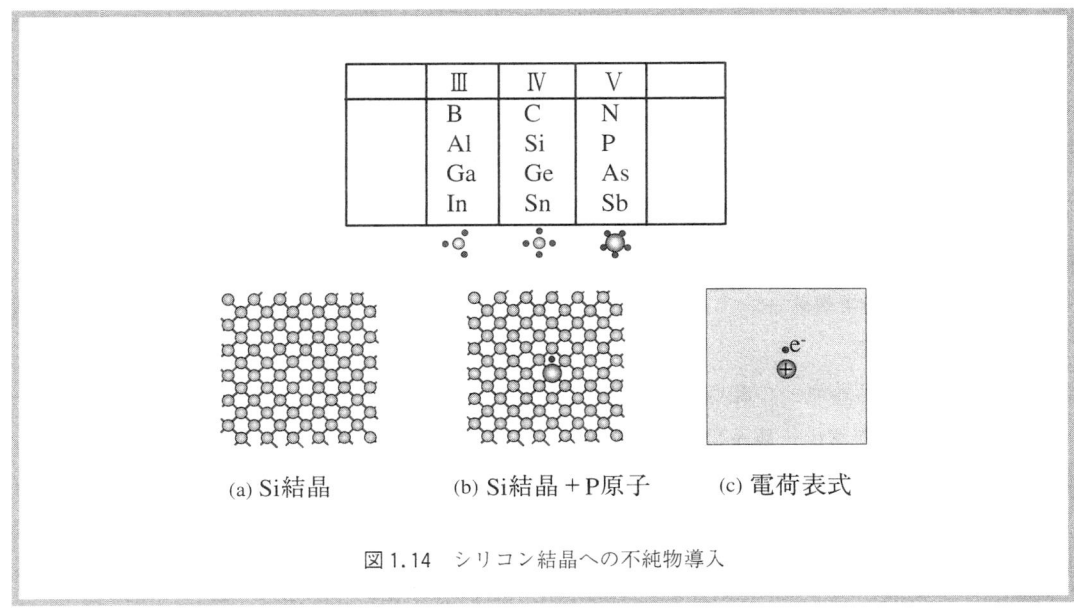

(a) Si結晶　　(b) Si結晶＋P原子　　(c) 電荷表式

図1.14　シリコン結晶への不純物導入

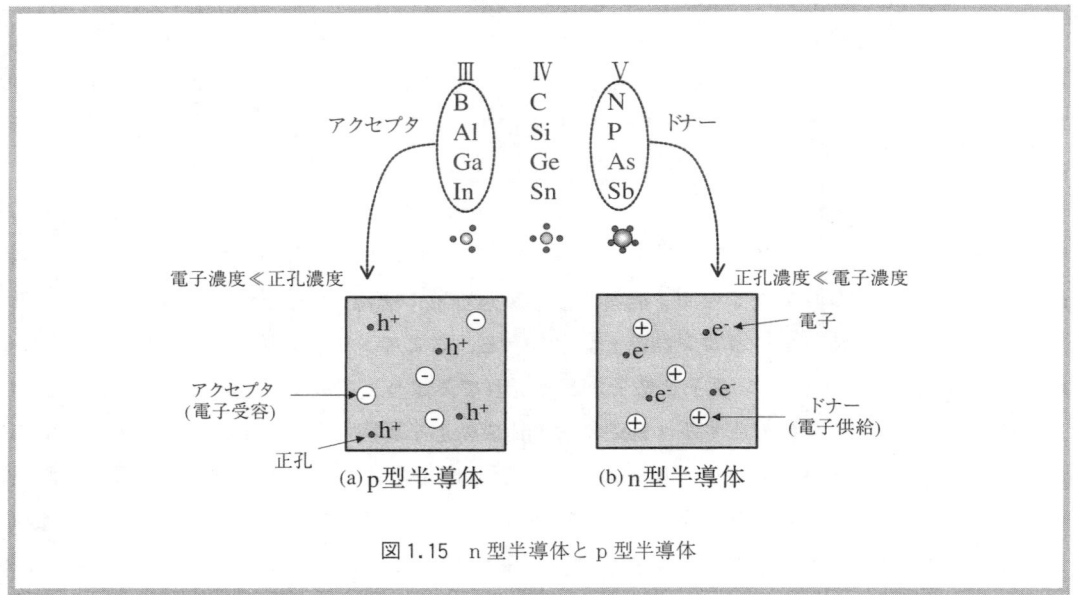

図 1.15 n 型半導体と p 型半導体

する．そしてボロン原子は電子を余分に受け取ることで負に帯電し，シリコン結晶中の固定負イオンとなる．このボロンのようにシリコンの価電子を奪って正孔を発生させる原子のことを「アクセプタ」（accepter "受け取り手" という意味）とよんでいる．

以上のことからわかるように，不純物原子を含むシリコン結晶は組み込まれる元素の種類（ドナーまたはアクセプタで）によって2つに大別できる（図1.15）．

不純物原子としてリン原子やヒ素原子（ドナー）をより多く導入したシリコン結晶では伝導電子のほうが正孔よりも多く，電子が主要なキャリアとなる．この場合，主要なキャリアの電荷が負であることから，このシリコン結晶は negative（負）の頭文字をとって「n 型である」という．

逆に，ボロン原子（アクセプタ）をより多く導入したシリコン結晶では正孔が主要なキャリアとなる．この結晶ではキャリアの電荷が positive（正）であることから「p 型である」という．

注意すべき点は，シリコン結晶が n 型であろうが p 型であろうが結晶中に存在する正電荷数（正孔の数＋ドナー原子の数）と負電荷数（伝導電子の数＋アクセプタ原子の数）は同じであり，結晶全体としてはあくまで電気的中性条件が成り立っていることである．

なお，n 型，p 型半導体というよび方に対比させて，不純物を導入していない半導体は「真性半導体」とよばれる．

以上の現象をエネルギーの観点から見てみよう．

シリコン結晶中のドナー原子は図1.16のようにバンドギャップに「ドナー準位」とよばれる電子状態を形成し，絶対零度ではドナー原子の提供する余分な電子はこのエネルギー準位を占有している．室温ではこの電子はドナーの束縛を離れて自由に結晶中を移動する伝導電子となっており，残されたリン原子は固定正イオンとなる．室温ではほとんどのドナー原子は余分な電子を放出しており，伝導帯に供給された電子の濃度はドナー濃度にほぼ等しい．

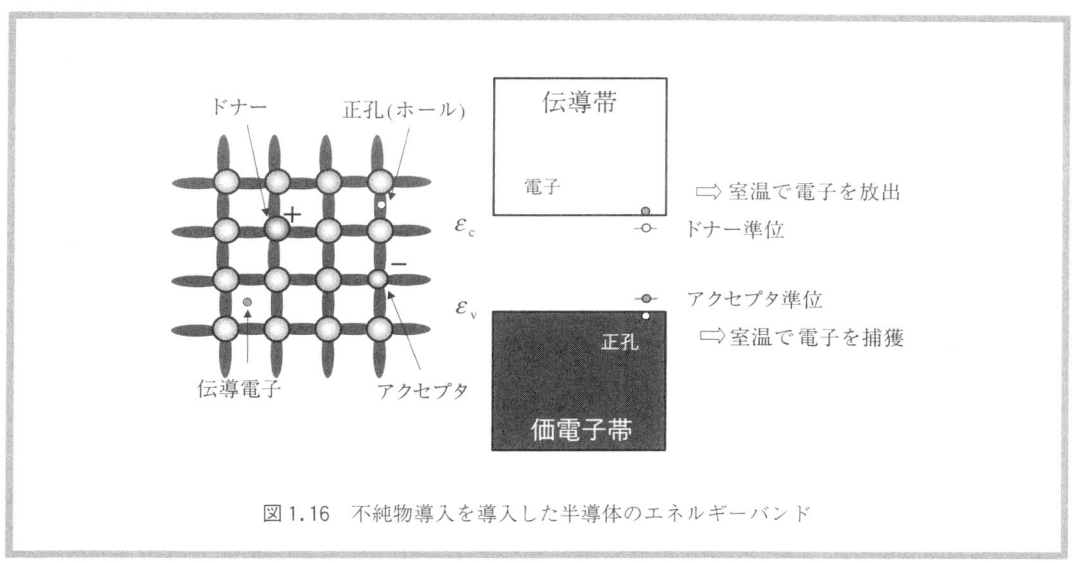

図1.16 不純物導入を導入した半導体のエネルギーバンド

同様に，アクセプタ原子はバンドギャップ中に「アクセプタ準位」を形成し，絶対零度ではこの準位は空である．室温では「アクセプタ準位」にある泡（空孔）が熱エネルギーによって価電子帯に励起され，逆に価電子がアクセプタ原子周辺に捕獲される．このように室温ではほとんどのアクセプタ原子は電子を捕獲して固定負イオンとなっている．価電子帯中に新たに生じた正孔の濃度はアクセプタ原子濃度にほぼ等しい．

p型シリコン結晶，n型シリコン結晶でのキャリア発生の様子を図1.17の"わき水のアナロジー"で考えてみよう．p型シリコン結晶では，地下水脈（価電子帯）の天井（ε_v）のすぐ上にスポンジ（アクセプタ原子）が埋め込まれており，地下水脈中の水（価電子）を吸い取ってしま

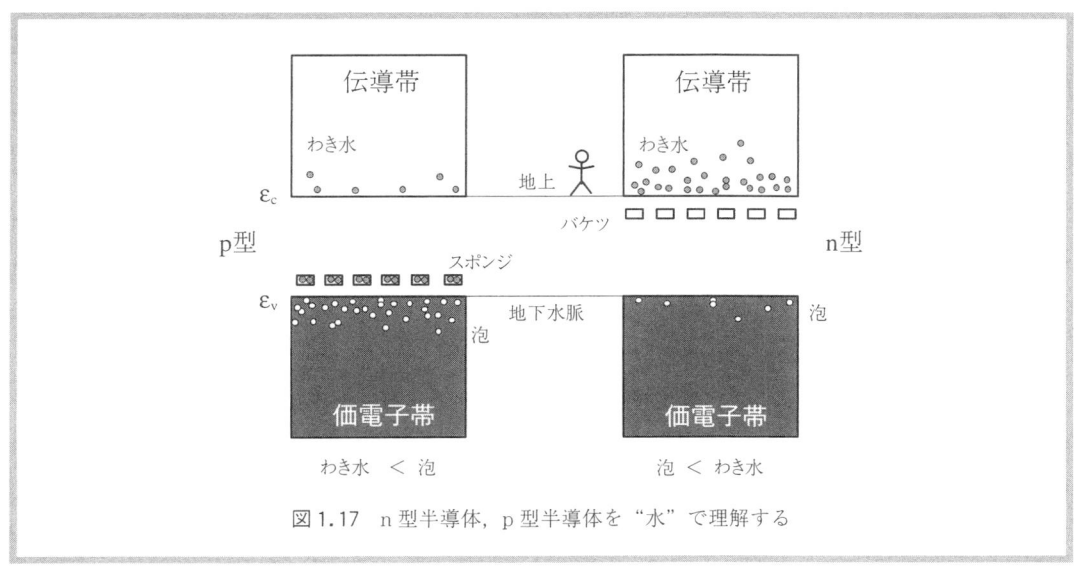

図1.17 n型半導体，p型半導体を"水"で理解する

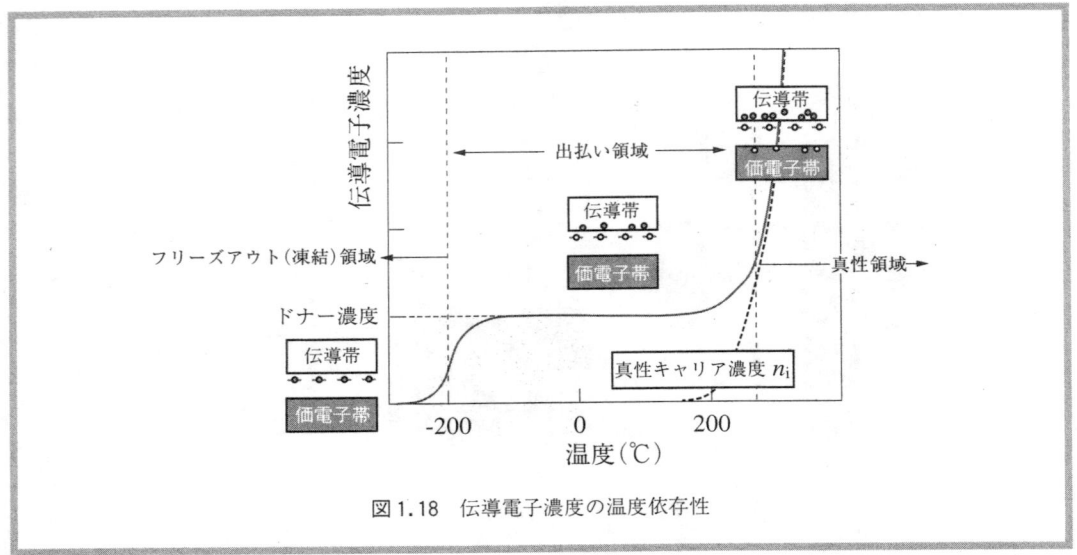

図1.18 伝導電子濃度の温度依存性

う．水はいったん吸い取られると元に戻ることはなく，地下水脈中には地上で流れている水（電子）よりもはるかに多くの泡（正孔）が流れている．

一方，n型シリコン結晶では，地下水脈（価電子帯）から熱励起によって地上（伝導帯）にわき出るよりもはるかに多くの水（電子）が地表近くのバケツ（ドナー原子）から放出されている．このため，泡（正孔）よりもはるかに多くの水（電子）が地上で流れている．水はバケツの中に戻ってもすぐにまた地表に吹き出してしまうので，地上の水がバケツの中にジッと溜まっていることはない．

図1.18はドナーを含むn型半導体中の電子濃度を温度の関数としてプロットしたものである．

−200℃以下の極低温では，ドナー準位に束縛された電子は伝導帯に熱励起されることがほとんどないため，ドナーは本来の電子放出機能を喪失する．水のアナロジーで解釈すると，この温度ではバケツの水が元気がなく地表へ噴き出せないのである．このように導入した不純物がキャリアを放出しない温度領域を「フリーズアウト（凍結）領域」という．

しかし室温近くになると電子がドナーの束縛から開放されるため，シリコン結晶に導入したドナーイオンと同数の伝導電子が生まれる．すなわち，水は勢いよくバケツから噴き出して，バケツの中に溜まることはない．このようにシリコン基板に混入したドナーのほとんどが電子を放出しきっている温度範囲を「出払い領域」とよぶ．1つのバケツからは1つの電子が吹き出すので，このときの伝導電子密度はドナー濃度に等しい．

そしてさらに温度が高くなると真性キャリア濃度がドナー濃度を越え，シリコン基板中の電子は真性キャリア濃度 n_i で決まる値となる．すなわち，この温度（真性領域）になるとバケツから噴き出した水よりもさらに多くの水が地下水脈から直接湧き出るのである．

最後に，電子濃度と正孔濃度を計算する式を物理的イメージだけを使って導出しよう．図1.19は地下水脈がずっと海（金属）までつながっている様子を示したものである．

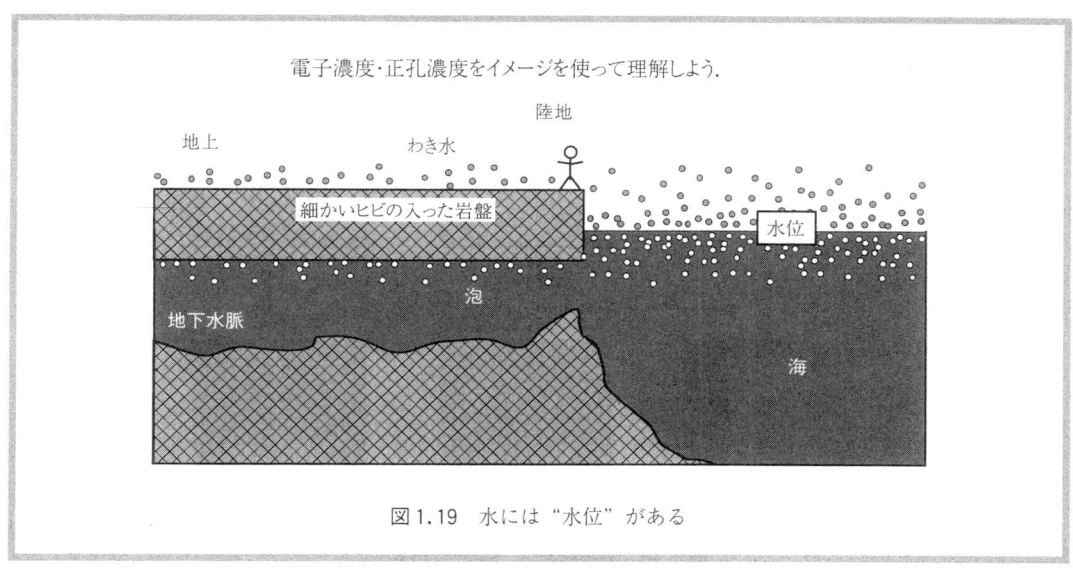

図 1.19 水には"水位"がある

　海の表面では結晶格子の熱振動によって水しぶきが常にわき立っており，このような水しぶきは陸地でも岩盤の細かいヒビを通して同様に起こっているとみなせる．ただし岩盤（エネルギーギャップ）の中には水が常に存在しているわけではなく，あくまで水を含まない地層である．このとき，水位が岩盤の中程よりも上にあれば地下水脈中の泡よりも地上のわき水の方が多いし，逆に水位が岩盤の中程よりも下にあればわき水よりも地下水脈中の泡の方が多いはずである．そうすると，どうやら地上のわき水の量と地下水脈中の泡の量は"水位"というものを考えることで計算できそうである．

　実は，半導体でもこのような"水位"に対応するものが存在する．

　半導体における"水位"は「フェルミエネルギー」とよばれ ε_F で書き表す．この"フェルミ"とは，このようなエネルギーの基準を提案した人の名前である．電子はちょうど"沸騰している湯の水面で跳ね上がる水しぶき"のように，この水位を基準として熱励起によって跳ね上がり，その後に正孔を残すと考えればよい．

　図 1.20 の左に示すように，不純物を含まないシリコン結晶（「i 型」と書く）では伝導電子と正孔の数が等しく，フェルミエネルギーはバンドギャップのほぼ中間に位置する．このときのフェルミエネルギーを特に "ε_i" と書き，「真性フェルミエネルギー」という．そして図 1.20 の中央に示す p 型シリコン結晶では伝導電子よりも正孔の方が多く，フェルミエネルギーは i 型よりも低い（水位が低い）．一方，図 1.20 の右に示す n 型シリコン結晶では伝導電子の方が正孔よりも多く，フェルミエネルギーは i 型よりも高い（水位が高い）．

　このようにフェルミエネルギーはシリコン結晶に導入した不純物の種類と濃度によって変化する．水しぶきの量は水位（水面）から離れるに従って急激に減少する．また，温度が高いと水しぶきはより激しくなる．このことから，水しぶきの量（電子濃度）は水位（フェルミエネルギー）の変化によって図 1.21 の式 (1.5) のような依存性を示す．

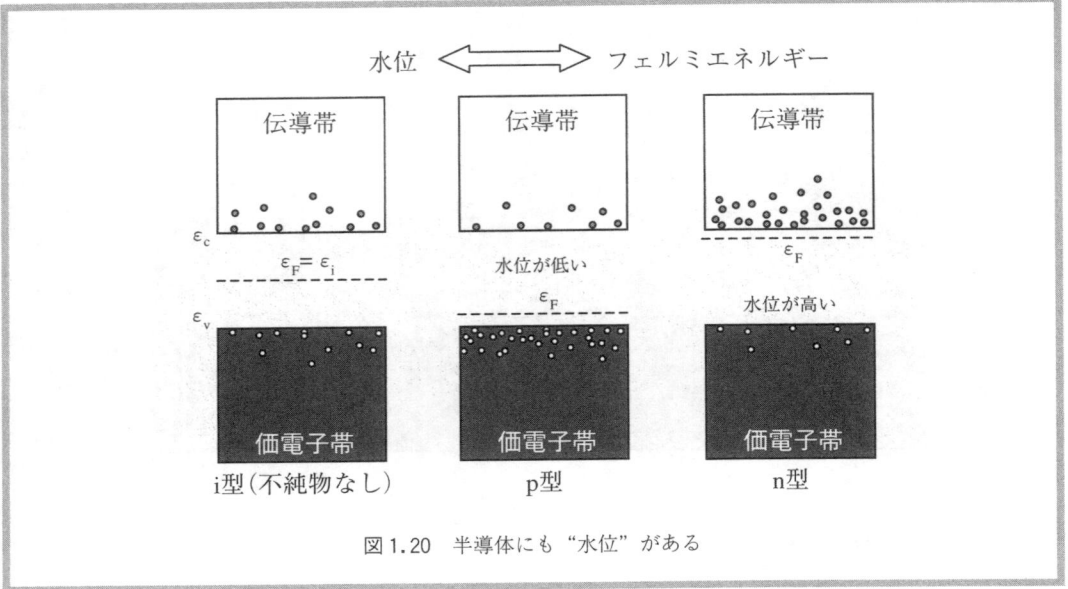

図1.20 半導体にも"水位"がある

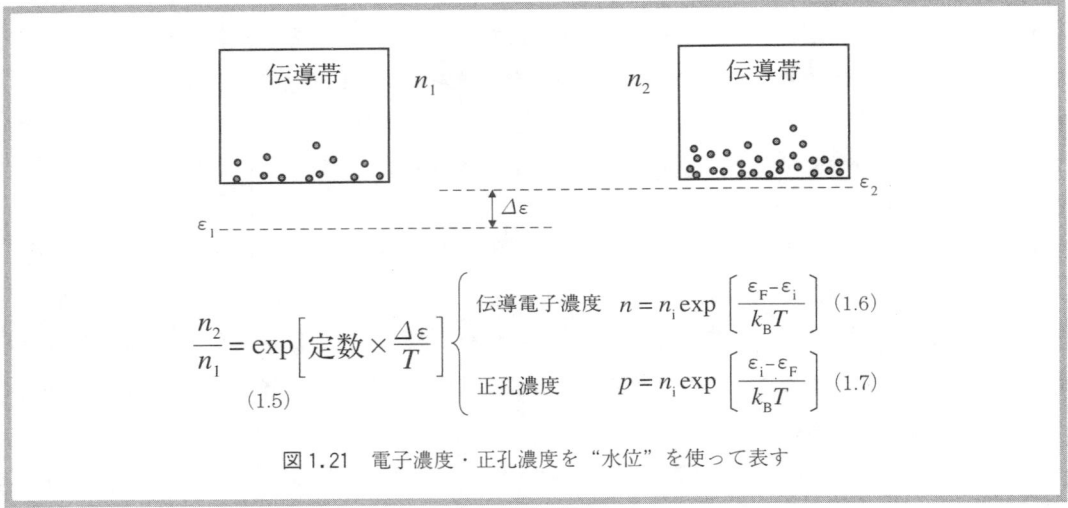

図1.21 電子濃度・正孔濃度を"水位"を使って表す

　実際，フェルミエネルギー ε_F のシリコン結晶中の伝導電子濃度 n は，i 型（真性）シリコン結晶のフェルミエネルギー ε_i とキャリア濃度（真性キャリア濃度）n_i を用いて式（1.6）のように表される．同様にして，正孔濃度は式（1.7）のように書ける．これらの式を用いれば，シリコン結晶中のフェルミエネルギーが与えられると伝導電子濃度，正孔濃度を計算することができる．これらの式はシリコン結晶の電気的性質を定量的に計算する際に欠かせない関係式である．さらに，式（1.6），（1.7）より $np = n_i^2$ となることも記憶にとどめてほしい．

1.2 シリコン結晶中でのキャリアの移動

前節まででシリコン結晶中の電子・正孔濃度の様子を一通り見てきたので，本節ではこれらがシリコン結晶中でどのように移動するのかをミクロ・マクロ両方の視点から見ていくことにしよう．

1.2.1 ミクロな視点から見た電気伝導現象　〜キャリアの散乱メカニズム〜

まずシリコン結晶中の伝導電子の挙動をミクロな視点から見てみよう．

第1節で述べたように，シリコン結晶中では伝導電子は平均的に $3k_BT/2$ の運動エネルギーを持って動き回っている（図 1.22）．ただし T はシリコン結晶の温度をK（ケルビン）で表したものである．この運動エネルギーを持った電子は結晶中で 10^5 m/s（1秒間に100 km）もの高速で走行している．これは温度だけで決まる電子の平均速度なので「熱速度」とよばれる．電子は熱速度で結晶中を走り回っているが，実はほんの 10 nm（1億分の1 m）程度走行するうちに散乱を受けて（つまり何者かと衝突して）進行方向を変えてしまう．このような散乱過程は以下の3つに分類される．

1. フォノン（格子振動）散乱
2. イオン化不純物散乱
3. 衝突イオン化散乱

以下，それぞれについて説明しよう．

1. フォノン（格子振動）散乱

絶対零度では，シリコン結晶中の各原子は最も安定なダイヤモンド構造の各点（「格子点」と

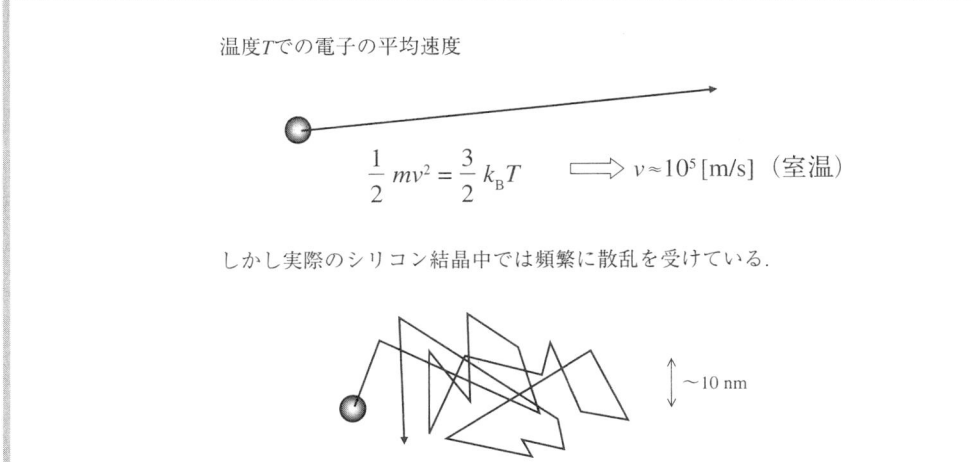

図 1.22　シリコン結晶中の電子の運動

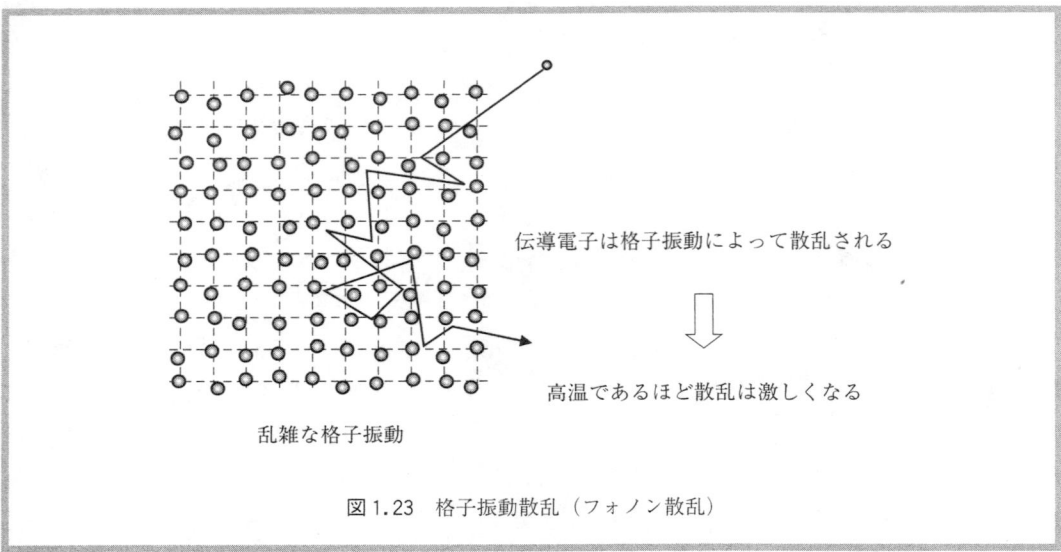

図1.23　格子振動散乱（フォノン散乱）

いう）に位置している．ところが温度が上昇すると，各原子は熱エネルギーを得て図1.23のように格子点の周りでバネ（原子間力）に繋がれたまま熱振動をする．このような振動はシリコン結晶のネットワークをブルブルと振動させ，その間をすり抜けて移動する伝導電子の運動を妨げる．これが「格子振動散乱＝フォノン散乱」である．原子振動の振幅が大きくなる高温ではフォノン散乱も増加する．

この様子を2次元的な絵に描くと図1.24のようになる．

電子は格子振動の作る"揺れる地面"の上を転がる"水滴"であり，押し寄せる揺れによって

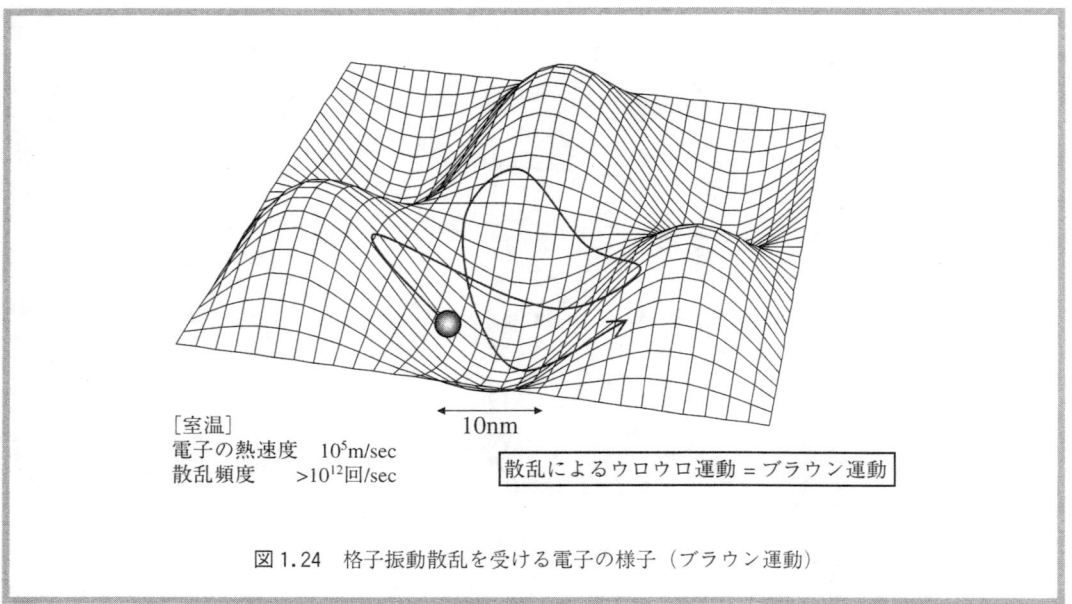

図1.24　格子振動散乱を受ける電子の様子（ブラウン運動）

水滴の針路は大きく変わる＝散乱される．この地面は温度が上昇するほど激しく揺れるので，それに従って水滴もより頻繁に散乱を受けるのである．室温ではシリコン結晶中の伝導電子は 10^5 m/sec（1秒間に100 km）程度の速度で動いているが，散乱頻度も 10^{12} 回／秒以上になっており，結果的に電子は数10 nm走行するたびに散乱を受けることになる．このランダムなウロウロ運動は「ブラウン運動」とよばれ，シリコン結晶中の全ての電子がこのようなブラウン運動をしながら動き回っている．この図では静止している地面のデコボコで電子が散乱されているように描かれているが，実際には地面のデコボコも刻一刻変化しており，電子は"動くデコボコ"によって散乱されることを忘れてはならない．

　余談であるが，このブラウン運動は，スコットランドの植物学者ブラウンが水に浮かぶ微粒子のランダム運動を顕微鏡で観測したことから名付けられたものである．多数の粒子のブラウン運動が巨視的な拡散現象となることはよく知られている．

2. イオン化不純物散乱

　結晶中の電子は格子振動によって散乱されるだけでなく，ドナーやアクセプタ・イオンとのクーロン相互作用によっても散乱を受ける．

　図1.25には電子が正電荷のドナーイオン近傍を走行する際にクーロン力を受けてその方向が変化する様子を示している．このイオン化不純物原子とキャリアとの相互作用による散乱は「イオン化不純物散乱」とよばれる．不純物原子が高濃度で存在する領域では散乱を引き起こす原因となるドナーイオンの数が多く，電子も頻繁に散乱を受ける．この傾向は低温ほど顕著に現れる．これは低温では電子の熱速度が遅いためドナー・イオンと相互作用する時間が長く，散乱の過程で電子の進行方向が大きく変わるためである．逆に，高温では電子の速度が大きく，イオン化不純物散乱の影響は小さくなる．

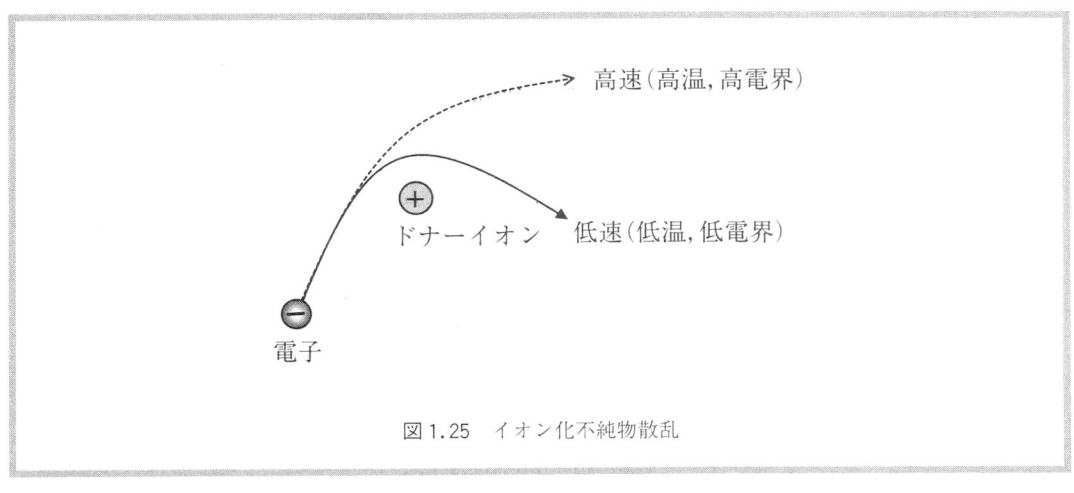

図1.25　イオン化不純物散乱

3. 衝突イオン化散乱

シリコン結晶中の伝導電子は，結晶中で動き回っている間に結合ネットワークの価電子に衝突することがある．このときに伝導電子がバンドギャップエネルギー以上のエネルギーを持っていると，伝導電子は価電子にエネルギーの一部を与え，価電子が伝導帯に励起される現象が起こる．これは「衝突電離＝インパクトイオン化現象」とよばれる．伝導電子はインパクトイオン化によって進行方向を変えるので，これも一種の散乱過程として取り扱われる．

図1.26はこの状況を模式的に示しており，高エネルギーの伝導電子（A）が価電子と衝突する

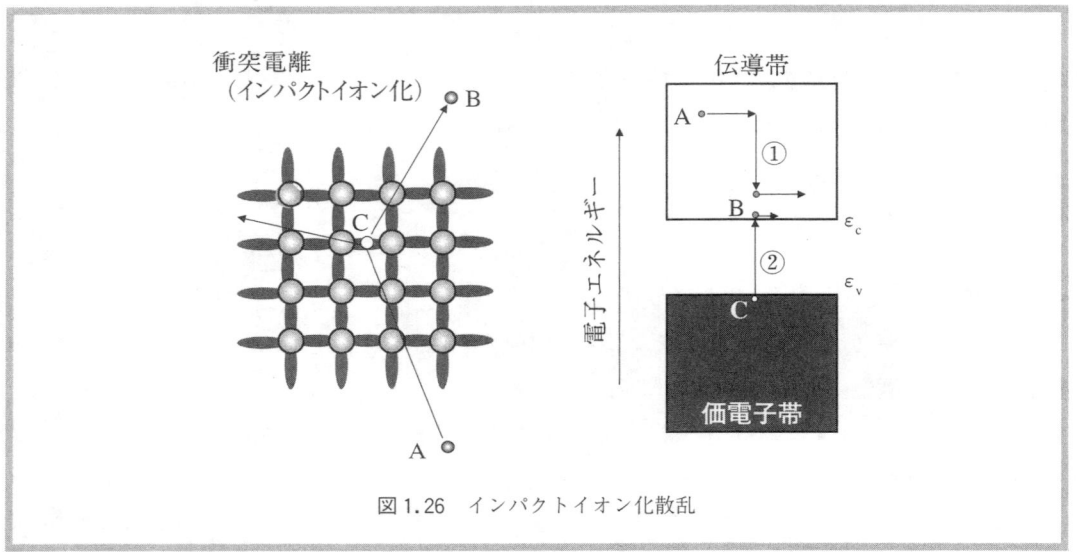

図1.26 インパクトイオン化散乱

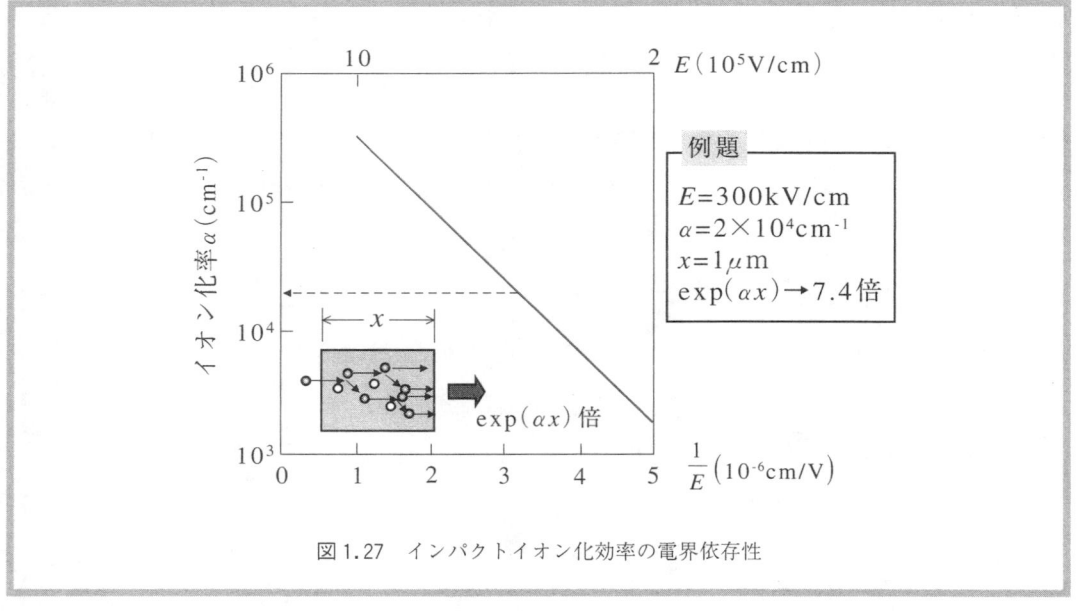

図1.27 インパクトイオン化効率の電界依存性

ことで，価電子が電子（A）から運動エネルギーを得て伝導帯に励起され，正孔（C）を残して伝導電子（B）となる様子を表している．このときエネルギー保存則から，電子（A）の運動エネルギーの低下量（①）が価電子に渡された励起エネルギー（②）に等しくなる．

このような高エネルギーの電子は通常ほとんど存在しないが，シリコン結晶に高い電界を印加すると多数発生する．高電界中を走行する電子は電界から高いエネルギーを得て，インパクトイオン化を引き起こす．高電界中の1つの電子が単位距離走行する間に生成する電子・正孔対の発生数を「インパクトイオン化率」という．インパクトイオン化率は，図1.27に示すように，電界Eの逆数に対して指数関数的に増加することが実験的に知られている．たとえば300 kV/cmの電界中でのイオン化率は$2\times10^4 \mathrm{cm}^{-1}$であり，1個の電子が$1\mu\mathrm{m}$移動する間に約7.4個の電子・正孔対が発生する．

1.2.2 マクロな視点から見た電気伝導現象　〜ドリフト・拡散現象〜

ここまではミクロな視点からキャリアの輸送現象について説明してきたが，以下では視点を変えてマクロな電気伝導機構について考えてゆくことにしよう．

キャリアの輸送現象をマクロに見たとき，主に以下の2つのメカニズムに分類することができる．

1. 拡散
2. ドリフト

以下それぞれについて説明する．

1. 拡散現象

図1.28に示すように，コーヒーの中にミルクを入れるとミルクは徐々にコーヒーカップの中

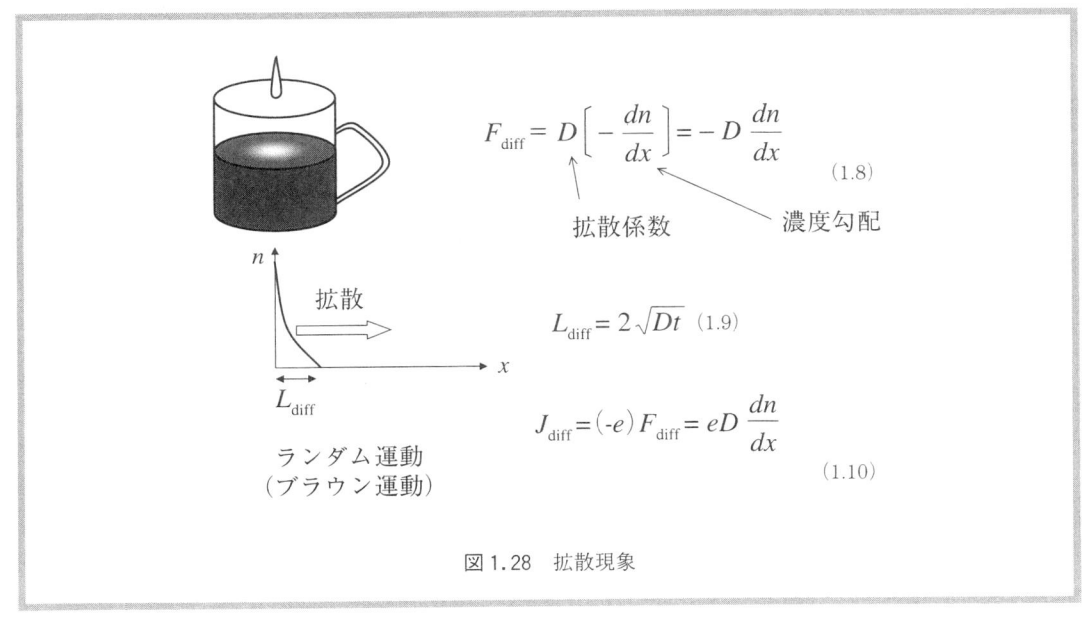

図1.28　拡散現象

にひろがり，じゅうぶん時間がたつとコーヒー牛乳になる．これはコーヒーの中で牛乳の分子が「拡散」するからである．この拡散は，牛乳成分の分子が熱速度で動きながら散乱を受けてブラウン運動をする間にどんどんコーヒー中に拡がっていく現象をマクロな視点で見たものに他ならない．

シリコン結晶中の伝導電子についても同様の現象が起こる．シリコン結晶のある一点に伝導電子を多量に注入すると，その伝導電子は濃度勾配に従って徐々に周囲に拡散していく[†]．このとき伝導電子を注入した点を原点として座標軸 x をとると，この拡散による粒子流束（単位時間あたりに単位断面積を通過する粒子数）は式 (1.8) のように表される．ここで括弧は伝導電子の濃度勾配の大きさであり，D は「拡散係数」とよばれる散乱メカニズムと温度のみに依存する量である．

この拡散による粒子流束を数値的に解いて等濃度線の拡がりの範囲 L_{diff} を計算すると式 (1.9) で表されるように時間の平方根に比例して拡がってゆく．ただし，t は拡散開始からの経過時間である．

このような拡散現象によって生じる伝導電子の流れは電界の有無には全く関係なく生じ，式 (1.10) のような局所的な電流密度を生じさせる．拡散電流はシリコン結晶中に濃度勾配があるときにだけ生じる電流である．

2. ドリフト現象

シリコン結晶中の1つの電子に注目すると，この電子はブラウン運動をしながらある領域でウロウロしており，マクロに見るとどっち向きにも進んでいないように見える．ところが電界を印加すると，電子はブラウン運動でウロウロしながらも徐々に電界によって流されていく．この現象を「ドリフト」とよぶ．"ドリフト"とは英語の"drift"に由来しており，"漂流する""流される"といった意味である．

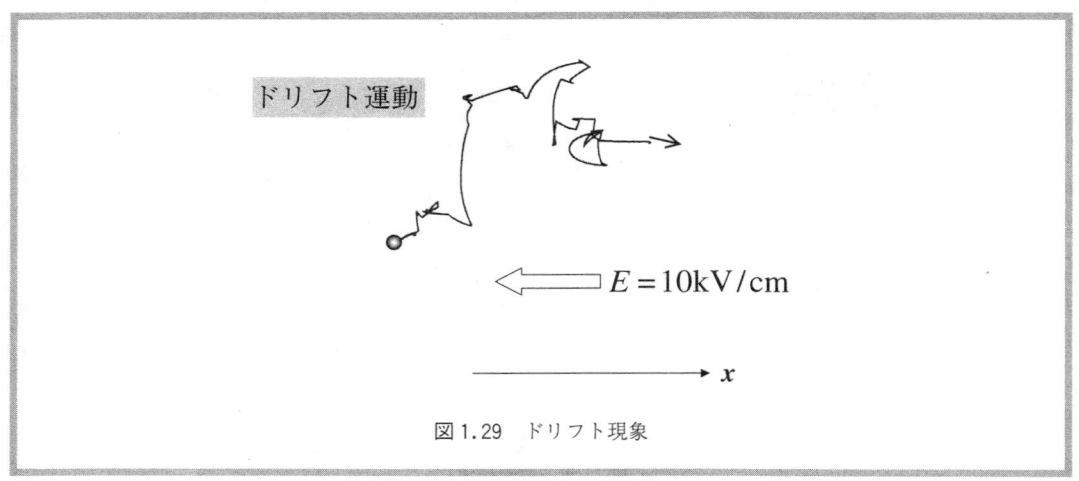

図1.29　ドリフト現象

[†] 説明を簡単にするため，ここでは伝導電子の電荷による相互作用を考慮しない．

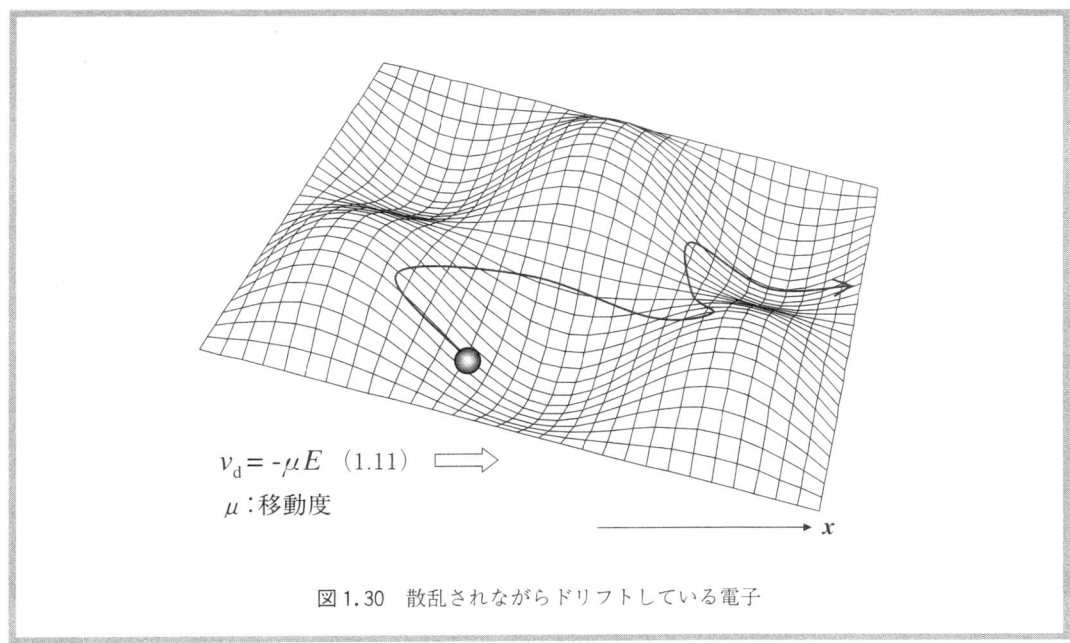

図1.30 散乱されながらドリフトしている電子

　図1.29に示す例では，10 kV/cmの電界に置かれた電子がフォノン散乱を受けながら電界とは逆の方向に移動している．低温だと散乱を引き起こすフォノンの数が減るので散乱頻度が小さくなり，電子は電界方向に流れやすくなる．

　この様子を2次元的な絵で表現すると図1.30のようになる．

　前述したように，伝導電子は格子振動の作る"揺れる地面"の上を転がる"水滴"である．ここでは電界によって地面そのものが傾斜しているために，水滴は図のようにウロウロしながらも傾斜の方向へ流されていく．

　この電子の平均移動速度を「ドリフト速度」とよびv_dで表す．電子は負の電荷を持った荷電粒子なので，ドリフト速度は電界Eとは逆向きである．さらに，比較的低い電界の下ではドリフト速度は電界に比例することが実験的に確認されている（実はこれがオームの法則である）．この電界とドリフト速度を結ぶ比例係数μは「移動度」（本によっては「易動度」と書いているものもある）とよばれ，電界によって電子がドリフトで移動するしやすさを表す重要な指標である．

　以上から，ドリフト速度は式（1.11）のように書くことができる．ただし式中のマイナス符号は電子のドリフト速度（ベクトル）が電界（ベクトル）とは逆向きであることを反映したものであり，正孔の場合には符号はプラスとなる．

　図1.31は室温におけるシリコン結晶中の電子と正孔の移動度μをドーパント濃度の関数として示したものである．

　この実験は比較的低い電界で行われているので，前述した3つの散乱メカニズムのうち，インパクトイオン化散乱は生じていない．したがってここでの散乱メカニズムはフォノン散乱とイオ

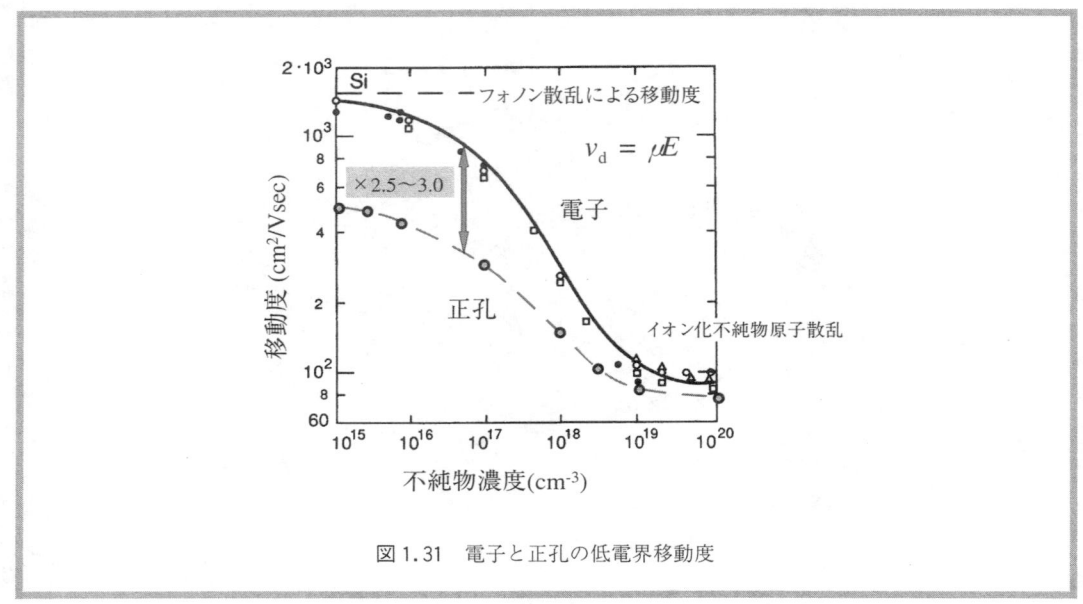

図 1.31　電子と正孔の低電界移動度

ン化不純物原子散乱のみである．まず不純物原子濃度が十分低いときには，主要な散乱メカニズムはフォノン散乱であり，移動度はフォノン散乱メカニズムによって支配される値となる．一方，不純物原子濃度が高くなるとイオン化不純物原子散乱がフォノン散乱よりも顕著になり，移動度はイオン化不純物原子散乱によって決定される値へと近づいていく．

ちなみに，図 1.31 から電子の移動度は正孔の移動度に比べ約 2.5 倍程度高い値になっていることがわかる．これは同じ濃度の不純物が導入されたn型シリコンとp型シリコンを比べると，n型シリコンの方が抵抗が低いことを示している．CMOS 集積回路などではnチャネル MOSFET とpチャネル MOSFET の駆動力を等しくするために，回路設計で電子と正孔の移動度の違いが考慮されてデバイス寸法が決められる．

実際の半導体デバイス中では電界が存在するため，拡散電流とドリフト電流は同時に発生する．図 1.32 は電界 E を印加した結晶中の一点に多数の電子を注入した後の電子群の挙動を示したものである．電子の集団運動の"中心"は電界によってドリフトし，同時にその中心から周囲へ拡散する．このような複合的な現象は「ドリフト拡散現象」とよばれ，半導体デバイスの動作原理を理解する上で最も基本的なキャリア輸送現象である．

"拡散のしやすさ"の指標である拡散係数と"ドリフトのしやすさ"の指標である移動度との間には深い相関がある．実際に，拡散係数 D と移動度 μ との間には図 1.33 の式（1.12）に示すアインシュタインの関係式が成り立つ．ただし k_B はボルツマン定数，e は素電荷量（1.6×10^{-19} クーロン）である．これは，拡散現象もドリフト現象も結局のところ"キャリアの散乱度合い"によってその程度が決まるからである．

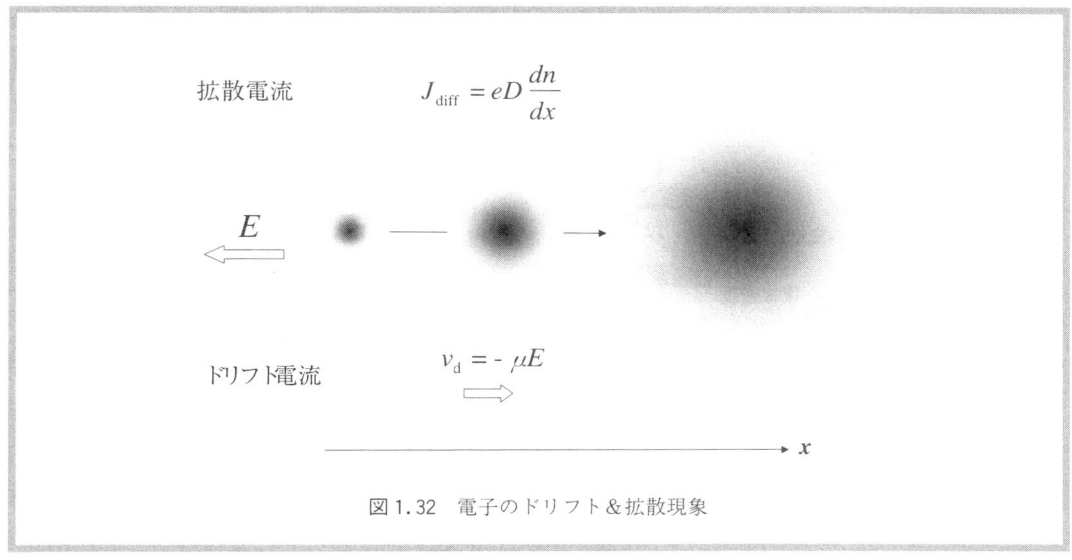

図1.32 電子のドリフト＆拡散現象

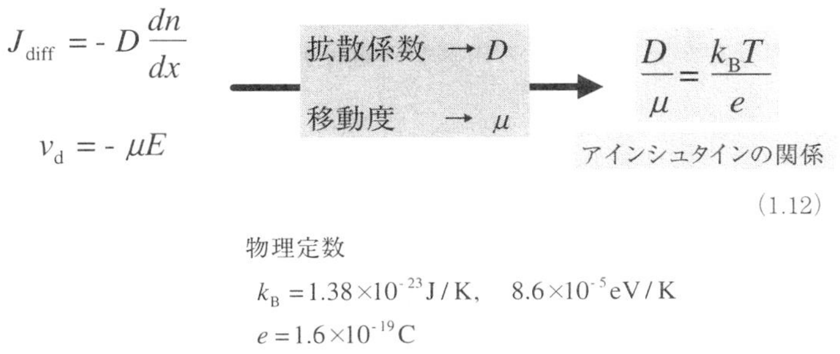

図1.33 拡散とドリフトの類似性

1.2.3 半導体中の電気伝導を記述する基本方程

最後にこの節の締めくくりとして，半導体デバイスを理解する上で必要な数式を体系的に整理し，第2章以降でのデバイスの電気的性質の解析に用いる基本式の一覧表を作っておこう．

ここで登場する基本式は次章以降の半導体デバイスの動作を理解する上で必須なものである．逆に，デバイス動作を理解するにはこれらの基本式さえ理解しておけば十分である．第2章以降へ進んだ後も，自分が何を計算しているのか見失ってしまったときにはいつでもここへ戻り，何度も見直して数式と物理イメージをうまくリンクさせるように心がけてほしい．

1. ポアソンの式

まず1つ目の基本式は「ポアソンの式」である．

これは電磁気学の基本方程式の1つであり，図1.34に示されているように，微小領域周辺か

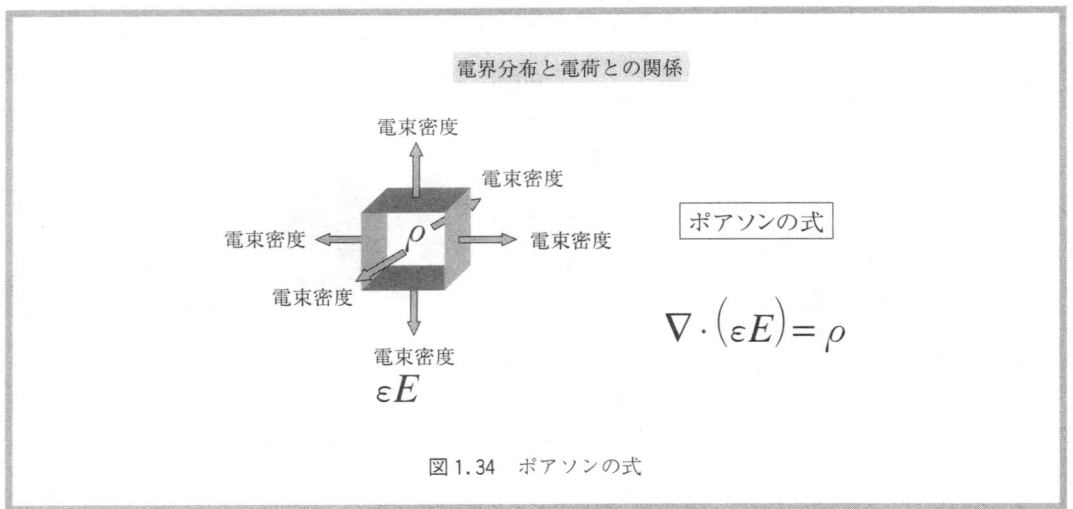

図1.34 ポアソンの式

ら外に向かって出てゆく電束密度 εE と領域内にある電荷密度 ρ との関係を記述する．この式は，半導体中の電荷（ドナー，アクセプタ）分布が与えられたときのデバイス中での電界分布を求める際に使用する極めて重要な式である．さらに電界 E は電位 ϕ と $E=-\nabla\phi$ の関係で結びつけられているので，電界分布を元にデバイス内部での電位分布も計算することができる．

2. 電流密度の式

2つ目の基本式は「電流密度の式」である．

半導体中のキャリア輸送現象はドリフト拡散現象によって表されることを前説で述べた（図1.35）．拡散に起因する電子電流密度 J_n は電子の濃度勾配に比例し，式（1.13）で示される．一

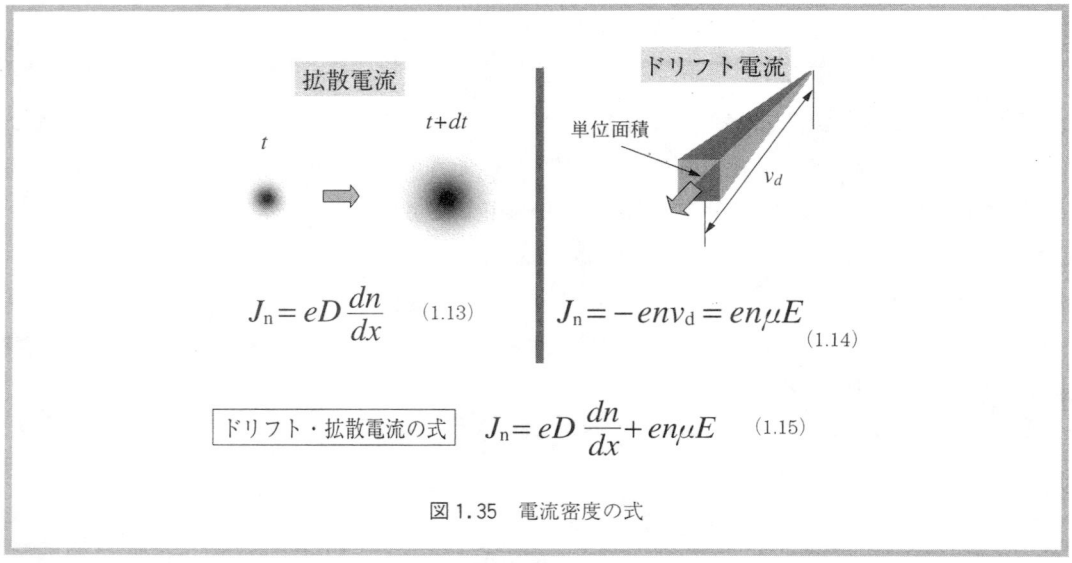

図1.35 電流密度の式

1.2 シリコン結晶中でのキャリアの移動

方ドリフトに起因する電子電流密度は電子のドリフト速度に比例し式（1.14）で与えられる．したがって，ドリフト拡散電流は式（1.15）によって与えられる．特に，電子濃度がそれほど高くないときには，拡散現象とドリフト現象を結びつける移動度 μ と拡散係数 D との間にはアインシュタインの関係式が成り立っている．

3. 粒子数保存の式

3つ目の基本式は「粒子数保存の式」である．

シリコン結晶中の微小領域に注目し，この中にもともと n 個の粒子があるとする（図1.36）．そこに単位時間あたり10個の粒子が流入すると同時に8個の粒子が流出すると，結果的にこのなかにある粒子数は $n+2$ 個に増えているはずである．これは式（1.16）のように表すことができる．この式の左辺は"時間 dt の間にこの微小領域（断面積 dA，長さ dx）中で増加した粒子数"を表し，右辺は"時間 dt の間に断面積 dA を通してこの微小領域に流入した粒子数"を表している．

式（1.16）を変形して微分形に書き直すと式（1.17）のようになり，粒子流束 F を電流密度 J_n によって書き換えると式（1.18）のように表される．

しかし，場合によってはキャリア数（粒子数）が保存されないこともある．

たとえば半導体を高温にすると価電子が励起されて伝導電子になるように，熱によって新たに電子・正孔対が発生する．また逆に，図1.37のように結晶中の欠陥（「捕獲中心」とよぶこともある）を媒介として伝導電子が正孔と再結合して消滅することもある．

このように実デバイス中では伝導電子が熱励起や再結合によって発生・消滅するのである．したがってこのような粒子の「生成・再結合」のメカニズムを粒子数保存の式に反映しなければな

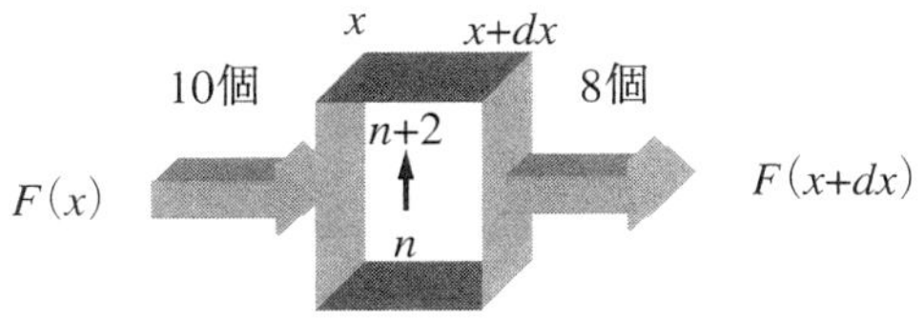

$$[n(t+dt)-n(t)]dA\,dx = [F(x)-F(x+dx)]dA\,dt \quad (1.16)$$

粒子数保存の式

$$\frac{\partial n}{\partial t} = -\frac{dF}{dx} \quad (1\text{次元})$$
$$= -\nabla \cdot F \quad (3\text{次元})$$
$$(1.17)$$

$$\frac{\partial n}{\partial t} = -\frac{d\left(\frac{1}{-e}J_n\right)}{dx} = \frac{1}{e}\nabla \cdot J_n \quad (1.18)$$

図1.36 粒子数保存の式

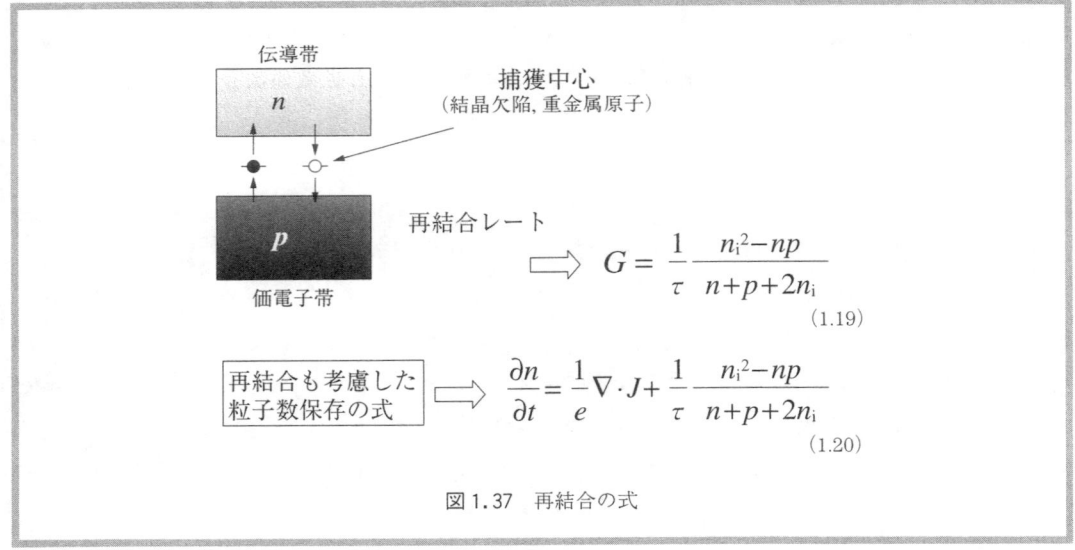

図1.37 再結合の式

らない．

　伝導電子と正孔の生成・再結合（消滅）プロセスは，伝導電子濃度 n や正孔濃度 p に依存する．具体的な式の導出は省略して結果だけを示すと，単位体積中で単位時間あたりに生成・再結合プロセスで生じる伝導電子数（正孔も同じだけ生成・消滅する）は式 (1.19) で表される．ここで τ は「キャリア寿命」とよばれる時間の単位を持つ量であり，キャリアが再結合せず生き残る"寿命"を表している．したがって τ が小さいほどキャリアの寿命は短く，再結合によって消滅しやすいのである．キャリア寿命はシリコン結晶中に含まれる捕獲中心の種類や密度，温度に依存する．この式は生成・再結合の両方を表しており，G が正であればそこでは伝導電子（と正孔）が生成されることを示し，負であれば伝導電子（と正孔）が消滅することを示している．言い換えると，外部からキャリアを注入しなければ（熱平衡状態では）シリコン結晶中の伝導電子濃度 n と正孔濃度 p の積は n_i^2 となる．この生成・消滅項を式 (1.18) に加えると，粒子の

ポアソンの式	$\nabla \cdot (\varepsilon E) = \rho$	
	電　子	正　孔
キャリア濃度	$n = n_i \exp\left(\dfrac{\varepsilon_F - \varepsilon_i}{k_B T}\right)$	$p = n_i \exp\left(\dfrac{\varepsilon_i - \varepsilon_F}{k_B T}\right)$
電流密度	$J_n = en\mu_n E + eD_n \nabla n$	$J_p = ep\mu_p E - eD_p \nabla p$
粒子数保存	$\dfrac{\partial n}{\partial t} = \dfrac{1}{e}\nabla \cdot J_n + \dfrac{1}{\tau}\dfrac{n_i^2 - np}{n + p + 2n_i}$	$\dfrac{\partial p}{\partial t} = \dfrac{1}{e}\nabla \cdot J_p + \dfrac{1}{\tau}\dfrac{n_i^2 - np}{n + p + 2n_i}$

熱平衡下では $np = n_i^2$

図1.38　半導体中の電気伝導を記述する基本式

生成・再結合プロセスも考慮した完全な形の粒子数保存の式（1.20）が得られる．

以上ここまで述べてきた半導体中の電子分布および電流分布を記述する際に使われる基本的な式を図 1.38 に整理した．

以下の章ではこれらの式を用いて半導体デバイスの電気伝導について述べる．

演習問題

1.1 シリコン原子の原子量は 28 である．この原子がアボガドロ数（6×10^{23} 個）集まると 28 g になる．シリコン結晶の比重が 2.3 g/cm^3 であるとすれば，単位体積（cm^3）当たりのシリコン原子の数は何個になるか計算せよ．

1.2 原子番号 14 のシリコン原子 1 個には何個の電子があるか．それらを 2 種類に分類したときの名称を記せ．

1.3 アボガドロ数（6×10^{23} 個）と原子量 28 を用いてシリコン原子 1 個の質量を求めよ．

1.4 下記の文章中の [ ] 中に適当な語句，数字を入れよ．

　　p 型シリコン基板中のボロン(B)原子は最外核に [① （数字）] 個の電子を持っている．この元素はシリコン基板から電子を受けとって周囲のシリコン原子と結合して結晶中に取りこまれるので，[②　　] とよばれている．この元素はシリコン結晶中では電気的に [③ 正？　負？] のイオンとなる．一方，As（砒素）や P（リン）のような原子はシリコン結晶中で [④　　] とよばれている．

1.5 下記の文章中の [ ] 中に適当な語句，数字を入れよ．

　　n 型シリコン基板には最外核に [① （数字）] 個の電子を持つ元素が溶けこんでいる．この元素はシリコン基板に電子を供給する役目を持っているので，[②　　] とよばれている．この元素はシリコン結晶に取りこまれると電気的には [③ 正？　負？] となる．

1.6 室温での真性キャリア濃度は 10^{10} cm^{-3} である．リン原子を 10^{18} cm^{-3} 溶かしたシリコン基板中の電子濃度 n と正孔濃度 p を計算せよ．

1.7 電子の質量を 9×10^{-31} kg，ボルツマン定数を 1.4×10^{23} J/K としたとき，室温での自由電子の平均熱速度を求めよ．

1.8 抵抗率 $\rho = 10$ Ωcm の半導体棒（断面積 $S = 1$ cm^2，長さ $L = 1$ m）の抵抗 R を求めよ．

1.9

(1) シリコン結晶中の電子の移動度 μ が 1,000 cm^2/Vsec であるとしたとき，電子の拡散係数 D を求めよ．

(2) 電子の濃度が 100 μm の距離で 10^{17} cm^{-3} 変化しているとき，拡散によって運ばれる電流密度を計算せよ．

(3) 上記の半導体に電界 $E = 1$ kV/cm を印加した場合，電子のドリフト速度はいくらか．

(4) 上記の n 型半導体中の電子の濃度が 10^{16} cm^{-3} であるとき，単位面積当たり通過する電荷量（電流密度）はいくらか．

(5) 上記の n 型半導体中ので正孔の濃度はいくらか．ただし，真性キャリア濃度 $n_i = 10^{10}\,\mathrm{cm}^{-3}$ とする．

1.10 拡散係数 D を持つ多数の粒子を一箇所に置くと時間 t 後には，粒子は最初の位置から半径 $L = 2\sqrt{Dt}$ 程度の範囲に拡がるとして，電子が 1 秒間に拡がる距離 L を計算せよ．ただし，電子の拡散係数 D は $30\,\mathrm{cm^2/sec}$ とする．

2 PN接合

この章では半導体デバイスの最も基本的な構造であるPN接合と，それを応用したダイオードの動作原理について解説する．第3章以降で述べる半導体デバイスがPN接合で構成されていることからわかるように，この素子の動作原理はすべての半導体デバイスを理解する上でとても重要である．さらに，第1章の最後に学んだシリコン結晶中でのマクロなキャリア輸送の基本式を応用して，数式の物理的なイメージを獲得するための最良の教材でもある．

2.1 PN接合とは何か

「PN接合」とは"p型半導体とn型半導体が接続されている領域"を表す半導体用語である．このPN接合近傍では金属などとは違った特異な現象が観測される．これが半導体デバイスの多様な機能を生み出している．

本節では，外部から電圧を印加せず，電流が流れない静的な状態（これを「平衡状態」という）のPN接合の物理現象を解説する．外部から電圧を印加して電流が流れる状態（これを「非平衡状態」という）については第2節以降で取り上げる．

2.1.1 PN接合の物理的イメージ

まずは，PN接合の物理的イメージをつかもう．

図2.1はn型シリコン結晶とp型シリコン結晶を並べて図示したものである．

n型領域の中には負の電荷を持った電子（伝導電子）e^-と正の電荷を持ったドナー（固定電荷として丸で囲った＋符号で示す）が多数存在し，p型領域中には正の電荷を持ったホール（正孔）h^+と負のアクセプタが多数存在している(a)．いずれの領域においても正負の電荷量は等しく，電気的にはn型領域，p型領域，ともに中性である(b)．電荷を運ぶ担い手であるキャリアに注目すると，n型領域では伝導電子が，p型領域では正孔が支配的である．そしてn型領域でのフェルミエネルギー ε_F は伝導帯の底 ε_c 近くに位置しており，p型領域でのフェルミエネルギーは価電子帯頂上 ε_v 近くに位置している(c)．

次にこれらのn型，p型半導体を接合するどうなるか考えてみよう．

接合面の両側では「伝導電子」の濃度に大きな差がある．同様に「正孔」の濃度にも大きな落差がある．このためこれら2種類の粒子は，図2.2のように，それぞれの"拡散現象"によって

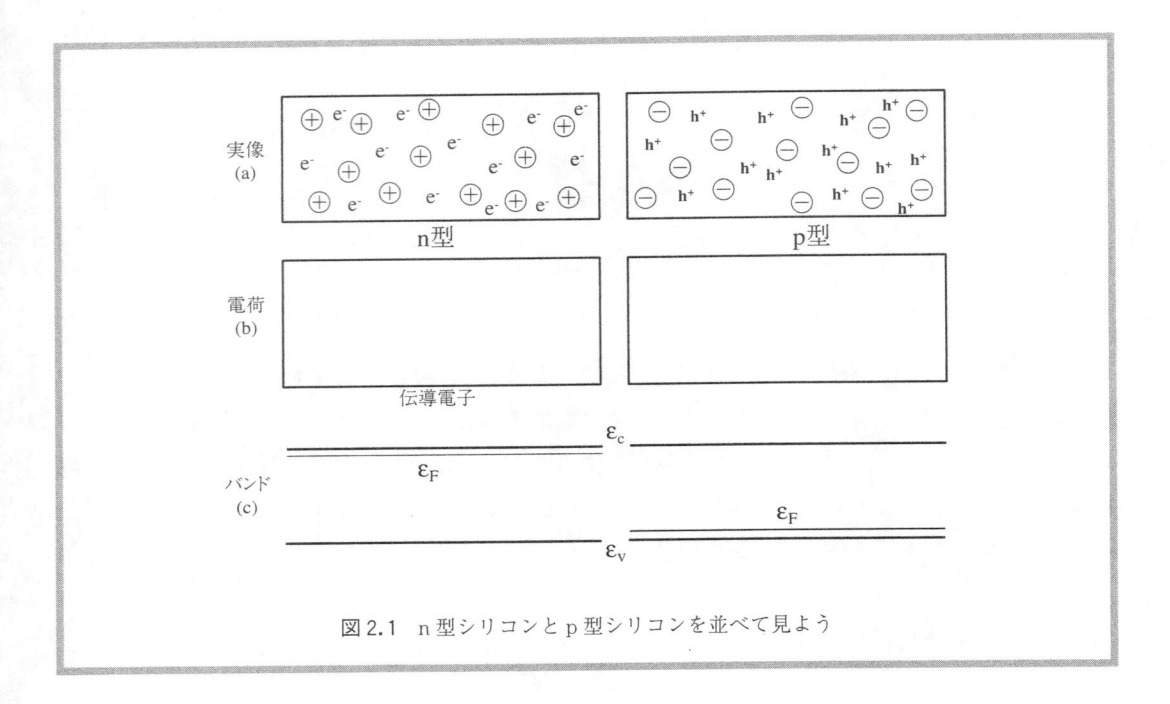

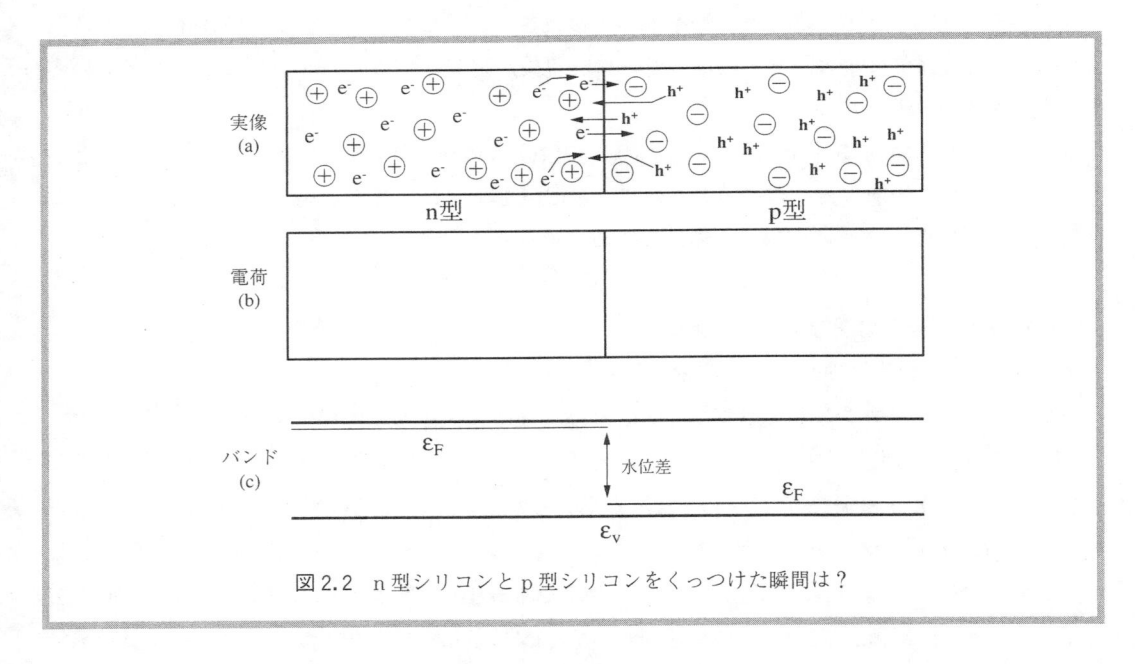

図2.1 n型シリコンとp型シリコンを並べて見よう

図2.2 n型シリコンとp型シリコンをくっつけた瞬間は？

濃度勾配をなくす方向へと移動を始める（正確には，電子と正孔がブラウン運動をする結果として，このように粒子の移動が生じる）．すなわち，n型領域中の伝導電子はp型領域に流れ込み，p型領域中の正孔はn型領域に流れ込むのである．

次にこの拡散現象を図(c)のバンド図で解釈する．水位の異なる2つのシリコン結晶が接触することで，水位の高い方から低い方へ電子（水）が流れ，その逆に正孔（泡）は水位の低い方か

2.1 PN接合とは何か

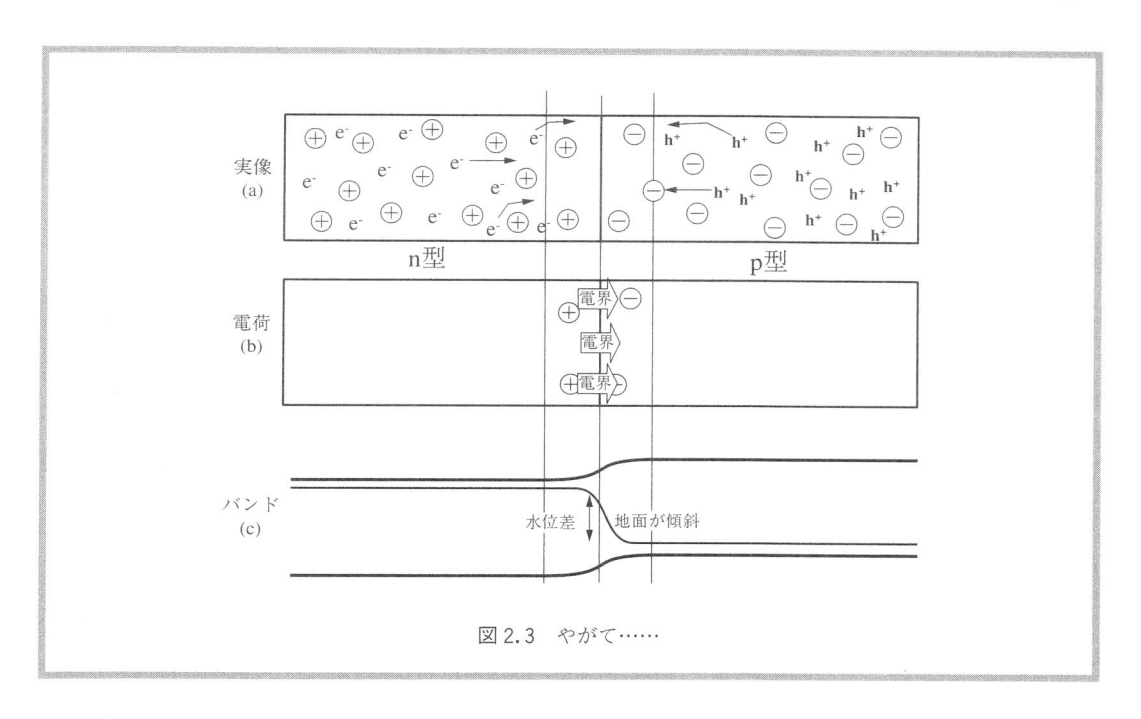

```
          実像
          (a)         n型              p型

          電荷
          (b)

          バンド
          (c)            水位差   地面が傾斜
```

図2.3　やがて……

ら高い方へ流れる．p型領域に迷い込んだ伝導電子は，図2.3のように，やがてp型領域内に多量に存在する正孔と再結合して消滅する．同様にn型領域に流れ込んだ正孔はn型領域内の多量の伝導電子と再結合して消滅する．PN接合面付近では伝導電子，正孔ともに濃度が極端に低くなっており，イオン化したドナー原子とアクセプタ原子が剥き出しになる．この接合面付近では剥き出しになったイオンによって電界が発生する(b)．

図では見やすくするために各イオンのサイズを非常に大きくして少量で表しているが，実際にはイオンは非常に多く存在しているため，この電界は接合面内で一様に発生している．接合面付近に生じる電界はエネルギーバンドに"地面の傾斜"を生み，その結果，接合面での地形は図(c)のようになる．ここではまだ接合領域内でフェルミエネルギー（水位）の差が残っており，伝導電子や正孔の移動はまだ続いている状態にある．

電荷の移動は，図2.4(c)のように，n型領域とp型領域のいたるところでフェルミエネルギー ε_F（水位）が等しくなると終了する．このとき，剥き出しになった電荷分布の図(b)を見ると，n型領域とp型領域の中では電界が存在しないにも関わらず，その接合面付近の遷移層にはイオンによる電界が存在する．この遷移層中の電界によって生じるPN接合内部の電位差を「拡散電位」とよぶ．ここで"拡散"と名付けるのは，この電位差が伝導電子と正孔のさらなる拡散現象を抑えているからである．拡散電位は本書では V_{bi} と書く．この "bi" は "built in voltage" に由来しており，直訳すると"組み込み電位差"となる．バンド図(c)中で縦軸はエネルギーの単位を持つので，この段差は eV_{bi} で表される．

このように，n型領域とp型領域の接合面付近にはn型ともp型ともいえない遷移領域が形成されているのである．

2 PN接合

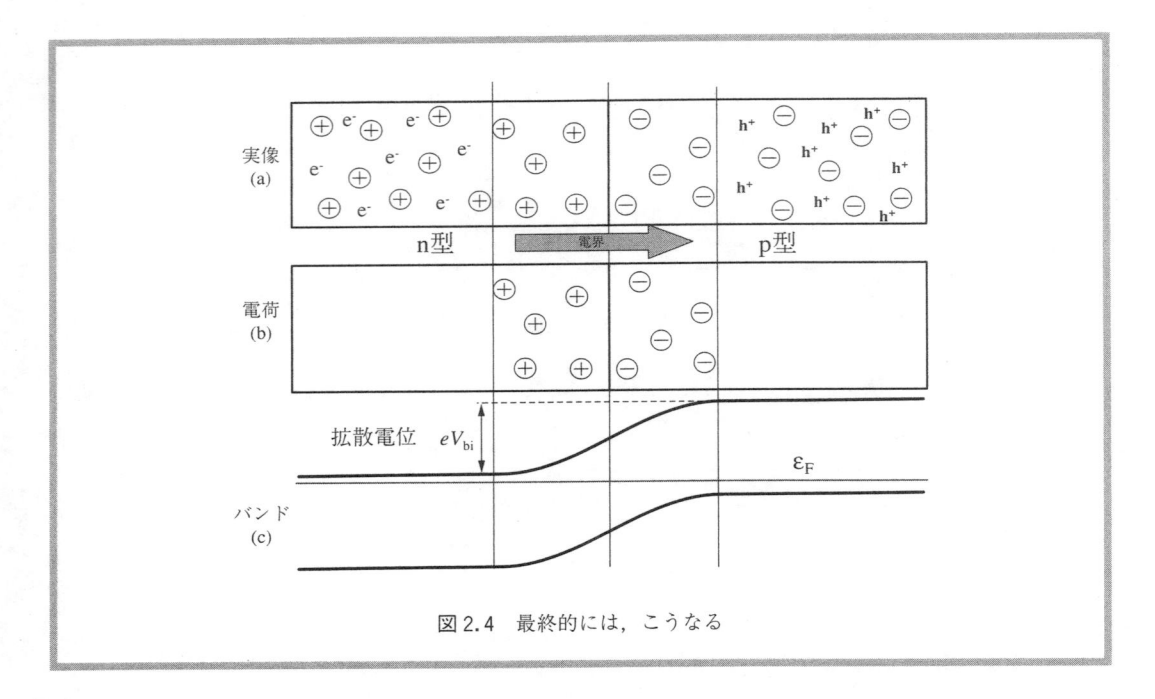

図2.4 最終的には，こうなる

図2.5はPN接合が最終的に落ち着いたときの電子・正孔濃度とバンド図を示したものである．n型領域とp型領域の間に存在する遷移領域では伝導電子，正孔ともにほとんど存在しない．これは拡散電位の作る"土手"によって，伝導電子および正孔が遷移領域に流れ込むことが抑えられているからである．このキャリアが存在しない遷移領域は「空乏層」とよばれる．これは"キ

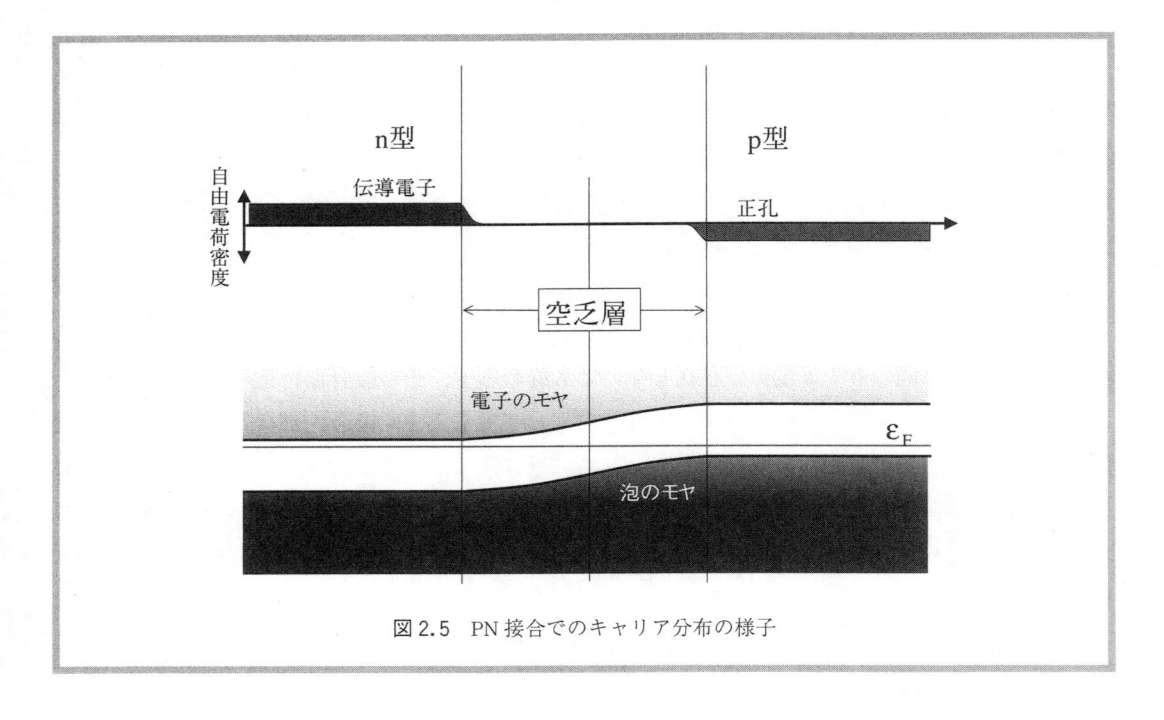

図2.5 PN接合でのキャリア分布の様子

ャリアからっぽ層"といったニュアンスである．ただし，「からっぽ」とはキャリア濃度がゼロであるという意味ではなく"ほとんどいない"という意味であり，実際には空乏層中にも伝導電子や正孔が，水面からわき立つ"モヤ"のようにかすかに存在する．

2.1.2 PN接合を簡単な式で表す

次にPN接合の物理的なイメージを数式で表してみよう．

第1章において，シリコン結晶中の伝導電子濃度および正孔濃度は真性フェルミエネルギー ε_i，キャリア濃度（真性キャリア濃度）n_i，そしてフェルミエネルギー ε_F を用いて記述できることを述べた．

PN接合付近ではシリコン結晶の性質がn型領域からp型領域へと連続的に変化するため，一見すると状況は複雑に思える．しかし，このPN接合を x 軸に垂直に細かくスライスすると，各小片の内部では第1章で見たようにバンドギャップ中のどこかにフェルミエネルギーを持ったシリコン結晶と見なせる．このような準備をすれば，PN接合の任意の位置での伝導電子濃度と正孔濃度は，第1章の式 (1.6)，(1.7) と同様に，図2.6中の式 (2.1)，(2.2) のように表すことができる．

ただしこの場合 ε_i は図中の点線のように位置 x に依存し，フェルミエネルギー ε_F は平衡条件では位置 x に依存しない一定の値である．特にn型領域およびp型領域での伝導電子濃度，正孔濃度は位置によらず式 (2.3)〜(2.6) のように与えられる．ただし ε_{in} はn型領域での，そして ε_{ip} はp型領域での $\varepsilon_i(x)$ の値である．

n型とp型の半導体領域の不純物原子濃度が与えられると，電子と正孔の拡散を押し止める役

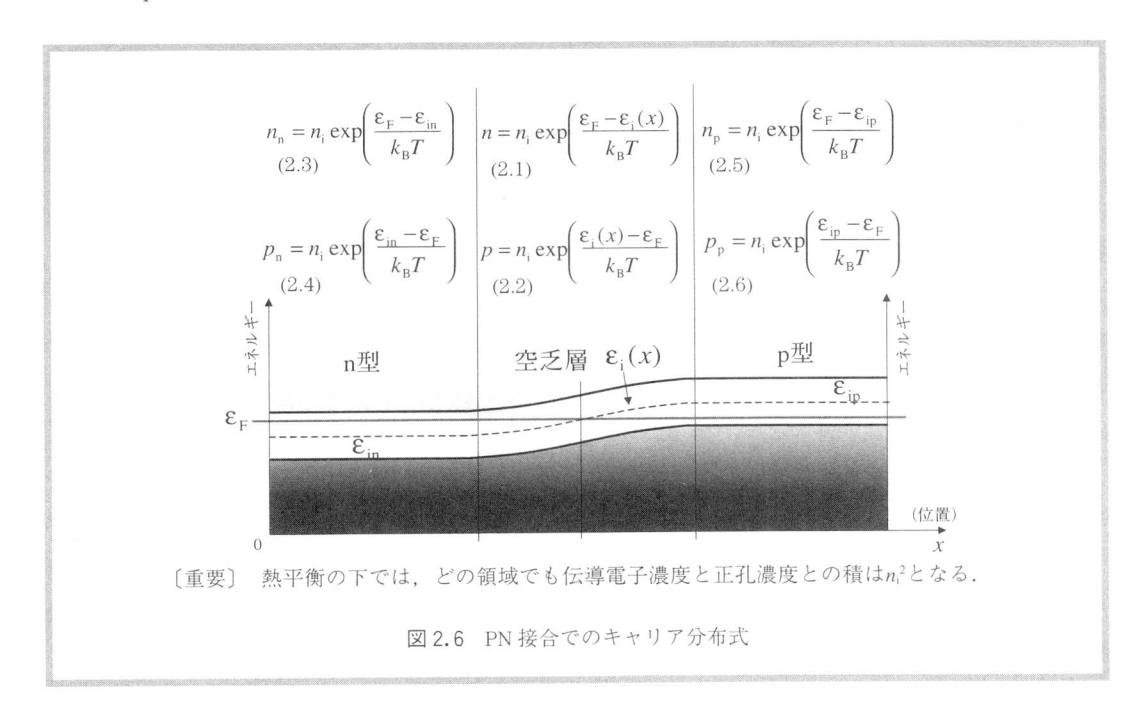

$$n_n = n_i \exp\left(\frac{\varepsilon_F - \varepsilon_{in}}{k_B T}\right) \quad (2.3)$$

$$n = n_i \exp\left(\frac{\varepsilon_F - \varepsilon_i(x)}{k_B T}\right) \quad (2.1)$$

$$n_p = n_i \exp\left(\frac{\varepsilon_F - \varepsilon_{ip}}{k_B T}\right) \quad (2.5)$$

$$p_n = n_i \exp\left(\frac{\varepsilon_{in} - \varepsilon_F}{k_B T}\right) \quad (2.4)$$

$$p = n_i \exp\left(\frac{\varepsilon_i(x) - \varepsilon_F}{k_B T}\right) \quad (2.2)$$

$$p_p = n_i \exp\left(\frac{\varepsilon_{ip} - \varepsilon_F}{k_B T}\right) \quad (2.6)$$

〔重要〕熱平衡の下では，どの領域でも伝導電子濃度と正孔濃度との積は n_i^2 となる．

図2.6 PN接合でのキャリア分布式

n型領域では

$$n_\mathrm{n} = n_\mathrm{i} \exp\left(\frac{\varepsilon_\mathrm{F} - \varepsilon_\mathrm{in}}{k_\mathrm{B} T}\right) = N_\mathrm{D} \quad (2.7)$$

p型領域では

$$p_\mathrm{p} = n_\mathrm{i} \exp\left(\frac{\varepsilon_\mathrm{ip} - \varepsilon_\mathrm{F}}{k_\mathrm{B} T}\right) = N_\mathrm{A} \quad (2.8)$$

$$\varepsilon_\mathrm{in} - \varepsilon_\mathrm{F} = -k_\mathrm{B} T \ln\left(\frac{N_\mathrm{D}}{n_\mathrm{i}}\right) \quad (2.9)$$

$$\varepsilon_\mathrm{ip} - \varepsilon_\mathrm{F} = k_\mathrm{B} T \ln\left(\frac{N_\mathrm{A}}{n_\mathrm{i}}\right) \quad (2.10)$$

$$\varepsilon_\mathrm{ip} - \varepsilon_\mathrm{in} = k_\mathrm{B} T \ln\left(\frac{N_\mathrm{A} N_\mathrm{D}}{n_\mathrm{i}^2}\right) = eV_\mathrm{bi} \quad (2.11)$$

拡散電位の式

$$V_\mathrm{bi} = \frac{k_\mathrm{B} T}{e} \ln\left(\frac{N_\mathrm{A} N_\mathrm{D}}{n_\mathrm{i}^2}\right) \quad (2.12)$$

図2.7 拡散電位 V_bi を計算してみよう

割を果たす拡散電位 V_bi を計算によって求めることができる．ここでは，図2.7を参考にしてこの拡散電位の計算方法について述べることにしよう．

第1章で述べたように，n型領域に存在する伝導電子の大半はドナー（バケツ）から放出されたものである．1つのドナー原子からは1つの伝導電子が供給されるから，ここでの伝導電子濃度はドナー濃度に等しいはずで，式 (2.7) が成り立つ．同様に，p型領域に存在する正孔の大半はアクセプタ（スポンジ）が価電子帯の電子を吸い取ることによって生じたものである．1つのアクセプタ原子は1つの価電子を捕獲し，1つの正孔を供給するので，ここでの正孔濃度はアクセプタ濃度 N_A に等しく，式 (2.8) が成り立つ．

これらの2つの式を変形して整理すると，最終的に式 (2.12) が得られる．この式から，拡散電位はn型領域およびp型領域の不純物原子濃度が高いほど大きいことがわかる．

次にPN接合の空乏層の幅を図2.8を参考にして計算してみよう．そのために使用する式は，第1章で紹介したポアソンの式と，"n型領域に伸びた空乏層で剥き出しになっているドナーイオンの数が，p型領域に伸びた空乏層中で剥き出しになっているアクセプタイオンの数に等しい"という電気的中性条件の2つである．

まずポアソンの式を解いていこう．n型領域に伸びた空乏層中のドナーイオンの密度が N_D であり，その領域に浸み出している伝導電子の"モヤ"は N_D に比べて十分薄いため，ここでポアソンの式 (2.13) が成り立つ．接合部の中央部電位 $V(0) = 0$ V，空乏層端部での電界 $E(-w_\mathrm{n}) = 0$, $E(w_\mathrm{p}) = 0$ の境界条件の下で式 (2.13) を積分すると式 (2.14) が得られる．同様に空乏層中のp型領域でポアソンの式を立てて積分を2回行うと式 (2.15) が得られる．

次に電気的中性条件の式を立てよう．空乏層中では正電荷のドナーと負電荷のアクセプタの総

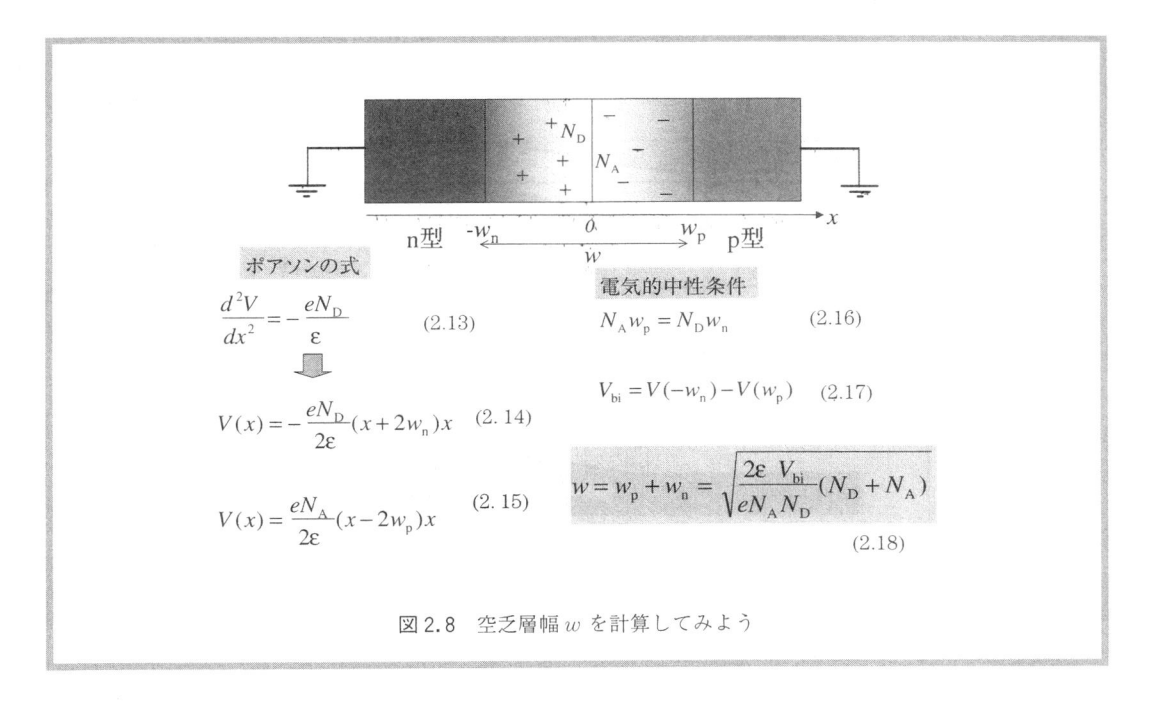

2.2 PN接合の電流電圧特性

ポアソンの式

$$\frac{d^2V}{dx^2} = -\frac{eN_D}{\varepsilon} \quad (2.13)$$

$$V(x) = -\frac{eN_D}{2\varepsilon}(x + 2w_n)x \quad (2.14)$$

$$V(x) = \frac{eN_A}{2\varepsilon}(x - 2w_p)x \quad (2.15)$$

電気的中性条件

$$N_A w_p = N_D w_n \quad (2.16)$$

$$V_{bi} = V(-w_n) - V(w_p) \quad (2.17)$$

$$w = w_p + w_n = \sqrt{\frac{2\varepsilon\,V_{bi}}{eN_A N_D}(N_D + N_A)} \quad (2.18)$$

図2.8 空乏層幅 w を計算してみよう

数が一致しており，外部からは電気的に中性とみなせるため，式 (2.16) が成立する．式 (2.14) (2.15) を式 (2.17) に代入して，式 (2.16) を用いて整理すると，最終的に空乏層の幅 w として式 (2.18) が得られる．この式から，ドナー濃度 N_D がアクセプタ濃度 N_A より十分大きな PN 接合 ($N_D \gg N_A$) を想定すると，空乏層幅 w は濃度の薄い p 型半導体領域側に優先的に伸びることがわかる．つまり PN 接合の空乏層は高濃度不純物原子拡散領域側にはほとんど入らず，低濃度拡散領域に優先的に伸びる．

2.2 PN接合の電流電圧特性

前節ではこの PN 接合で見られる物理現象を静的な状態（平衡状態）に絞って解説した．

本節では，PN 接合に外部から電圧を印加して電流を流す場合（「非平衡状態」とよぶ）を取り上げる．

2.2.1 順方向バイアス

PN 接合の p 型領域に正，n 型領域に負の電圧を印加すると，PN 接合に多量の電流が流れる．この方向に電圧を印加することを「順バイアス」あるいは「順方向バイアス」とよぶ．

ここでは PN 接合に順バイアスを印加したときの電流電圧特性について詳しく見ていくことにする．

外部から電圧を印加しなければフェルミエネルギー ε_F は至る所で一定であり，n 型領域および p 型領域での伝導電子濃度は式 (2.3), (2.5) によって与えられる．

$$w(V) = \sqrt{\frac{2\varepsilon\,(V_{bi}-V)}{eN_A N_D}(N_D+N_A)} \quad (2.19)$$

$$n(w_p) = n_n \exp\left(-\frac{e(V_{bi}-V)}{k_B T}\right)$$
$$= n_p \exp\left(\frac{eV}{k_B T}\right) \quad (2.20)$$

図 2.9 順バイアスを印加する前後の PN 接合

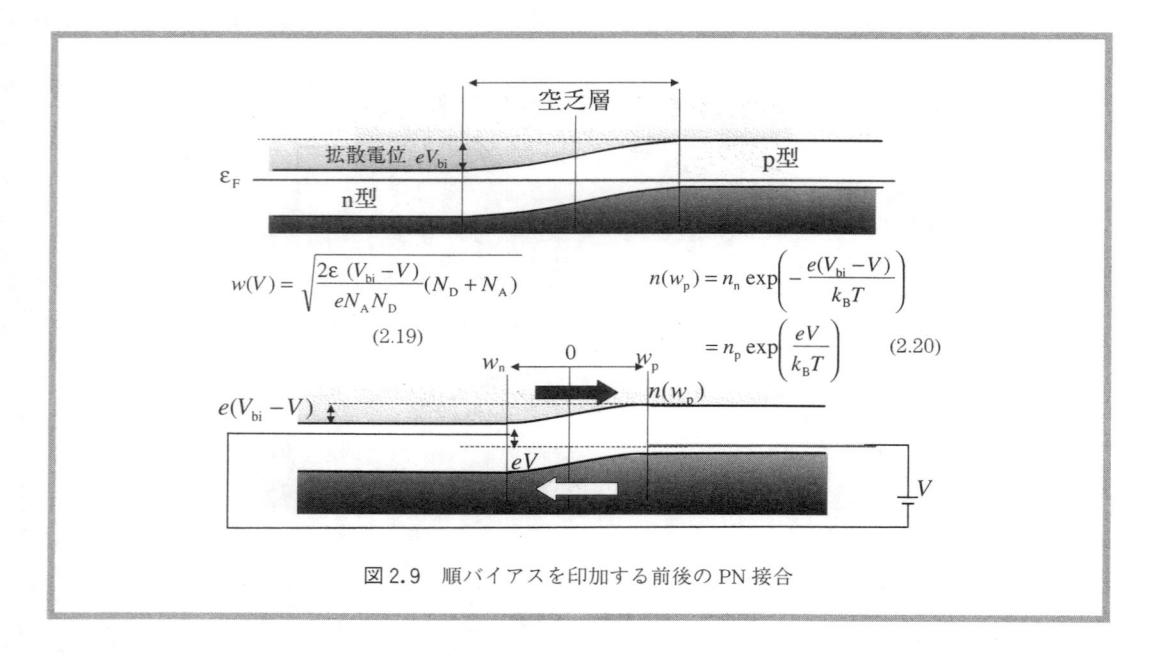

　この PN 接合に図 2.9 のように p 型領域が正となるように外部電圧 V を印加すると，この外部電圧によりバンドが図 2.9 下のように変形し，n 型領域が印加電圧分のエネルギー eV だけ持ち上げられた形になる．すると，n 型領域の伝導電子のモヤが拡散電位の"土手"を越えて p 型領域にあふれ出し，同様に p 型領域の正孔の泡は n 型領域にあふれ出す．こうして伝導電子が n 型領域から p 型領域へ，そして正孔が p 型領域から n 型領域へ移動するため，この PN 接合を通して p 型領域から n 型領域に向かう電流が流れる．

　また，フェルミエネルギー ε_F は図のように n 型領域と p 型領域で印加電圧分のエネルギー eV だけ異なっており，このフェルミエネルギー差によって電流が発生したと解釈することもできる．このとき，空乏層幅は式 (2.19) によって与えられ，外部電圧 V の印加によって減少する．また位置 w_p での電子濃度は式 (2.12) を用いて式 (2.20) で表される．ただし，$n_n\,(=N_D)$，$n_p\,(=N_A)$ はそれぞれ n 型，p 型領域における熱平衡時の電子濃度である．

　式 (2.20) から，空乏層境界付近の p 型領域の電子濃度 $n(w_p)$ は外部電圧を印加する前に比べて増加している．その増加分はボルツマン分布に従う電子統計に基づき，印加電圧 V に対して指数関数的に増大する．

　n 型領域から p 型領域に注入された伝導電子はそのまま p 型領域を進んで電極に流れ込むのではなく，ほとんどの伝導電子は図 2.10 のように p 型領域を拡散する間に正孔と再結合して消滅する（①）．同様に，p 型領域から n 型領域に注入された正孔は n 型領域を拡散している間に伝導電子と再結合して消滅する（②）．また，このような電子と正孔の再結合は空乏層中でも生じる（③）．再結合によって n 型領域で不足した伝導電子は，外部電源から配線を通して電子が供給されて補充される．p 型領域の不足正孔も同様に外部電源の働きで補充される．こうして順バイアスされた PN 接合に外部電流が観測されるのである．

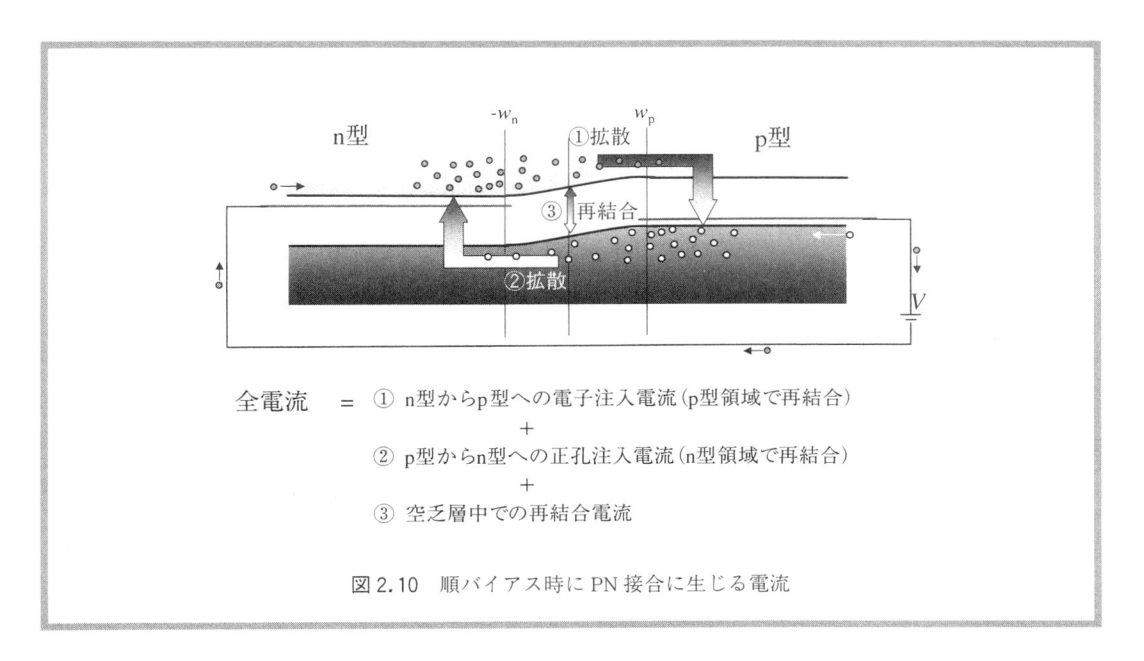

2.2 PN接合の電流電圧特性

全電流 = ① n型からp型への電子注入電流（p型領域で再結合）
　　　　＋
　　　　② p型からn型への正孔注入電流（n型領域で再結合）
　　　　＋
　　　　③ 空乏層中での再結合電流

図2.10　順バイアス時にPN接合に生じる電流

以上のことから，順方向バイアス時にPN接合を流れる総電流量は，①〜③の電流成分の和で表される．

まずn型領域からp型領域へ注入される電流成分を図2.11，図2.12を参考にして計算しよう．図2.11は図2.10のp型領域を拡大したものである．

n型領域からp型領域へ注入された電子はp型領域に注入されたのち拡散しながら正孔と再結合をして徐々に消滅してゆく．空乏層・p型領域界面の単位面積を通して生じる電流量 J_1（単位面積あたりの電流量ということで「電流密度」とよぶ）は式（2.21）のような拡散電流によって

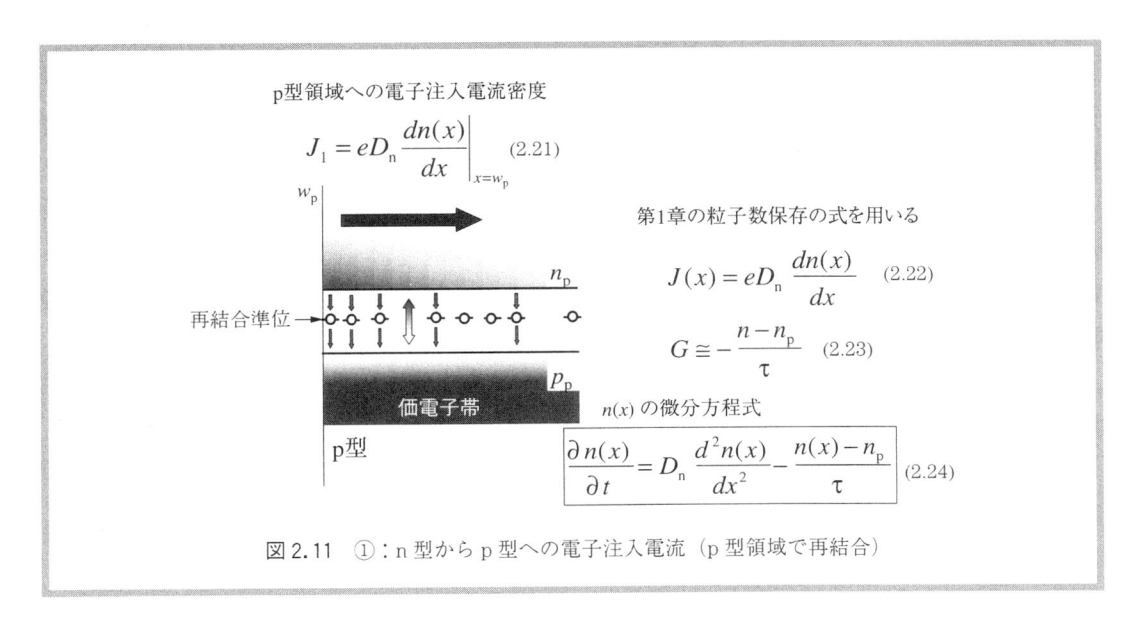

p型領域への電子注入電流密度

$$J_1 = eD_n \frac{dn(x)}{dx}\bigg|_{x=w_p} \quad (2.21)$$

第1章の粒子数保存の式を用いる

$$J(x) = eD_n \frac{dn(x)}{dx} \quad (2.22)$$

$$G \cong -\frac{n-n_p}{\tau} \quad (2.23)$$

$n(x)$ の微分方程式

$$\frac{\partial n(x)}{\partial t} = D_n \frac{d^2 n(x)}{dx^2} - \frac{n(x)-n_p}{\tau} \quad (2.24)$$

図2.11　①：n型からp型への電子注入電流（p型領域で再結合）

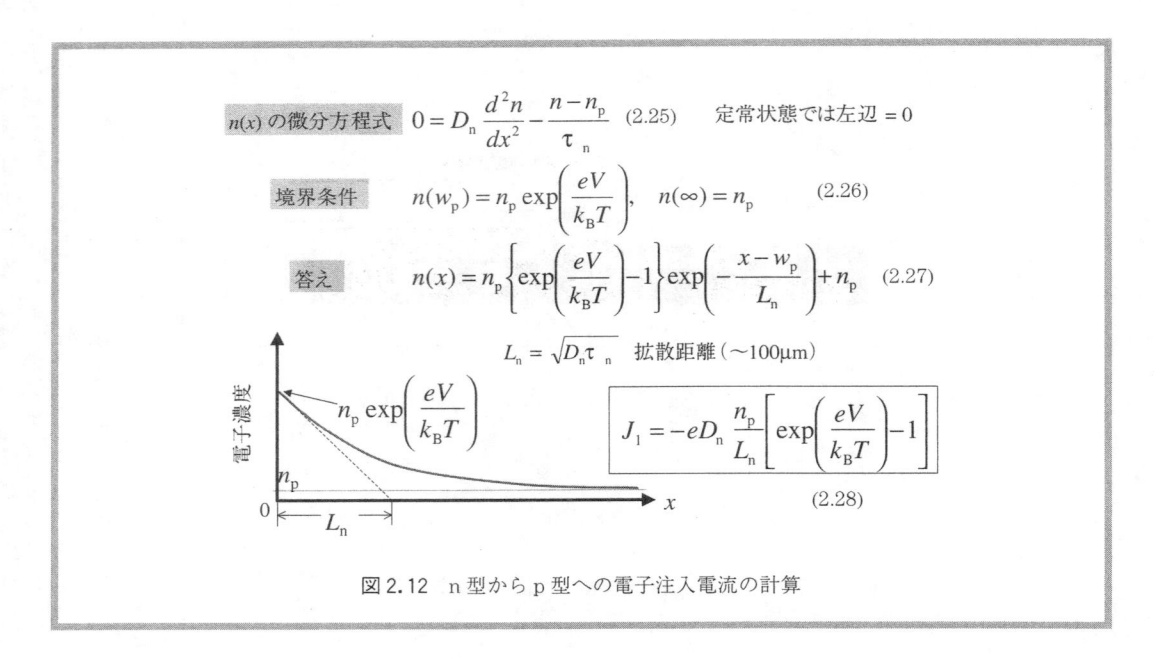

$n(x)$ の微分方程式　$0 = D_n \dfrac{d^2 n}{dx^2} - \dfrac{n - n_p}{\tau_n}$　(2.25)　　定常状態では左辺 = 0

境界条件　$n(w_p) = n_p \exp\left(\dfrac{eV}{k_B T}\right)$, $n(\infty) = n_p$　(2.26)

答え　$n(x) = n_p \left\{ \exp\left(\dfrac{eV}{k_B T}\right) - 1 \right\} \exp\left(-\dfrac{x - w_p}{L_n}\right) + n_p$　(2.27)

$L_n = \sqrt{D_n \tau_n}$　拡散距離（～100μm）

$$J_1 = -eD_n \dfrac{n_p}{L_n}\left[\exp\left(\dfrac{eV}{k_B T}\right) - 1\right]$$
(2.28)

図2.12　n型からp型への電子注入電流の計算

与えられる．この式から，p型領域中での電子濃度分布から電流密度を求めることができる．

第1章で述べたように，p型領域中の任意の位置における電流密度は式（2.22）によって与えられる．また再結合レートは，p型領域では伝導電子濃度に比べて正孔濃度が圧倒的に多いことを考慮して式（1.19）が式（2.23）のように近似される．ただしn_pは外部電圧を印加していない平衡状態でのp型領域における伝導電子濃度である．これらを粒子数保存の式に代入すると，p型領域中の伝導電子濃度の微分方程式（2.24）が得られる．

外部電圧を印加して十分時間が経過した（ナノ秒程度）後では，このPN接合付近のキャリア濃度分布は時間的に何ら変化しないので，式（2.24）の左辺はゼロである．この2階微分方程式（2.25）を境界条件（2.26）の下で解くと，答えとして式（2.27）を得る．ただし電流密度の符号は，電流がx軸の正の向きに流れる場合を正とした．また，L_nは「拡散距離」とよばれる物理量である．

式（2.27）を図示すると図2.12左下の図のようになり，p型領域に注入された伝導電子は正孔との再結合により指数関数的に減少し，接合面から十分離れたところでは外部電圧を印加する前の伝導電子濃度n_pに収束する．式（2.27）を式（2.21）に代入すると，最終的に拡散電流の電流密度として式（2.28）が得られる．

全く同様の議論はn型領域に注入された正孔についても成り立ち，p型領域からn型領域へ拡散する正孔電流密度は図2.13中の式（2.29）によって与えられる．

以上のJ_1とJ_2はともに拡散現象によって記述されることから，「PN接合での拡散電流」は図2.14中の式（2.30）のようにまとめて記述される．この式から，拡散電流は印加電圧Vに関して指数関数的に増大することがわかる．

次に，残りの電流成分である空乏層中での再結合電流について述べる．

2.2 PN接合の電流電圧特性

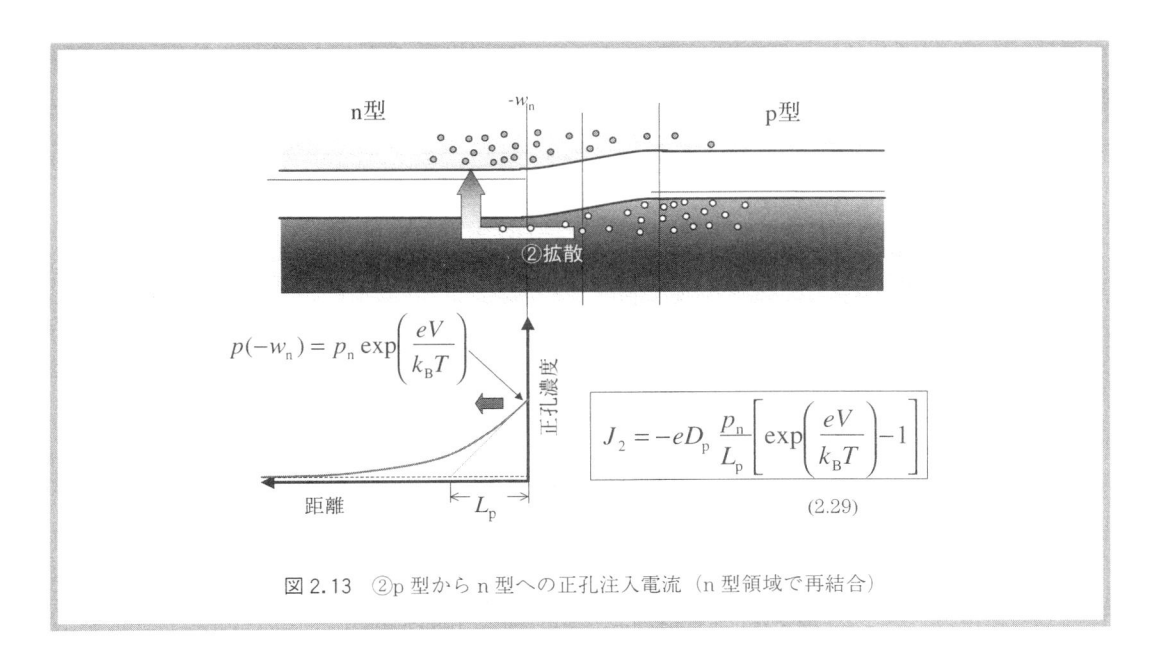

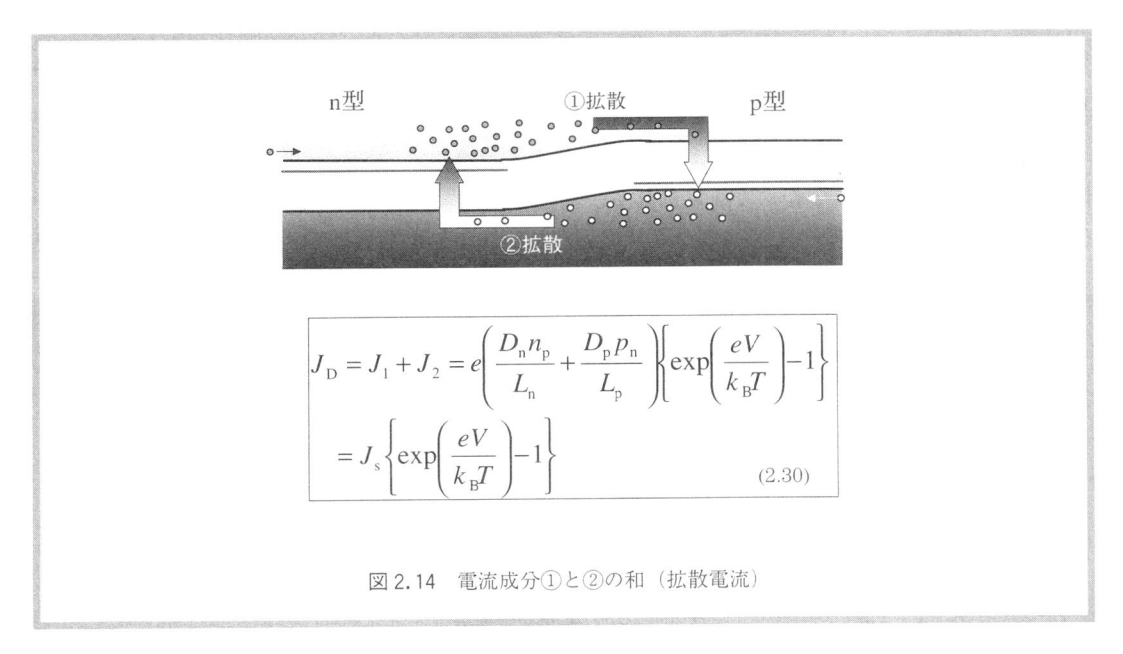

$$p(-w_\mathrm{n}) = p_\mathrm{n} \exp\left(\frac{eV}{k_\mathrm{B}T}\right)$$

$$J_2 = -eD_\mathrm{p}\frac{p_\mathrm{n}}{L_\mathrm{p}}\left[\exp\left(\frac{eV}{k_\mathrm{B}T}\right)-1\right] \quad (2.29)$$

図 2.13 ②p型からn型への正孔注入電流（n型領域で再結合）

$$J_\mathrm{D} = J_1 + J_2 = e\left(\frac{D_\mathrm{n}n_\mathrm{p}}{L_\mathrm{n}} + \frac{D_\mathrm{p}p_\mathrm{n}}{L_\mathrm{p}}\right)\left\{\exp\left(\frac{eV}{k_\mathrm{B}T}\right)-1\right\}$$

$$= J_\mathrm{s}\left\{\exp\left(\frac{eV}{k_\mathrm{B}T}\right)-1\right\} \quad (2.30)$$

図 2.14 電流成分①と②の和（拡散電流）

　空乏層中での再結合電流は，n型領域あるいはp型領域での再結合現象に比べて複雑であるため，ここでは厳密な計算はしない．計算の結果だけを示すと，再結合電流は図2.15のように空乏層のほぼ中ほどに位置する幅 w_eff の領域で集中的に発生する．そこでの単位体積・単位時間あたりに生じる再結合の数は式（2.31）によって与えられる．したがって，再結合電流密度は式（2.32）のようになる．

　再結合電流による式（2.32）と拡散電流による式（2.30）は一見よく似ているが，実は指数関

空乏層中での再結合は
w_{eff}の狭い範囲で集中発生

$$R^{max} = \frac{n_i}{2\tau}\left\{\exp\left(\frac{eV}{2k_BT}\right)-1\right\} \quad (2.31)$$

$$J_3 = ew_{eff}R^{max} = \frac{ew_{eff}n_i}{2\tau}\left\{\exp\left(\frac{eV}{2k_BT}\right)-1\right\} = J_r\left\{\exp\left(\frac{eV}{2k_BT}\right)-1\right\} \quad (2.32)$$

図2.15　③空乏層中での再結合電流（再結合電流）

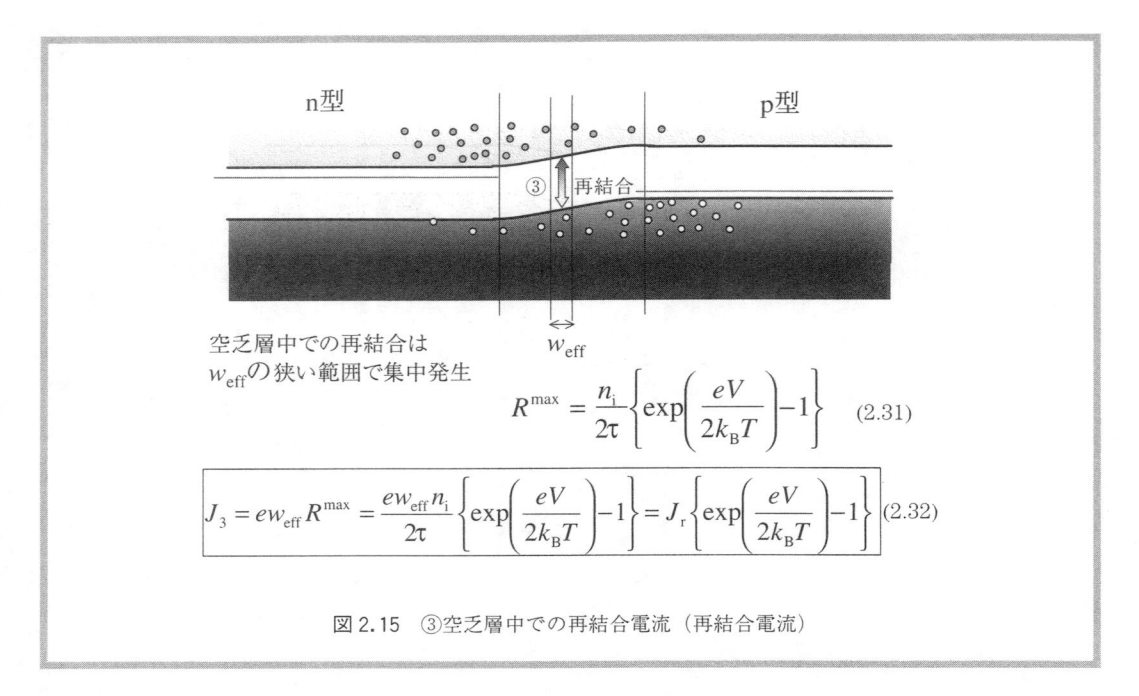

数内にあるk_BTの係数が2倍異なっているところに注意しよう．この電流成分は「PN接合での再結合電流」とよばれ，式(2.28), (2.29)で与えられる「PN接合での拡散電流」と区別される．

以上の結果をまとめると，PN接合に順方向バイアス電圧Vを印加したときの電流密度J_Fは図2.16中の式(2.33)によって与えられる．それぞれの電流項にある指数関数の影響で，低い印加電圧では再結合電流が支配的になり，高い印加電圧では拡散電流が支配的となる．この結果，

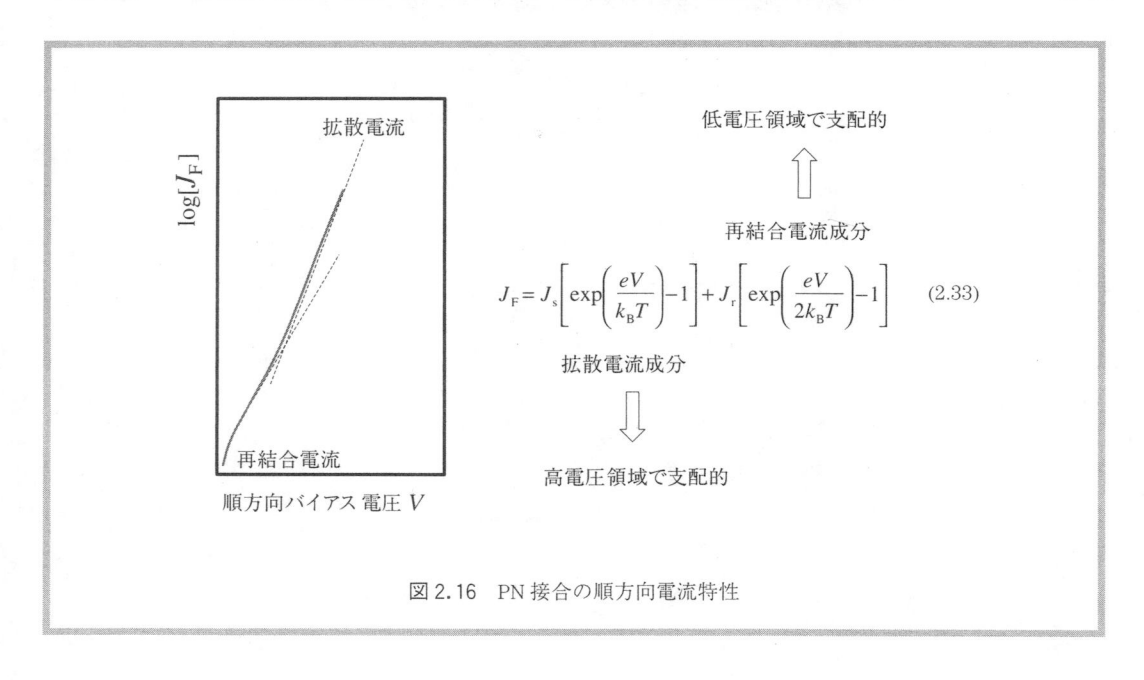

低電圧領域で支配的

再結合電流成分

$$J_F = J_s\left[\exp\left(\frac{eV}{k_BT}\right)-1\right] + J_r\left[\exp\left(\frac{eV}{2k_BT}\right)-1\right] \quad (2.33)$$

拡散電流成分

高電圧領域で支配的

図2.16　PN接合の順方向電流特性

PN 接合の順方向電流は片対数グラフで表すと図のような特性になる．式（2.33）の係数 J_s, J_r はシリコン基板に含まれる重金属原子や結晶欠陥の量に依存するため，製造するたびごとに違った値となる．このため，PN 接合を含む半導体素子の電気的特性はある程度ばらついたものとなる．アナログ回路ではこのような素子ごとのばらつきを考慮した設計をしなければ，高い歩留まりで製品を製造することができない．

2.2.2 逆方向バイアス

PN 接合に印加する外部電圧の極性を変えると，順方向にバイアスした PN 接合とは全く異なる電気的性質がみられる．

ここでは PN 接合の p 型領域を負，n 型領域を正として外部電圧を印加する「逆バイアス」条件での PN 接合の電流電圧特性について述べる．

図 2.17 は逆バイアス V_R を印加した PN 接合のエネルギーバンド図である．

順バイアス時とは逆に，n 型領域の伝導電子および p 型領域の正孔にとって拡散電位の"土手"は外部電圧印加前より高くなり，順バイアス時のような拡散電流は発生しない．そのかわり，空乏層内での電子・正孔の生成による電流（①），そして p 型領域の伝導電子，および n 型領域の正孔（これらは各領域の中で "minority"，すなわち極めて少数派のキャリアであるため，「少数キャリア」「マイノリティ・キャリア」という）が空乏層に流れ込む微少電流（②，③）が発生する．逆バイアス時には空乏層幅は式（2.34）によって与えられ，順バイアス時とは逆に，外部電圧 V_R の印加により増大する．

まず空乏層中での電子正孔対生成による電流（①）について図 2.18 を用いて説明する．逆バイアスが印加された空乏層中では伝導電子濃度と正孔濃度は小さく，その積 n_p は n_i^2 よりずっ

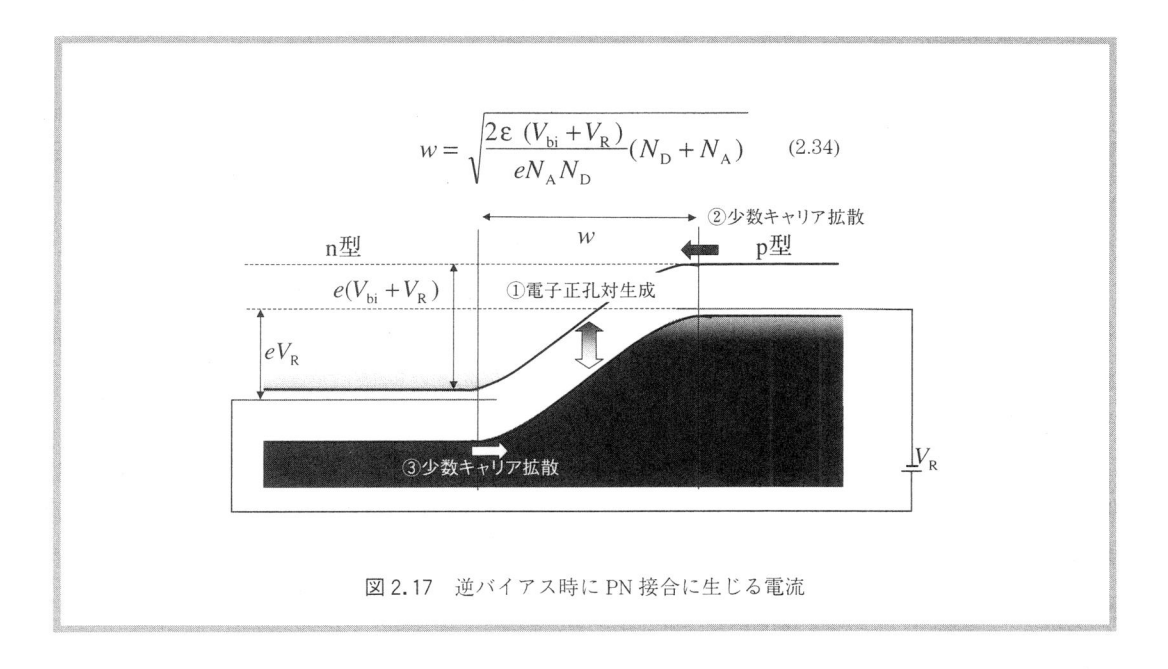

$$w = \sqrt{\frac{2\varepsilon(V_{bi}+V_R)}{eN_A N_D}(N_D + N_A)} \quad (2.34)$$

図 2.17　逆バイアス時に PN 接合に生じる電流

2 PN接合

図中ラベル: n型, p型, コロコロ, ジュワッ, w, V_R

キャリアの発生レート　$G = \dfrac{n_i}{2\tau}$ (2.35)

生成電流　$J_R(V_R) = ewG = \dfrac{ewn_i}{2\tau} = J_S^{\text{rev.}}\left(\sqrt{V_{bi}+V_R} - \sqrt{V_{bi}}\right)$ (2.36)

図2.18. ①電子正孔対生成電流

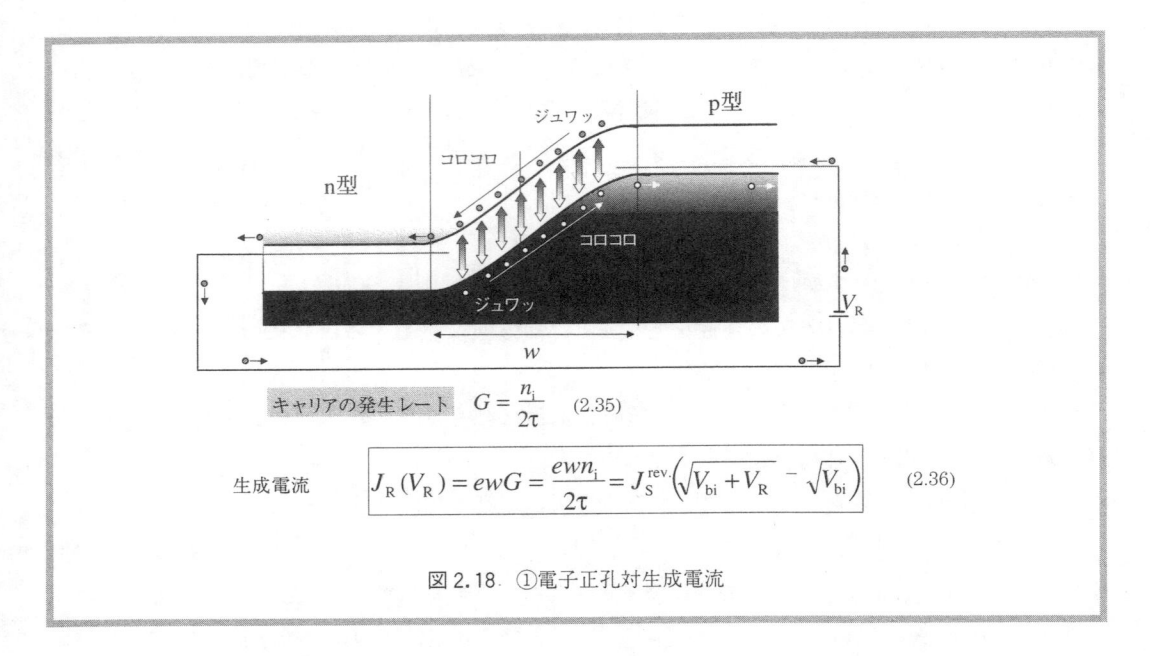

と小さくなる．このような場所では式 (1.19) からわかるように $G>0$ となり，電子・正孔対が発生する．

こうして空乏層中で価電子帯の電子が伝導帯に励起されると，空乏層中の電界によって電子はn型領域へ，そして正孔はp型領域へ追いやられることで電流が発生する．このとき空乏層中での電子および正孔の生成レートは第1章の式 (1.19) を用いて計算される．生成レートの詳細な計算は省略して結果だけを示すと式 (2.35) のようになり，生成レートは空乏層中の場所によらない．この空乏層の至る所で生じる電子に起因する電流密度は式 (2.36) によって与えられる．この電流成分を総称する一般的な名前はないが，ここでは「熱生成電流」とよぶ．

式 (2.36) から，逆バイアス印加時の電流は外部電圧 V_R の平方根に比例してゆっくりと増加することがわかる．この生成レートの外部印加電圧依存性は空乏層幅の広がりによって生じている．

次に少数キャリアの拡散による電流（②，③）について図2.19を参考に説明する．

この電流は，p型領域中に存在する極めて少数の伝導電子が，空乏層に"落ち込む"ことで生じる一種の拡散電流である．これはちょうど滝に落ち込む川の流れに対応するものである．接合近傍のp型領域中の電子濃度分布は順バイアスでの拡散電流と同様に計算して式 (2.37) のようになる．ただし n_p は熱平衡状態のp型領域中の伝導電子濃度である．

式 (2.37) と拡散電流の式を用いてp型領域から空乏層に落ち込む電流量を計算すると，全拡散電流成分（②と③の和）は式 (2.38) によって表される．式から，この拡散電流は外部印加電圧に依存しない．これはn型，p型領域での少数キャリア分布が外部電圧に依存しないからであり，滝に流れ込む水量が滝の高さに依存しないことと同じ原理である．

以上のPN接合での電流の計算結果をまとめると図2.20のようになる．

2.2 PN接合の電流電圧特性

$$n(x) = n_p\left(1 - \exp\left(-\frac{x}{L_n}\right)\right) \quad (2.37)$$

拡散電流 $\quad J_{\text{diff}} = e\left(\dfrac{D_n}{L_n}n_p + \dfrac{D_p}{L_p}p_n\right) \quad (2.38)$

図 2.19 ②，③少数キャリアの拡散電流

①
$$J_G(V_R) = J_S^{\text{rev.}}\left(\sqrt{V_{bi} + V_R} - \sqrt{V_{bi}}\right) \quad (2.39)$$

室温では熱生成電流が支配的

② + ③
$$J_{\text{diff}} = e\left(\frac{D_n}{L_n}n_p + \frac{D_p}{L_p}p_n\right) \quad (2.40)$$

図 2.20 PN 接合の逆方向電流特性

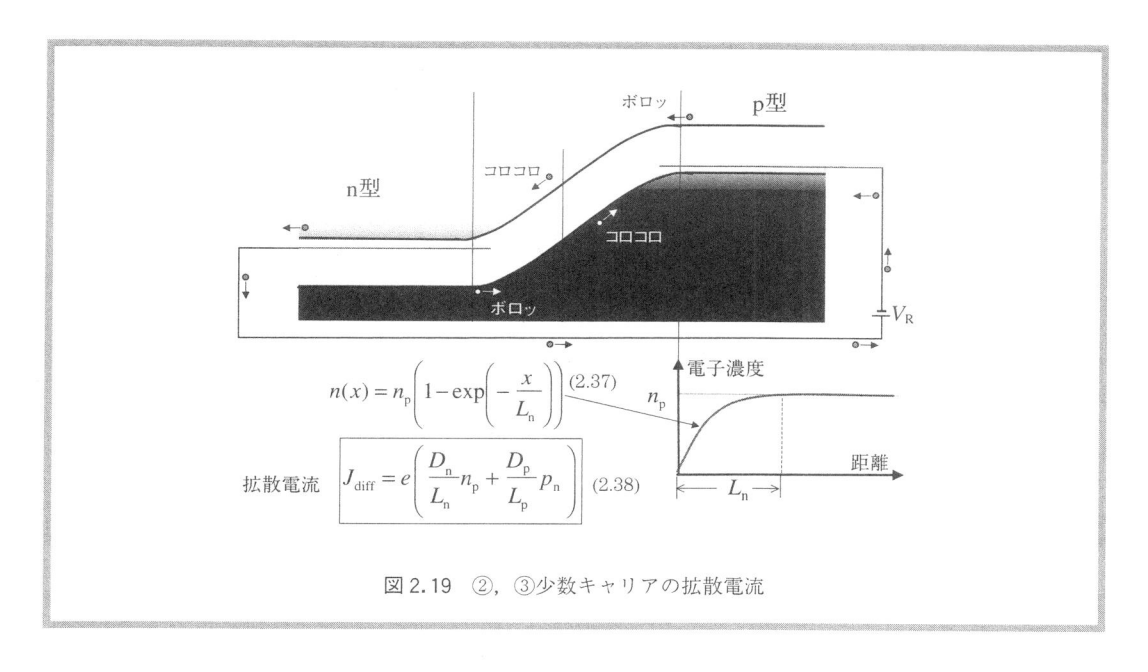

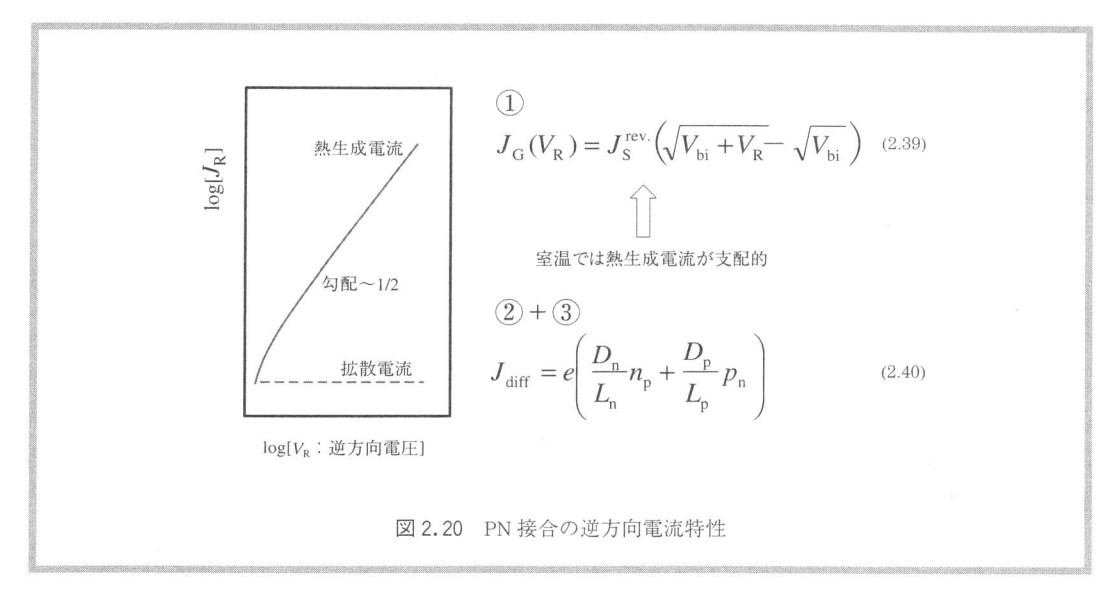

シリコン基板の PN 接合では拡散電流②，③に比べて熱生成電流①の方が支配的であり，PN 接合の逆方向電流特性は印加電圧の平方根にほぼ比例して増加する．

2.2.3 PN 接合の電流電圧特性のまとめ

以上の結果から，PN 接合の電圧・電流特性（整流特性）をまとめると図 2.21 のようになる．
順方向バイアス時には電流は印加電圧に対して指数関数的に増加するが，逆方向バイアス時の電流値は順方向電流に比べて圧倒的に少なく，近似的にほぼゼロとみなしてよい．このような性

$$J_s\left[\exp\left(\frac{eV}{k_BT}\right)-1\right]+J_r\left[\exp\left(\frac{eV}{2k_BT}\right)-1\right]$$
(2.41)

$J_s^{\text{rev.}}(\sqrt{V_{\text{bi}}+|V|}-\sqrt{V_{\text{bi}}})$

逆方向バイアス　　順方向バイアス

図 2.21 PN 接合の電流電圧特性のまとめ

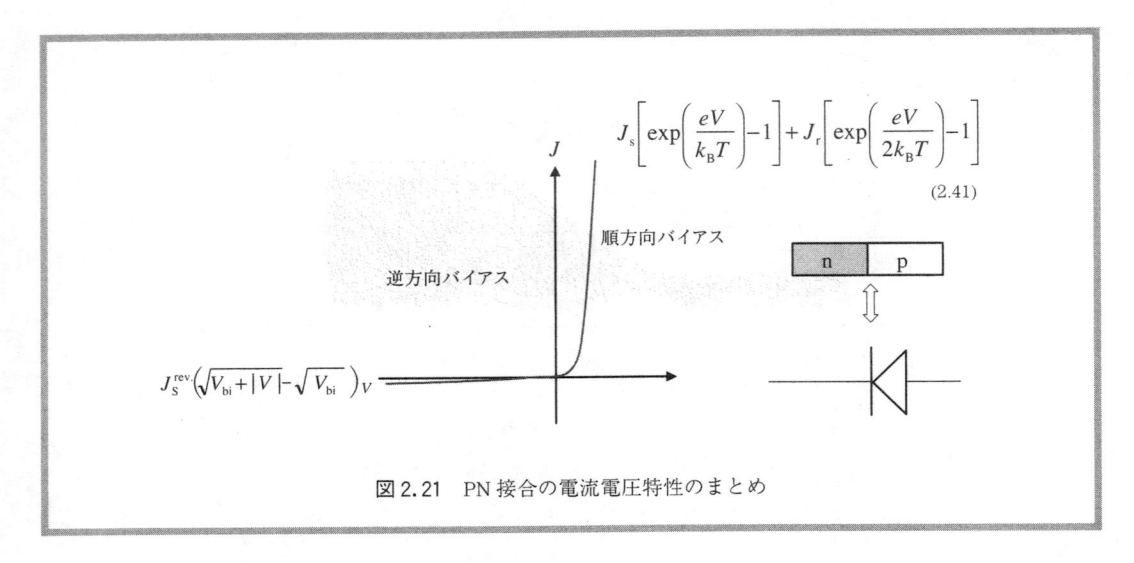

質を反映して，PN 接合の回路記号は図のような三角形で書き表す．この三角形は化学実験などで用いる"ロート"をイメージしており，三角形の口の広い方から狭い方へは電流を流すが，逆方向にはほとんど電流を流さないという「整流作用」を表現している．「PN 接合ダイオード」とは PN 接合の整流作用を応用した最も単純な構造の半導体デバイスであり，様々な用途で広く用いられている．

2.3 PN 接合の電気容量

PN 接合ダイオードを電子回路で用いると，PN 接合の電流電圧特性に加えて電気容量が高周波回路特性に重要な働きをする．

本節では PN 接合の電気容量について述べる．

高校の物理や簡単な電磁気学の教科書で見る電気容量（キャパシタ）は，ほとんどの場合，図 2.22 中の左に示された平行平板コンデンサである．この平行平板に電圧 V を印加して電荷 Q が蓄えられたとすると，電気容量は式 (2.42) によって与えられる．

しかし電気を蓄えるデバイスは平行平板コンデンサだけとは限らず，図中右の図のようにさらに複雑なメカニズムで電荷を蓄積するデバイスも世の中には存在する．このようなコンデンサでも電気容量を定義することができるが，もはや式 (2.42) のような簡単な（特別な）式では表されない．このことを理解するためには，やはり水のアナロジーで現象を考えるのが一番である．

平行平板コンデンサとは，至る所で断面積が一定の円筒状の貯水タンクと考えればよい．このとき電圧は"水位"として，電荷蓄積量は"貯水量"として表される．すると，電気容量は貯水タンクの"断面積"に対応する．しかし貯水タンクはいつも円筒形とは限らず，もっと複雑な形をしている場合もある．このときの断面積は，貯水量を水位で微分することで得られる．同様に，電気容量 C は電荷量 Q を電圧で微分した式 (2.43) によって与えられる．

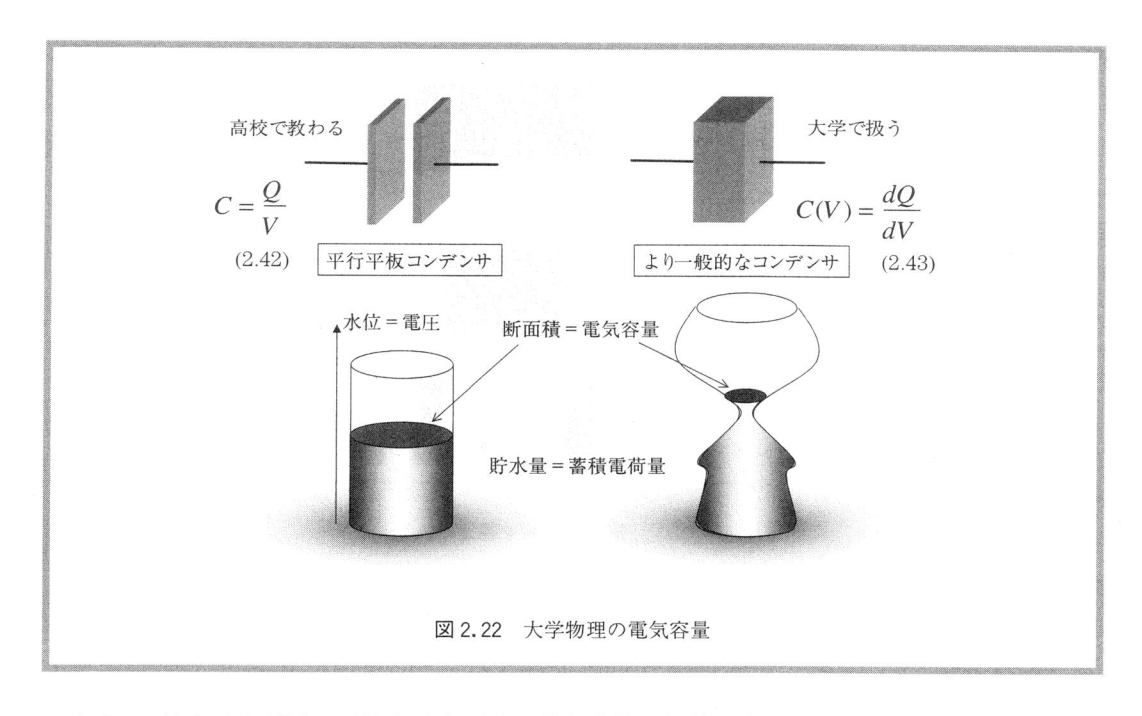

2.3 PN接合の電気容量　　　47

高校で教わる

$$C = \frac{Q}{V}$$
(2.42)　平行平板コンデンサ

大学で扱う

$$C(V) = \frac{dQ}{dV}$$
より一般的なコンデンサ　(2.43)

水位＝電圧　　断面積＝電気容量

貯水量＝蓄積電荷量

図 2.22　大学物理の電気容量

実は PN 接合はただ単に電流を流すだけの機能を持つ以外にも図 2.22 右の図のような"電圧に依存する電気容量"でもある．具体的にどのようにして PN 接合が電荷を蓄えるのかをこれから詳しく考えてみよう．

2.3.1 空乏層容量

PN 接合が電荷を蓄えるメカニズムには①空乏層容量と②拡散容量の 2 つがある．

ここではまず PN 接合の空乏層幅の変化に起因する電気容量（キャパシタンス）である「空乏層容量」について説明する．

PN 接合に微小な順バイアスをかけると，図 2.23 のように n 型領域，p 型領域に伸びる空乏層の幅は減少する．PN 接合を"ブラックボックス化"して，この現象をもう一度見直してみよう．

PN 接合に順方向の外部電圧を印加するとバイアスの高電位側に正の電荷が蓄積され，それと等量の負の電荷がバイアスの低電位側に蓄積される．このことは，バイアスなしの空乏層領域の電荷分布（上図）に下図の電荷分布を加算すると中央の図ができることから理解できよう．つまり PN 接合に順バイアスを印加すると，等量の正電荷と負電荷が PN 接合中に蓄積されるのである．

PN 接合に逆バイアスを印加すると，図 2.24 のように順バイアス時とは逆に空乏層幅は広がる．ここで PN 接合をブラックボックス化してみると，n 型領域から p 型領域へ電子が移動することによって，等量の正電荷と負電荷が PN 接合に蓄積されていることがわかる．

この PN 接合の電気容量を図 2.25 を参考にしながら具体的に計算してみよう．

第 2 節で見たように，PN 接合に外部電圧 V を印加すると式（2.19）で表される空乏層が現れ

2 PN接合

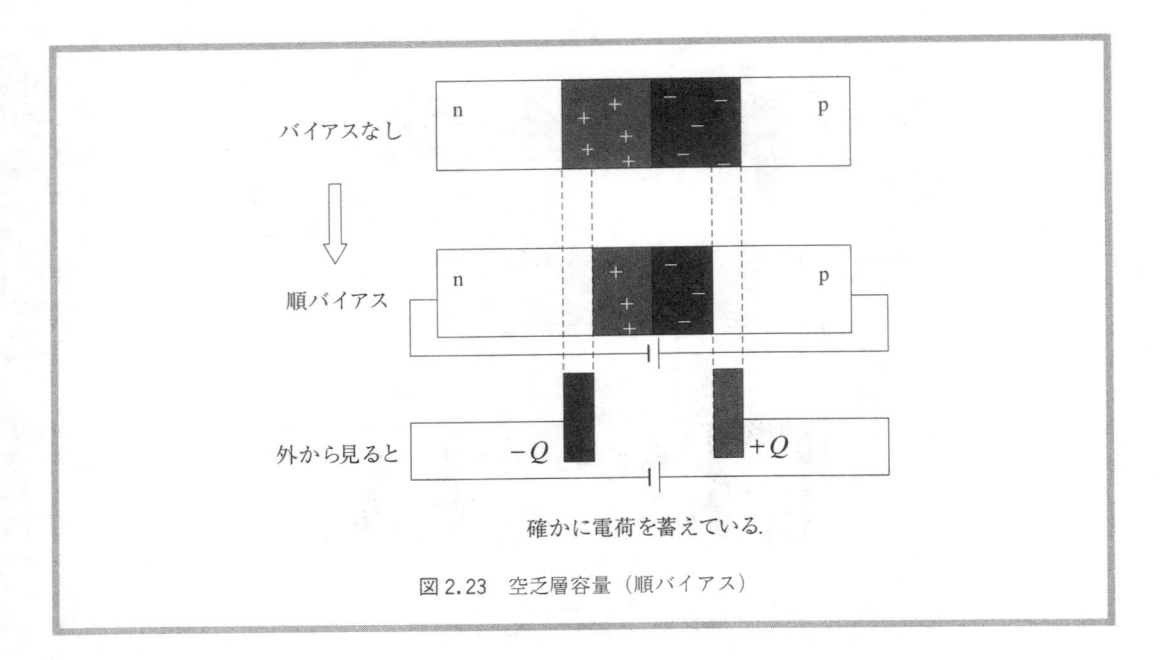

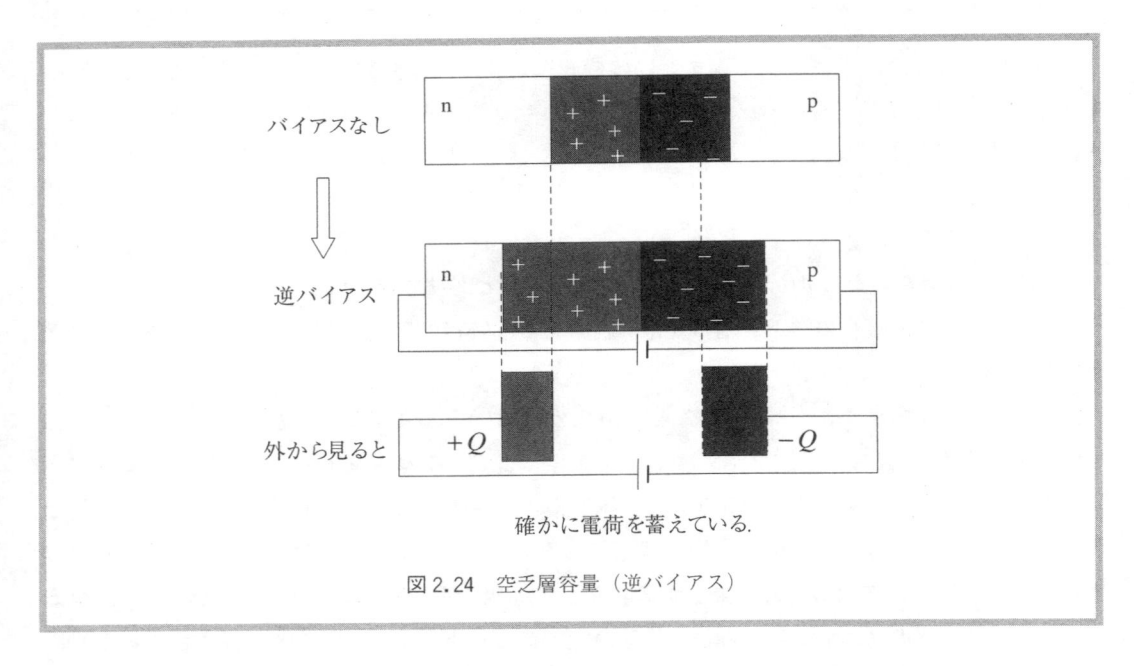

図2.23 空乏層容量（順バイアス）

図2.24 空乏層容量（逆バイアス）

る．ここで V は順バイアスなら正の値，そして逆バイアスなら負の値をとる．外部電圧 V を印加した PN 接合の単位断面積当たりの蓄積電荷量は，式（2.44）に式（2.19）を代入することにより，式（2.45）となる．したがって，与えられた外部印加電圧での空乏層容量は，これを電圧で微分して式（2.46）のように与えられる．この式は順バイアス，逆バイアスのどちらでも有効な式であり，$C_d(0)$ は外部電圧 V がゼロでの電気容量である．

図 2.26 は式（2.46）をグラフにしたものである．逆バイアス電圧が大きいと空乏層幅 w が大

2.3 PN接合の電気容量

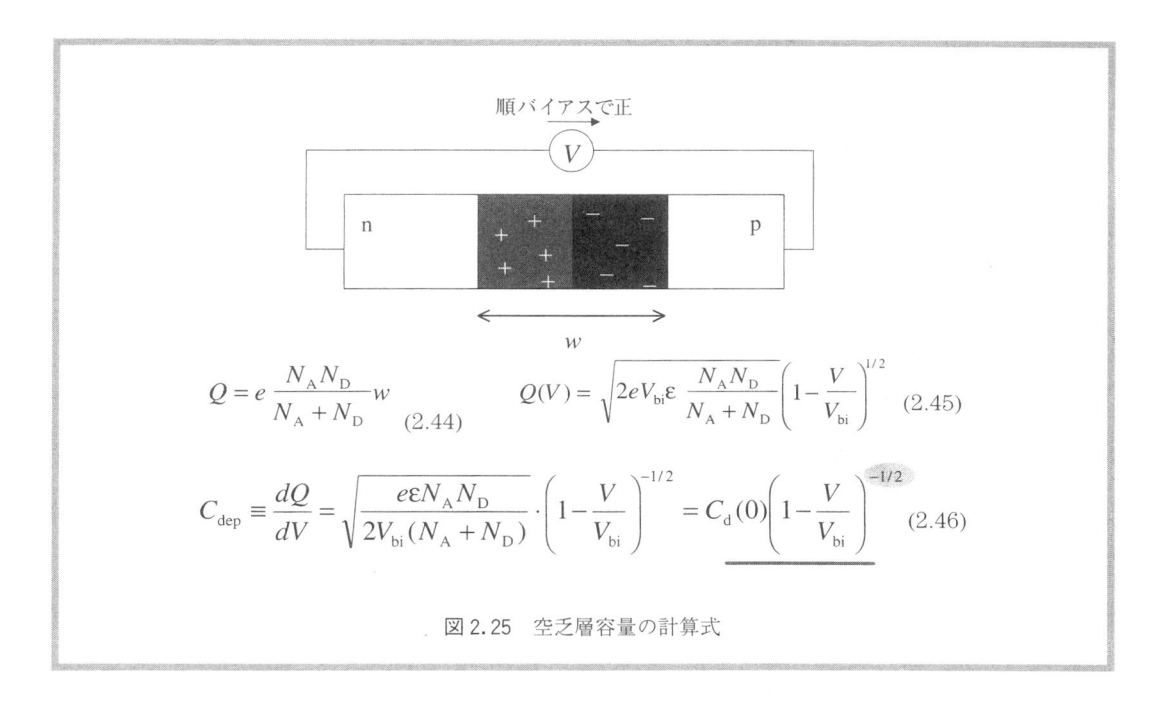

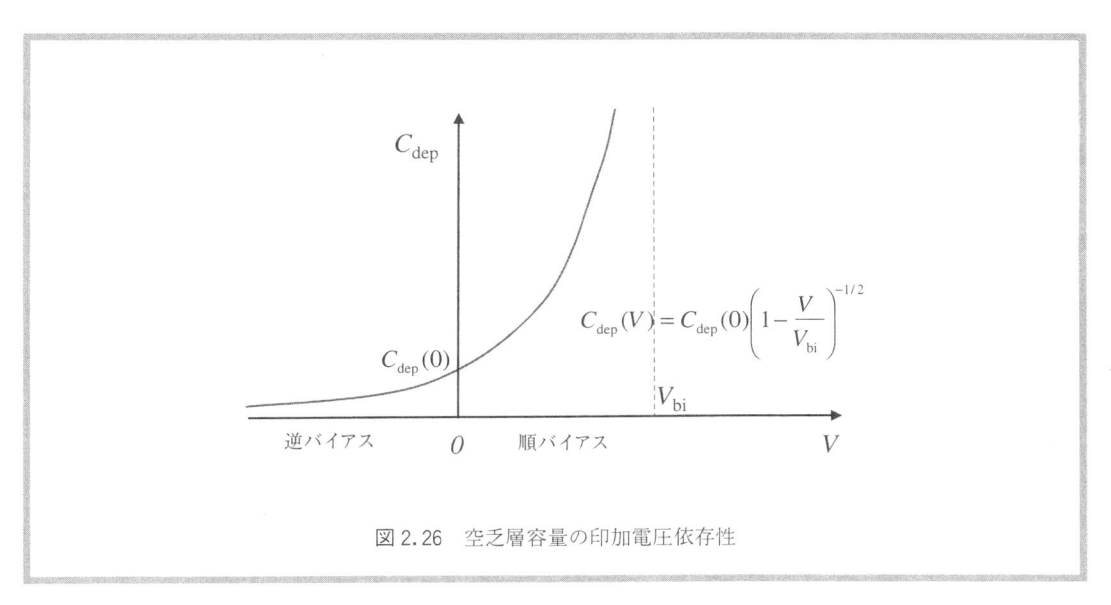

$$Q = e\frac{N_A N_D}{N_A + N_D}w \quad (2.44)$$

$$Q(V) = \sqrt{2eV_{bi}\varepsilon\frac{N_A N_D}{N_A + N_D}}\left(1 - \frac{V}{V_{bi}}\right)^{1/2} \quad (2.45)$$

$$C_{dep} \equiv \frac{dQ}{dV} = \sqrt{\frac{e\varepsilon N_A N_D}{2V_{bi}(N_A + N_D)}} \cdot \left(1 - \frac{V}{V_{bi}}\right)^{-1/2} = C_d(0)\left(1 - \frac{V}{V_{bi}}\right)^{-1/2} \quad (2.46)$$

図 2.25 空乏層容量の計算式

図 2.26 空乏層容量の印加電圧依存性

きくなって PN 接合容量は低下し，順方向バイアス時には V_{bi} に近づくにつれて急増することがわかる．

2.3.2 拡散容量

次に PN 接合が電荷を蓄積する 2 つ目のメカニズムである「拡散容量」について説明する．
2.2 節において，ダイオードに順方向バイアス V を加えると電子と正孔がそれぞれ p 型領域，

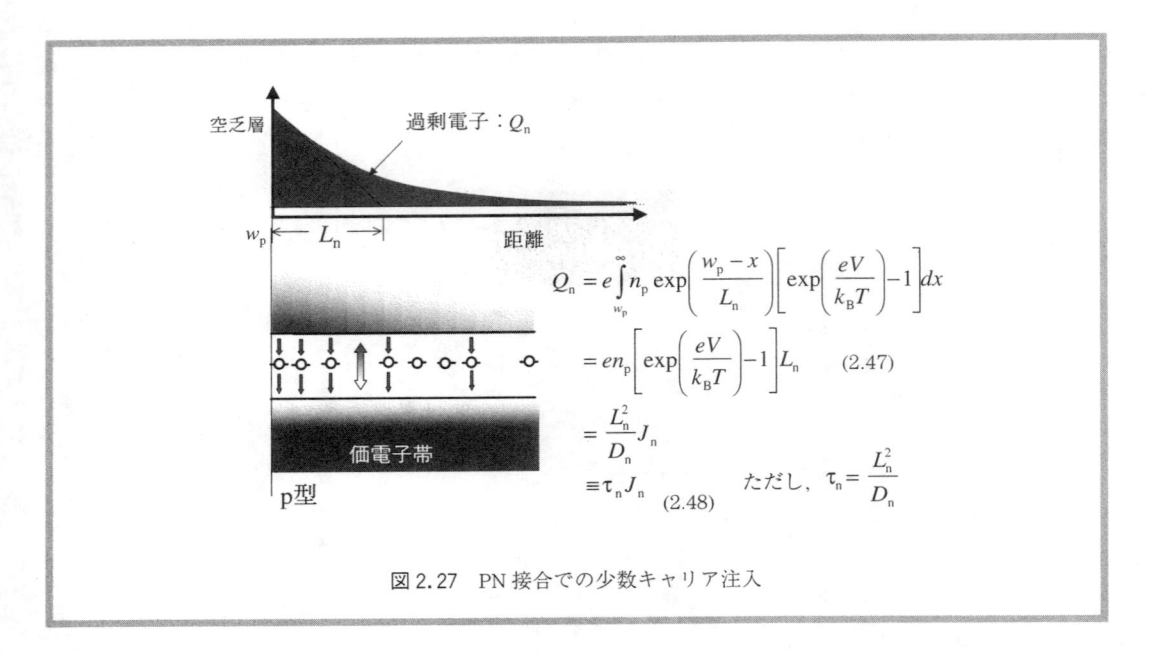

$$Q_n = e\int_{w_p}^{\infty} n_p \exp\left(\frac{w_p - x}{L_n}\right)\left[\exp\left(\frac{eV}{k_BT}\right) - 1\right]dx$$

$$= en_p\left[\exp\left(\frac{eV}{k_BT}\right) - 1\right]L_n \quad (2.47)$$

$$= \frac{L_n^2}{D_n}J_n$$

$$\equiv \tau_n J_n \quad (2.48) \qquad \text{ただし,}\ \tau_n = \frac{L_n^2}{D_n}$$

図2.27 PN接合での少数キャリア注入

n型領域に注入されることを述べた．そのキャリア濃度は図2.27のように空乏層の端から離れるにつれて指数関数的に減少する．ここでp型領域に流れ込んだ過剰な電子による全電荷は式（2.47）で与えられる．また，過剰に注入された電子が正孔と再結合して消滅するまでの平均時間τ_nと電子電流密度J_n（式（2.28））を使って表現し直すと，式（2.48）のようになる．L_nはp型領域中の電子の拡散距離である．

同様の計算をn型領域に対して行うと，ダイオードの空乏層の外部に流れ出した電荷の総量Qは図2.28中の式（2.49）のように表される．ここでQ_n，Q_pはそれぞれ空乏層の端からp型，

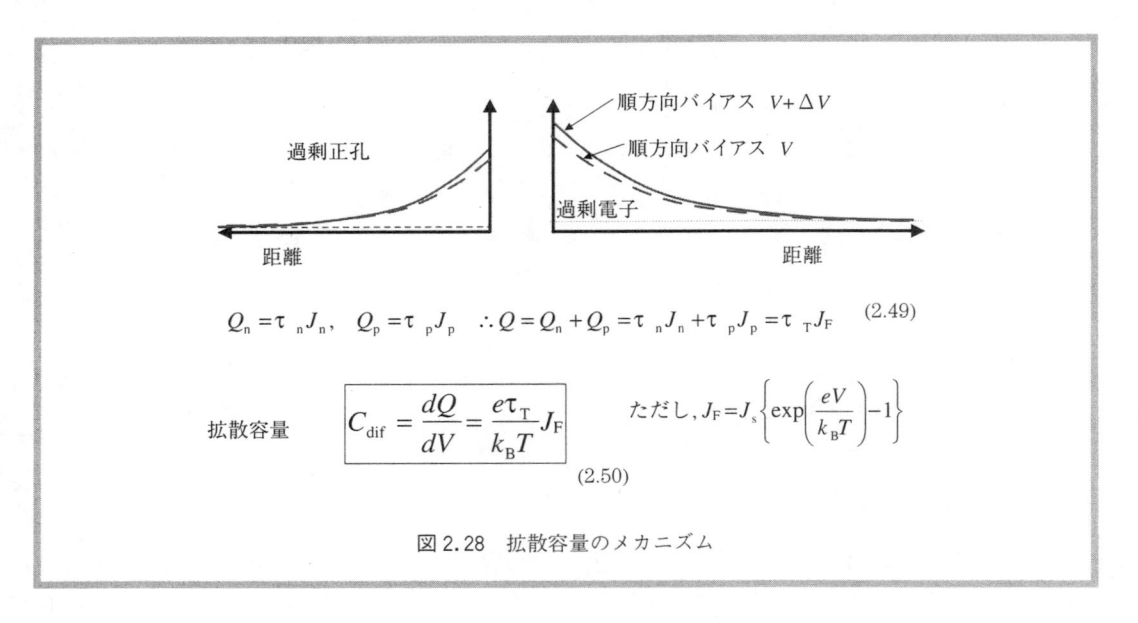

$$Q_n = \tau_n J_n, \quad Q_p = \tau_p J_p \quad \therefore Q = Q_n + Q_p = \tau_n J_n + \tau_p J_p = \tau_T J_F \quad (2.49)$$

拡散容量 $\boxed{C_\mathrm{dif} = \dfrac{dQ}{dV} = \dfrac{e\tau_T}{k_BT}J_F}$ ただし，$J_F = J_s\left\{\exp\left(\dfrac{eV}{k_BT}\right) - 1\right\}$

(2.50)

図2.28 拡散容量のメカニズム

n型領域に流入した過剰電子と過剰正孔の電荷量である．この全電荷量 Q を印加電圧 V で微分すると，順方向にバイアスした PN 接合のキャパシタンス C_{dif} として式（2.50）を得る．ダイオードを流れる電流 J_F は印加電圧 V に対して指数関数的に増大するので，順方向バイアス時のキャパシタンスも印加電圧とともに急増する．このことから，順方向に高電圧を印加するとダイオードは異常に大きな容量を持つことになる．

図中の点線と実線はそれぞれ順方向バイアス電圧が V および $V+\Delta V$ のときのキャリア分布を表している．両者の差が順方向バイアス印加時のキャパシタンスとして現れる．このように順方向バイアス時に注入された過剰キャリアの増減によって生じる容量を拡散容量とよび，式（2.50）で表される．

図 2.29 は式（2.50）をグラフに示したものである．ここには拡散容量に加えて空乏層容量も載せた．この図から，順バイアス条件では空乏層容量よりも拡散容量の方がより支配的であることがわかる．

2.3.3 PN 接合のスイッチング特性

拡散容量が実際の回路動作の中でどのような現象を引き起こすかを見てみよう．

図 2.30(b)のような回路を考える．ここで PN 接合を順方向バイアスすると，空乏層側から少数キャリアが多量に流れ込む．このとき電子濃度は p 型半導体中で図 2.30(c)のように空乏層端から離れるにつれて指数関数的に減少する．以下では説明を簡単化するため，正孔による寄与を無視する．

ここでスイッチを切り換えて PN 接合に逆バイアスすると，図 2.31(c)に示すように p 型半導体領域に蓄積されていた電子（少数キャリア）が空乏層側に掃き出され，その濃度が低下する．このとき図 2.31(a)に示すように，外部回路にはスイッチング前とは逆方向の電流が流れる．外

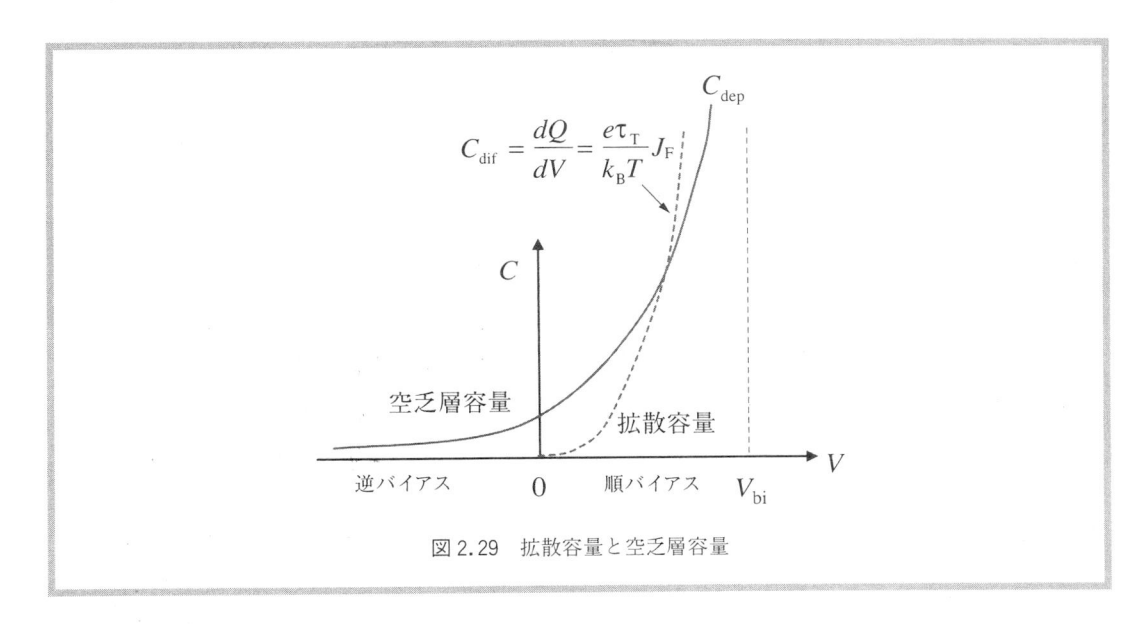

$$C_{\text{dif}} = \frac{dQ}{dV} = \frac{e\tau_T}{k_B T} J_F$$

図 2.29　拡散容量と空乏層容量

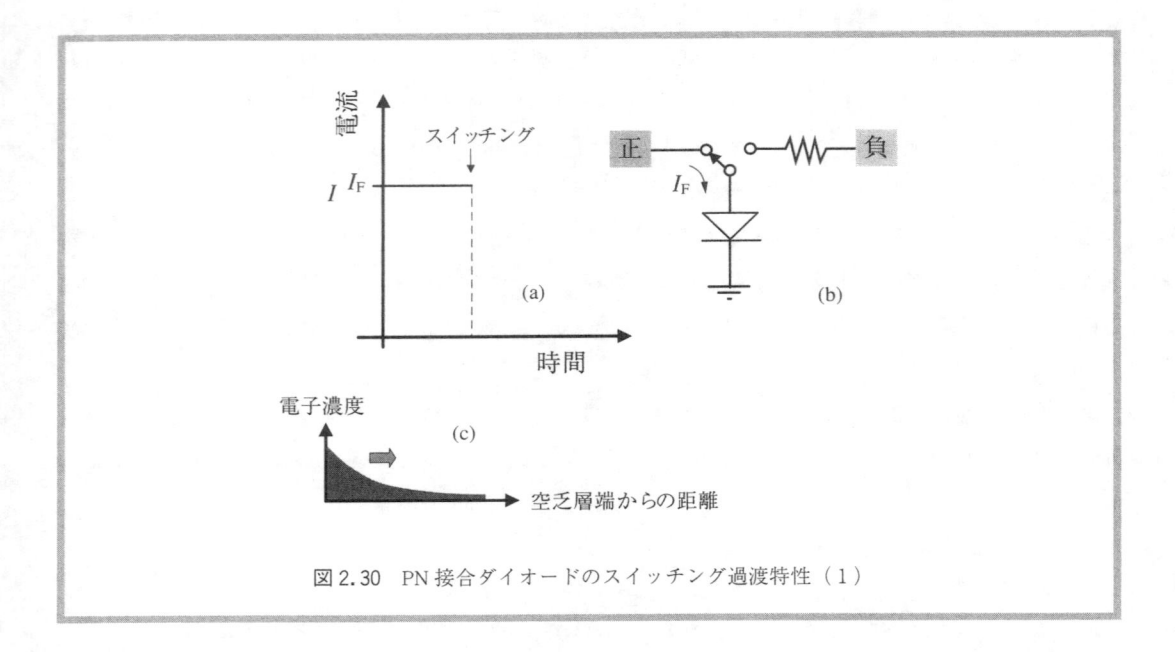

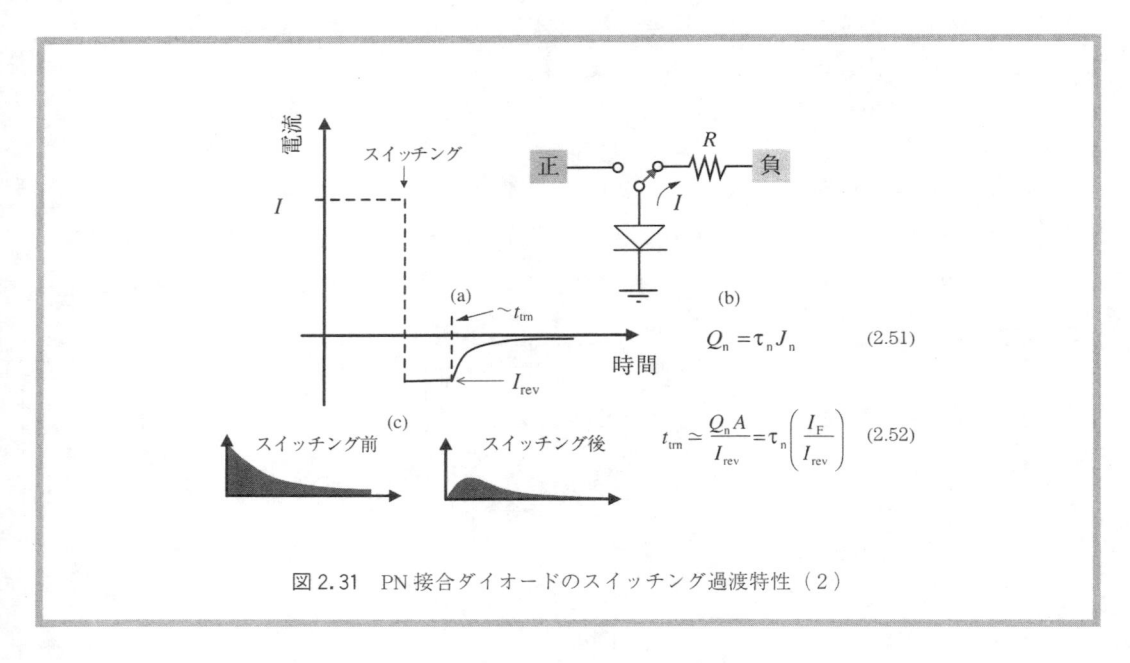

図2.30 PN接合ダイオードのスイッチング過渡特性（1）

$$Q_n = \tau_n J_n \quad (2.51)$$

$$t_{trm} \simeq \frac{Q_n A}{I_{rev}} = \tau_n \left(\frac{I_F}{I_{rev}} \right) \quad (2.52)$$

図2.31 PN接合ダイオードのスイッチング過渡特性（2）

部回路に抵抗 R が接続されていると，その逆方向電流は抵抗 R に逆比例する値となる．蓄積されていた過剰少数キャリアの総量 Q_n は式（2.51）で表されることから，蓄積された少数キャリアが排出されるまでの時間はおおむね式（2.52）で表される．なお，式（2.51）中の J_n は，順方向バイアス時の電流密度であり，接合断面積を A として順方向電流 $I_F = A J_n$ となる．

以上の結果より，外部回路の条件が同じであれば，スイッチング直前の順方向電流 I_F が少ないほど蓄積された少数キャリアも少ないため，図2.32のように排出時間 t_{trm} は順方向電流に比例

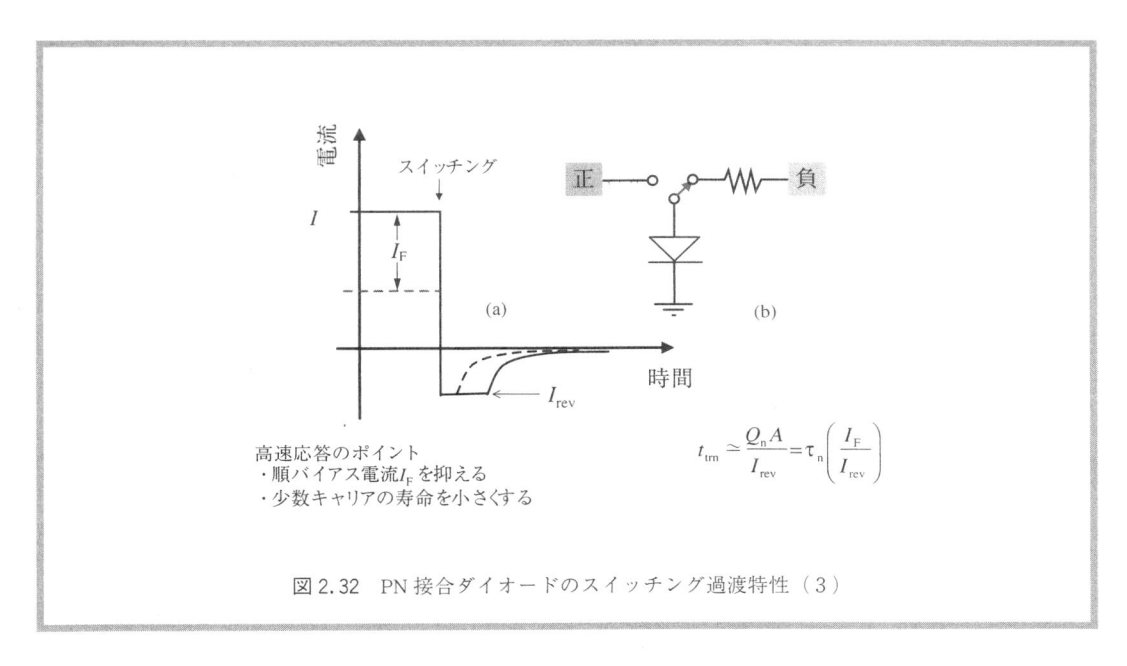

図2.32 PN接合ダイオードのスイッチング過渡特性（3）

$$t_{tm} \simeq \frac{Q_n A}{I_{rev}} = \tau_n \left(\frac{I_F}{I_{rev}} \right)$$

高速応答のポイント
・順バイアス電流 I_F を抑える
・少数キャリアの寿命を小さくする

して減少することがわかる．つまり，順方向バイアス電流 I_F を抑えれば点線で示すようにPN接合を高速でスイッチングさせることができる．また，重金属などを混入して，少数キャリアの寿命 τ_n を短くして高速動作させることができる．

2.4 PN接合の破壊現象

PN接合に大きな逆バイアス電圧を印加すると，ある電圧でPN接合の電気特性が突然大きく変化する．これを「PN接合の破壊」とよぶ．デバイス動作時にはPN接合が破壊しないように印加電圧を適切に選ばなければならない．

本節ではこの破壊現象について簡単に解説する．

すでにPN接合に逆バイアスを印加してもほとんど電流が流れないことを説明したが，逆バイアスが非常に高くなると前述したメカニズムとは全く異なる電流が発生し，これによって図2.33のように逆バイアス条件でも順バイアス時に劣らないほどの大電流が生じる．この現象は「PN接合の破壊」とよばれている．

しかしこの"破壊"は必ずしもPN接合が本当に物理的に破壊してしまうわけではなく，"理想的なPN接合の逆バイアス電流特性が急激に変わる"という意味である．したがって，逆方向電流が制限値以下であれば，逆バイアスの印加をやめて再びPN接合の電気特性を測定してもそれまでとほぼ同じPN接合の特性を得る．

ただし，極端に電流値が大きいと，発生したジュール熱によってPN接合が溶けてしまうこともある．この場合にはPN接合特性は喪失する．

PN接合に大きな逆バイアスを印加したときに観測される急激な電流増加の原因としては，

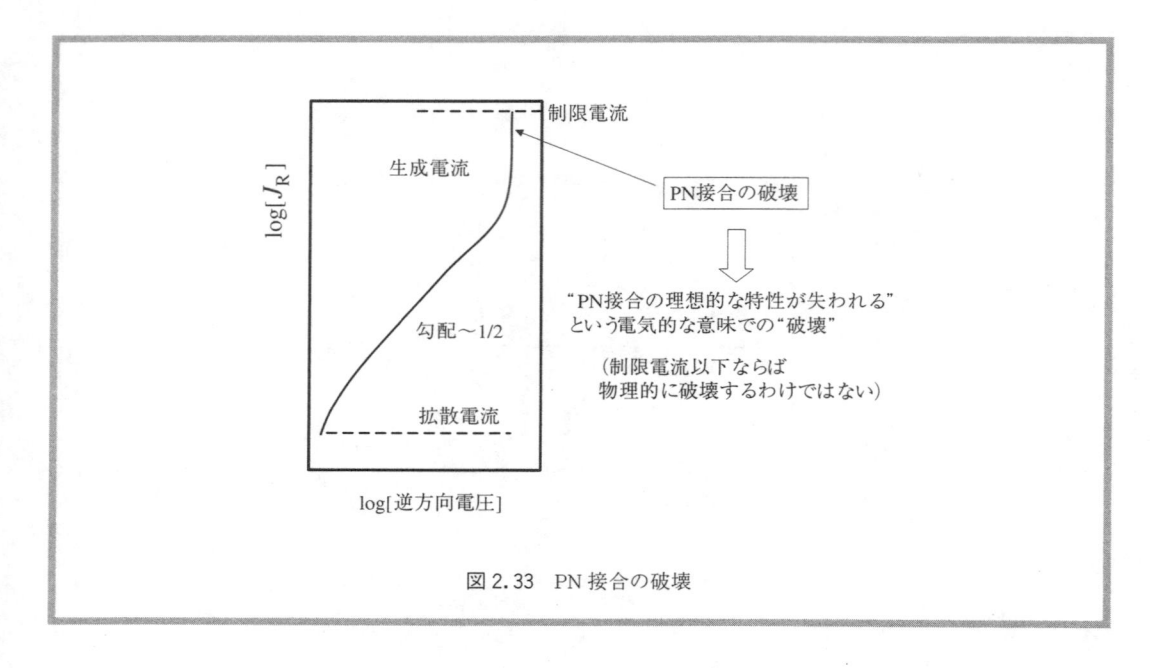

図2.33　PN接合の破壊

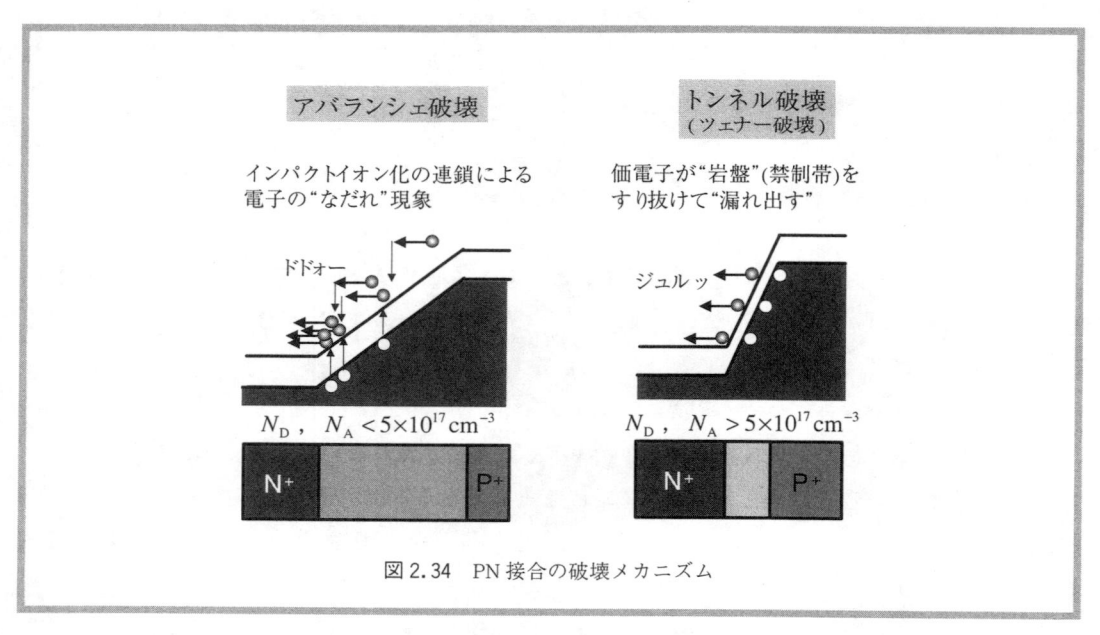

図2.34　PN接合の破壊メカニズム

「アバランシェ（なだれ）破壊」と「トンネル破壊」の2種類がある．図2.34はこれらの破壊メカニズムを模式的に示したものである．

アバランシェ破壊では，p型領域あるいはn型領域から空乏層中に注入された少数キャリア（電子あるいは正孔）が，空乏層中の高電界によって加速され，高エネルギーになってインパクトイオン化（第1章参照）を起こして新たなキャリアを生成する．このようにして生成されたキャリアは空乏層電界中で再び加速されてエネルギーを得て，新たなキャリアを生成する．このよ

うなプロセスが"なだれ"のように多量のキャリアを巻き込みながら生じる現象がアバランシェ破壊である．

一方，量子力学的な電子のトンネル現象によって生じるトンネル破壊は「ツェナー効果」ともよばれ，高濃度で拡散した不純物原子層のPN接合ダイオードで観測される現象である．高い不純物原子濃度領域（$5\times10^{17}\mathrm{cm}^{-3}$以上）では逆方向電圧を印加してもほとんど空乏層が伸びないので，実効的に空乏層中での電界が極めて強くなる．シリコン結晶に強電界がかかると図2.34の右図のように禁制帯幅が極めて薄くなるので，価電子がこの禁制帯をすり抜けることで電子正孔対を生成し，大電流となるのである．

一般的に$5\times10^{17}\mathrm{cm}^{-3}$以上の不純物原子濃度のPN接合では，アバランシェ破壊による電流量よりもツェナー破壊による電流量の方が大きい．逆に，$5\times10^{17}\mathrm{cm}^{-3}$以下の不純物原子濃度のPN接合では主としてアバランシェ破壊が観測される．

演習問題

2.1 電子の濃度が 10^{16} cm^{-3} の n 型半導体と接触して正孔濃度が 10^{18} cm^{-3} の p 型半導体がある．室温におけるそれぞれの領域の電子濃度と正孔濃度を求めよ．室温での真性キャリア濃度は $n_i = 10^{10}$ 個/cm^3 である．

参考：$n_n p_n = n_p p_p = n_i^2$

2.2 演習問題 2.1 の pn 接合の拡散電位 V_{bi} はいくらか．ただし，$k_B T$ は 25 meV とする．

2.3 演習問題 2.1 の pn 接合の空乏層の厚さを計算せよ．真面目に計算すると大変です．空乏層は片側に伸びると考えれば比較的簡単．真空の誘電率は 8.854×10^{-12} F/m（参考：母恋し 12 才と覚えるとよい），シリコンの比誘電率は 11.7 である．

2.4 演習問題 2.3 で与えた pn 接合の面積 S が 100 μm^2 であるとき pn 接合の容量を計算せよ．ただし，外部電圧は印加していないものとする．

2.5 演習問題 2.1 の pn 接合に 3 V の逆バイアス電圧を印加したときの空乏層の厚さを求めよ．

2.6 電子と正孔の拡散係数を $D_n = 30$ cm^2/Vsec，$D_p = 10$ cm^2/Vsec，少数キャリア寿命 $\tau_n = \tau_p = 10^{-5}$ sec としたとき，電子と正孔の拡散長 L_n，L_p を求めよ．

2.7 電子密度 10^{18} cm^{-3} の n 型半導体と正孔密度 10^{16} cm^{-3} の p 型半導体とでできた断面積が 1 cm^2 の pn 接合がある．この接合に 0.25 V の順方向バイアスを印加したときの電子電流 I_n と正孔電流 I_p を求めよ．計算に際して演習問題 2.6 の結果を使用し，動作は室温である．

　[注意]　高濃度不純物原子拡散領域での少数キャリア寿命は演習問題 2.6 に示した値よりかなり小さくなるので，実際の pn 接合では上で計算した電流値より大きくなる．

2.8 演習問題 2.7 までの計算では n 型層や p 型層の厚さは少数キャリアの拡散距離に比べて十分長いものとした．しかし，最近の集積回路では pn 接合がシリコン表面近傍に作られており，不純物原子拡散層の厚さが 1 μm 以下となっている．演習問題 2.7 の pn 接合がシリコン表面から $x_j = 0.1$ μm の深さまで均一なドナー濃度領域で作られているとき，正孔電流 I_p を求めよ．ただし，p 型層の厚さは電子の拡散距離 L_n に比べて十分大きいものとする．

3 MOSFETの動作を理解する

「MOSFET」とは "Metal Oxide Semiconductor Field Effect Transistor" の頭文字をとって作られた言葉であり，日本語では「MOS型電界効果トランジスタ」とよばれる．CPU（Central Processing Unit），メモリ，グラフィック処理チップ，通信チップなど近年の半導体デバイスの95%近くがMOSFETを組み合わせてつくられている．このため，MOSFETはシリコン半導体を用いた電子デバイスの中で中心的な地位を占める．逆に言うと，この章をしっかり理解するだけで世界の95%近くの半導体デバイスの動作原理を理解できるようになるのである．

本章ではMOSFETの構造，動作原理などを第1章および第2章で学んだ知識を使って網羅的に解説してゆく．

MOSFETは今日の情報化社会を支える集積回路を構成する最も基本的な素子である．図3.1は1998年から現在，そして未来予想される1CPUごとのトランジスタ数の変遷を示したものである．コンピュータの主要部分はMOSFETの集合体であるマイクロプロセッサによって担われており，現在の最先端のCPUでは4千万個近くのMOSFETによって構成されている．MOSFETは計算性能を向上させるために今までも，そしてこれからもますます微細化・高集積化される．2010年には5億個ものMOSFETがチップ内に組み込まれると予想されている．4千万個のMOSFETを用いたCPUが2万円であると仮定すると，MOSFET1つの値段は0.0005円（2000

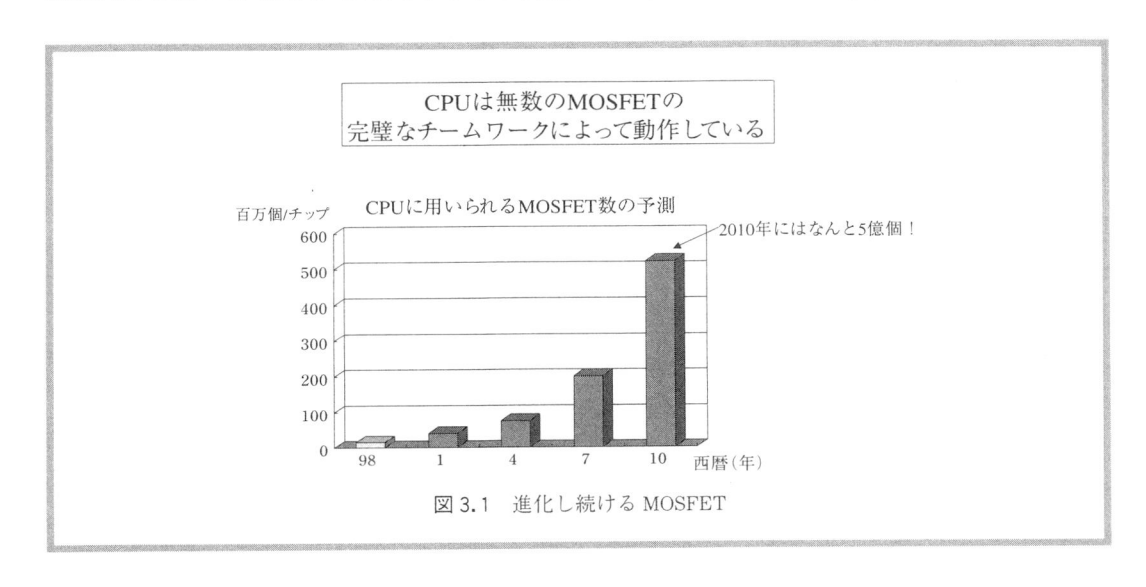

CPUは無数のMOSFETの完璧なチームワークによって動作している

CPUに用いられるMOSFET数の予測

2010年にはなんと5億個！

図3.1 進化し続けるMOSFET

個で 1 円）という超低価格になる．これだけ安く生み出された MOSFET 達が，なんと 4 千万個も完璧なチームワークで動作しているのである．人間にはとうてい不可能な芸当である．

3.1 CPU 開発の歴史

MOSFET について学ぶ前に，MOSFET を用いた回路素子の中で最も中心的役割を担う CPU（Central Processing Unit）の進化の歴史を振り返ってみよう．

CPU の歴史は「Intel」なしには語れない．

Intel 社は 1968 年，当時半導体業界で大企業であった Fairchild 社を出た Bob Noyce と Gordon Moor によって設立されたベンチャー企業である（図 3.2）．そこへ同じく Fairchild 社から引き抜かれたのが，やがて Intel を世界企業へと導く Andrew Grove である．彼はハンガリーのブタペストでユダヤ系ハンガリー人として生まれ育ち，大学半ばにしてアメリカへ亡命，カリフォルニア大学バークレー校（U. C. Berkley）で博士号を取得したというユニークな経歴を持つ人物である．Intel は特に CPU 分野で他社を凌ぐ成果を上げ，1980 年代に入って IBM が 8 ビット CPU である "286" をパソコンの CPU として組み込んだことで有名になった．

その後は常に CPU 開発でトップを走り続け，Intel 社の Pentium と Microsoft 社の Windows が両輪となって現在の情報革命の黎明期を作り上げたのである．最近は AMD などの競合企業も活躍しているが，Intel は未だにマイクロプロセッサ業界で確固とした地位を保ち続けている．

図 3.3 は Intel 社が 1971 年に世界で初めて生産した CPU（商品名「4004」）と，1982 年に発売された「286」の写真である．

4004 には 2300 個の MOSFET が組み込まれており，そこで用いられる MOSFET の最小パターン寸法は約 $10\,\mu\mathrm{m}$ であった．その後，30 年間で CPU は劇的な進化を遂げ，今日の最先端集積回

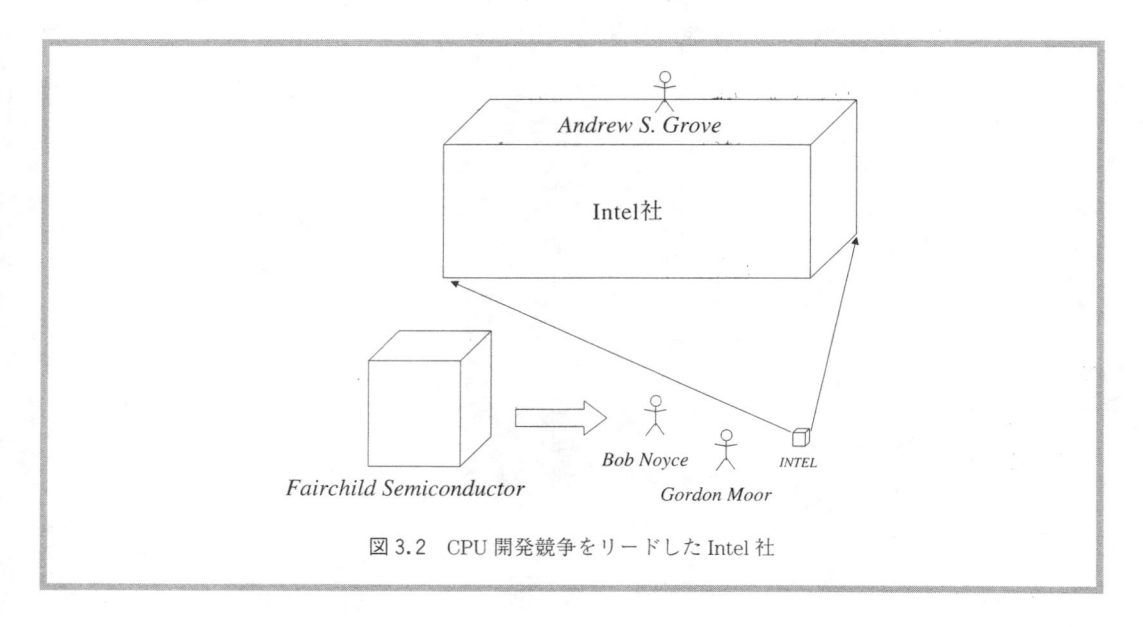

図 3.2 CPU 開発競争をリードした Intel 社

4004
(1971)

2,300個
10μm

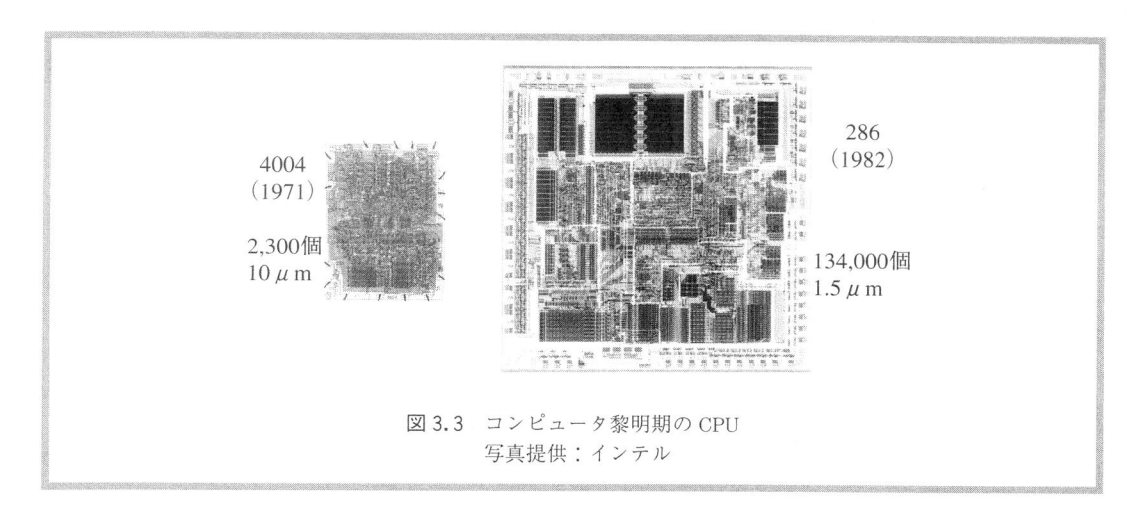

286
(1982)

134,000個
1.5μm

図3.3　コンピュータ黎明期のCPU
写真提供：インテル

路ではMOSFETは$0.1\mu m$にまで微細化されている．このCPUチップ（一辺2cm程度）を仮想的に東京ディズニーランド（1km）と同程度のサイズに拡大したとしても，MOSFETひとつの大きさは米粒程度（5mm）にしかならない．東京ディズニーランドに米粒をぎっしり敷き詰めているところを想像すれば，今日のMOSFETがどれだけ小さいものか実感できるだろう．

MOSFETをこのように激しく微細化するためには，MOSFET製造技術の進歩が不可欠であった．中でも光露光とエッチングで代表されるリソグラフィ技術（パターン形成技術）の進歩はCPUやLSIの発展に特に大きく寄与している．

図3.4の写真はIntel社が1997年に発表したPentium IIプロセッサのチップ写真である．

最近の軍事衛星では地上の人間の性別と顔を識別することができるが，最先端の集積回路では可視光の波長（$0.5\mu m$）より小さなMOSFETが使われているので，どれだけ高性能の光学顕微

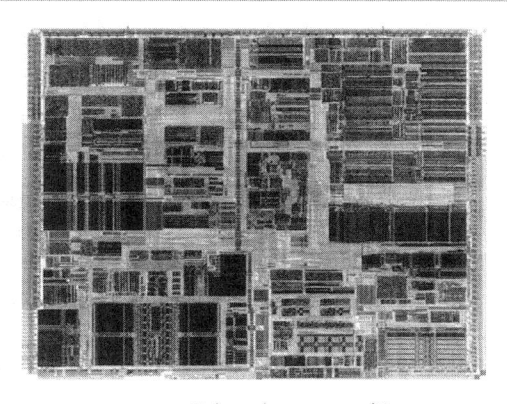

Pentium II (1997) 7,500,000個

図3.4　最近のCPU
写真提供：インテル

鏡を使ったとしても MOSFET そのものを明瞭に見ることは原理的に不可能である．

写真では各回路ブロックが見えており，各ブロックの中にひしめいている無数の MOSFET はブロックごとで割り当てられた単純なスイッチング機能を果たす．

3.2 MOSFET の構造と動作原理

ここからは CPU を構成する最小単位である MOSFET を取り上げ，その構造と動作原理を明らかにしよう．

まず本節では MOSFET の動作原理を数式を用いずイメージで考えよう．

図 3.5 は MOSFET の基本構造を模式的に示したものである．

MOSFET は「シリコン基板」「ウェーハ」とよばれる薄さ 0.5 mm ほどのシリコン結晶の板の表面に作られる．シリコン基板は p 型半導体であり，その上に「ソース」「ドレイン」とよばれる 2 つの n 型半導体領域が形成されている．空間的に分離されたソースとドレインの間に「ゲート酸化膜」（絶縁体）を介して「ゲート」とよばれる電極が設けられている．

MOSFET は電気的には"電流量調節素子"や"スイッチ"としての役割を果たす．

図 3.6 はこれを模式的に示したものである．第 2 章で学んだように，n 型シリコン領域であるソースおよびドレインは伝導電子の"海"であり，p 型の基板は伝導電子にとっては"陸地"である．そしてゲート酸化膜は"堤防"の役割を果たし，電子がゲートに流れ込まないようにせき止めている．ゲートに正の電圧を印加し，さらにソース・ドレイン間に外部から電圧を印加すると，「チャネル」とよばれる"水路"に沿って電流が生じる．このときの電流量はゲート電極に印加する電圧によって大きく変化するため，ゲート電圧によってソース・ドレイン間の電流量を調節したり，On/Off させたりできる．

ちなみに，"Transistor"という名前は"Trans"と"resistor"の合成語であり，ゲート電圧で

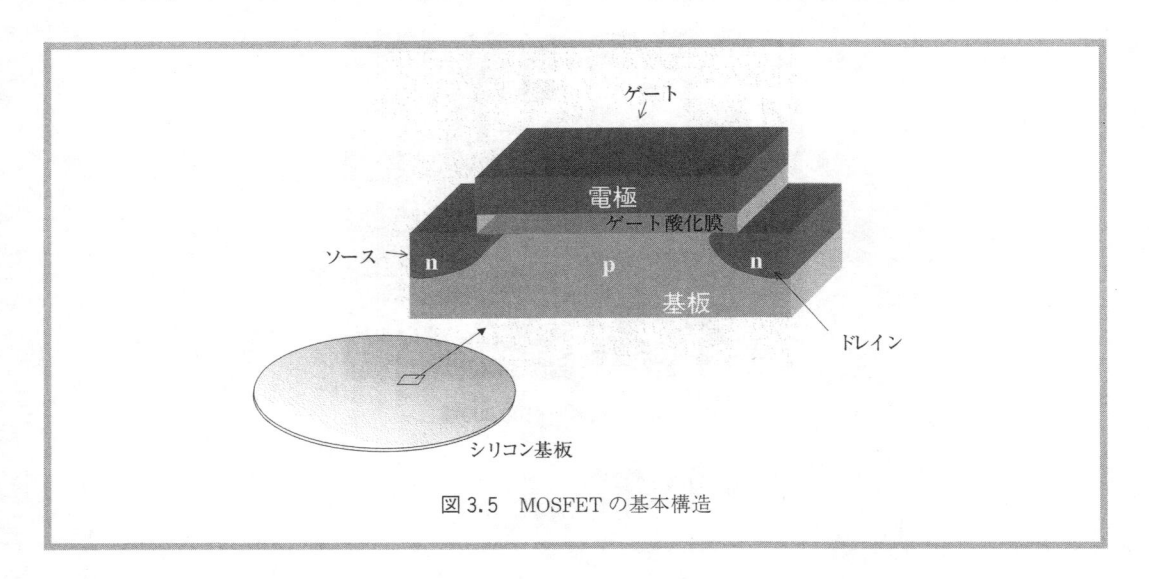

図 3.5 MOSFET の基本構造

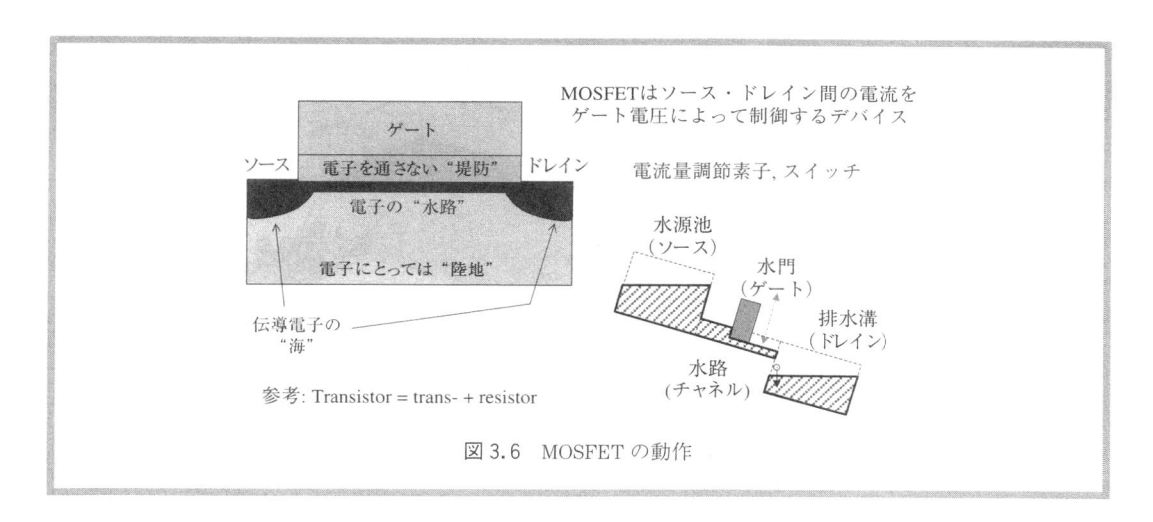

3.2 MOSFETの構造と動作原理

図3.6 MOSFETの動作

ソース・ドレイン間の抵抗（resistor）値を変える（Trans）という意味である．

この動作をもう少し詳しく理解するために，MOSFET中の電子の様子を水のアナロジーで考えてみよう．

図3.7はMOSFET内の伝導電子が感じるポテンシャルを図示したものである．縦軸は"電子が感じるポテンシャル"であり，エネルギーバンドの伝導帯の最低エネルギーに対応する（第1章を参照）．x, y軸はそれぞれ基板・ゲート酸化膜の境界から下に向かって測った"深さ"とトランジスタ中での"位置"である．すなわち，手前の面にゲート酸化膜とゲート電極が張り付いている位置関係になっている．第2章で説明したように，n型領域のソースおよびドレインとp

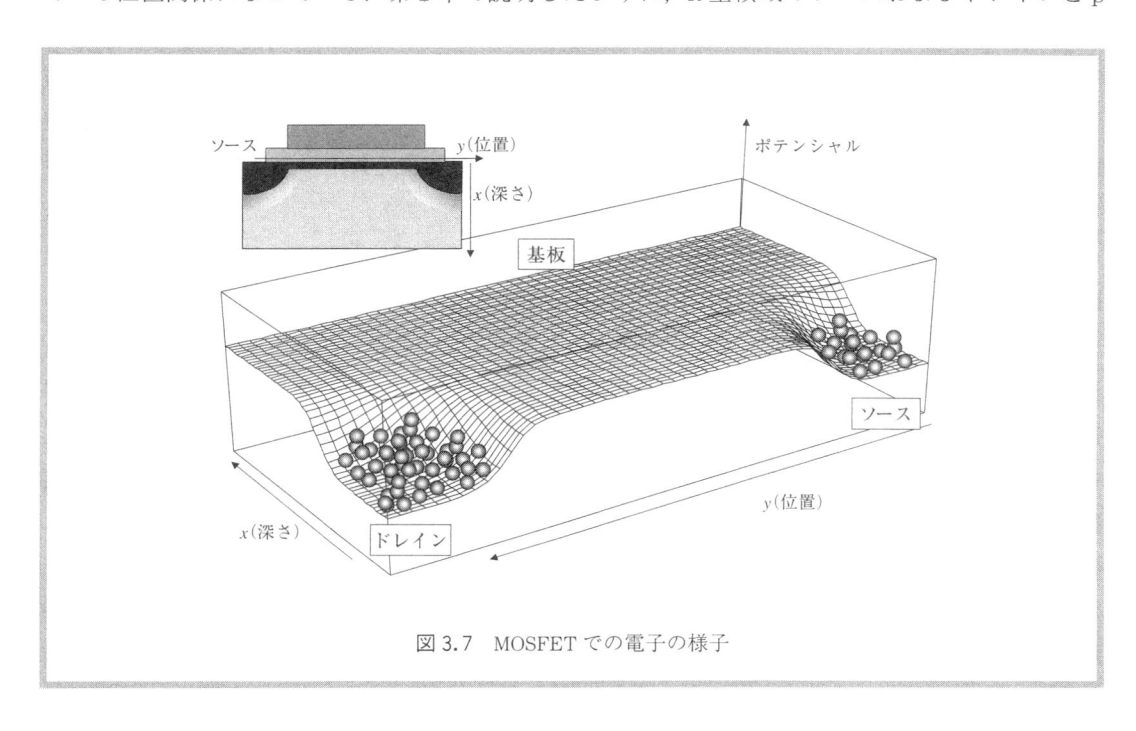

図3.7 MOSFETでの電子の様子

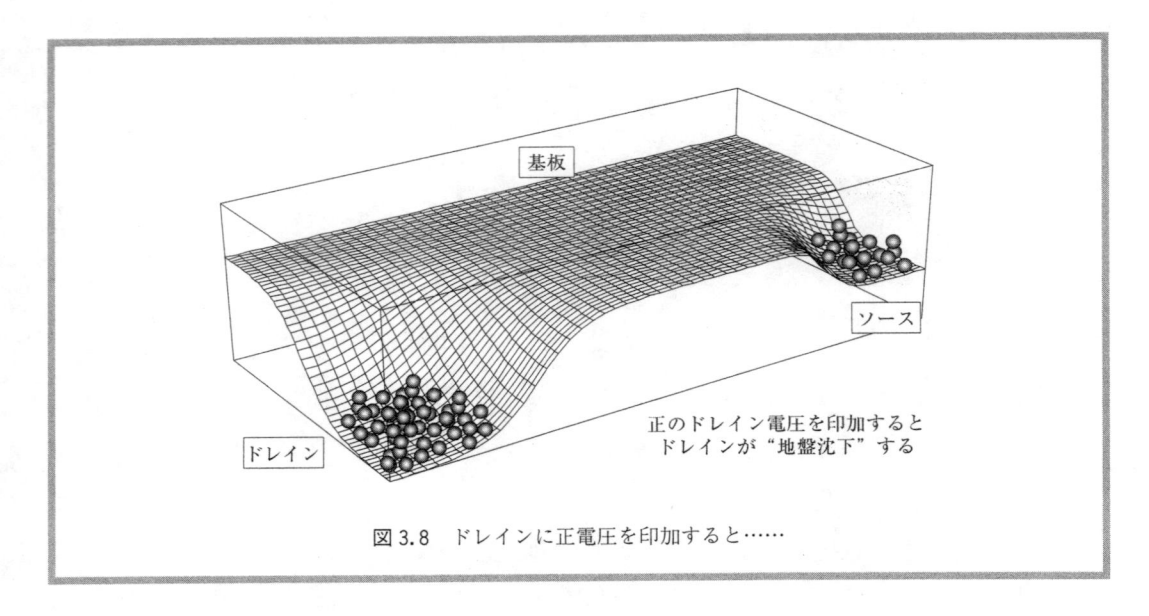

図 3.8 ドレインに正電圧を印加すると……

型領域の基板の間には空乏層が形成されおり，このポテンシャルの"土手"で電子をソースとドレイン領域に閉じ込めている．

ここで図 3.8 のようにゲート，ソース，基板を電気的に接地してドレインに正の電圧を印加すると，ドレインでの電子の感じるポテンシャルは他の場所に比べて低くなる．しかしこの時点ではまだソース・ドレイン間に電流は流れない．

ここで小さな正の電圧をゲート電極に印加すると，基板とゲート酸化膜の境界面で電子が感じるポテンシャルは図 3.9 のように少しだけ押し下げられる．するとソースにいる電子の一部が"モヤ"となってこの低くなったところに溢れ出し，それらはポテンシャルの低いシリコン基板／ゲート酸化膜界面付近を伝って拡散し，最終的にはドレインに回収される．この電流は第 2 章において pn 接合に順バイアスを印加した際に見られた拡散電流と同じメカニズムによって生じている．

さらにゲート電圧を強くすると，シリコン基板とゲート酸化膜の境界面で電子が感じるポテンシャルは図 3.10 のように大きく押し下げられる．すると，この低くなったところ（チャネル）を伝ってソース中の伝導電子が大量にドレインへと流入し，大きなソース・ドレイン電流が生じる．このときの電流はソース・ドレイン間の電界によって生じるドリフト電流であり，先ほどの拡散電流とは比べものにならないほど大きい．このようにして，MOSFET はゲート電圧を変えてソース・ドレイン間の電流を On/Off するスイッチとして用いることができる．また，この電流量はゲート電圧によって変化するため，MOSFET を電流制御素子として用いることもできるのである．

以上の説明では電流を担うキャリアは主に電子であった．このような構造の MOSFET は電子が負電荷（negative charge）を持つことから，「n チャネル MOSFET」とよばれる．

一方，先ほどと同じ構造で n 型と p 型を入れ替えると，正孔をキャリアとする全く同じ動作

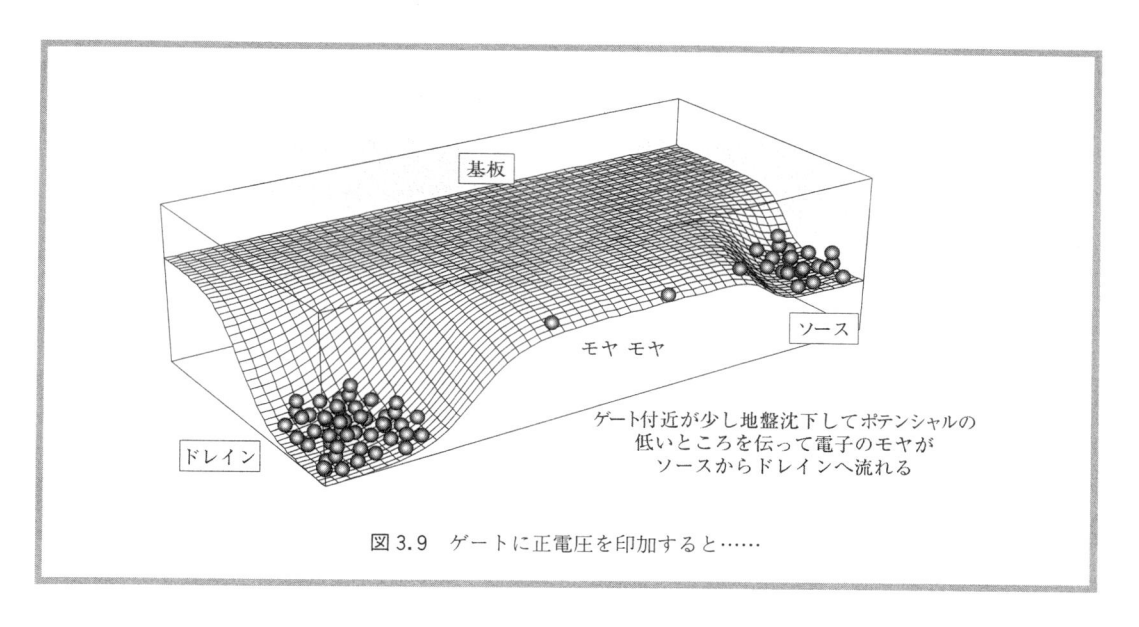

3.2 MOSFETの構造と動作原理

図3.9 ゲートに正電圧を印加すると……

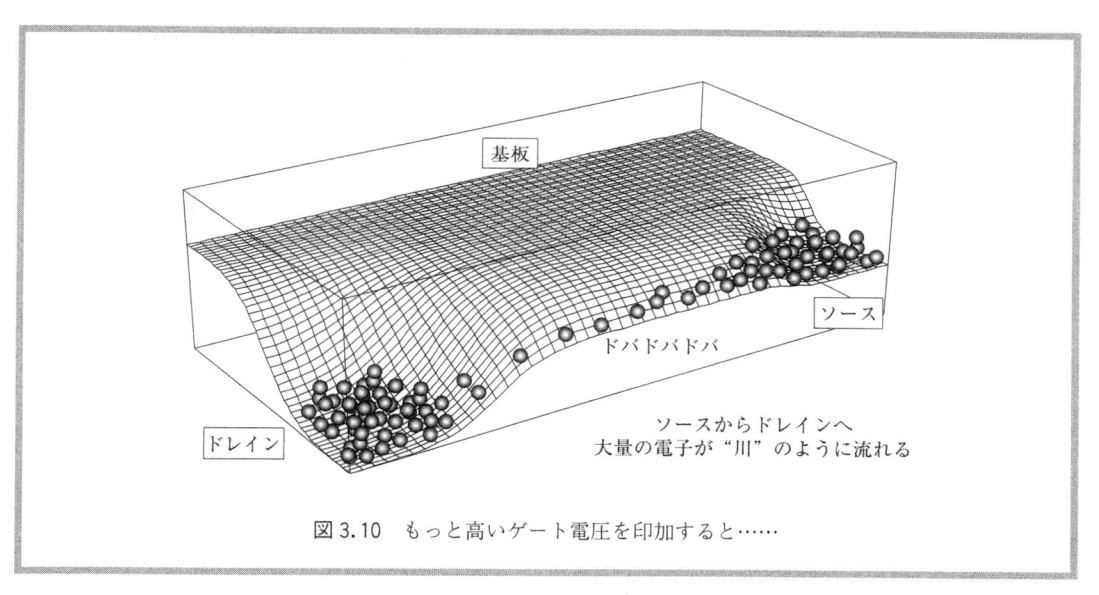

（基板／ソース／ドレイン／モヤモヤ）
ゲート付近が少し地盤沈下してポテンシャルの低いところを伝って電子のモヤがソースからドレインへ流れる

図3.10 もっと高いゲート電圧を印加すると……

（基板／ソース／ドレイン／ドバドバドバドバ）
ソースからドレインへ大量の電子が"川"のように流れる

原理のMOSFETを作ることができる．このようなMOSFETは「pチャネルMOSFET」とよばれる．

MOSFETを用いた回路では，図3.11に示した記号を使ってpチャネルMOSFET（ゲートに○印が付加）とnチャネルMOSFETを区別する．

図3.11 2種類のMOSFET

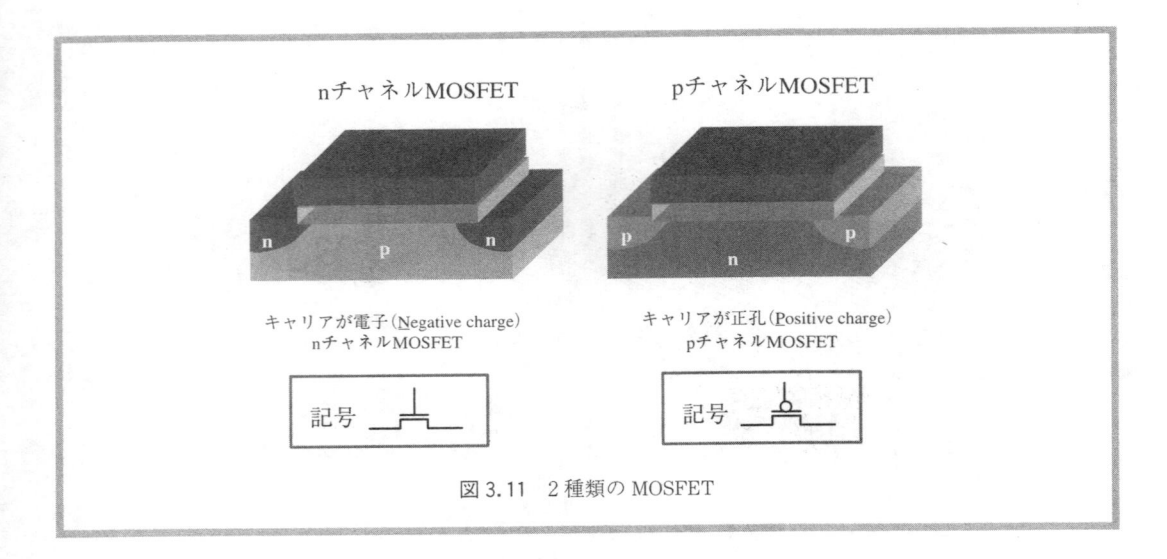

3.3 MOSFETの電気的特性

本節では第1章および第2章で学んだ知識をフル活用して，前節で見たMOSFETの動作をさらに詳しく解析していこう．

3.3.1 チャネル近傍でのポテンシャル形状と電荷分布状況

MOSFETの動作を解析するためには，まずMOSFET内での電荷分布状況と電子の感じるポテンシャル形状を正しく理解する必要がある．ここではソース・チャネル・ドレイン近傍での電荷分布状況とポテンシャル形状を詳しく説明する．

MOSFETの電流はシリコン基板とゲート酸化膜の境界面付近を流れるため，この境界面のイメージを正しく理解すればMOSFETの電気特性をよりクリアに把握することができる．

図3.12はシリコン基板とゲート酸化膜の境界面の拡大図である．シリコン基板を高温の酸素雰囲気中で熱し，表面を"酸化"すればゲート酸化膜が形成される．要はシリコン基板（ウェーハ）を高温の酸素雰囲気中で"焼く"わけである．すると酸素原子がシリコン原子間の結合に入り込み，「二酸化シリコン：SiO_2」が形成される．"二酸化シリコン"と聞くと難しそうだが，つきるところ"ガラス"である．そして窓ガラスが絶縁体であるように，MOSFETのゲート酸化膜もやはり絶縁体である．

この境界面でのバンド図を書くと図3.12の下図のようになる．第1章で説明したように，伝導帯や価電子帯のエネルギーは物質の結晶構造によって異なる．特に酸化膜とシリコン基板では伝導帯・価電子帯がこの図のように配置している．このためゲート酸化膜は伝導電子にとっても正孔にとっても電気的な"壁"あるいは"堤防"として機能する．ちなみに，ゲート酸化膜とシリコン基板とのエネルギーバンドの関係はシリコン基板がn型かp型かにはよらない．

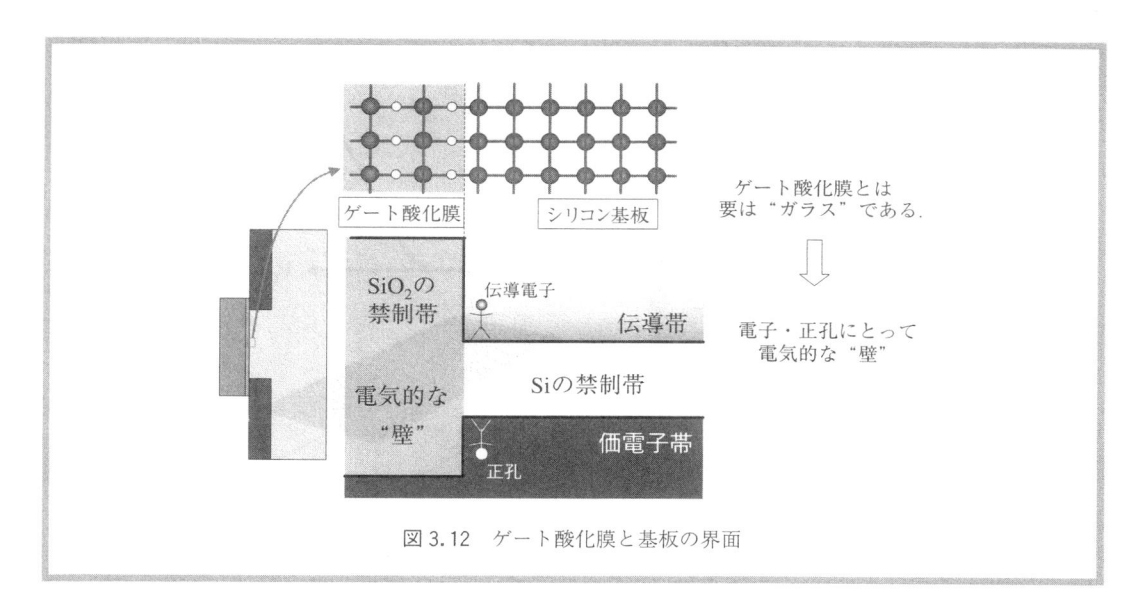

3.3 MOSFETの電気的特性

図3.12 ゲート酸化膜と基板の界面

次に，nチャネルMOSFETを例にとってMOSFETでの電荷分布状況と電子の感じるポテンシャル形状を詳しく見ていくことにしよう．

ここでは図3.13を参考にして，ドレインに電圧V_Dを印加した状態でゲート電圧V_Gをゼロから徐々に強めていったときの，各段階での電荷分布状況，ポテンシャル形状，そしてソース・ドレイン間の電流量I_Dの増加の様子を追うことにする．

ゲート電圧がゼロの時には，p型シリコン基板のいたる所でアクセプタイオン（負電荷）と正孔（正電荷）が同数存在しており，シリコン基板は電気的には中性である（図3.14(a)）．

ゲート電極にほんの少し正の電位を加えると，ゲート電極の正電荷によってシリコン基板とゲ

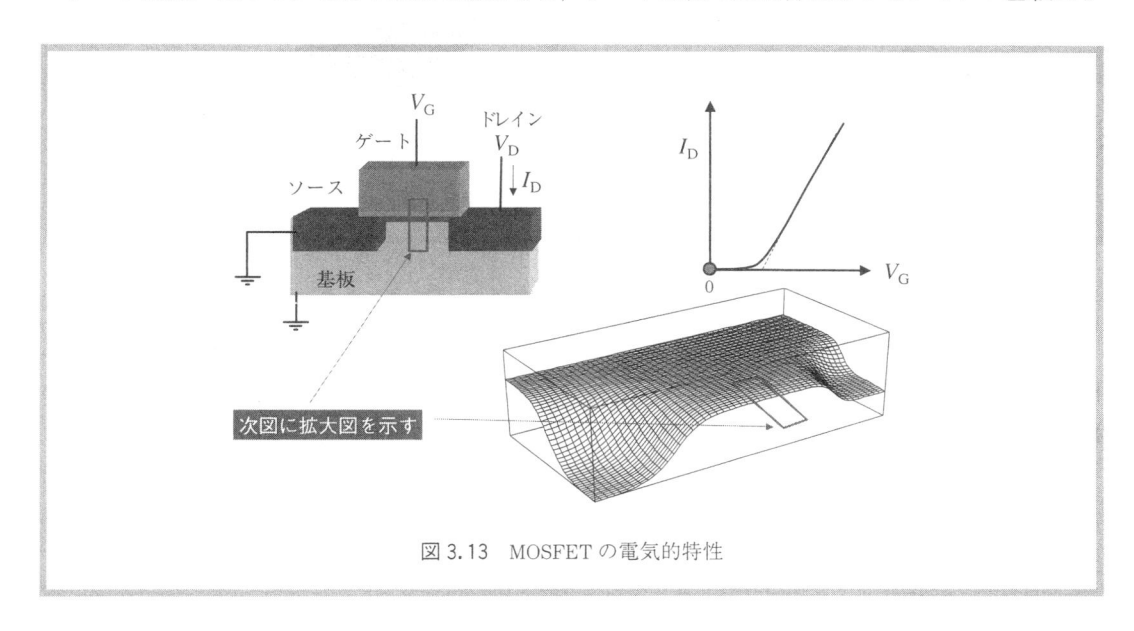

図3.13 MOSFETの電気的特性

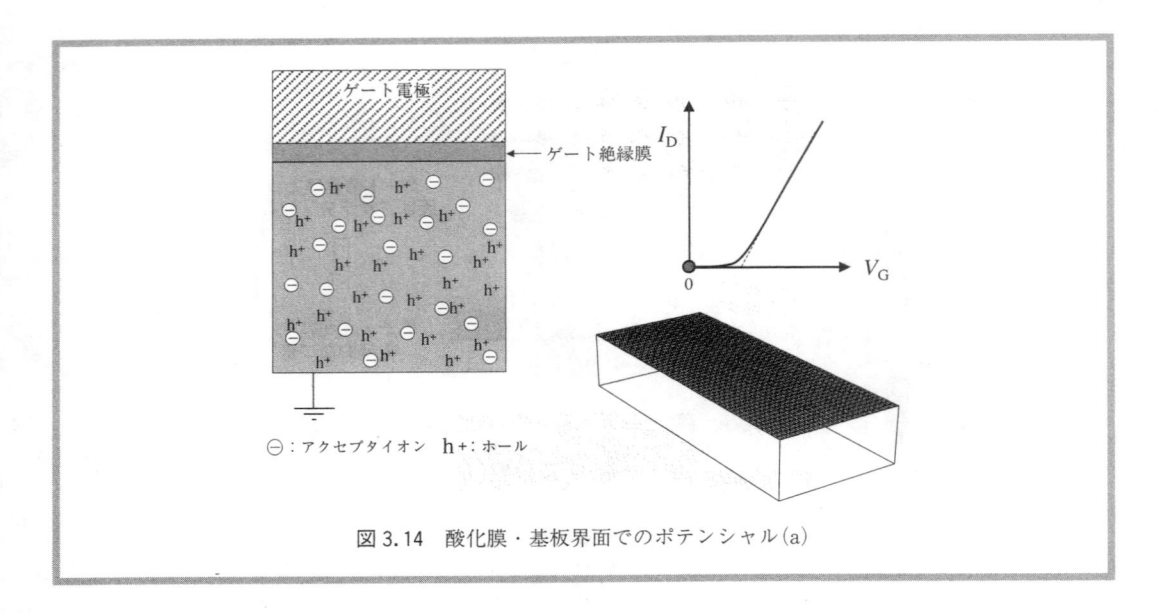

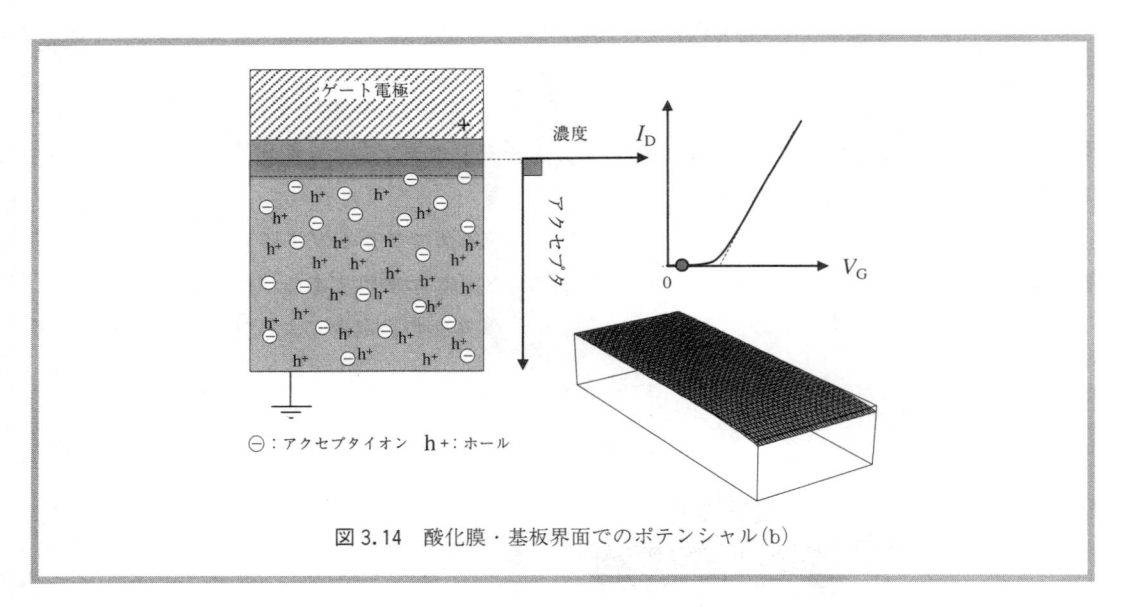

図 3.14 酸化膜・基板界面でのポテンシャル(a)

図 3.14 酸化膜・基板界面でのポテンシャル(b)

ート酸化膜の界面でポテンシャルが少し低くなり，空乏層が形成される（図 3.14(b)）．

ここには第 2 章で説明したようにアクセプタイオンが剥き出しに現れるが，それと同数の正電荷がゲート電極とゲート酸化膜の界面付近に発生し電気力線が結ばれる．このとき，シリコン基板・ゲート酸化膜・ゲート電極は平行平板コンデンサのように機能しているのである．

さらにゲート電圧を高くすると表面付近でますます空乏化が進行し，数多くのアクセプタイオンがゲート電極の正電荷と電気力線を結ぶようになる．このため，図 3.14(c)のように，シリコン基板の表面付近ではアクセプタイオンが剥き出しになった領域が広がる．

もっとゲート電圧を上げると，空乏化した領域がシリコン基板内に伸びてくる（図 3.14(d)(e)

3.3 MOSFET の電気的特性

図 3.14 酸化膜・基板界面でのポテンシャル (c)

図 3.14 酸化膜・基板界面でのポテンシャル (d)

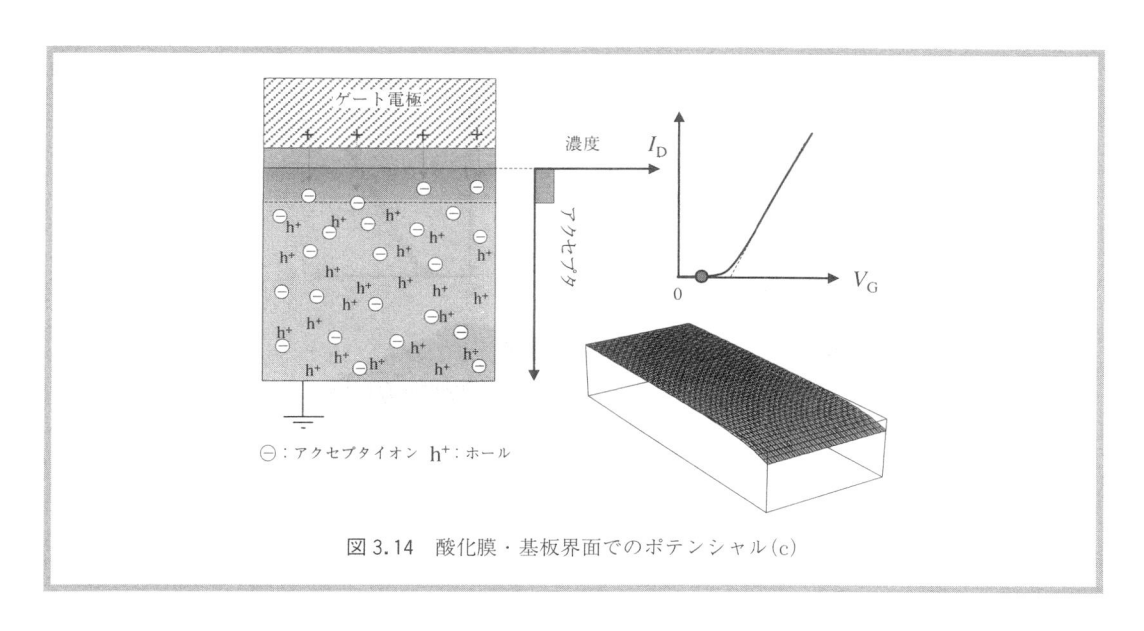

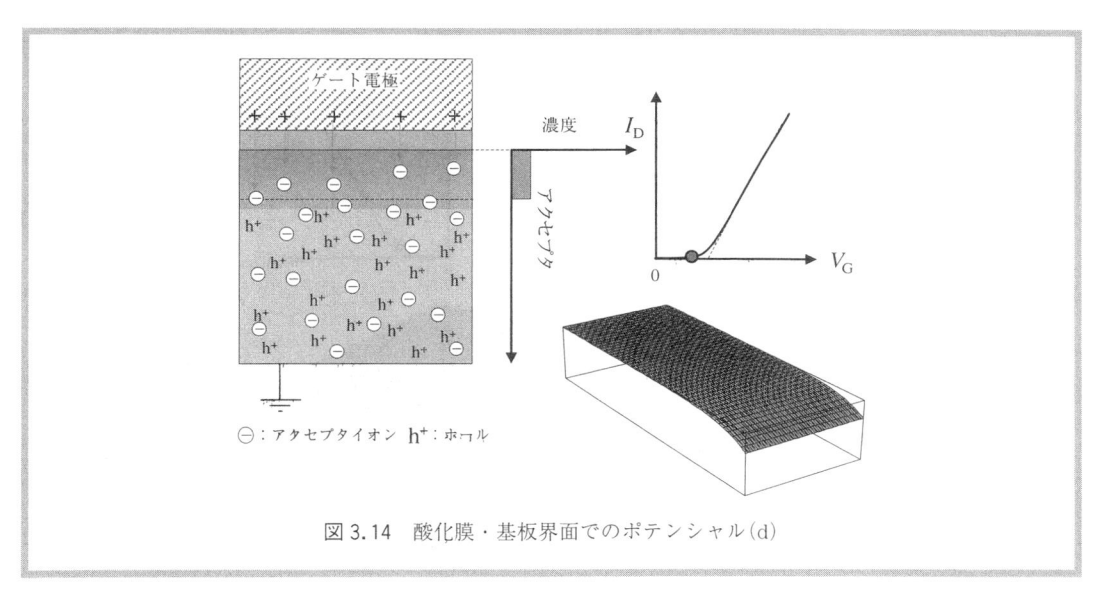

(f)).

この程度のゲート電圧の下でソース・ドレイン間に電圧を印加すると，前節で説明した拡散電流が流れる．この拡散電流は図 3.14 (d) (e) (f) の右上の図に示すように，ゲート電圧の上昇とともに徐々に増えていることに注意しよう．なお，シリコン表面の空乏層領域から排除された正孔は基板から接地ラインに抜ける．

この空乏層においてはシリコン基板・酸化膜界面に近づくほど，p 型シリコンの多数キャリアである正孔の濃度は低下し，逆に少数キャリアである伝導電子の濃度は高くなる．

ゲート電位をさらに高くして酸化膜界面付近のシリコン基板のポテンシャル（「表面電位」と

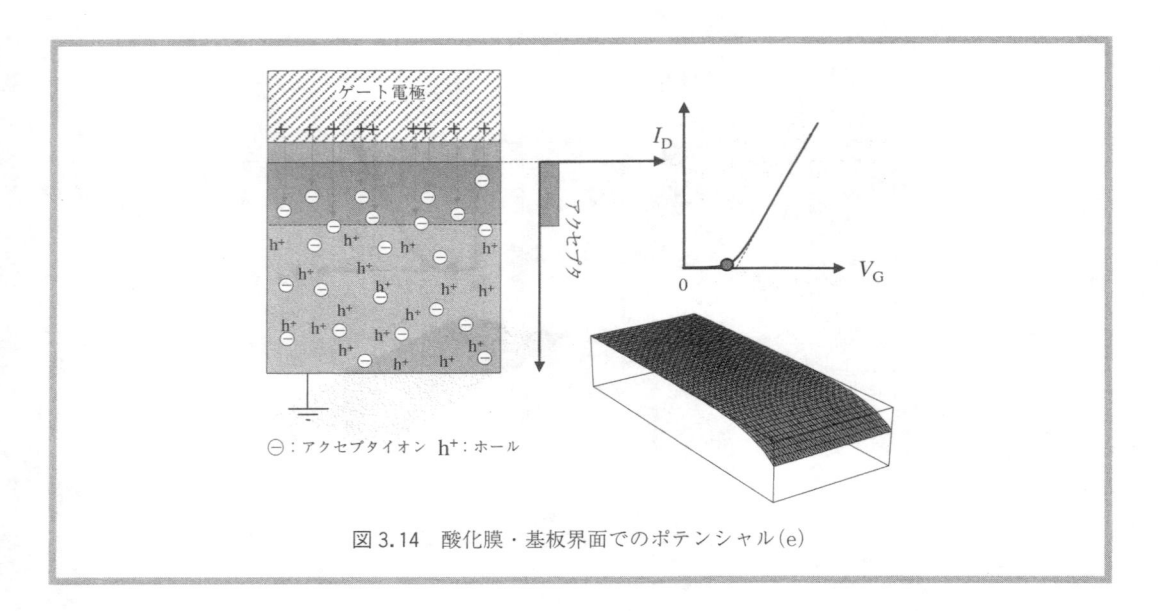

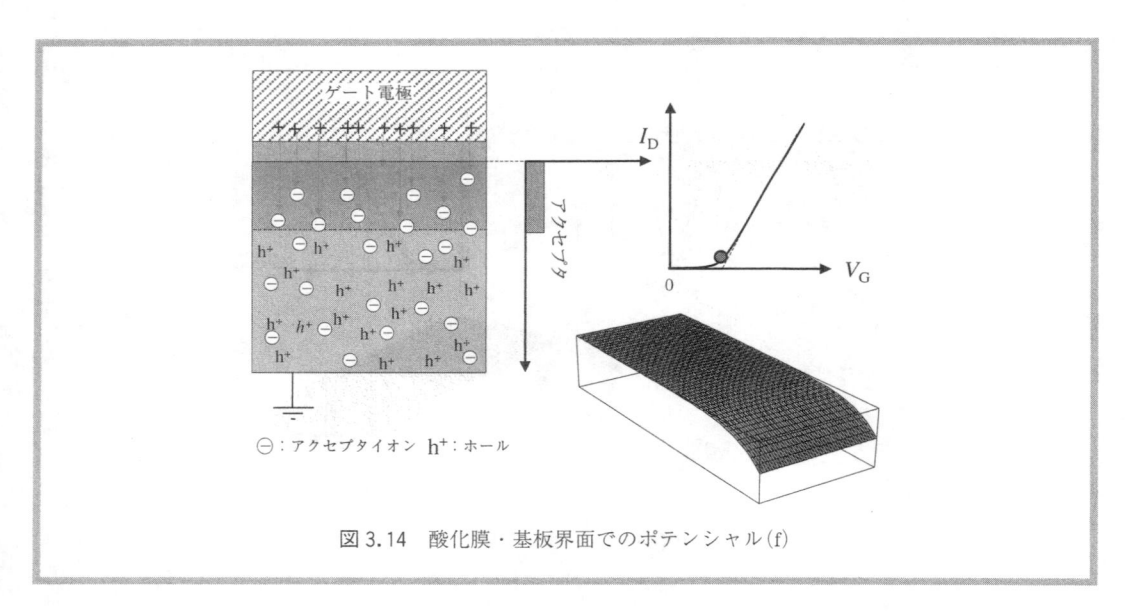

図 3.14　酸化膜・基板界面でのポテンシャル (e)

図 3.14　酸化膜・基板界面でのポテンシャル (f)

いう）を十分押し下げると，基板・酸化膜界面付近の伝導電子の濃度がアクセプタイオンの密度を超える（図 3.14(g)）.

このように，p 型シリコンであるにもかかわらずゲート電極の影響によってシリコン基板・酸化膜界面付近で伝導電子が大量に発生する現象を「反転」とよぶ．この反転している半導体領域は，シリコン基板・酸化膜界面付近に層状に広がっていることから「表面反転層」とよばれる．これがソース・ドレイン間の「チャネル」となり，ソース・ドレイン間に電圧を印加するとドレイン電流量は急激に増加する．このようにシリコン表面が反転するときにゲート電極に印加されている電圧を「しきい値電圧」とよび，記号 V_T で表す．

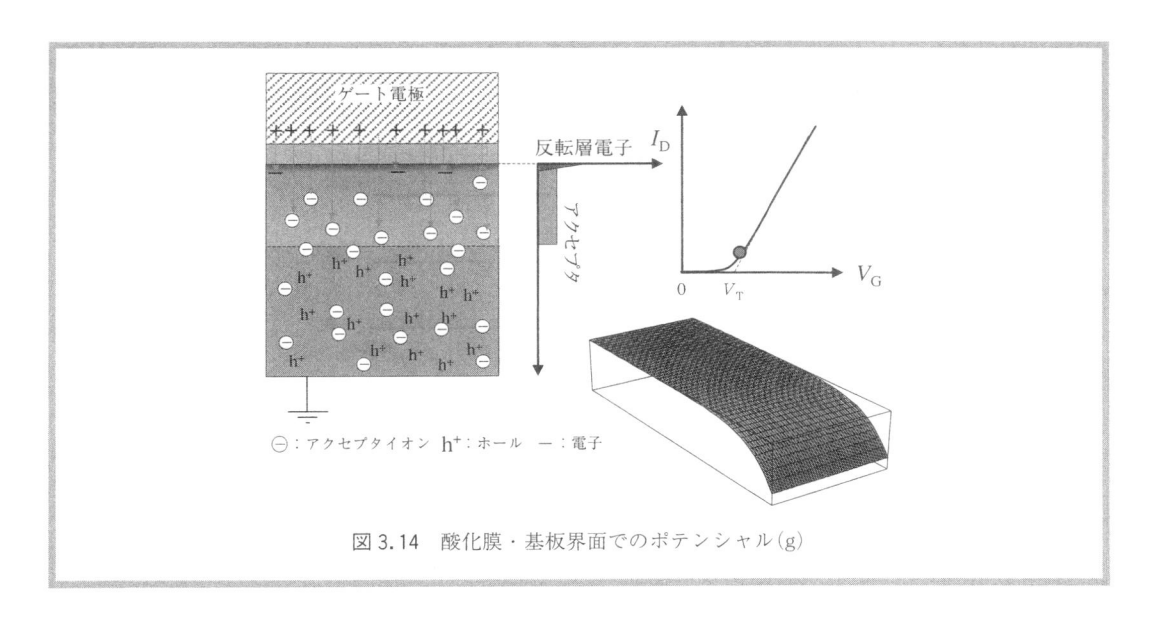

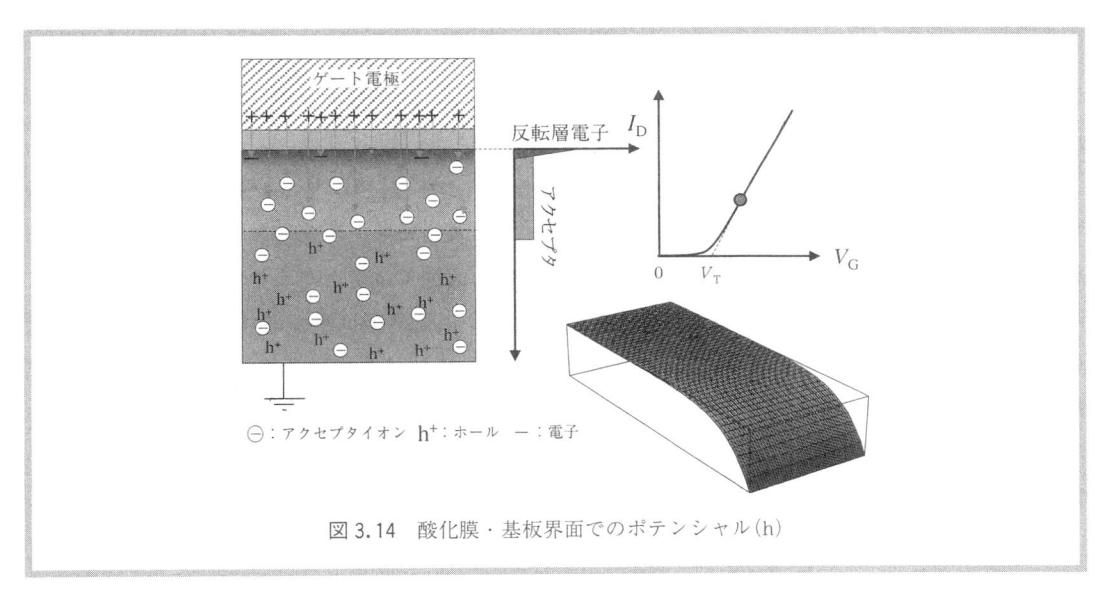

図 3.14 酸化膜・基板界面でのポテンシャル(g)

図 3.14 酸化膜・基板界面でのポテンシャル(h)

いったんゲート電圧がしきい値を越えて反転層が形成されると，さらにゲート電圧を高くしてゲート電極に蓄えられる正電荷量を増やしても，それらから出る電気力線はすべて反転層内の電子によって終端されるため，これ以上は空乏層は伸びない（図 3.14(h)）．

逆に言うと，しきい値電圧以上のゲート電圧を印加すれば，それはすべて反転層内の伝導電子濃度を上げるために使われる．このため，ソース・ドレイン電流量も（ゲート電圧-しきい値）にほぼ比例して増加する．

今後の計算のために，MOSFET 中での電荷分布状況をまとめて数式にして図 3.15 に示す．

n チャネル MOSFET に存在する電荷は，

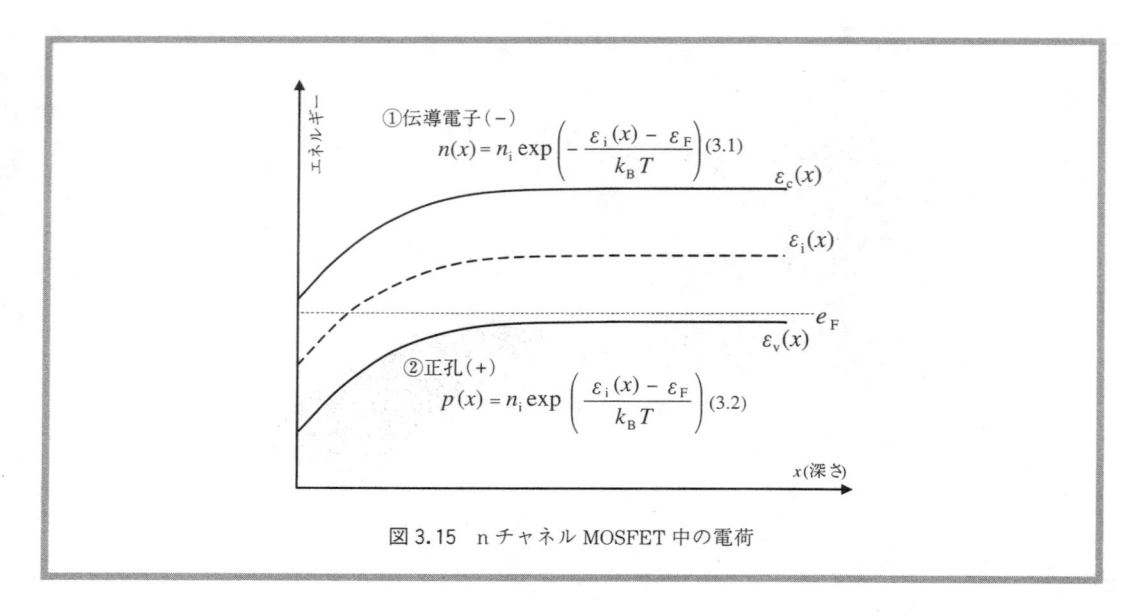

図 3.15 の中:
- ①伝導電子 (−)
  $$n(x) = n_i \exp\left(-\frac{\varepsilon_i(x) - \varepsilon_F}{k_B T}\right) \quad (3.1)$$
- $\varepsilon_c(x)$, $\varepsilon_i(x)$, ε_F, $\varepsilon_v(x)$
- ②正孔 (+)
  $$p(x) = n_i \exp\left(\frac{\varepsilon_i(x) - \varepsilon_F}{k_B T}\right) \quad (3.2)$$
- 縦軸：エネルギー，横軸：x (深さ)

図 3.15　n チャネル MOSFET 中の電荷

①伝導電子（負）
②正孔（正）
③アクセプタイオン（負）

の 3 種類である．

　ここで，第 1 章で説明したことを思い出してほしい．つまり，「シリコン結晶中の任意の場所での伝導電子濃度および正孔濃度は，そこでのフェルミエネルギーと真性フェルミエネルギーを用いて書き表される」のである．電流の生じない静的な状態ではフェルミエネルギーは至るところで一定であり，位置 x における伝導電子濃度，および正孔濃度はそれぞれ式（3.1）および式（3.2）によって与えられる．ここで n_i は温度のみによって決まる定数であり，電子濃度 n の位置 x 依存性は真性フェルミエネルギーのみが持っている．

　一方，シリコン結晶中の至る所でイオン化しているアクセプタイオン濃度は x に依存しない定数であり，式（3.3）のように表される．

　これらの電荷の分布状況は図 3.16 のようになっている．

　酸化膜・基板界面から十分離れた領域（$x_3 < x$）では単体の p 型シリコン結晶と同じ電荷分布であり，電気的中性条件が成立している．

　次に空乏層内（$x_1 < x < x_3$）では界面に近くなるほど正孔濃度は指数関数的に減少し，伝導電子濃度は逆に増加する．しかしここではまだアクセプタの負電荷の方が伝導電子よりも圧倒的に多い．

　フェルミエネルギーが真性フェルミエネルギーと交わる点（$x_2 = x$）では伝導電子濃度 n と正孔濃度 p が等しく n_i になる．

　そして，$x < x_1$ においては遂に伝導電子濃度がアクセプタ濃度を追い抜く．この領域が反転層である．

3.3 MOSFET の電気的特性

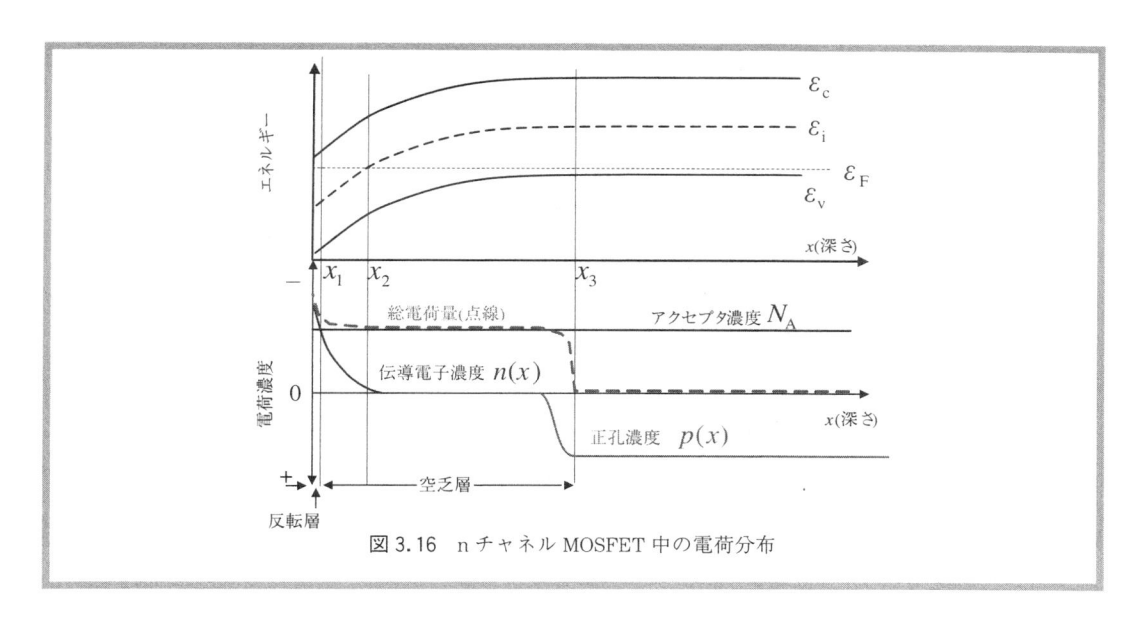

図 3.16 n チャネル MOSFET 中の電荷分布

以上の結果をもとに各深さでの総電荷量をプロットすると図 3.16 中の点線のようになる。p 型領域（$x_3 < x$）では負の電荷を持つアクセプタイオンと正の電荷を持つ正孔との数が同数であるため電気的に中性である。空乏層中では負電荷のアクセプタイオンが剥き出しになっており、反転層中（$x < x_1$）では伝導電子とアクセプタイオンによって、負に帯電している。

3.3.2 MOSFET に蓄積される電荷とキャパシタ

n チャネル MOSFET のゲート電極に正の電圧を印加すると、ゲート・基板界面近傍に空乏層，反転層が形成されて電荷が蓄積する。すなわち、ひとまず MOSFET のソースとドレインを忘れると、MOSFET はゲート・酸化膜・基板からなるキャパシタ（コンデンサ）と見ることができる。

ここでは MOSFET のキャパシタとしての性質に注目して、印加電圧と蓄積電荷量の関係を導き出そう。

前述したように MOSFET のゲート電極に正の電圧を印加すると、基板側には反転層の伝導電子と空乏層のアクセプタイオンによる負電荷が蓄積され、ゲート電極内にはそれと等量の正電荷が現れる。このゲート電極・酸化膜・基板の系は図 3.17 のようなキャパシタとみなすことができる。ただし、Q_S は「面電荷密度」であり、ゲート酸化膜・基板界面の単位面積あたりに蓄えられる電荷量を表している。基板中の Q_S は反転電子密度と空乏層中のアクセプタイオン密度の和で表される。

面電荷密度 Q_S を表面電位 ϕ_s の関数として表すと図 3.18 のようになる。図から、電荷面密度 Q_S は表面電位が増大するに伴い（つまりゲート電圧を高くしていくに伴い）、表面電位 ϕ_s の平方根に比例して増加し、表面電位が $2\phi_B$ 以上になると指数関数的に急増する。

まず表面電位がそれほど大きくなく、酸化膜・基板界面が反転していない場合（図 3.18 中の①に対応）には、表面電位が大きくなると空乏層が伸びる。このときの空乏層幅は第 2 章の pn

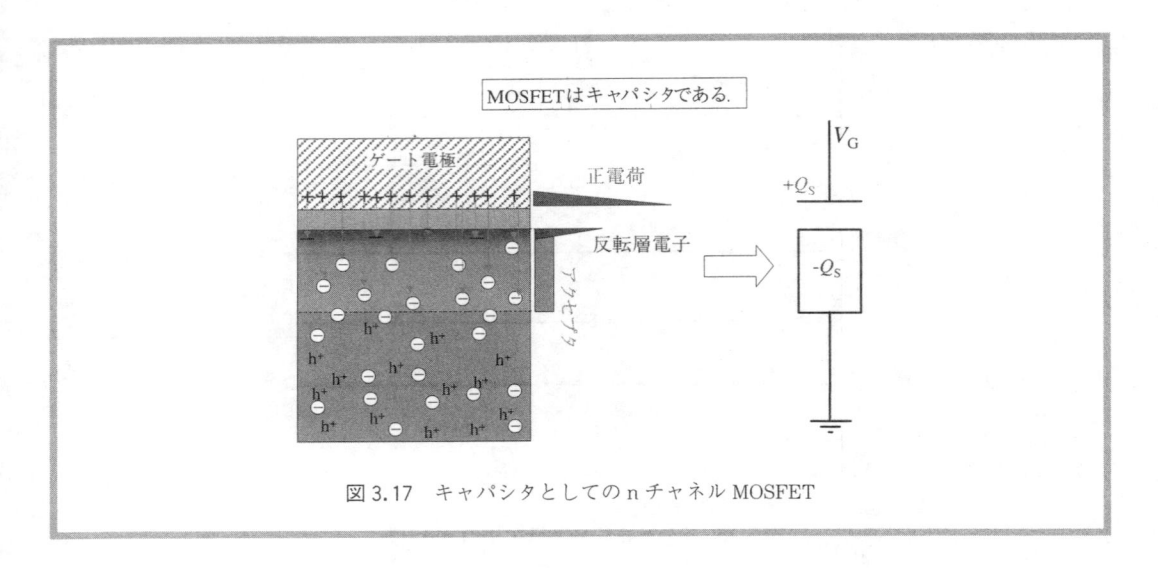

図3.17 キャパシタとしてのnチャネルMOSFET

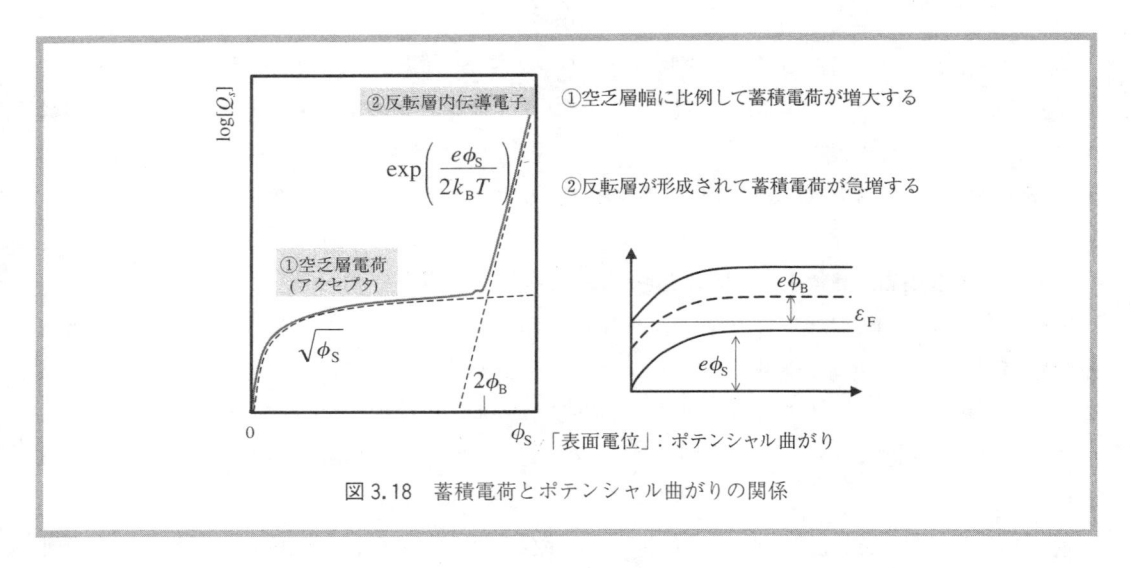

図3.18 蓄積電荷とポテンシャル曲がりの関係

接合に形成される空乏層幅の式 (2.19) と同様に表される．表面電位はこの空乏層に印加される逆バイアス電圧と等価な働きをするのでその空乏層幅は表面電位 ϕ_s の平方根に比例する．MOSFET に蓄積される面電荷量はアクセプタ濃度と空乏層幅の積として表されるので，蓄積面電荷量も表面電位 ϕ_s の平方根に比例して増加する．

一方，表面電位が十分大きくなり酸化膜・基板界面が反転すると，表面電位を増加させても空乏層幅はほとんど伸びず，逆に反転層内にわき出した伝導電子が増大する．空乏層内の伝導電子密度は式 (3.1) によって与えられる．表面電位が増大すると $\varepsilon_F - \varepsilon_i$ が増えて，蓄積電荷量 Q_s は表面電位 ϕ_s に対して指数関数的に急増する．一方，反転層が形成された後の空乏層幅はほぼ一定とみなせる．

p 型領域でのフェルミエネルギーと真性フェルミエネルギーとの間のエネルギー間隔を $e\phi_B$ と

3.3 MOSFET の電気的特性

定義すると，反転層が形成されて蓄積面電荷量 Q_s の ϕ_s 依存性が急激に変化する表面電位 ϕ_s のしきい値は $2\phi_B$ となる．

ここでゲート電圧と表面電位の関係を明らかにしておこう．MOSFET のゲート電極に正の電圧を印加したときのシリコン基板，および酸化膜で電子の感じるポテンシャルを図 3.19 に示す．

このときゲート・基板間の電位差はゲート電圧 V_G に等しい．この印加電圧 V_G は，図に示すように，ポテンシャルの曲がり（表面電位 ϕ_s）と酸化膜にかかる「酸化膜電圧」V_{ox} に分配される．つまり，ゲート電圧，酸化膜電圧，表面電位の間には式（3.4）が成立している．正確にはゲート材料とシリコン基板との仕事関数差や酸化膜中に捕獲される電荷などによる寄与を考慮するべきであるが，簡単のためここでは考慮していない．これらはいずれも最終的に MOSFET のしきい値電圧に対する補正項として取り扱われる．

面電荷密度 Q_S は基板中の総電荷量を深さ方向に積分したものであるから，反転層中の伝導電子の面密度 Q_{inv}，空乏層中のアクセプタイオンの面密度 Q_{dep} および面電荷密度 Q_S の間には式（3.5）が成立する．

式（3.5）から，反転層電荷と空乏層電荷の合計で $-Q_S$ の電荷を蓄えているシリコン基板は，図 3.20 のように反転層と空乏層という独立した 2 つのキャパシタを直列接続したものと見なすことができる．ここで C_{ox} は酸化膜そのもののキャパシタであり，C_D は空乏層の持つキャパシタである．そして，ゲート電圧 V_G は酸化膜と空乏層にそれぞれ V_{ox}，ϕ_s として分配される．この等価回路から酸化膜電圧，表面電位はそれぞれ式（3.6）および式（3.7）のように書かれる．w は空乏層幅である．ここで n_{inv} は反転層での伝導電子濃度であり，MOSFET が反転していないときはゼロである．

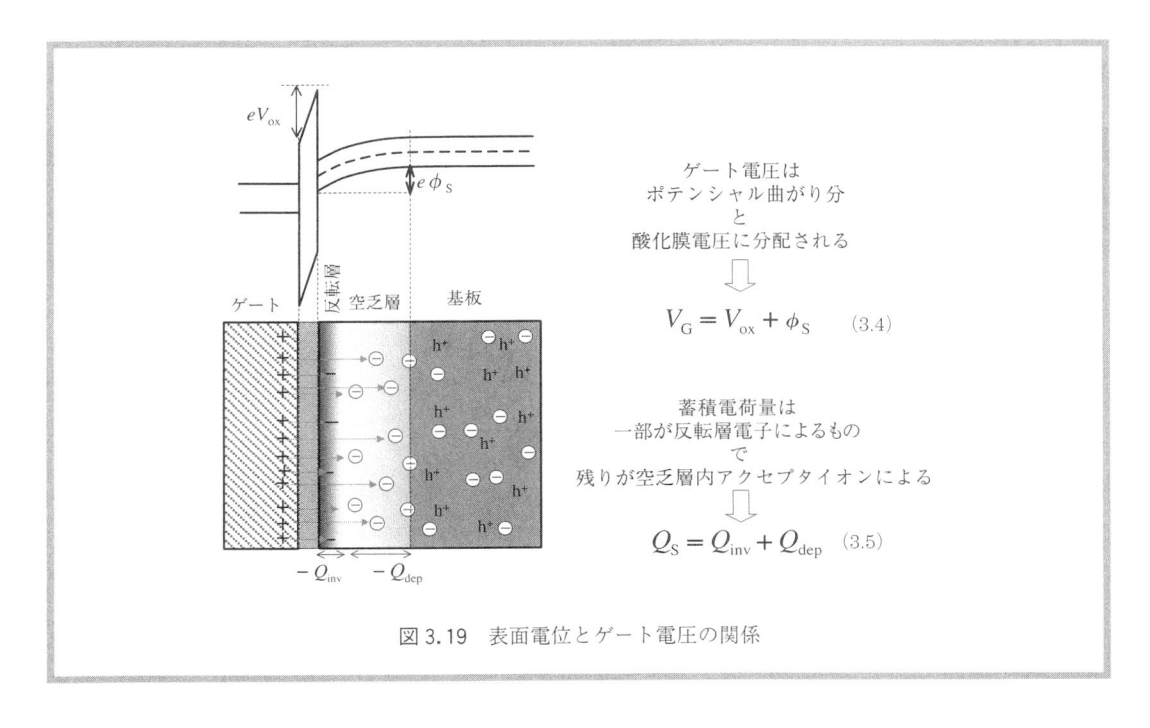

図 3.19 表面電位とゲート電圧の関係

ゲート電圧はポテンシャル曲がり分と酸化膜電圧に分配される

$$V_G = V_{ox} + \phi_S \quad (3.4)$$

蓄積電荷量は一部が反転層電子によるもので残りが空乏層内アクセプタイオンによる

$$Q_S = Q_{inv} + Q_{dep} \quad (3.5)$$

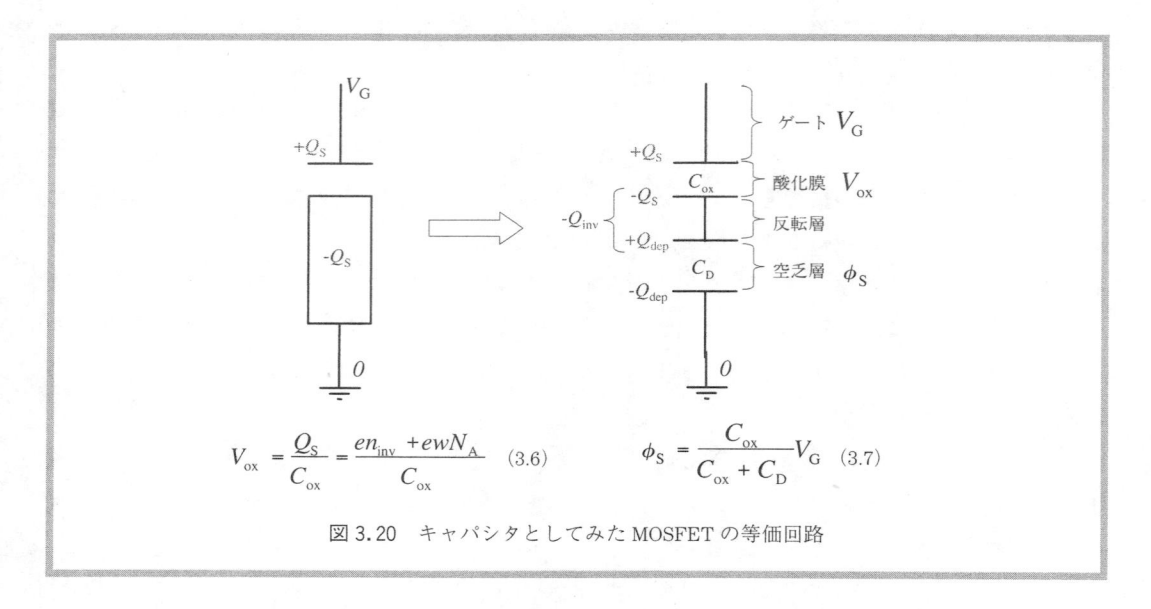

$$V_{ox} = \frac{Q_S}{C_{ox}} = \frac{en_{inv} + ewN_A}{C_{ox}} \quad (3.6) \qquad \phi_S = \frac{C_{ox}}{C_{ox} + C_D} V_G \quad (3.7)$$

図 3.20 キャパシタとしてみた MOSFET の等価回路

式 (3.7) の表面電位 ϕ_S とゲート電位 V_G との関係を模式的に表すと図 3.21 のようになる．

ゲート電極と反転層の間には C_{ox} で与えられる強い「ばね」があり，基板と反転層の間には空乏層容量 C_D で決まる弱い「ばね」が存在する．ゲート電圧の高さを変動させると，反転層はそれに伴ってちょうどバネが釣り合う電位に落ち着くのである．

以上の知識を用いて，図 3.22 を参考にしながら，MOSFET が反転層を形成する「しきい値電圧」V_T を式によって書き表してみよう．

式 (3.4) と式 (3.6) から式 (3.8) を得るが，反転時の空乏層幅 w，および表面電位 ϕ_s はそれぞれ式 (3.9) と式 (3.10) によって与えられる．これらを式 (3.8) に代入して整理すると式

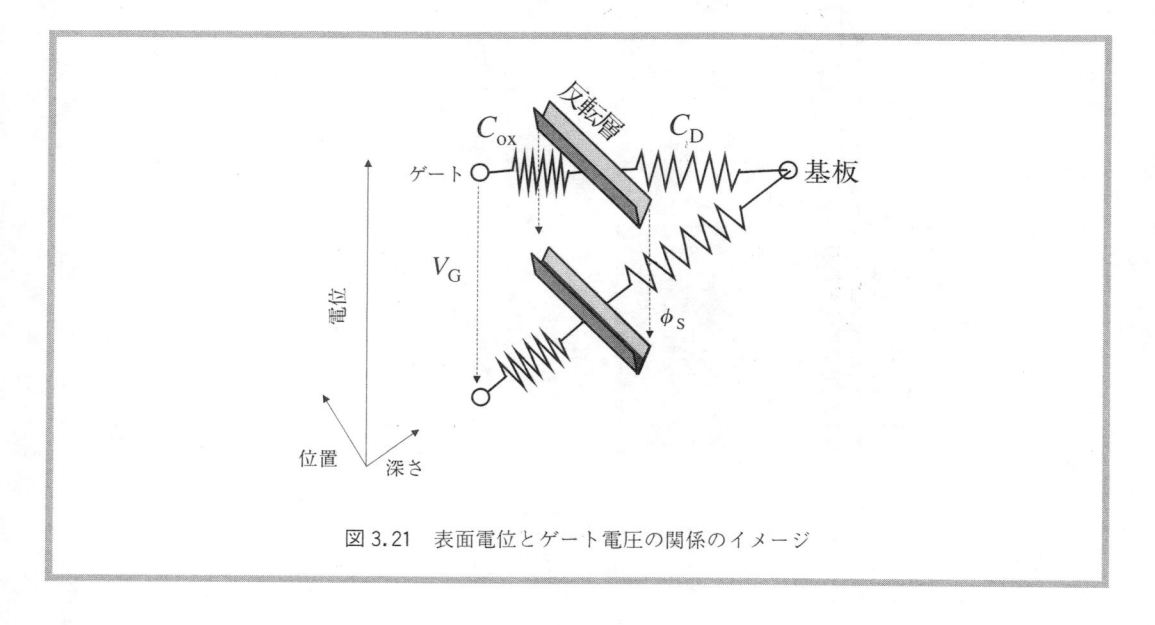

図 3.21 表面電位とゲート電圧の関係のイメージ

3.3 MOSFETの電気的特性

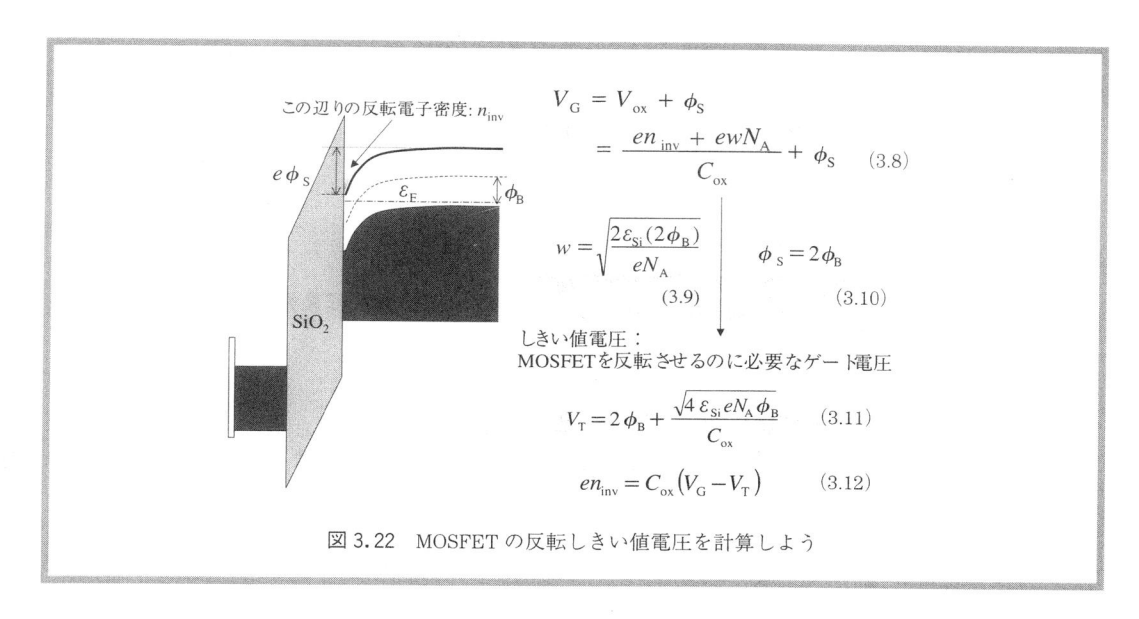

$$V_G = V_{ox} + \phi_S$$
$$= \frac{en_{inv} + ewN_A}{C_{ox}} + \phi_S \quad (3.8)$$

$$w = \sqrt{\frac{2\varepsilon_{Si}(2\phi_B)}{eN_A}} \quad \phi_S = 2\phi_B$$
$$(3.9) \qquad (3.10)$$

しきい値電圧：
MOSFETを反転させるのに必要なゲート電圧

$$V_T = 2\phi_B + \frac{\sqrt{4\varepsilon_{Si}eN_A\phi_B}}{C_{ox}} \quad (3.11)$$

$$en_{inv} = C_{ox}(V_G - V_T) \quad (3.12)$$

図 3.22 MOSFETの反転しきい値電圧を計算しよう

(3.11) を得る．この式の第1項は MOSFET において"ちょうど反転が実現したときの表面電位"であり，第2項は"ちょうど反転が実現したときに酸化膜にかかる電圧"に対応する．

しきい値電圧の式 (3.11) を式 (3.8) と併せて書き換えると，反転層内の電子濃度はゲート電圧としきい値電圧，そして酸化膜のキャパシタを用いて式 (3.12) のように与えられることがわかる．このように，反転層電子濃度 n_{inv}（個/cm³）はゲート電圧が V_T 以上で現れ，反転後はゲート電圧に対して線形に増加する．

3.3.3 弱反転条件での電圧・電流特性

ゲート電極に正の電圧を印加してゲート・酸化膜界面付近のポテンシャルを低くすると，表面が反転しなくてもソースからドレインへ向かって電子のモヤによる電流が生じる．

ここではこのようなモヤ電流が現れる「弱反転条件」でのソース・ドレイン電流特性を明らかにしよう．一方，表面が反転するゲート電圧条件下での素子特性は，「強反転条件」での電気伝導ともよばれている．この領域での電気伝導については後述する．

図 3.23 は前節の MOSFET 中でのポテンシャル形状をゲート酸化膜側から水平に見たときの様子である．

真ん中の図はゲート電圧がしきい値電圧以下の反転層が形成されていない状況を表しており，ソース・ドレイン間の電流では"モヤの拡散による電流"が支配的である．このような条件は「弱反転条件」とよばれ"反転層が形成される程度にまでポテンシャルは押し下げられていないが，モヤによる拡散電流はポテンシャルの押し下げ量に比例して増えていく"という状況である．

これ以降，n チャネル MOSFET を例にとり，ゲート電圧 V_G を若干正にした弱反転条件でのドレイン電流 I_D とゲート電圧との関係を調べる．弱反転条件でのドレイン電流は，MOSFET をスイッチとして応用したときには"スイッチをオフしているときに流れる微少な漏れ電流"=「オ

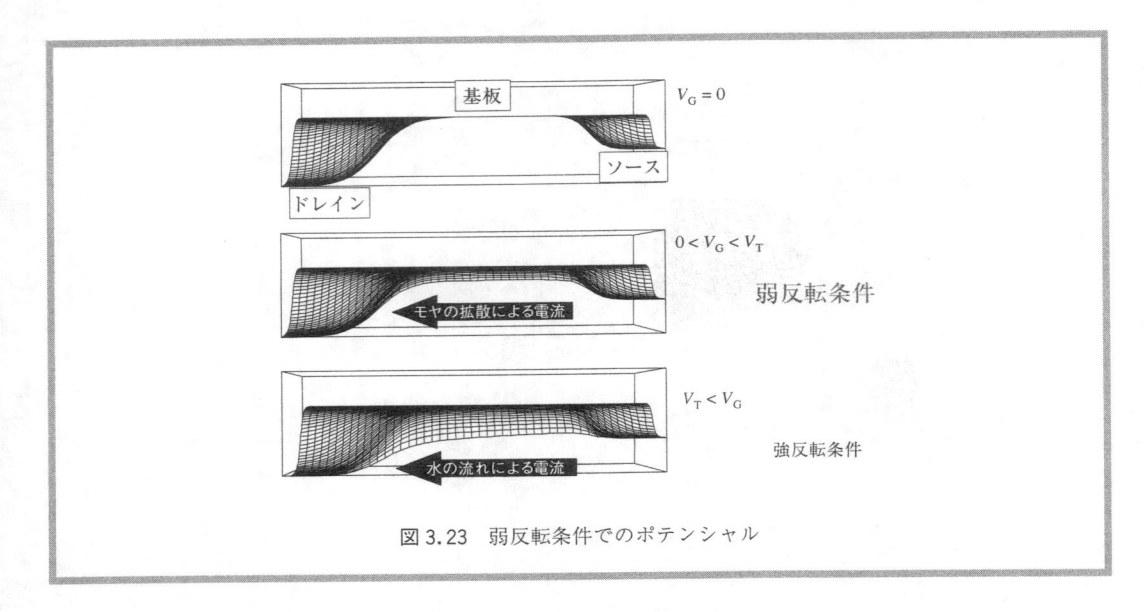

図3.23 弱反転条件でのポテンシャル

フ電流」となる．この弱反転条件でのソース・ドレイン電流電圧特性はMOSFETが遮断状態（ディジタル回路で使用されるMOSスイッチがオフ状態）にある時のオフ電流の見積りに使われる．

図3.24は弱反転条件での酸化膜・基板界面でのポテンシャル形状と，そこでの伝導電子の様子を示したものである．

ソース・基板間に形成されている土手はゲート電圧の影響によって下げられ，そこを伝ってソース内の電子のモヤがドレイン領域まで拡散している．一方，ドレイン側ではドレインに印加した電圧によってポテンシャルが低くなっており，ソースから拡散してきたモヤが"滝"のように落ち込んでいる．このため基板・酸化膜界面ではソースからドレインに向かって減少している電子濃度の勾配による拡散電流が流れる．

チャネル内の電子濃度分布がわかると拡散電流が求められるので，第1章の最後に示した粒子数保存の式（1.20）に基づいて電子濃度分布を計算してみよう．この式には電子と正孔の再結合項が含まれているが，実際のMOSFETでは電子がゲート長 L（数 μm）を通過する間に正孔と再結合する確率はほとんどゼロに等しい．また，チャネル内での電界はほとんどゼロであるため，位置 y での電流密度は式（3.13）のように書ける．粒子数保存の式（1.20）から，定常状態（電子濃度が時間変化しない状態）では電子濃度の2階微分はゼロとなるので，基板・酸化膜界面での伝導電子濃度分布は図のように直線で表される．電流密度 J は式（3.14）の簡単な式で表される．

ここで，位置 $y=L$（ドレイン端）ではドレイン・基板間の空乏層の作る"滝"の影響で伝導電子濃度はほとんどゼロに等しい．したがって，弱反転条件でのドレイン電流は最終的に図3.25中の式（3.15）のように簡単に記述でき，位置 $y=0$（この位置を「ソース端」と言うこともある）での伝導電子濃度のみによって決定される．

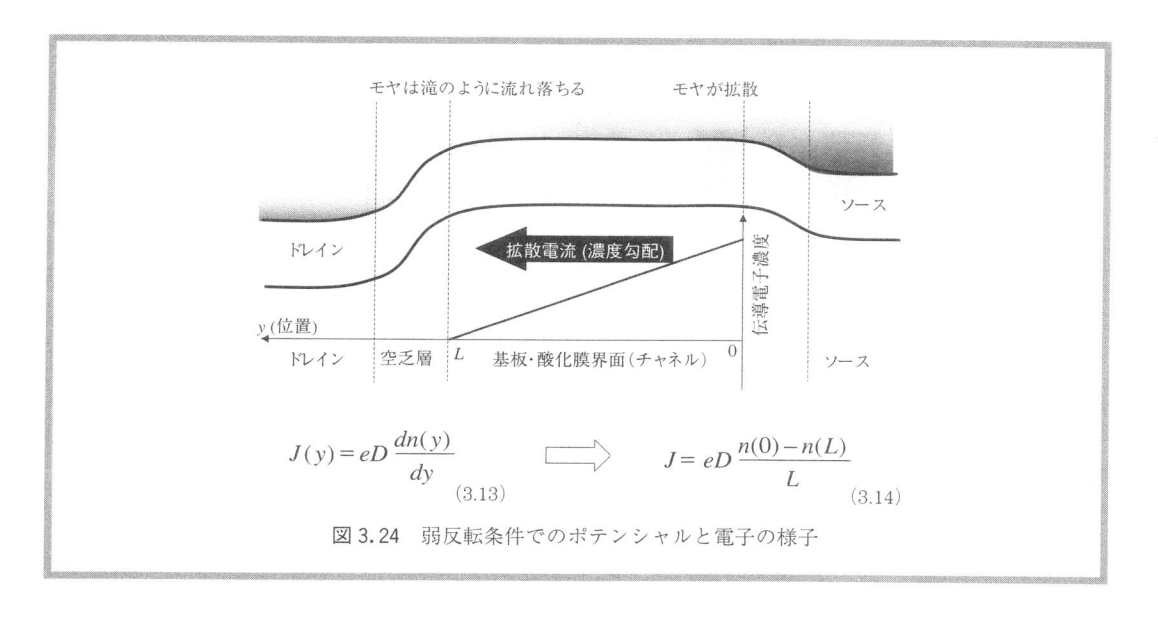

$$J(y) = eD\frac{dn(y)}{dy} \quad (3.13) \quad \Longrightarrow \quad J = eD\frac{n(0)-n(L)}{L} \quad (3.14)$$

図 3.24 弱反転条件でのポテンシャルと電子の様子

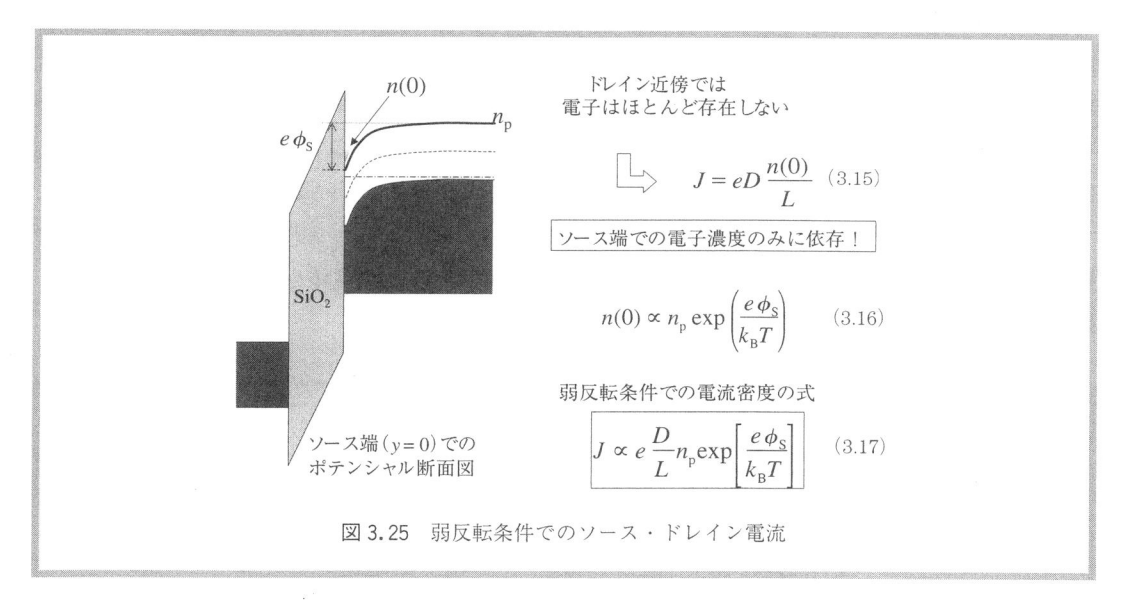

$$J = eD\frac{n(0)}{L} \quad (3.15)$$

ソース端での電子濃度のみに依存！

$$n(0) \propto n_\mathrm{p} \exp\left(\frac{e\phi_\mathrm{S}}{k_\mathrm{B}T}\right) \quad (3.16)$$

弱反転条件での電流密度の式

$$J \propto e\frac{D}{L}n_\mathrm{p}\exp\left[\frac{e\phi_\mathrm{S}}{k_\mathrm{B}T}\right] \quad (3.17)$$

図 3.25 弱反転条件でのソース・ドレイン電流

　この $n(0)$ をゲート電圧の関数として書き表せば，ソース・ドレイン電流を求めることができる．$n(0)$ は少しやっかいな計算をして求めることができるが，ここではその詳細な導出過程にはふれない．結果だけを示すと，$n(0)$ はソース端での表面ポテンシャル ϕ_S を用いて式 (3.16) のように書くことができるので，弱反転条件でソース・ドレイン間に生じる電流密度は式 (3.17) によって与えられる．

　MOSFET のゲート幅を W とすると，最終的に弱反転条件でのソース・ドレイン電流は図 3.26 中の式 (3.18) で与えられる．この式には外部から印加できない表面電位 ϕ_S が含まれているので，表面電位 ϕ_S をゲート電圧 V_G，酸化膜のキャパシタンス C_ox，および空乏層のキャパシタン

$$I_D \propto eD\frac{W}{L}n_p\exp\left[\frac{e\phi_S}{k_BT}\right] \quad (3.18)$$

$$I_D \propto D_n\frac{W}{L}n_p\exp\left(\frac{e\,\phi_S}{k_BT}\right) \to \frac{W}{L}I_s\exp\left[\frac{eV_G}{k_BT}\left(\frac{C_{ox}}{C_{ox}+C_D}\right)\right] \quad (3.19)$$

$$\phi_S = \frac{C_{ox}}{C_{ox}+C_D}V_G$$

ドレイン電流はゲート電圧のみに依存し，ドレイン電圧に依存しない．

図 3.26　弱反転条件でのソース・ドレイン電流の計算

ス C_D を用いて書き表す．式 (3.7) よりドレイン電流 I_D はゲート電圧の関数として式 (3.19) のように書き表すことができる．ここで弱反転条件でのドレイン電流がドレイン電圧に依存しないことに注意しよう．これは，印加したドレイン電圧は"滝"の高さを変えるだけであり，ドレインに流れ込むモヤの量は滝の高さにはよらないからである．このことはドレイン電圧 V_D が k_BT/e (25 mV) に比べて十分大きいとき (0.1 V 以下) には成り立っている．

式 (3.19) の指数部分で電気容量に関わる項を γ と置き換えると，図 3.27 中の式 (3.20) が得られる．図に式 (3.20) のドレイン電流 I_D とゲート電圧 V_G との関係を点線の左側 ($V_G<V_T$：弱反転領域) に示す．

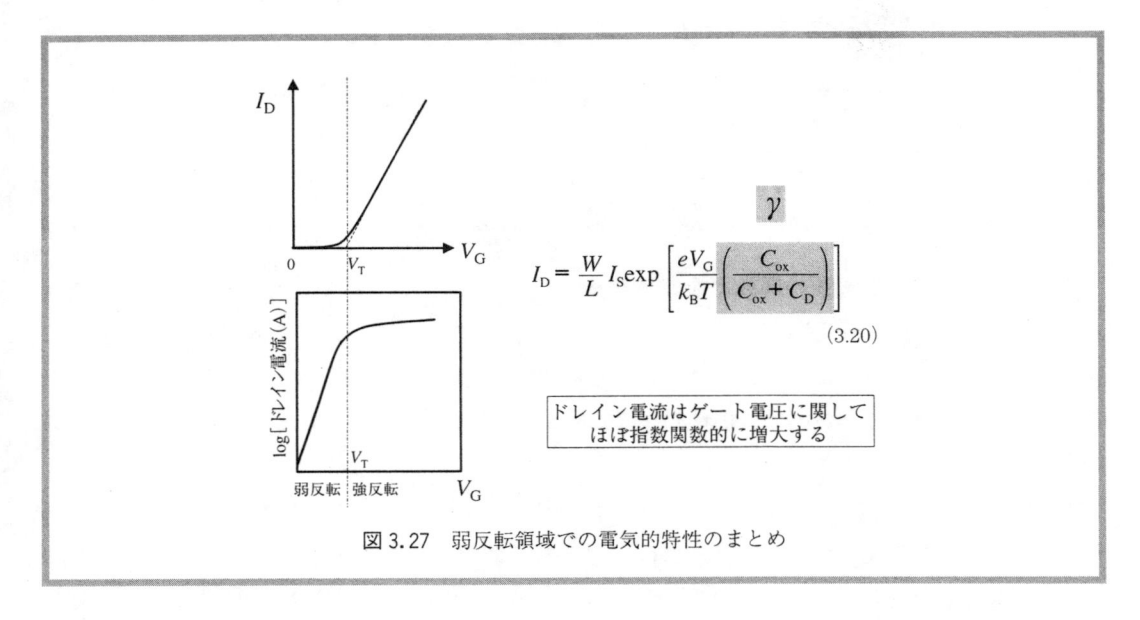

$$I_D = \frac{W}{L}I_s\exp\left[\frac{eV_G}{k_BT}\left(\frac{C_{ox}}{C_{ox}+C_D}\right)\right] \quad (3.20)$$

ドレイン電流はゲート電圧に関してほぼ指数関数的に増大する

図 3.27　弱反転領域での電気的特性のまとめ

3.3 MOSFETの電気的特性

弱反転領域ではドレイン電流 I_D はゲート電圧 V_G に対してほぼ指数関数的に増加していることがわかる．これは，チャネル内の電子濃度がボルツマン分布によって与えられることと密接に関係している．なお，γ は図 3.21 のバネ定数の比で決まる値であることに注意しよう．

3.3.4 強反転条件での電圧・電流特性

ゲート電圧を十分高くするとシリコン基板・酸化膜界面に多量の伝導電子が蓄積され，チャネルが形成される．この状態でソース・ドレイン間に電位差をつけるとチャネルを伝って多量の電子が流れる．このようなゲート電圧範囲を「強反転条件」とよぶ．電子回路ではほとんどの MOSFET がこのような条件下で動作している．

ここでは強反転条件でのドレイン電流電圧特性を詳しく解析していこう．

前節では弱反転条件下でのドレイン電流の特性を述べたが，ここでは図 3.28 の一番下の強反転条件下での電流特性を説明する．強反転条件では酸化膜・基板界面でのポテンシャルは大きく押し下げられており，ソース中の伝導電子が"モヤ"とはよべないほど多量にチャネルに流入する．このときのチャネル電流は拡散ではなく，チャネル内の電界によって電子が流れるドリフト電流が支配的となる．実際の回路で用いられる MOSFET は強反転領域での電気伝導を利用する場合が多いため，この電流の特性を理解することは重要である．

まず MOSFET が強反転のときのポテンシャル形状を詳しく見てみよう．図 3.29 は MOSFET の各位置・深さでのポテンシャルを図示したものである．

ゲートにしきい値を超える電圧を印加し，ドレイン電圧をゼロにすると，酸化膜・基板界面に沿って反転チャネルと空乏層が均一に形成される．前述したように，反転層が形成されるまではゲート電圧の増加とともに（したがって表面電位が上昇するのに伴って，ポテンシャルの曲がりがキツくなって）空乏層幅は伸びる．しかしいったん反転層が形成されると，表面電位は式

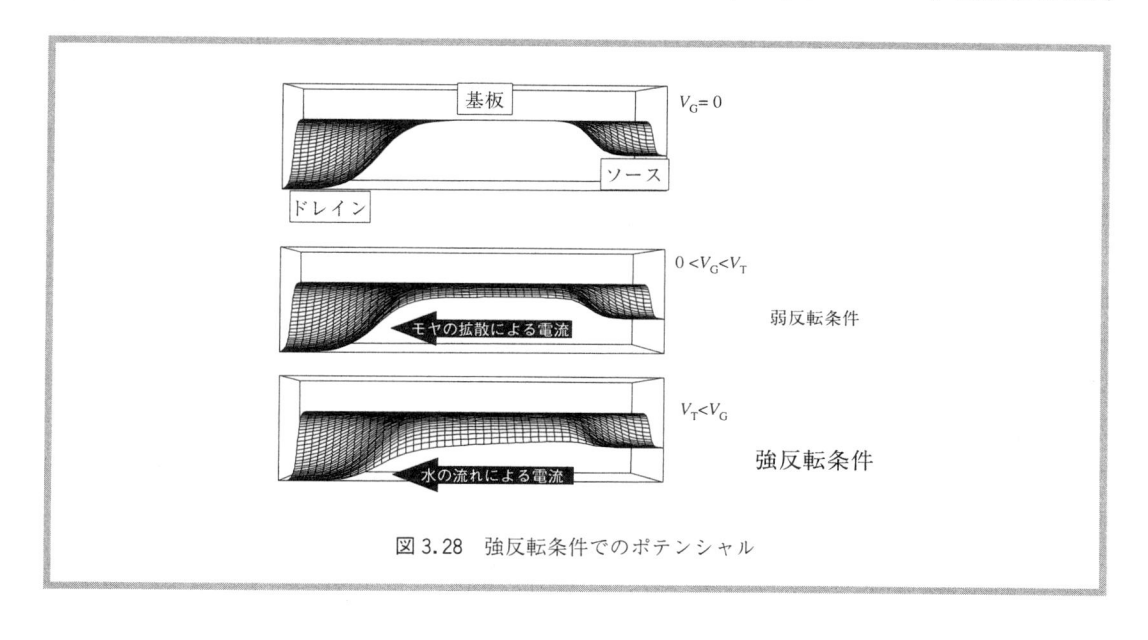

図 3.28　強反転条件でのポテンシャル

図3.29 ポテンシャル形状

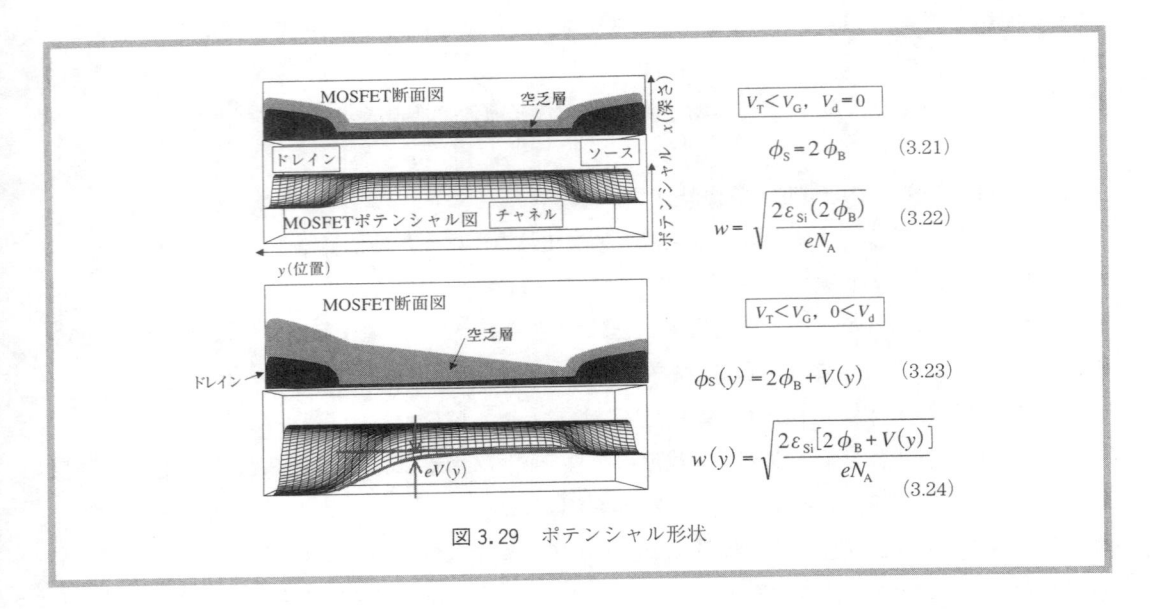

$$\phi_S = 2\phi_B \quad (3.21)$$

$$w = \sqrt{\frac{2\varepsilon_{Si}(2\phi_B)}{eN_A}} \quad (3.22)$$

$V_T < V_G, \ V_d = 0$

$$\phi_S(y) = 2\phi_B + V(y) \quad (3.23)$$

$$w(y) = \sqrt{\frac{2\varepsilon_{Si}[2\phi_B + V(y)]}{eN_A}} \quad (3.24)$$

$V_T < V_G, \ 0 < V_d$

(3.21) のように反転層が形成されたときの $2\phi_B$ のまま変化せず，空乏層幅も式 (3.22) のようなゲート電圧によらない一定値となる．この反転層が形成されたときの空乏層幅は位置 y にはよらず，表面ポテンシャルはどこでも $2\phi_B$ である．

次にドレイン電圧を印加すると，ドレイン・基板間の PN 接合には逆バイアスが印加されて，第 2 章で述べたようにドレイン・基板間の空乏層幅は増加する．このドレイン電圧の影響は"導線"と化したチャネル側にも及ぶため，チャネルと基板の間でも同様に空乏層幅が増加する．しかしドレイン電圧がチャネルに及ぼす影響はドレイン近傍に限定され，ソース近傍ではその影響はほとんどない．この結果，ドレイン電圧を印加したときの空乏層の形は図 3.29 の下図のようになっている．表面電位はソース近傍では $2\phi_B$ であるが，ドレインに近づくにつれて徐々に増加する．ソース端でのポテンシャル曲がりに加えてドレイン電圧の影響によってさらに追加して曲げられたポテンシャル分を $eV(y)$ とすると，位置 y での表面電位は式 (3.23) によって与えられる．空乏層幅も式 (3.24) で与えられる．ただし，$V(y=0)=0$ であり，$V(y=L)=V_D$ である．

次にドレイン電極に電圧を印加するとチャネル近傍のポテンシャル図は図 3.30 のようになる．図 3.30(a) に示したように反転層がソースからドレインに近づくに従って徐々に薄くなっており，反転層の電子濃度がソースからドレインに近づくにつれて減少していることに注目してほしい．これは与えられた位置 y でのポテンシャル形状の断面図（下の 2 つの図）を見れば理解できる．ソース近傍とドレイン近傍の断面図を比較すると，ドレイン近傍ではドレイン電圧の影響によって反転層のポテンシャルは低くなっているが，ゲート電極はこの影響を受けず同じポテンシャル高さである．

このようにソース近傍とドレイン近傍ではゲート電極・反転層間の電位差（したがって酸化膜電圧）が異なる．蓄積面電荷密度は酸化膜電圧と酸化膜キャパシタの積として与えられるため，

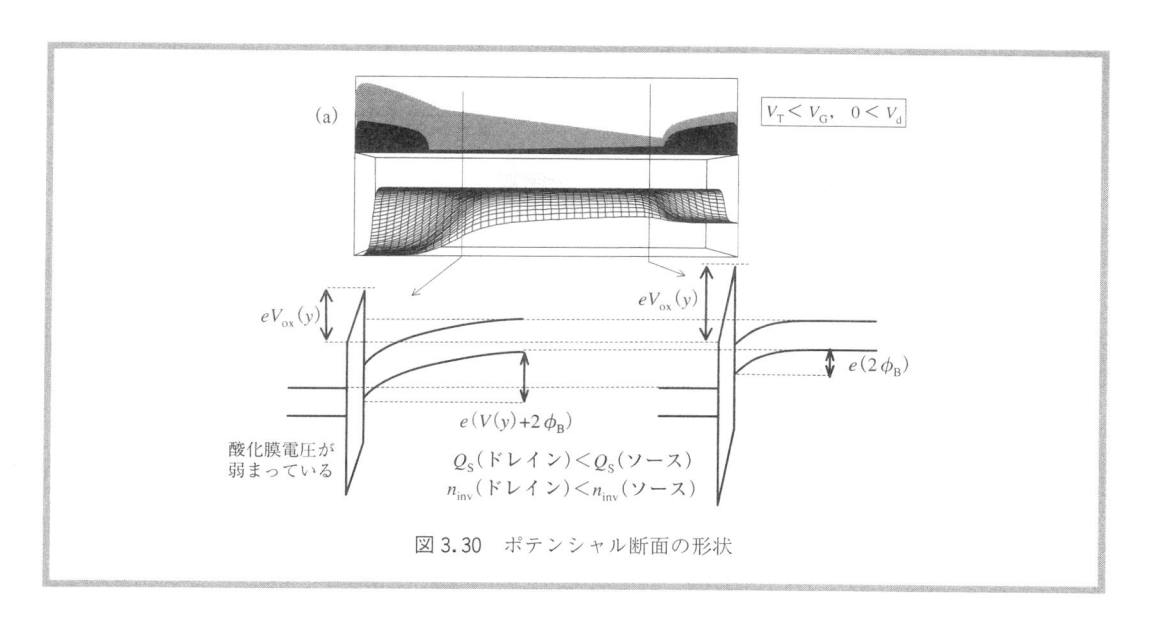

3.3 MOSFETの電気的特性

図3.30 ポテンシャル断面の形状

結果的にソース近傍とドレイン近傍で面電荷密度も異なるのである．図3.30から，ドレイン近傍での面電荷密度はソース近傍に比べて小さく，しかも空乏層中のアクセプタイオンは逆に増えているため，反転層電子密度はドレイン近傍で少なくなっている．

ドレイン電圧をさらに高くするとこの影響が顕著になり，図3.31のようにソース・ドレイン間を結んでいたチャネルがついに途切れてしまう．チャネルが途切れるか途切れないかの境目はドレイン近傍において反転層が形成されるか否かと等価である．ドレイン電圧が $V_G - V_T$ より小さく，チャネルがつながっているMOSFETの電気的特性を「線形領域」とよぶ．一方，ドレイン電圧が $V_G - V_T$ より大きく，チャネルが途中で途切れている場合は「飽和領域」とよばれる．

まずは線形領域での電流電圧特性を計算しよう．

図3.32は強反転条件下で線形領域で動作しているMOSFETの酸化膜・基板界面でのポテンシャル形状と，そこでの伝導電子の様子を示したものである．ソース・基板間に形成されていた土手はゲート電極の影響によって下げられ，そこを伝ってソース内の電子がドレイン領域まで川のように流れている．線形領域ではドレイン端の空乏層電界は弱く，川底がだらだらと降下している描像で表される．このときのソース・ドレイン間のチャネル電界によって電子がドリフトして，それがドレイン電流として観測される．第1章最後の電流の式から，このときの位置 y での電流密度は式（3.25）で与えられる．ただし μ は反転伝導電子の移動度であり，$E(y)$ は位置 y における電界（ポテンシャルの勾配）である．

式（3.25）は特にゲート電圧に比べてドレイン電圧が十分小さいという条件下では簡単に計算することができる．このときにはソース・ドレイン間の電界は位置 y によらず一定と近似することができ，ソース・ドレイン電流は図3.33中の式（3.26）のように書ける．反転層中の電子濃度 n_{inv} は式（3.12）からゲート電圧としきい値電圧の差に比例する．さらに平均チャネル電界（＝ドレイン電圧／チャネル長）を用いれば，ドレイン電圧が十分小さいときのドレイン電流は

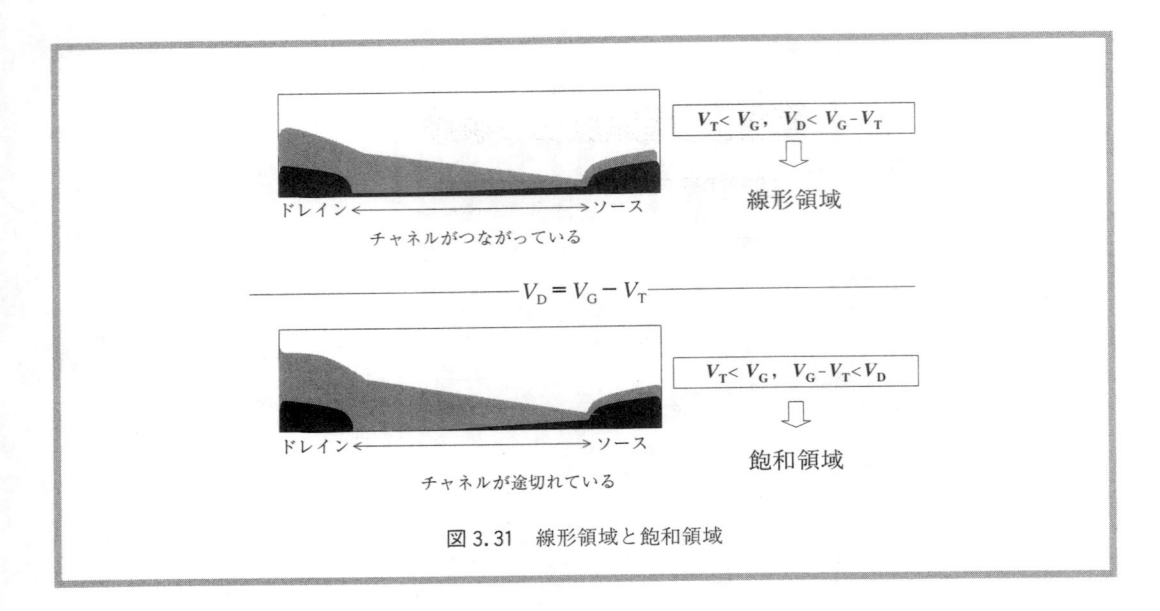

図 3.31 線形領域と飽和領域

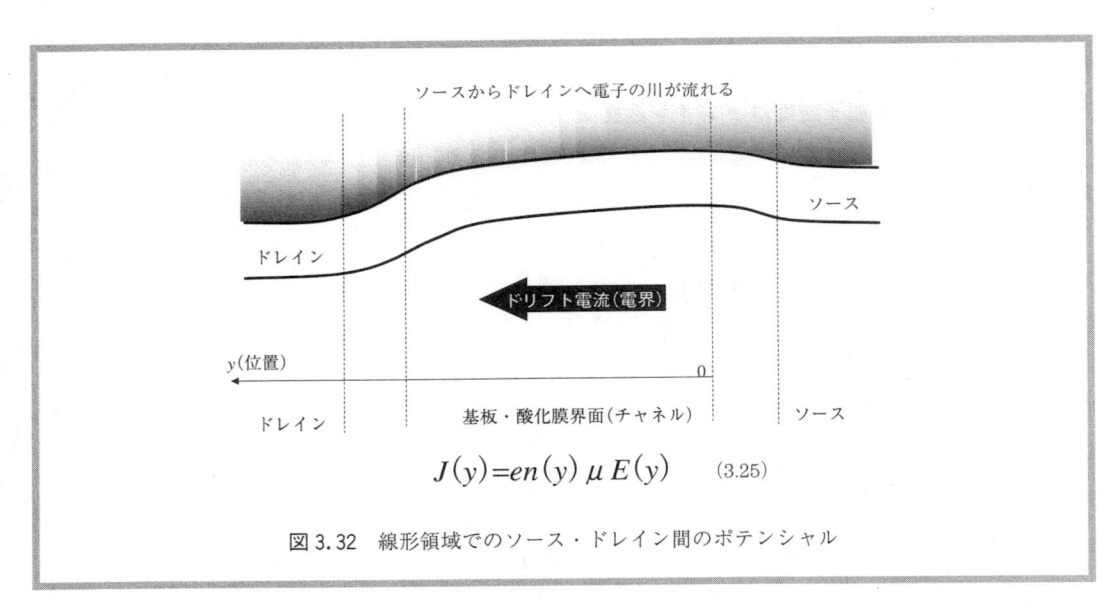

$$J(y) = en(y)\mu E(y) \quad (3.25)$$

図 3.32 線形領域でのソース・ドレイン間のポテンシャル

式 (3.27) で表される．この式から，ドレイン電流 I_D はドレイン電圧 V_D に比例して増大し，その傾きは V_G-V_T に比例していることがわかる．このことが，反転チャネルが形成されているときの素子特性を「線形領域特性」とよぶ理由である．

一方，横軸を V_G としてドレイン電流をプロットすると，しきい値電圧 V_T 以上のゲート電圧を印加した場合にのみドレイン電流が増加し，しきい値電圧以下のゲート電圧ではゼロとなる．ただし，実際にはゲート電圧がしきい値電圧に近いところでは弱反転での拡散電流が加わるため，ソース・ドレイン電流はなだらかに変化する．

以上の計算ではドレイン電圧 V_D が極めて小さいことを前提としていた．ドレイン電圧 V_D が

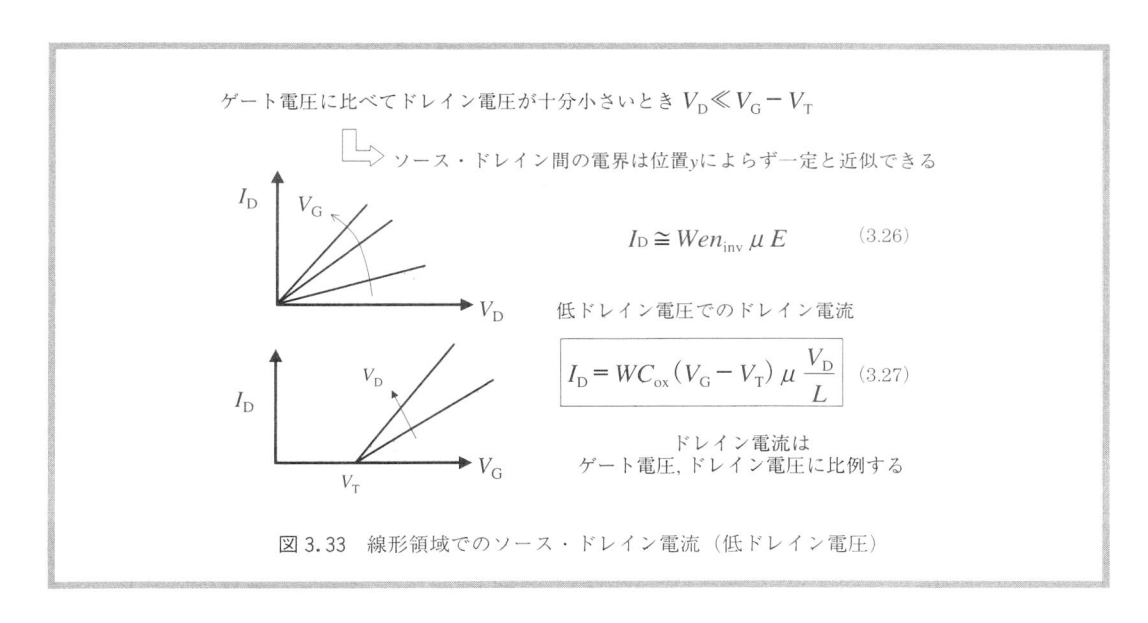

3.3 MOSFETの電気的特性

ゲート電圧に比べてドレイン電圧が十分小さいとき $V_D \ll V_G - V_T$
↳ ソース・ドレイン間の電界は位置 y によらず一定と近似できる

$$I_D \cong W e n_{inv} \mu E \quad (3.26)$$

低ドレイン電圧でのドレイン電流

$$\boxed{I_D = W C_{ox} (V_G - V_T) \mu \frac{V_D}{L}} \quad (3.27)$$

ドレイン電流は
ゲート電圧，ドレイン電圧に比例する

図 3.33　線形領域でのソース・ドレイン電流（低ドレイン電圧）

大きくなると，チャネル内で電位変動がおこるので，反転電子密度はチャネル中の場所の関数となる．このような場合，ソース端とドレイン端の反転電子密度の平均値でチャネル内の反転電子密度を代表させると，ドレイン電流 I_D を近似的に求めることができる．つまり，チャネル内の平均電界 $E (= V_D/L)$ と移動度 μ を掛けて反転電子のドリフト速度を求めた上で，チャネル内の平均反転電子密度との積をとってドレイン電流 I_D の式（3.28）を得ることができる（図3.34）．式（3.28）がドレイン電圧を印加したMOS素子のドレイン電流とゲート電圧との関係を表している．

ドレイン電流とドレイン電圧との関係をプロットすると図3.35のようになる．ドレイン電流はドレイン電圧が高くなって線形領域の臨界条件に近づくにつれて飽和していく様子が認められる．式（3.29）がドレイン電圧 V_D の2次関数であることを考慮して最大値の座標を求めると式（3.30）のようになる．式（3.29）はこの点よりも低いドレイン電圧に対して有効である．

次にドレイン電圧が十分高い場合の飽和領域での電流電圧特性を調べよう．

図3.36は強反転条件下の飽和特性領域での酸化膜・基板界面でのポテンシャル形状と，そこでの伝導電子濃度の分布を示したものである．ソース・基板間のポテンシャルの土手はゲート電極の影響によって下げられ，そこを伝わってソース内の電子が川のようにチャネル内に流れ込む．しかし，ドレイン電圧が高いこの電圧条件下では，チャネル反転電子はドレインに達する前に酸化膜・基板界面付近から消えてなくなる．この反転電子が消滅する位置 y_p は「ピンチオフ点」（pinch-off）とよばれる．電子が位置 y_p に達すると，電子はそこから酸化膜・基板界面から離れたところを"滝を落ちる水"のようにドレイン・基板間の空乏層中に落ち込み，ドレインに回収される．

ドレイン電圧を増加させるとピンチオフ点 y_p がどのように移動するか調べてみよう．

図3.37中の左側の図では，ちょうどドレイン端まで反転条件が成り立っており，位置 y_p がド

$$I_D = W \frac{\overbrace{C_{ox}(V_G - V_T)}^{\text{ソース端の反転電子密度}} + \overbrace{C_{ox}(V_G - V_T - V_D)}^{\text{ドレイン端の反転電子密度}}}{2} \mu E$$

$$= \frac{W}{L} \mu C_{ox} \left[(V_G - V_T) - \frac{1}{2} V_D \right] V_D \qquad (3.28)$$

$$E = \frac{V_D}{L}$$

チャネル内の平均反転電子密度

図 3.34 もう少し厳密な取り扱い

$V_D < V_G - V_T$ ……線形領域条件

$$I_D = \frac{W}{L} \mu C_{ox} \left[(V_G - V_T) V_D - \frac{1}{2} V_D^2 \right] \qquad (3.29)$$

$$\left(V_G - V_T, \ \frac{1}{2} \frac{W}{L} \mu C_{ox} (V_G - V_T)^2 \right) \qquad (3.30)$$

図 3.35 線形領域でのソース・ドレイン電流（一般式）

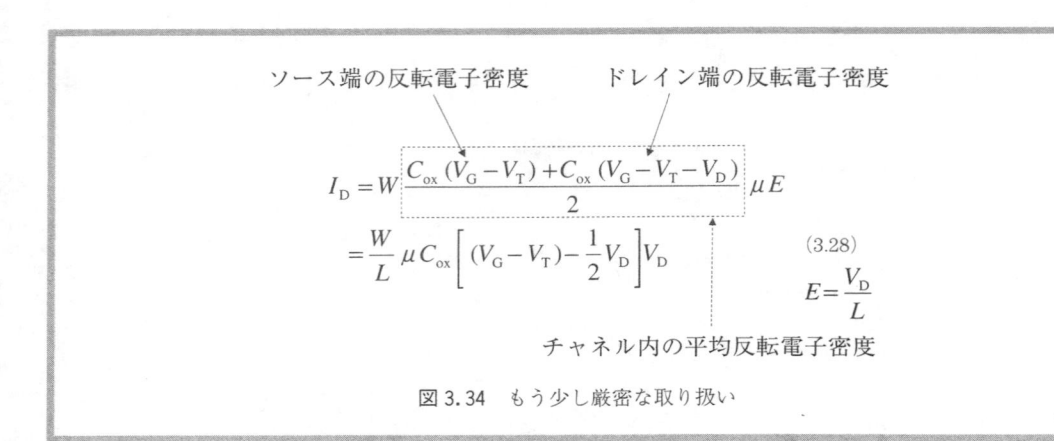

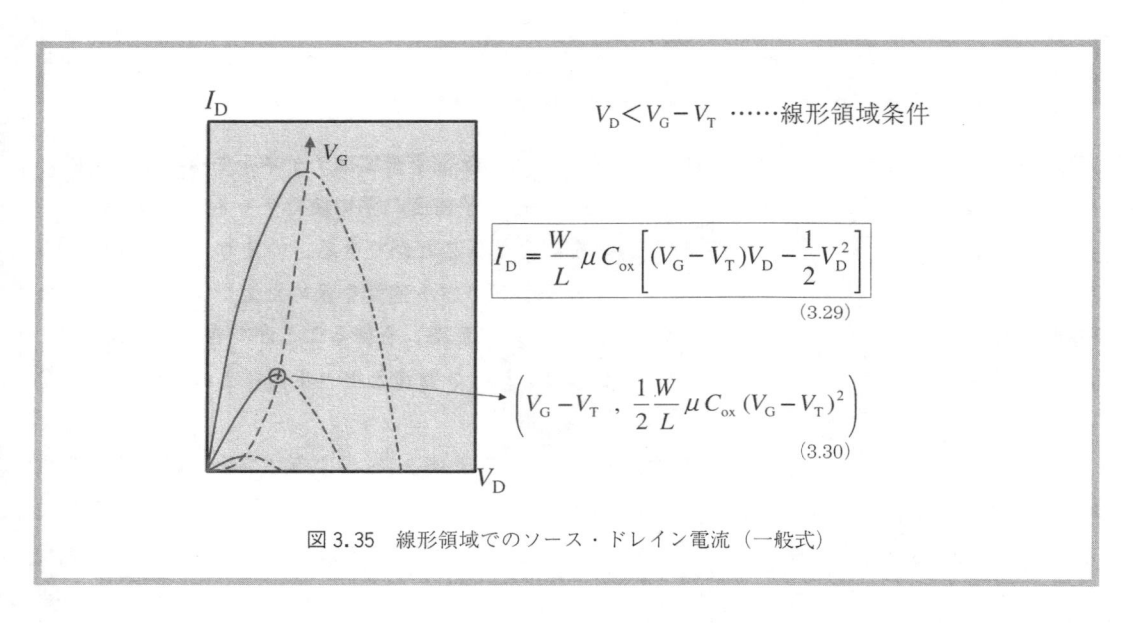

レイン端ギリギリの所にある．このときのドレイン電圧は式 (3.31) によって与えられ，強反転条件下の線形領域での電流特性曲線の頂上に相当する（図 3.35 参照）．また位置 y_p での表面ポテンシャル $\phi_{S,p}$，酸化膜電圧 $V_{ox,p}$ はそれぞれ式 (3.32)，(3.33) によって表される．

ここからさらにドレイン電圧を増すとドレインのポテンシャルは図 3.37 右のようにさらに低くなる．しかし依然として位置 y_p での表面ポテンシャル，酸化膜電圧はやはり式 (3.32)，(3.33) によって与えられる．位置 y_p は図中の太線（「太線」と記されている）と基板・酸化膜界面でのポテンシャルが交差する位置にあり，ドレイン電圧を増加させるとピンチオフ点はそれに伴ってドレインからソース側へと移動する．また，ピンチオフ点からドレインに流れ込む電子電流は右上図の「←」のように酸化膜・基板界面を離れて基板内部を通る．

飽和特性領域での電流はソースからピンチオフ点（位置 y_p）までのドリフト電流量で決まり，ドレイン電圧には依存しない．これは位置 y_p を越えたところにあるドレイン近傍の強い空乏層

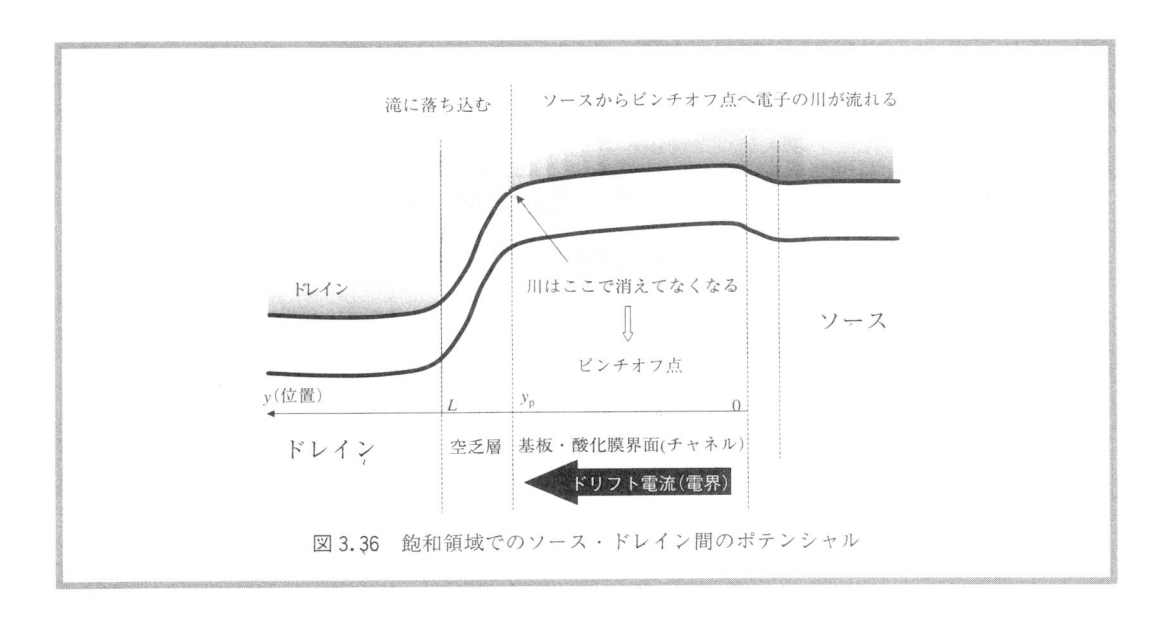

3.3 MOSFETの電気的特性

図3.36 飽和領域でのソース・ドレイン間のポテンシャル

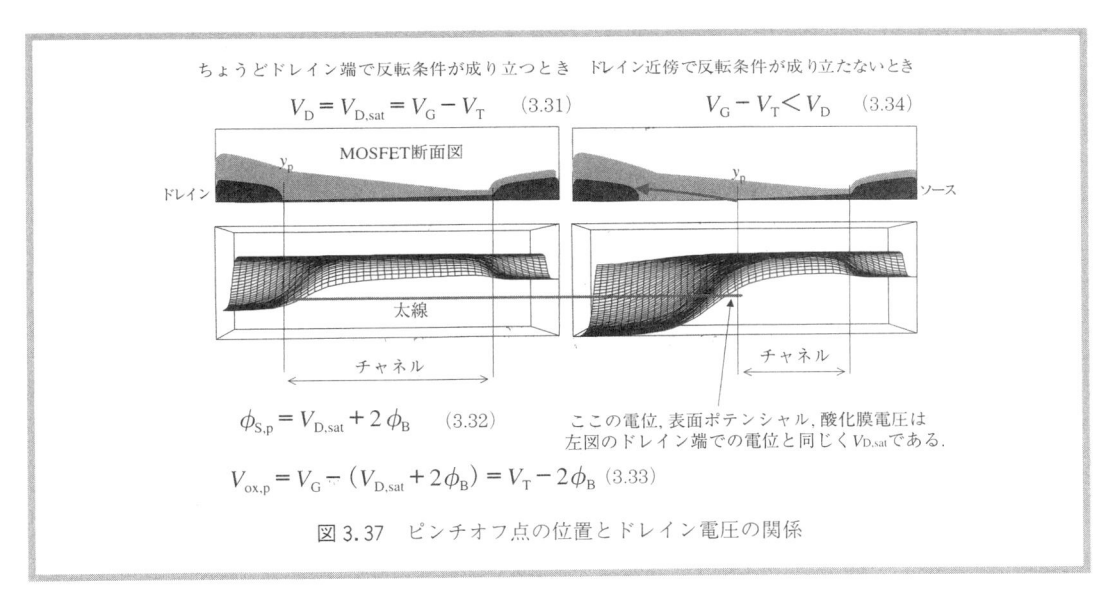

ちょうどドレイン端で反転条件が成り立つとき　　ドレイン近傍で反転条件が成り立たないとき

$$V_D = V_{D,sat} = V_G - V_T \quad (3.31)$$

$$V_G - V_T < V_D \quad (3.34)$$

$$\phi_{S,p} = V_{D,sat} + 2\phi_B \quad (3.32)$$

ここの電位，表面ポテンシャル，酸化膜電圧は左図のドレイン端での電位と同じく$V_{D,sat}$である．

$$V_{ox,p} = V_G - (V_{D,sat} + 2\phi_B) = V_T - 2\phi_B \quad (3.33)$$

図3.37 ピンチオフ点の位置とドレイン電圧の関係

電界によって，図3.38に示すように電子が滝のように落ち込むためである．これは弱反転領域でのドレイン電流量がドレイン電圧に依存しなかったことと同じ理由である．実際，私たちが普段目にしている滝の水量は滝の高さにはよらず，滝に落ちる前の水流で決まることから直感的に理解できるだろう．

一方，チャネル内での電流量は線形領域で求めたドレイン電流の式 (3.29) から求められる．この結果，飽和特性領域での電流量は線形特性領域から導いたドレイン電流の式の最大値として与えられる．飽和ドレイン電流 $I_{D,sat}$ は式 (3.35) で表される．この式から，飽和特性領域での電流量はドレイン電圧に依存せず，ゲート電圧の2乗に比例することがわかる．

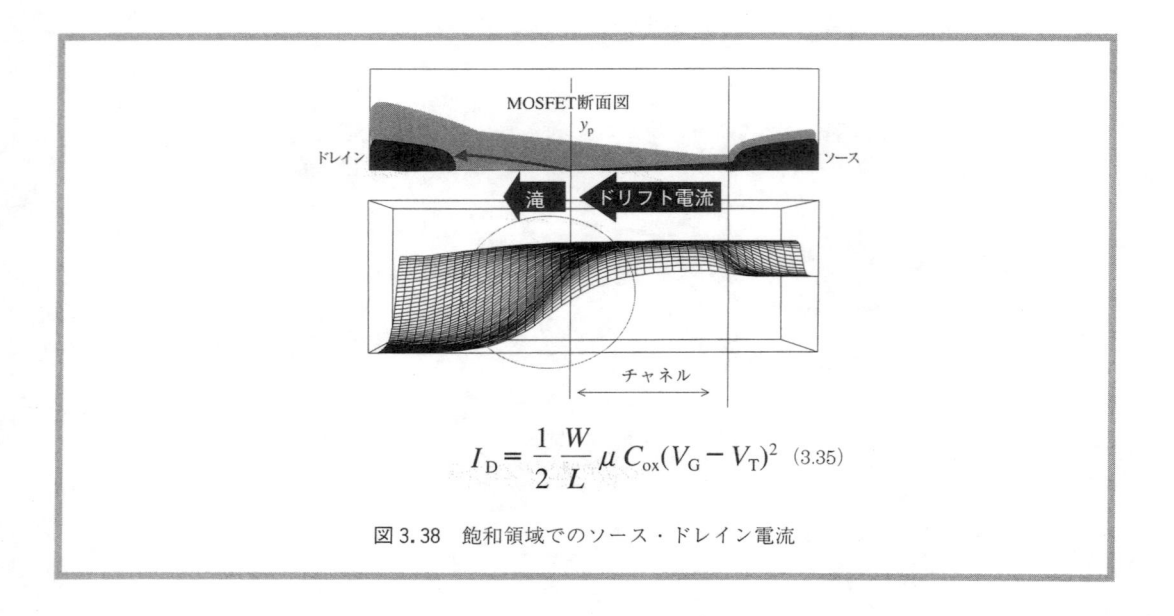

$$I_D = \frac{1}{2}\frac{W}{L}\mu C_{ox}(V_G - V_T)^2 \quad (3.35)$$

図 3.38 飽和領域でのソース・ドレイン電流

$$V_{D,sat} = V_G - V_T \quad (3.36)$$

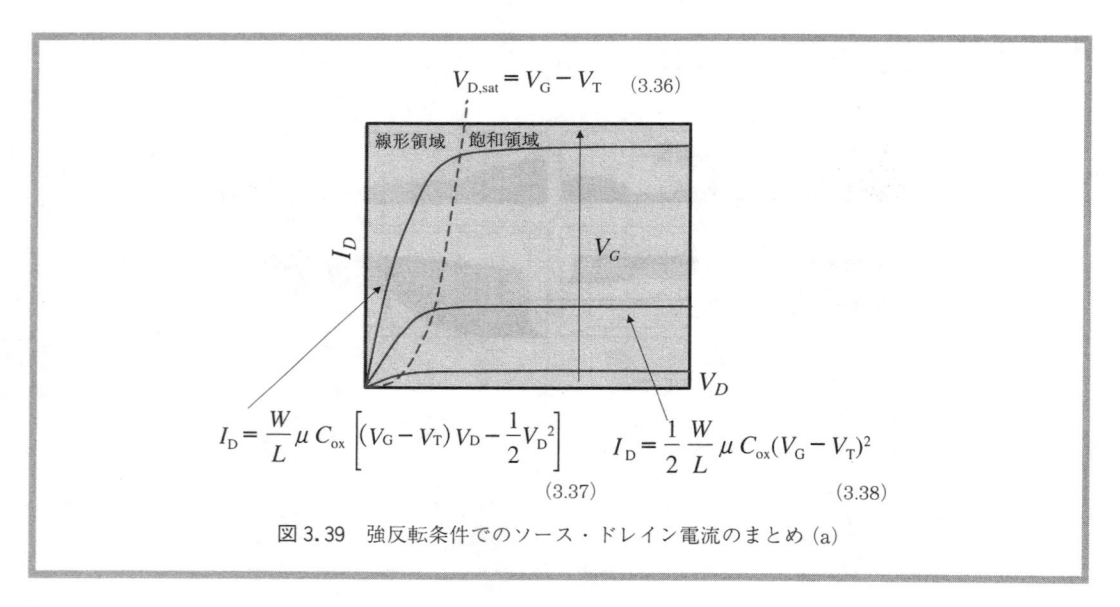

$$I_D = \frac{W}{L}\mu C_{ox}\left[(V_G - V_T)V_D - \frac{1}{2}V_D^2\right] \quad (3.37)$$

$$I_D = \frac{1}{2}\frac{W}{L}\mu C_{ox}(V_G - V_T)^2 \quad (3.38)$$

図 3.39 強反転条件でのソース・ドレイン電流のまとめ (a)

以上，強反転条件での MOSFET のドレイン電流とドレイン電圧との関係をまとめると図 3.39 のようになる．

図中の点線の左側は「線形特性領域」とよばれ，ソースからドレインまでを結ぶチャネル内でのドリフト電流によって生じる．このときの電流特性は式 (3.37) によって表される．

一方，図中の点線の右側は「飽和特性領域」とよばれ，ドレイン端近傍のピンチオフ点でチャネルの反転層が消滅することに対応している．ドレイン電流 I_D は V_D の値に依存せずほぼ一定の値となる．ドレイン電流はゲート電圧 V_G が増加すると大きくなり，非飽和（線形）特性領域と飽和特性領域の境界（点線）は式 (3.36) で与えられる．飽和ドレイン電流 I_D は（ゲート電圧

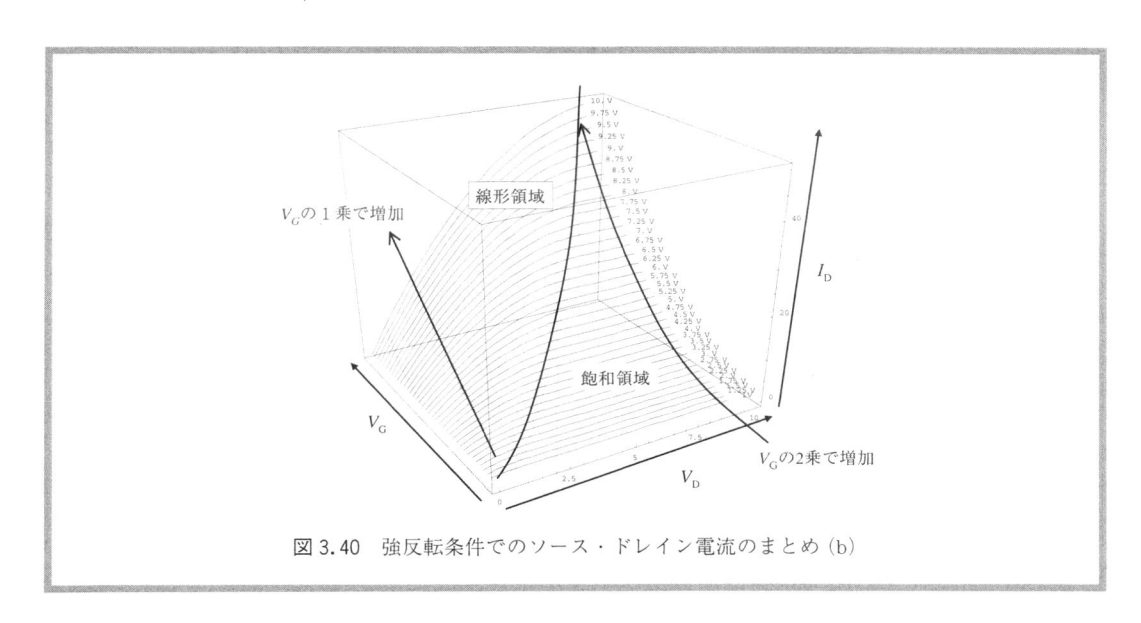

図3.40 強反転条件でのソース・ドレイン電流のまとめ (b)

V_G-しきい値 V_T) の2乗に比例するため,ゲート電圧 V_G を変えるとドレイン電流 I_D が急増する.

最後に,ドレイン電流を V_D および V_G の関数として3次元プロットした図を図3.40に示す.この計算では,しきい値電圧 V_T をゼロと仮定している.しきい値電圧がゼロでないときは,このグラフ全体が V_G 軸に沿って V_T だけシフトすると考えればよい.

3.4 MOSFETの性能を表すパラメータ

MOSを用いた電子回路では,MOSFETの電気的特性が回路特性にも大きな影響を与える.ここではMOSFETを用いた回路を設計する際に重要になるMOSFETの主要なパラメータの定義を説明する.

1つ目のパラメータは「相互コンダクタンス(Transconductance)」とよばれるもので,図3.41の式 (3.39) によって定義される.これは,ゲート電圧の変化をドレイン電流に変換する係数と考えることができる.これは,MOSFETを増幅回路で用いる際の増幅率を決める重要な素子パラメータであり,一般にはこの値が大きい方が変換効率が高いことを意味している.前節で導いたMOSFETのドレイン電流の式を用いて相互コンダクタンスを計算すると,線形特性領域,飽和特性領域のそれぞれで式 (3.40), (3.41) のように表される.

もう1つの重要なパラメータは「サブスレッショルド係数」である.これは弱反転領域での電流量が一桁増えるのに必要なゲート電圧として図3.42中の式 (3.42) によって定義される.弱反転領域での電流の立ち上がりは,MOSFETをスイッチとして用いる場合のスイッチのキレに関わる.一般には S が小さい方が電流の立ち上がりは鋭く,スイッチング特性がよい.

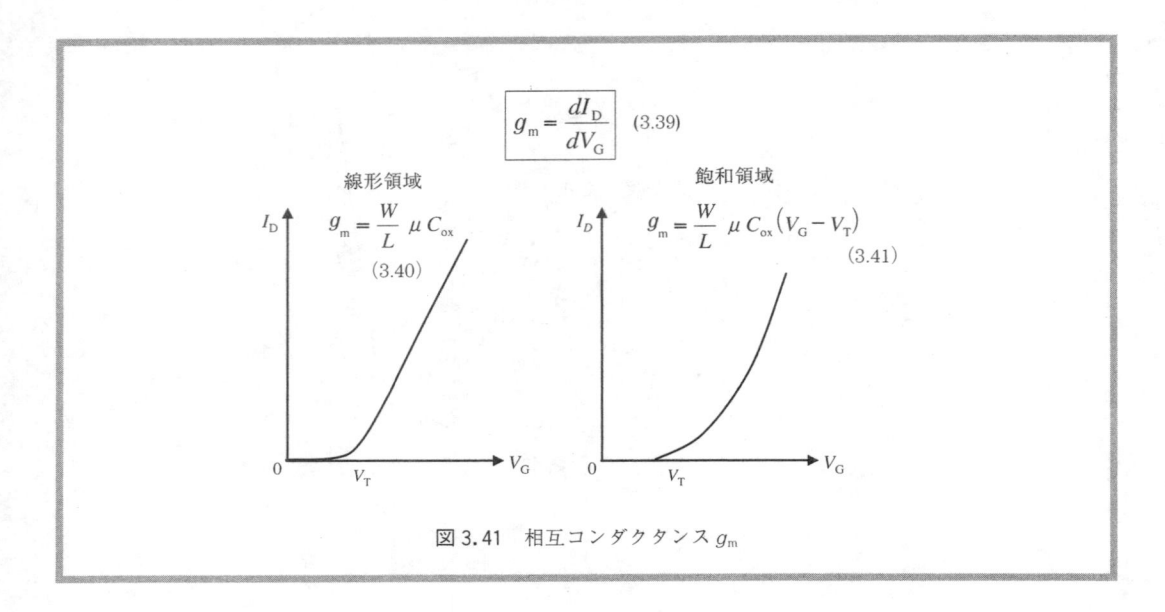

$$g_\mathrm{m} = \frac{dI_\mathrm{D}}{dV_\mathrm{G}} \quad (3.39)$$

線形領域
$$g_\mathrm{m} = \frac{W}{L}\mu C_\mathrm{ox} \quad (3.40)$$

飽和領域
$$g_\mathrm{m} = \frac{W}{L}\mu C_\mathrm{ox}(V_\mathrm{G} - V_\mathrm{T}) \quad (3.41)$$

図 3.41　相互コンダクタンス g_m

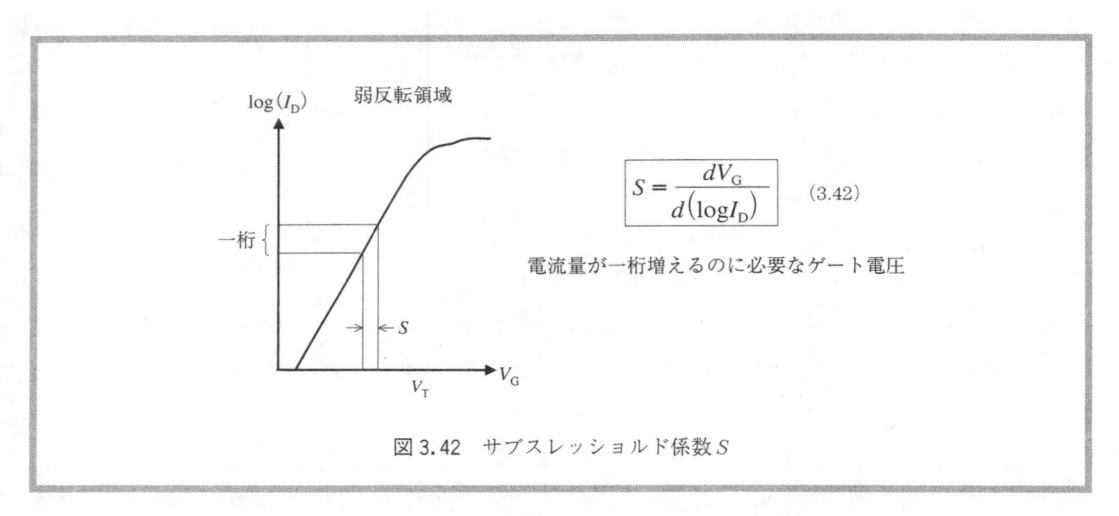

$$S = \frac{dV_\mathrm{G}}{d(\log I_\mathrm{D})} \quad (3.42)$$

電流量が一桁増えるのに必要なゲート電圧

図 3.42　サブスレッショルド係数 S

3.5　MOSFET での諸現象

本章の残りは，MOSFET の基本動作を理解した上でさらに MOSFET を使いこなすために必要な物理現象について解説する．

3.5.1　MOSFET のしきい値の制御

MOS 型電子回路を設計する際，ドレイン電流 I_D を規定するしきい値 V_T を正確に制御することが重要となる．ここではしきい値 V_T の制御方法について解説する．

第2節で説明したように，MOSFET のしきい値 V_T は図 3.43 中の式 (3.43) に示すようにシ

3.5 MOSFETでの諸現象

$$V_T = 2\phi_B + \frac{Q_B}{C_{ox}} \quad (3.43)$$

図 3.43 MOSFET のしきい値電圧 V_T の制御

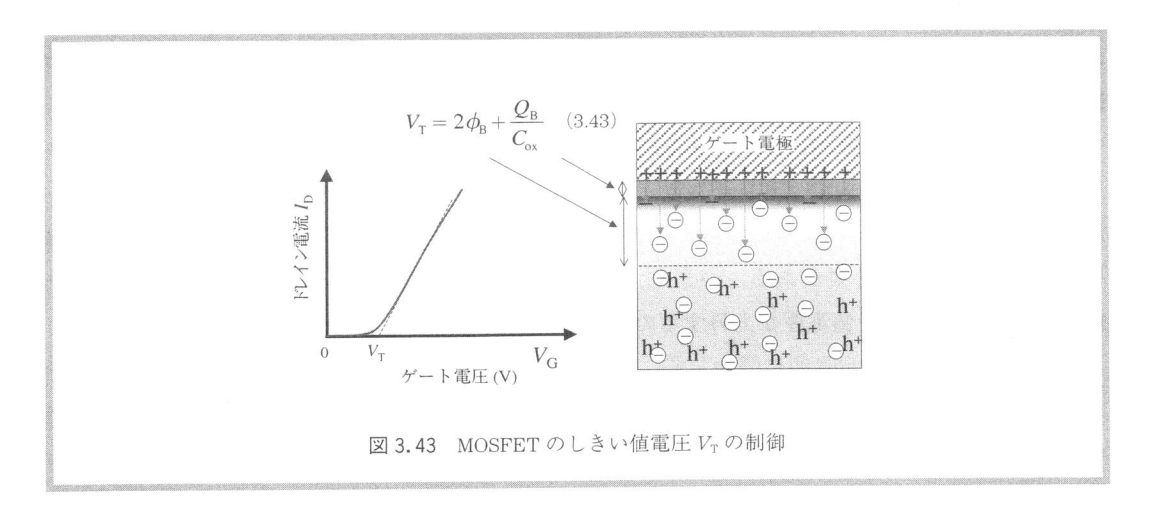

リコン表面を反転させるのに必要な電圧 $2\phi_B$ と，その表面電位を確保するために酸化膜に印加する電圧 V_{ox} との和で表される．

しきい値 V_T を変える方法としては，
　①基板バイアスを変化させる方法，
　②イオン注入による方法，
などがある．以下それぞれの方法について詳しく見ていこう．

まず，シリコン基板に電圧を印加してしきい値を制御する「基板バイアス効果」について図3.44 を用いて説明する．MOSFET のソースおよびドレインを接地している条件で，$V_G = 0\,\mathrm{V}$ のポテンシャル形状は図(a)のようになっているが，基板に負の電圧を印加すると図(b)のように基板側のポテンシャルが eV_{sub} だけ上昇する．ここで基板電圧と基板のフェルミエネルギーを V_{sub}，$\varepsilon_{F,sub}$ とし，ソースのフェルミエネルギーを $\varepsilon_{F,source}$ とした．ここでゲートにしきい値電圧を印加

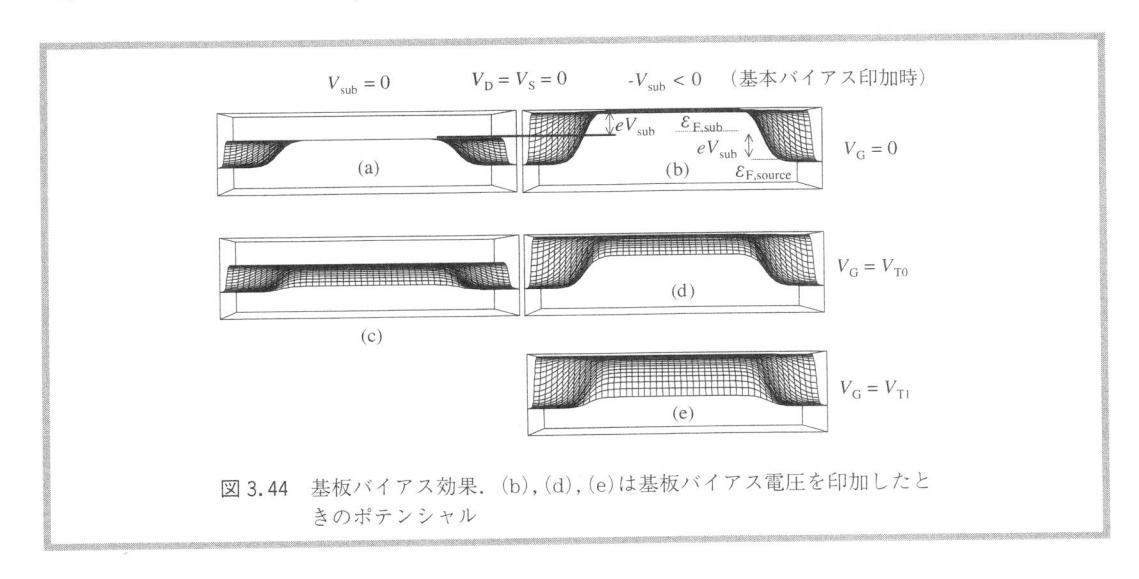

図 3.44 基板バイアス効果．(b), (d), (e)は基板バイアス電圧を印加したときのポテンシャル

すると，基板電圧がゼロのときには酸化膜・基板界面に反転層が形成され，それが図(c)のようにソース・ドレインをつなぐ．ここでドレイン電圧を印加すると強反転条件でのドレイン電流が流れる．しかし図(d)のように基板電圧を印加しているときには，酸化膜・基板界面のポテンシャルがソース電位に比べ高い位置にあるため，ソース中の電子はポテンシャルの土手に阻まれチャネルに入ることができず，ドレイン電流は流れない．基板電圧を印加しているときにドレイン電流を流すには，図(e)のようにさらに大きなゲートに電圧を印加してソース端での空乏層障壁を十分に下げておく必要がある．つまり，基板電圧（「基板バイアス」ともいう）を印加したMOSFETでは，しきい値電圧が上昇するのである．この効果を「基板バイアス効果」とよぶ．

基板バイアス効果を定量的に議論して，基板バイアスを印加したときの新しいしきい値電圧を求めよう．前図で説明したように，基板に電圧を印加したMOSFETのドレイン電流が流れる否かは，ソース端において反転が生じているかどうかによる．図3.45は反転状態におけるソース端のポテンシャル形状の断面図を示している．

左の図は基板バイアスが印加されていない場合であり，右図は負バイアスを印加したソース近傍のポテンシャルを表している．基板バイアスが印加されていない場合，ゲート電圧は表面ポテンシャル（ポテンシャルの曲がり分）と酸化膜電圧（空乏層中のアクセプタイオンと等量の正電荷をゲート内に誘起する分）に分配され，しきい値電圧は式（3.44）のように表される．

ここで，シリコン基板に$-V_\mathrm{sub}$を印加すると，基板のポテンシャルは一律にeV_subだけ上昇する．ところがソース・ドレイン電圧は基板に電圧を印加する前と同じであるため，酸化膜・基板界面のポテンシャルを$\phi_\mathrm{s}=2\phi_\mathrm{B}+V_\mathrm{sub}$分だけ曲げるとソース端でチャネルが反転する．逆に，ソース端でチャネルが反転しているとソース内の電子はチャネル中に流入し，そのままドレインへと流れ込む．ソース端においてポテンシャルを$\phi_\mathrm{s}=2\phi_\mathrm{B}+V_\mathrm{sub}$分だけ曲げるには，基板とゲートとの間に式（3.45）のような電位差が必要である．これは$V_\mathrm{G}-(-V_\mathrm{sub})$に等しいため，新しい

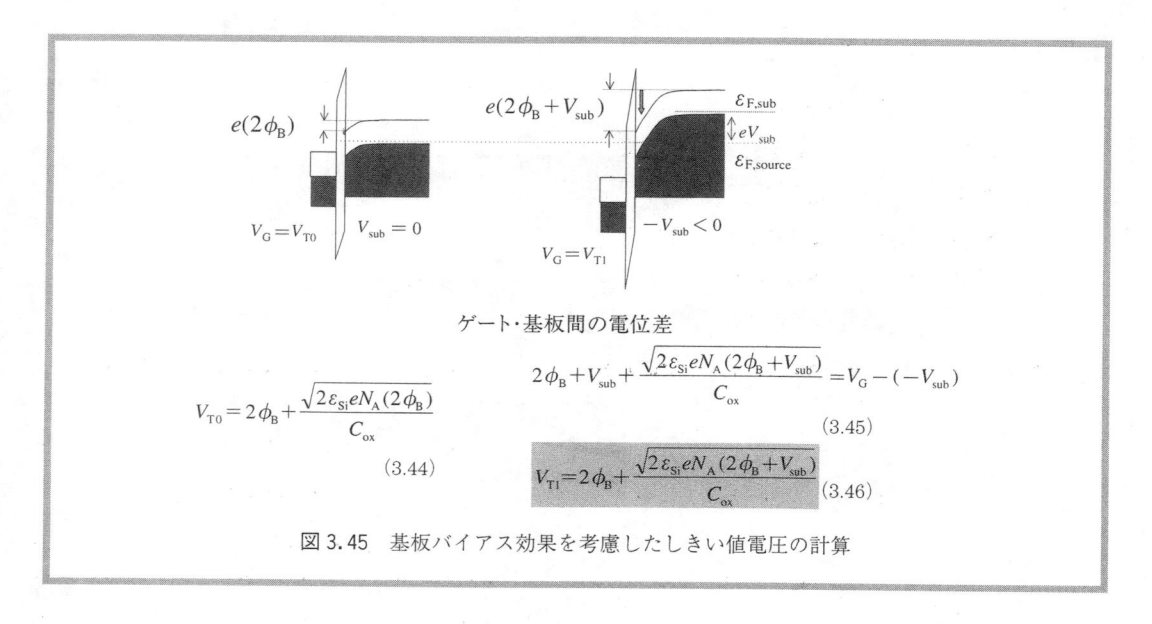

ゲート・基板間の電位差

$$V_\mathrm{T0}=2\phi_\mathrm{B}+\frac{\sqrt{2\varepsilon_\mathrm{Si}eN_\mathrm{A}(2\phi_\mathrm{B})}}{C_\mathrm{ox}} \quad (3.44)$$

$$2\phi_\mathrm{B}+V_\mathrm{sub}+\frac{\sqrt{2\varepsilon_\mathrm{Si}eN_\mathrm{A}(2\phi_\mathrm{B}+V_\mathrm{sub})}}{C_\mathrm{ox}}=V_\mathrm{G}-(-V_\mathrm{sub}) \quad (3.45)$$

$$V_\mathrm{T1}=2\phi_\mathrm{B}+\frac{\sqrt{2\varepsilon_\mathrm{Si}eN_\mathrm{A}(2\phi_\mathrm{B}+V_\mathrm{sub})}}{C_\mathrm{ox}} \quad (3.46)$$

図3.45 基板バイアス効果を考慮したしきい値電圧の計算

3.5 MOSFETでの諸現象

しきい値は式 (3.46) のようにして与えられる．この式から，しきい値 V_T は基板に負のバイアスを印加すると高くなり，逆に，基板に正のバイアス電圧を印加すると，しきい値電圧 V_T は低くなることがわかる．

図3.46は基板電圧印加前後におけるドレイン電流のゲート電圧依存性を示したものである．

この図からわかるように，負の基板バイアスを印加するとしきい値は上昇し，結果的に同一ゲート電圧下でのドレイン電流は矢印のように低下することがわかる．逆に正の基板バイアスを印加するとしきい値は下がり，同一ゲート電圧での電流は増加する．このように基板電位を変えると，ゲート電圧の場合と同様にドレイン電流に変化をひきおこす．このため，シリコン基板は実効的に"裏のゲート電極"と見なすことができ，「バックゲート」とよぶこともある．

ではMOSFETの基板バイアス効果が電子回路に影響する典型的な例を1つ示しておこう．

図3.47のカスコード接続（縦積みトランジスタ）回路ではMOS素子M1のソース電位と基板電位は一致している．しかし，M1のMOS素子に式 (3.47) のドレイン電流が流れるとそこで電位降下が生じるため，M2のソース電位は基板電位より高くなる．視点を変えてM2のソース電位を基準にすると，M2の基板には負の電位が印加されていることになる．負の基板電位を持つ素子のしきい値電圧は高いので，同一のプロセスで作製したM1とM2の素子の間でも特性が異なっている．ここで注意すべき点は，MOSFETのしきい値電圧 V_T はソースと基板間の電位差だけで決まっており，ドレイン電圧やゲート電圧の関数ではないということである．MOSFETでアナログ回路を設計する際には，このようなしきい値電圧の基板電圧依存性を正しく考慮した設計をしなければならない．

基板バイアス効果は実際の回路でしきい値を制御する目的で利用するだけでなく，MOSFETのシリコン基板内の不純物濃度を評価する方法としても応用されている．

図3.48は基板バイアスを印加したMOSFETのしきい値変動をプロットしたものである．式

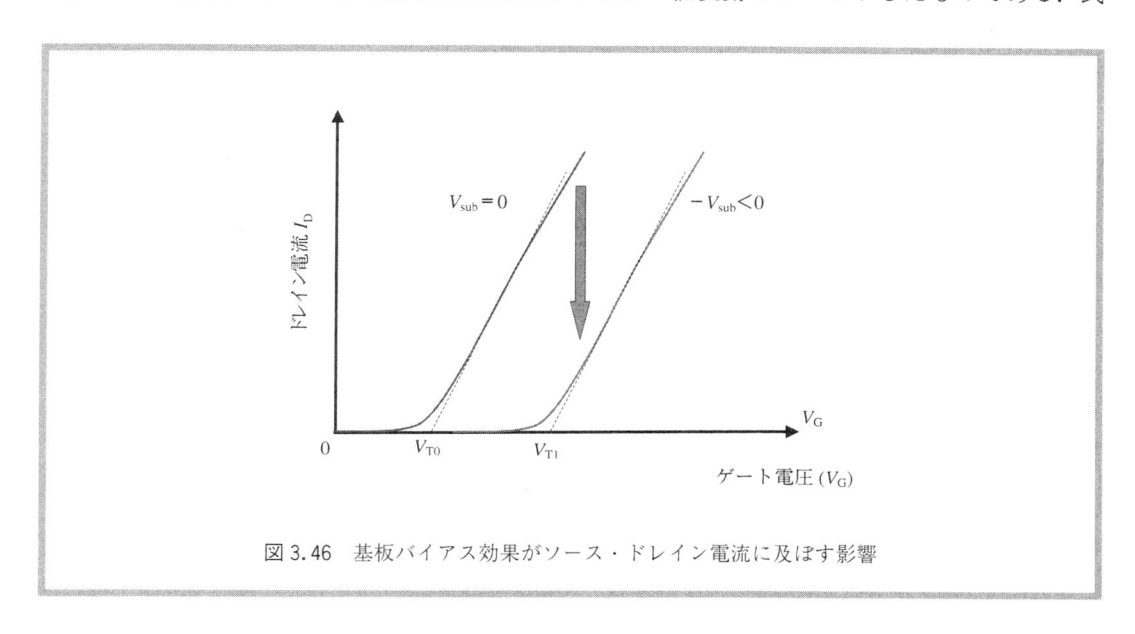

図3.46 基板バイアス効果がソース・ドレイン電流に及ぼす影響

$$I_D = \frac{W}{2L}\mu C_{ox}(V_{GS}-V_T)^2 \quad (3.47)$$

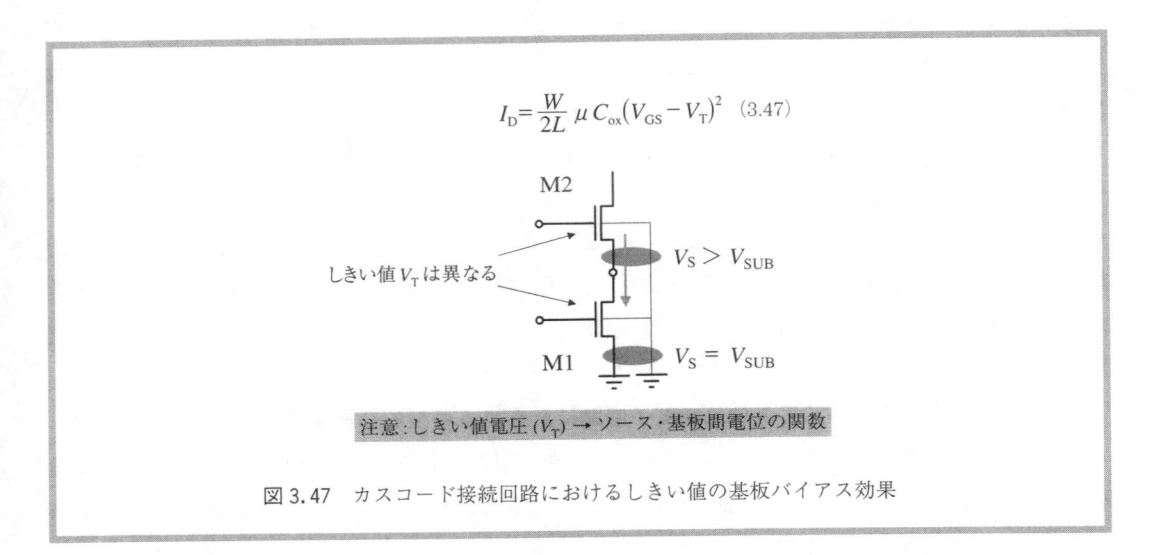

しきい値 V_T は異なる　M2　$V_S > V_{SUB}$

M1　$V_S = V_{SUB}$

注意：しきい値電圧 (V_T) → ソース・基板間電位の関数

図 3.47　カスコード接続回路におけるしきい値の基板バイアス効果

(3.46)からこの直線の傾きが酸化膜のキャパシタ，シリコンの誘電率，および基板不純物濃度によってのみ表されることがわかる．したがって，しきい値 V_T の基板バイアス依存性を測定し，このプロットの傾きから基板不純物濃度 N_A を簡単に評価することができる．

前節において，強反転条件の飽和領域におけるドレイン電流はソース端からピンチオフ点までのチャネルを流れる電流量によって決まり，その値は線形特性領域の式（3.29）の最大値で表されると述べた．このようにして得られた計算結果は飽和特性領域での電流量のよい近似を与えるが，さらに厳密な電流計算をする場合にはピンチオフ点がドレイン端から離れることによって実効的なチャネル長 $L'(=L-\Delta L)$ が設計チャネル長 L より短くなる効果を考慮する必要がある（図 3.49）．この効果は設計チャネル長に比べて ΔL が十分小さいときには無視できるが，短チャネル MOSFET では顕著に表れる．なかでもピンチオフ点がドレイン端から離れる大きなドレイン電圧においてその影響が大きく表れてくる．これを「チャネル長変調効果」とよぶ．

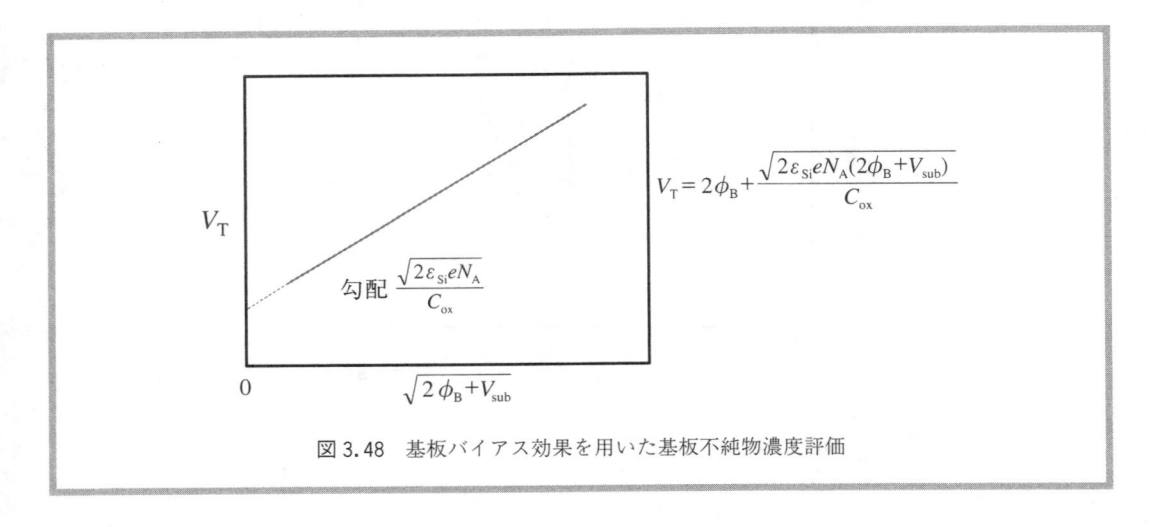

$$V_T = 2\phi_B + \frac{\sqrt{2\varepsilon_{Si}eN_A(2\phi_B+V_{sub})}}{C_{ox}}$$

勾配 $\dfrac{\sqrt{2\varepsilon_{Si}eN_A}}{C_{ox}}$

横軸：$\sqrt{2\phi_B+V_{sub}}$，縦軸：V_T

図 3.48　基板バイアス効果を用いた基板不純物濃度評価

3.5 MOSFET での諸現象

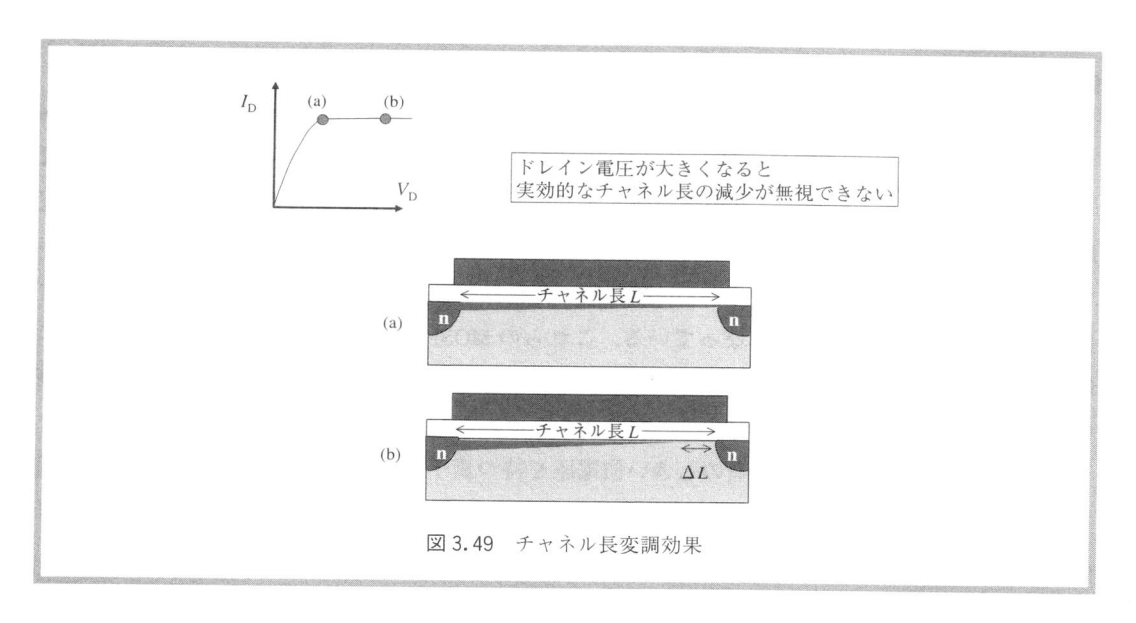

図中:
ドレイン電圧が大きくなると実効的なチャネル長の減少が無視できない

図 3.49 チャネル長変調効果

チャネル長変調効果は，飽和ドレイン電流の式（3.38）のチャネル長 L を $L-\Delta L$ に置き換えることで取り入れることができる．

ここで ΔL が L に比べて小さいとして近似すると図 3.50 中の式（3.48）を得る．さらに ΔL はほぼドレイン電圧に比例する（比例定数 C）ことを用いると，近似式（3.49）が得られる．飽和特性領域でのドレイン電流を高精度で計算する際には，この式（3.49）を用いて計算しなければならない．

次に，シリコン基板表面近傍の不純物濃度を意図的に変化させることによってしきい値を制御する方法について述べる．

$$I_{D,sat} = \frac{W}{2L(1-\Delta L/L)} \mu C_{ox}(V_G - V_T)^2 \cong \frac{W}{2L} \mu C_{ox}(V_G - V_T)^2(1 + \Delta L/L) \quad (3.48)$$

$\frac{\Delta L}{L}$ はチャネル長が短いほど大きくなる

$\Delta L/L \cong CV_D/L = \lambda V_D$ だから，

$$\boxed{I_{D,sat} \approx \frac{1}{2}\frac{W}{L} \mu C_{ox}(V_G - V_T)^2(1 + \lambda V_D)} \quad (3.49)$$

ただし $\lambda = \frac{C}{L}$

長チャネル／短チャネル

図 3.50 チャネル長変調効果を考慮したドレイン電流

今まで説明してきた MOSFET ではシリコン基板の不純物濃度は一定と仮定していた．ここで酸化膜・基板表面付近のシリコン基板に新たに不純物イオンを導入して表面電位を制御すれば，しきい値 V_T を調整することができる．チャネル領域にドナーあるいはアクセプタを導入した n チャネル MOSFET の例を図 3.51 の (a) と (b) に示す．チャネル領域にドナーを追加した素子ではゲート電圧がゼロでも酸化膜・基板界面のポテンシャルが下に大きく曲げられており，ゲート電圧がゼロでもすでに反転層が形成されている．

一方，アクセプタを追加した素子では酸化膜・基板界面のポテンシャルは上に曲げられており，追加導入前よりも反転しにくくなっている．これらの MOSFET のドレイン電流をゲート電圧に対してプロットすると図 3.51 中の下図のようになる．つまり，不純物導入量とその種類を調整すればしきい値を任意に変化させることができるのである．

ドナーを表面近傍に導入して負のしきい値電圧を持つ素子を「ディプリーション型 MOSFET」とよぶ．それに対して，正のしきい値電圧を持つ素子を「エンハンスメント型 MOSFET」とよんでいる．

チャネル直下の不純物原子濃度に深さ方向の分布があるとき，しきい値 V_T と基板バイアス電圧 V_{sub} との関係は図 3.52 のようになり，直線から外れる．

基板表面近傍にのみ高濃度不純物層があれば，基板バイアス電圧が比較的小さいところで①のように V_T の折れ曲がりが観測される．勾配が不純物原子濃度に対応していることから，基板内部において不純物原子濃度が低くなっていることがわかる．

一方，③に示す高濃度領域が深い位置にまで広がっている MOSFET では，広範囲な基板バイアス領域にわたって，しきい値 V_T は一定の勾配を持って伸びている．

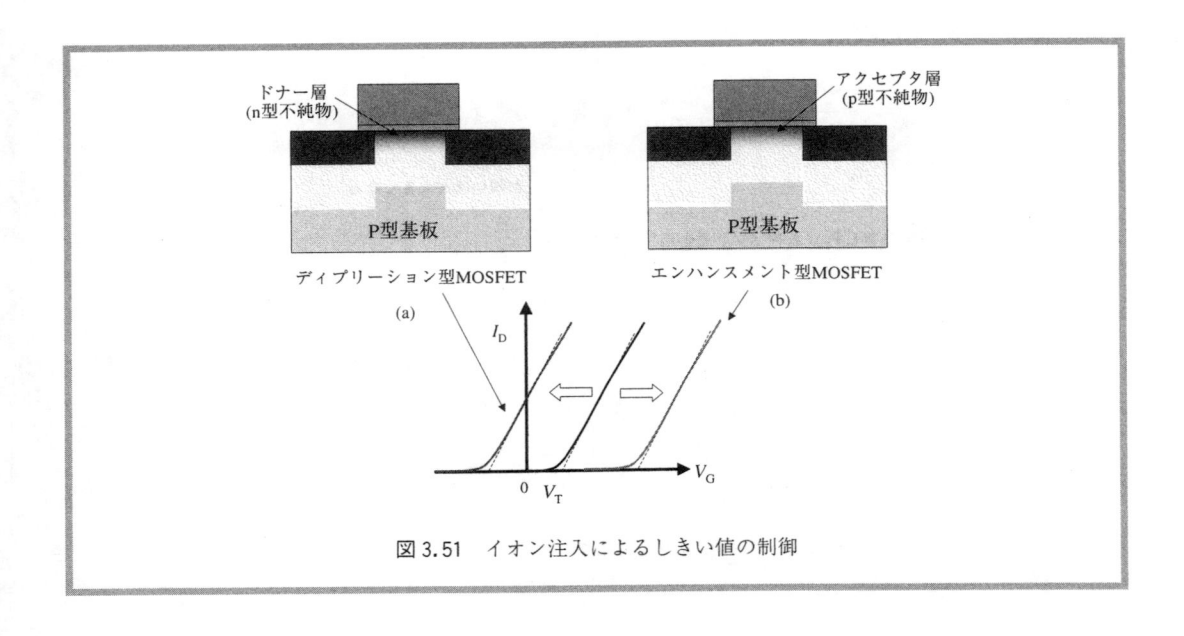

図 3.51　イオン注入によるしきい値の制御

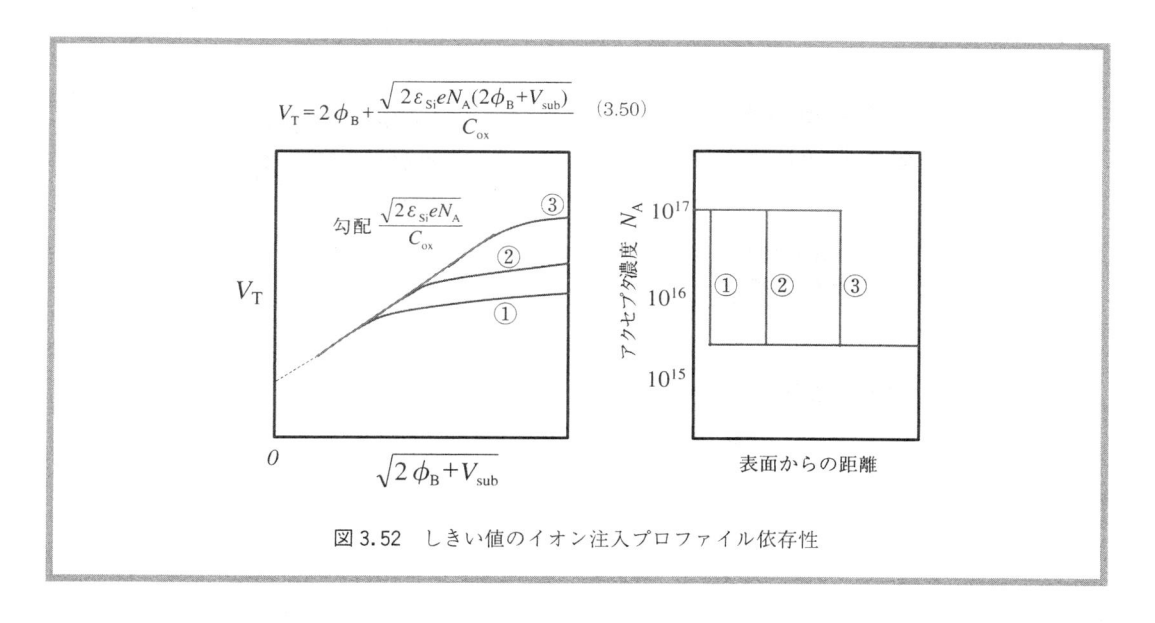

$$V_T = 2\phi_B + \frac{\sqrt{2\varepsilon_{Si}eN_A(2\phi_B+V_{sub})}}{C_{ox}} \quad (3.50)$$

図3.52 しきい値のイオン注入プロファイル依存性

3.5.2 埋め込みチャネルMOSFET

酸化膜・基板界面に電流を流すMOSFETは界面の状況によって電流電圧特性が影響される.

しかし，図3.53のように酸化膜・基板界面近傍にn型領域を形成したMOSFETでは界面から離れたところに電流経路ができる．このような構造のMOSFETは「埋め込みチャネル型MOSFET」とよばれる．第5章で述べるCCDではこのタイプのMOS構造が用いられる．

表面のn型領域を通して流れる電流量は，酸化膜・n型領域界面に生じる表面からの空乏層の幅がゲート電圧によって変化することを利用している．すなわち，ゲート電極に正の電圧を印加

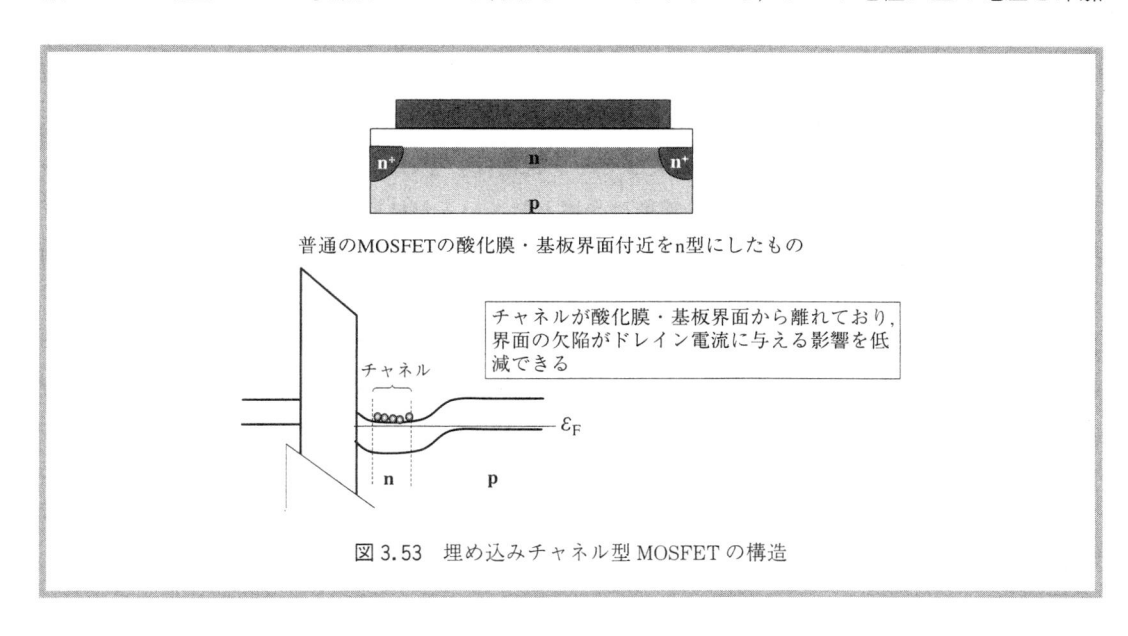

図3.53 埋め込みチャネル型MOSFETの構造

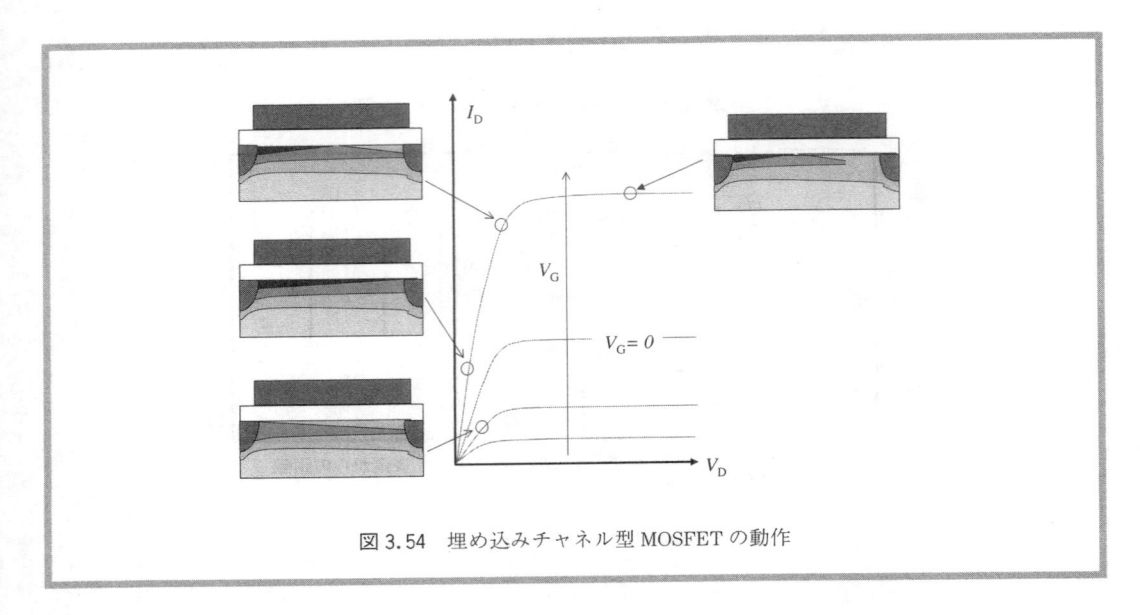

図 3.54　埋め込みチャネル型 MOSFET の動作

すると酸化膜・n 型領域界面の空乏層幅が狭くなり，それによってチャネルとなる n 型領域の幅が広くなり，電流が増加する．一方，ゲートに負の電圧を印加すると空乏層は広がり，チャネルを流れる電流が減少する．

図 3.54 は埋め込みチャネル型 MOSFET の電流電圧特性と，チャネルの様子を図示したものである．

この MOSFET ではゲート電圧 $V_G=0$ でもドレイン電圧を印加するだけでドレイン電流が流れる．ドレイン電圧が低いときはソースからドレインまでチャネルがつながっている．ドレイン電圧を高くするとチャネルが途中で途切れるピンチオフ点が生じ，それ以上のドレイン電圧ではドレイン電流は飽和する．

3.5.3　ショットキー接合

MOSFET のソース・ドレイン領域およびゲート電極はいずれも高濃度に不純物を導入したシリコン領域である．この領域の電気伝導度は金属と似ているが材料物質はシリコンであるため抵抗が高い．MOSFET を組み合わせて集積回路を作る際にはこの抵抗を下げるため，アルミ，銅などの金属が配線材料として用いられる．このため MOSFET のソース，ドレインにはシリコン結晶と金属の接触面が存在する．当然のことながら，その接触面での抵抗もやはり極力抑えなければならない．このような半導体と金属との接合面は「ショットキー接合」と呼ばれ，pn 接合とは異なる物性を持つ．

ここではこのショットキー接合について簡単に説明しておくことにしよう．

図 3.55 は金属と n 型シリコンを接触させる前のエネルギーバンド図を示したものである．

第 1 章で述べたように金属ではフェルミエネルギーが伝導帯内にある．金属中の電子にエネルギーを与えてその電子を金属から放出させるのに必要な最低エネルギーは「仕事関数」とよばれ，

3.5 MOSFET での諸現象

フェルミエネルギーから真空のエネルギー準位までのエネルギー差に等しい．一方，物質が真空のエネルギーレベルにいる電子を吸収したときに放出するエネルギーを「電子親和力」といい，シリコン結晶では伝導帯端と真空準位との差によって与えられる．シリコンの電子親和力は 4.01 eV であり，ドーパントの種類や量によらず一定である．

これら仕事関数，および電子親和力は物質固有のものであるから，金属とシリコン結晶を接触させたときにも不変でなければならない．このため，金属と n 型シリコン結晶を接触させると界面付近のポテンシャルは図 3.55 の右図のような形となる．このとき金属とシリコン結晶の間に生じる界面には，金属の仕事関数 ϕ_m と電子親和力 χ との差に相当する障壁 ϕ_b が生じる．このときシリコン中の多数の電子が金属側に流れ出し，シリコンが正に帯電して，界面付近には空乏層が形成される．

図 3.55 によれば，障壁の高さ ϕ_b は金属の仕事関数 ϕ_m に比例するはずであるが，実際の金属／シリコン界面の ϕ_b は仕事関数 ϕ_m と図 3.56 のような関係がある．図中の黒丸は実測値，点線は理論から導かれるはずの障壁 ϕ_b である．このような理論値と実測値との差異はシリコン／金属界面に存在する界面準位によって引き起こされる．

シリコンと金属との界面には多数の界面準位が存在しており，そこに電子が捕獲されることで ϕ_b がシリコンのバンドギャップのほぼ中間に固定化される．これを「界面準位によるピンニング効果」とよぶ．

このショットキー接合に電圧を印加したときに生じる電流は主に

　①熱電子放出電流，と

　②トンネル電流，

の 2 種類である．

熱電子放出電流は図 3.57 に模式的に示したように，金属中の高エネルギー電子のうち障壁高さ以上のエネルギーを持つ電子が，障壁を飛び越えることによって生じる電流である．名称の由

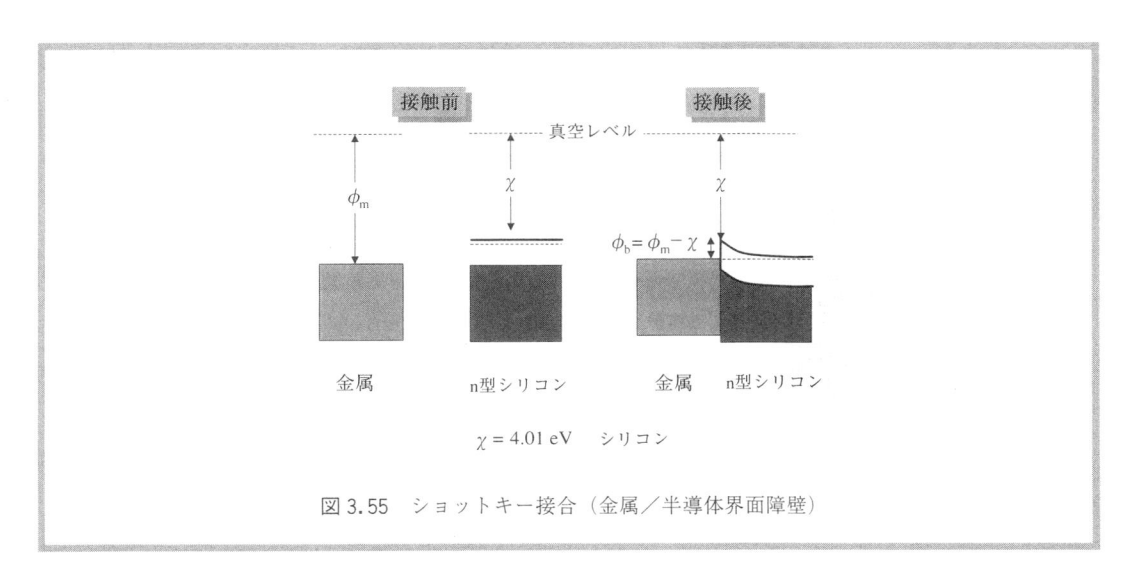

図 3.55　ショットキー接合（金属／半導体界面障壁）

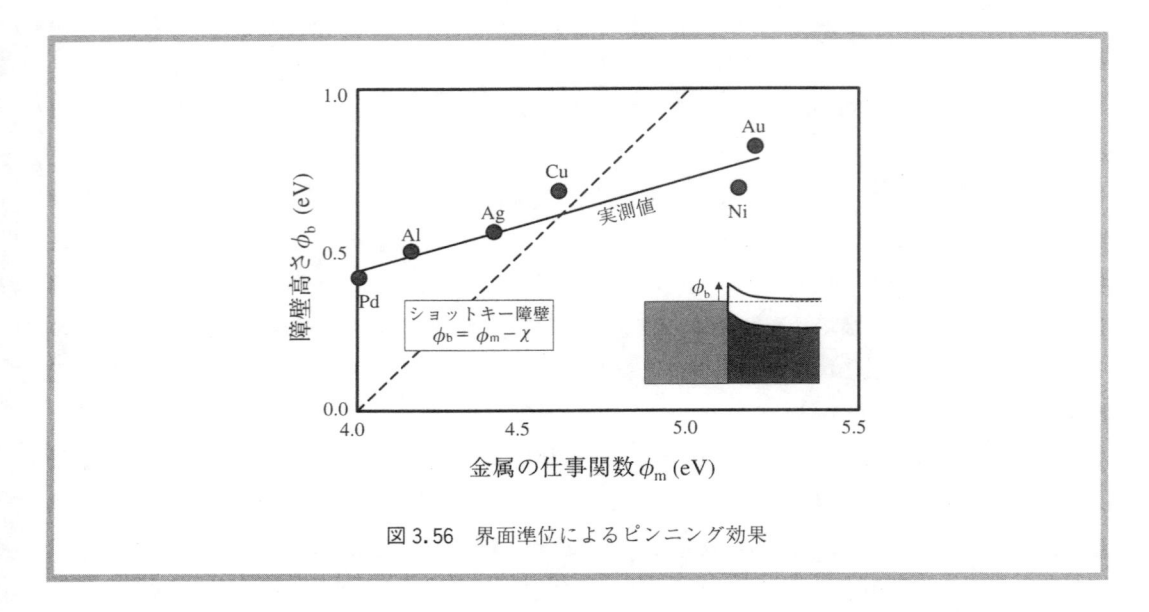

図 3.56 界面準位によるピンニング効果

来からわかるように高温ではこの熱電子放出電流が支配的となる．

界面のコンタクト抵抗をできるだけ小さくするには①もしくは②の電流成分が大きくなるような対策が必要であるが，熱電子放出電流（①）はポテンシャル障壁のみによって決まるので制御不可能である．MOSFET のコンタクト部（ショットキー接合）では，シリコン結晶表面をできるだけ高濃度に不純物導入して空乏層幅を狭くすることでトンネル電流（②）を増大させている．このときのトンネル電流は近似的に三角ポテンシャルを通したトンネル電流である．電子の透過係数は式（3.51），（3.52）によって与えられる．式（3.52）に実際の値を代入すると式（3.53）の値が得られ，電子は 100 万回に 1 回の衝突でようやくポテンシャル障壁をトンネルで通過でき

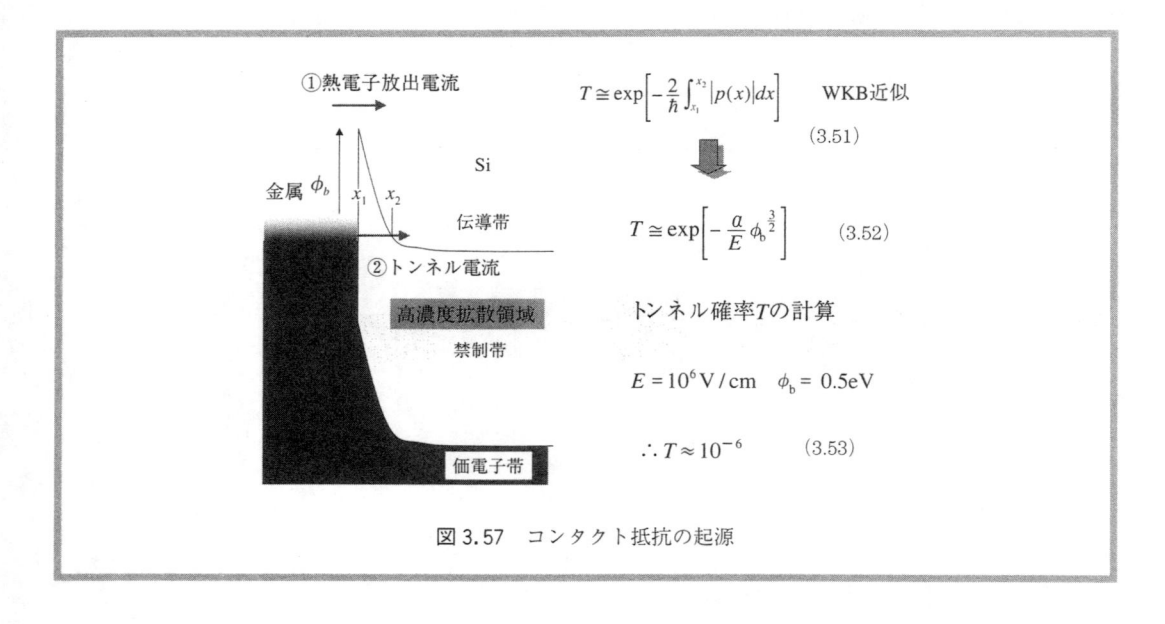

$$T \cong \exp\left[-\frac{2}{\hbar}\int_{x_1}^{x_2}|p(x)|dx\right] \quad \text{WKB近似} \quad (3.51)$$

$$T \cong \exp\left[-\frac{a}{E}\phi_b^{\frac{3}{2}}\right] \quad (3.52)$$

トンネル確率 T の計算

$E = 10^6 \text{V/cm} \quad \phi_b = 0.5\text{eV}$

$$\therefore T \approx 10^{-6} \quad (3.53)$$

図 3.57 コンタクト抵抗の起源

ることがわかる．この透過係数を高めてコンタクト抵抗を低くするには式 (3.52) 中の電界を高めることが有効である．さらに，シリコンを高濃度に不純物導入して障壁の厚さを狭くするとよい．

3.6 短チャネル効果

MOSFET は過去 30 年の間，指数関数的に微細化が進んできている．最近のパソコンで用いられる CPU（Centralprocessingunit：中央制御装置）を構成する MOSFET ではゲート（チャネル）長が 0.1μm 以下にまで縮小されている．しかし，何の工夫もなく MOSFET をこのようなサイズにまで縮小すると，従来の MOSFET では見られなかった新たな問題が噴出する．このため最先端の MOSFET 開発では，本章で見たような基本的な MOSFET を理解しつつ，微細化による新たな問題を回避しながら MOSFET をデザインしなければならない．

本節ではこのような MOSFET の微細化に伴って顕在化する諸現象を取り上げ，そのメカニズムと回避策について解説する．

3.6.1 短チャネル効果の諸現象

MOSFET を微細化すると，ソースおよびドレイン近傍の空乏層がチャネル領域のポテンシャルに影響を及ぼす．この影響は本章で説明した長チャネル MOSFET でも存在するが，チャネル長に比べて空乏層幅が十分小さければほとんど問題にならない．言い換えると，MOSFET が持つ潜在的な影響が，チャネル長を短くすることで顕在化して「短チャネル効果」として図 3.58 の①〜④のように現れるのである．

このような短チャネル効果を引き起こす原因であるソース・ドレインの空乏層は，チャネル領域のポテンシャル形状に影響するため，ドレイン電流を厳密に見積るには数値シミュレーション

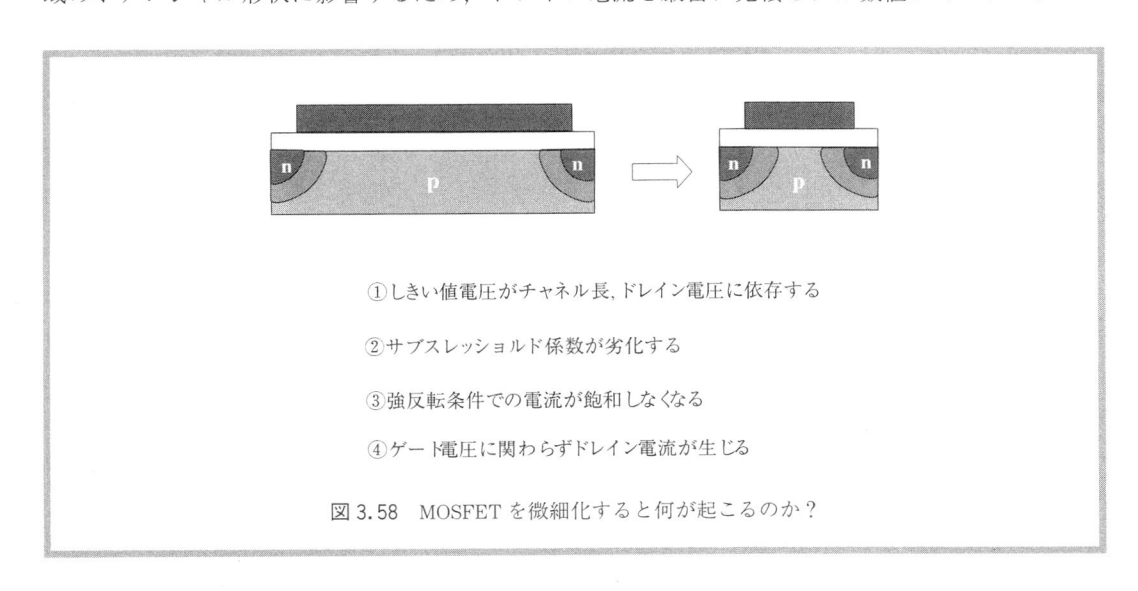

① しきい値電圧がチャネル長，ドレイン電圧に依存する
② サブスレッショルド係数が劣化する
③ 強反転条件での電流が飽和しなくなる
④ ゲート電圧に関わらずドレイン電流が生じる

図 3.58　MOSFET を微細化すると何が起こるのか？

が必要である．本書では詳しい計算に立ち入ることなく，簡単な式とイメージを用いて短チャネル効果の諸現象を説明する．

まず最初に，しきい値電圧のチャネル長依存性およびドレイン電圧依存性について図 3.59 を用いて説明する．

式 (3.54) に示すように，長チャネル MOSFET のしきい値電圧はゲート長やドレイン電圧には依存しない．ところが，短チャネル MOSFET では，しきい値電圧がこれらに依存するのである．特にしきい値のチャネル長依存性は強く，図 3.59 の下図のように，短チャネル領域で急激にしきい値が低下する．

しきい値電圧のゲート長依存性は，最先端 MOS 集積回路において致命的な問題を引き起こす．MOS 集積回路の製造工程では製造プロセス上のバラツキを完全に取り除くことはできず，ゲート長 L も MOSFET ごとにばらついている．特に，しきい値電圧がゲート長に強く依存する短チャネル MOSFET では，ゲート長の微妙なバラツキがしきい値電圧の大きなバラツキとなって現れる（図 3.60）．しきい値 V_T のばらつきはドレイン電流量の不確定さを引き起こし，これが短チャネル MOSFET を用いた集積回路の歩留まりを低下させる要因となっている．

図 3.61 はソース（ドレインでもよい）近傍での電荷分布を図示したものである．

チャネル領域では空乏層中のアクセプタイオンはすべてゲート中の正電荷と対になっている．このゲート電極の正電荷は酸化膜と基板界面のポテンシャルを曲げるために貢献する．

一方，ソース近傍では空乏層中のアクセプタイオンがすべてゲート電極中の正電荷と対になっているわけではない．一部のイオンはゲート電極の正電荷と，そして残りのアクセプタイオンはソース近傍のドナーイオンと対になって電気力線を受け持っている．このうちゲート電極の正電荷と対になっているアクセプタイオンだけがシリコン基板界面近傍のポテンシャルの曲がりに貢献している．

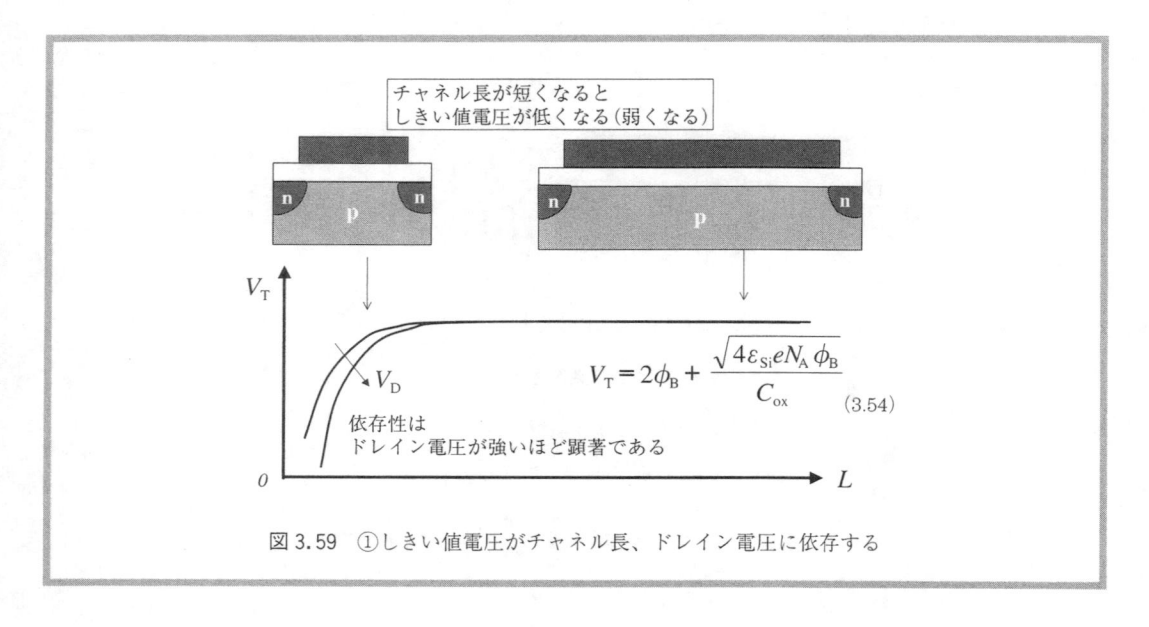

$$V_T = 2\phi_B + \frac{\sqrt{4\varepsilon_{Si}eN_A\phi_B}}{C_{ox}} \quad (3.54)$$

図 3.59 ①しきい値電圧がチャネル長、ドレイン電圧に依存する

3.6 短チャネル効果

このようなソース・ドレイン近傍での電荷分担率を考慮すると，短チャネル MOSFET のしきい値電圧は式（3.55）のように導かれる．ここで，f は短チャネル効果の程度を表す指標であり，式（3.56）で与えられる．チャネル長が十分長いときには f はほぼ 1 であり，長チャネル MOSFET のしきい値の式（3.54）に一致する．

式（3.55）から理解できるように短チャネル MOSFET に特徴的なしきい値の減少は，酸化膜を薄く（C_{ox} を大きく）して抑制することができる．図 3.62 はこの仕組みを模式的に示したものである．

酸化膜を薄くすると酸化膜・基板界面に垂直な方向の電界が強くなり，ゲート電極から伸びる

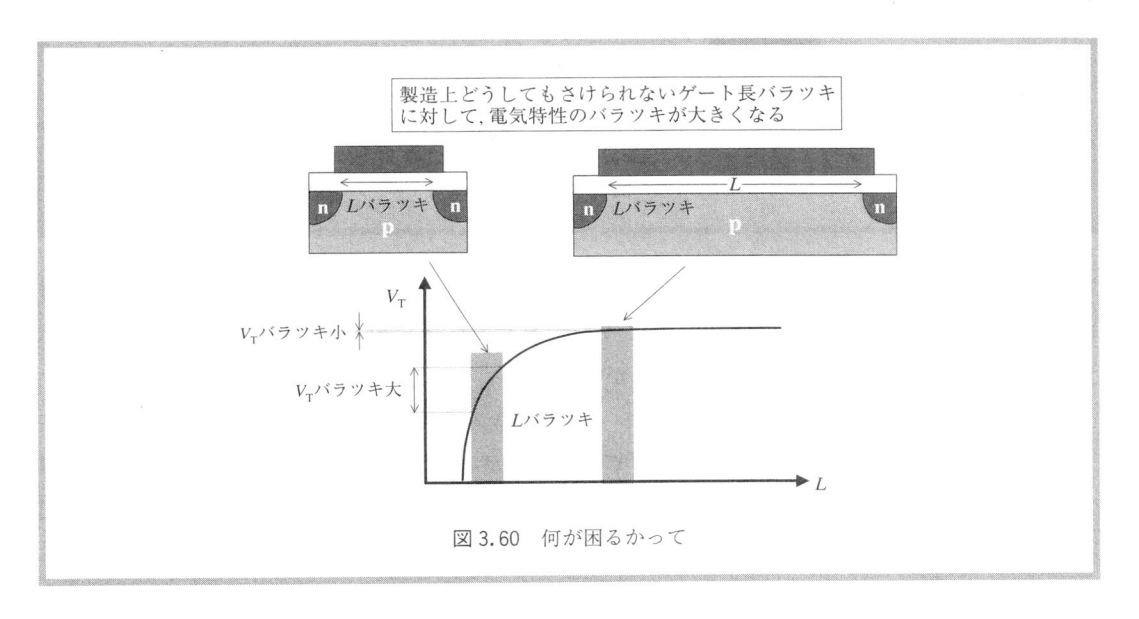

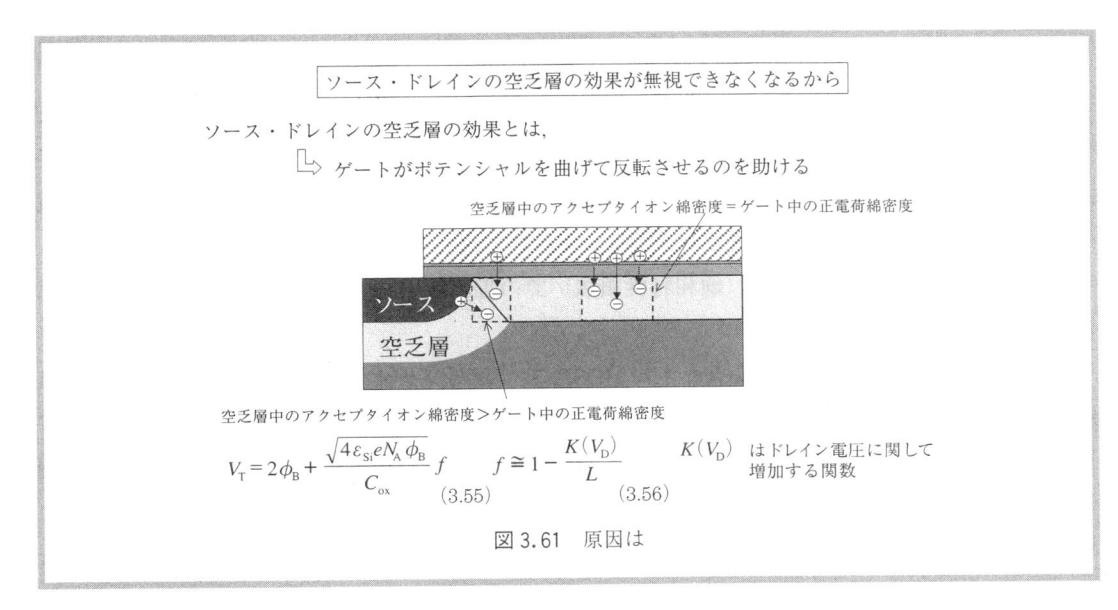

製造上どうしてもさけられないゲート長バラツキに対して，電気特性のバラツキが大きくなる

図 3.60 何が困るかって

ソース・ドレインの空乏層の効果が無視できなくなるから

ソース・ドレインの空乏層の効果とは，
↳ ゲートがポテンシャルを曲げて反転させるのを助ける

空乏層中のアクセプタイオン綿密度＝ゲート中の正電荷綿密度

空乏層中のアクセプタイオン綿密度＞ゲート中の正電荷綿密度

$$V_T = 2\phi_B + \frac{\sqrt{4\varepsilon_S e N_A \phi_B}}{C_{ox}} f \quad (3.55) \qquad f \cong 1 - \frac{K(V_D)}{L} \quad (3.56)$$

$K(V_D)$ はドレイン電圧に関して増加する関数

図 3.61 原因は

図 3.62　対策

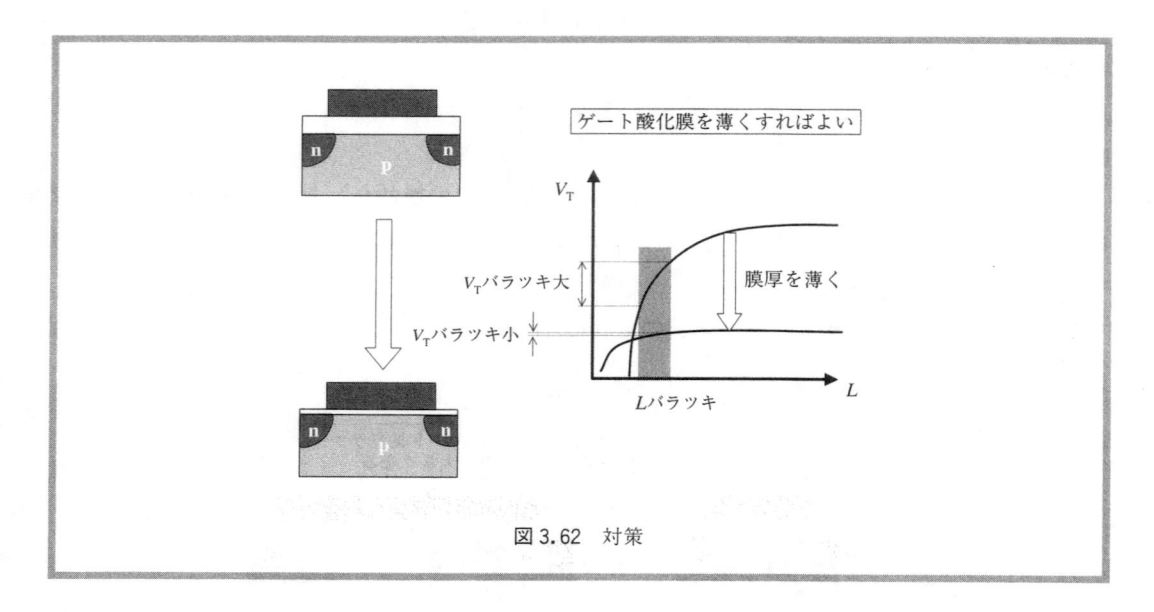

電気力線の密度が増加する．このため，より多くのアクセプタイオンがゲート電極の正電荷と対になり，短チャネル効果が抑制される．こうしてチャネル長 L のバラツキによるしきい値のバラツキを実用上問題ない程度に抑えることができる．

2 番目の短チャネル効果は，サブスレッショルド係数の劣化である．

サブスレッショルド係数は弱反転条件下での電流量が 1 桁増加するのに要するゲート電圧の増分であり，図 3.63 の対数プロットの勾配として与えられる．長チャネル MOSFET ではこの勾配はチャネル長に依存しないが，短チャネル MOSFET では図 3.63 のようにチャネル長が短くなるにつれて勾配が緩くなる．これはディジタル・スイッチとして用いた MOSFET のオン・オフの切れが悪くなることを意味している．

この原因は，短チャネル MOSFET のドレイン電圧がソース近傍のポテンシャルにまで影響することにある．逆に，ドレインの空乏層とソースの空乏層が分離している長チャネル MOSFET では，ドレイン電圧を印加してもソース近傍の"土手"の形状は変化しない．しかしチャネル長が短いと，ドレイン電圧を印加するとソース端での土手が低くなり，チャネル領域に流れ込む電子密度が大きくなる．これがサブスレッショルド特性の劣化を招くのである．

短チャネル効果は強反転条件（飽和特性領域）での電流電圧特性にも見られる．図 3.64 はこの様子を模式的に示している．

3.3.4 項で説明したように，長チャネル MOSFET ではピンチオフが起こるとドレイン電流は飽和する．一方，短チャネル MOSFET は飽和特性領域でもドレイン電流は飽和することなくドレイン電圧とともに漸増する．また，長チャネル MOSFET の飽和電流は (V_G-V_T) の 2 乗に比例して増えるのに対し，短チャネル MOSFET では (V_G-V_T) にほぼ比例する傾向が認められる．このような飽和特性領域での電流電圧特性の違いは，様々な要因が複合的に絡み合った結果である．

ドレイン電流が飽和しない理由の 1 つは，しきい値電圧がドレイン電圧とともに減少すること

図 3.63 ②サブスレッショルド係数が劣化する

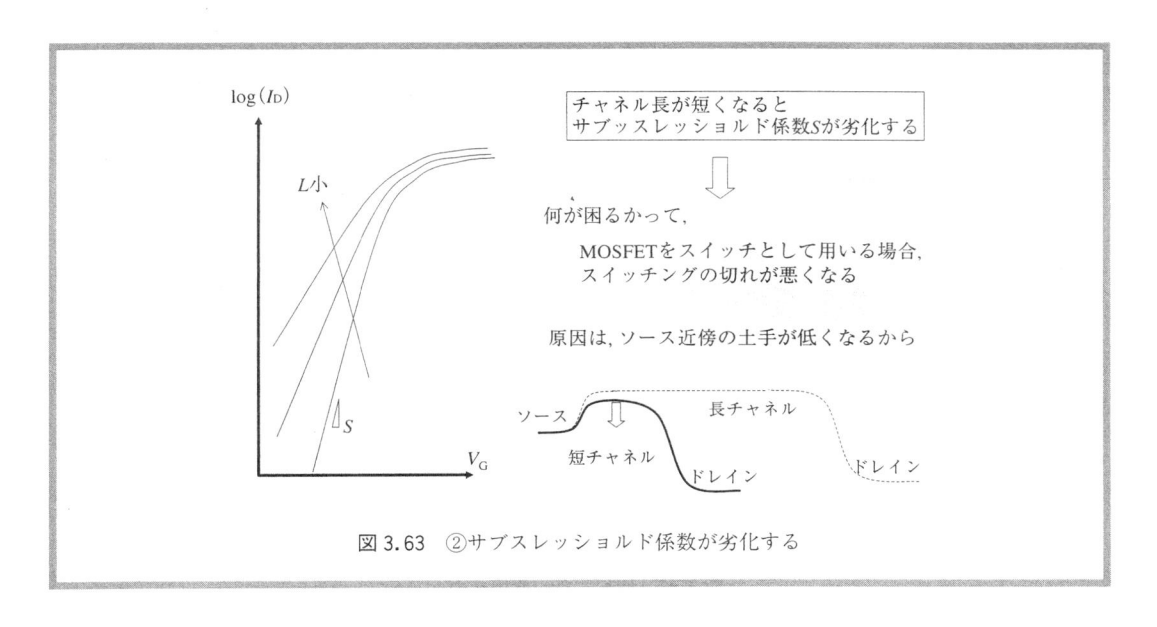

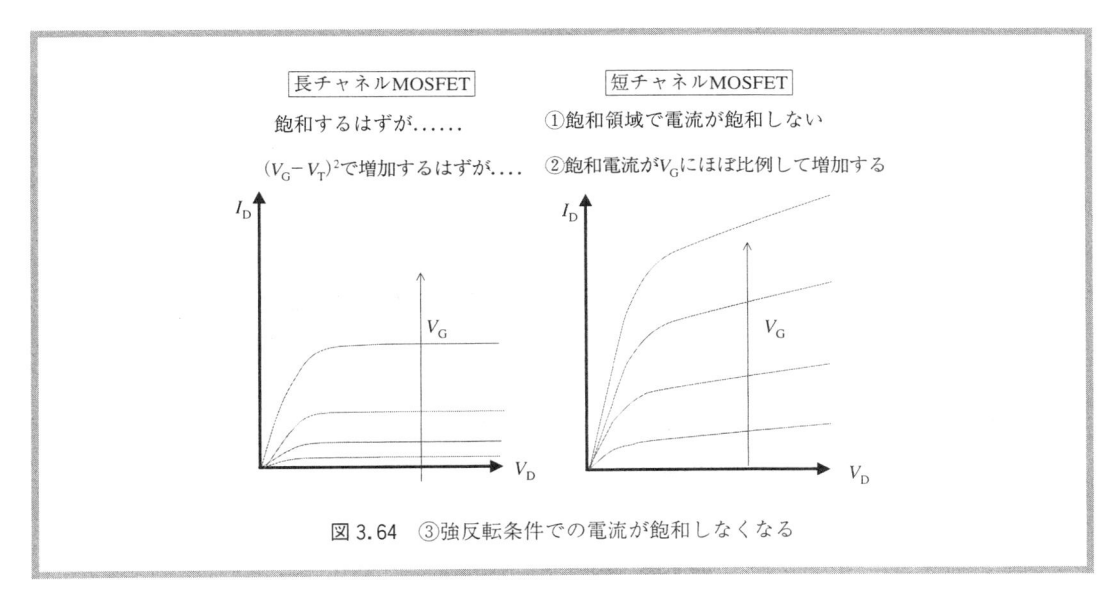

図 3.64 ③強反転条件での電流が飽和しなくなる

である．図 3.65 中の式（3.57）によって与えられる反転電子密度 n_{inv} は，しきい値電圧 V_T の減少とともに増加し，それに比例して飽和電流も増加する．

　ドレイン電流が飽和しないもう 1 つの理由は，ピンチオフ点がドレインから離れることによって実効的にチャネル長が短くなるためである（図 3.66）．3.5.1 項においてチャネル長変調効果について述べたが，この効果はチャネル長が短くなるほどより顕著に現れる．

　短チャネル MOSFET で飽和電流が $(V_\mathrm{G}-V_\mathrm{T})$ にほぼ比例する理由は，図 3.67 に示されているように，チャネル内の横方向（ソースからドレインに向かう方向）電界が高くなってドリフト速度が飽和することによる．最先端の微細 MOSFET ではソース・ドレイン間のチャネル横方向電

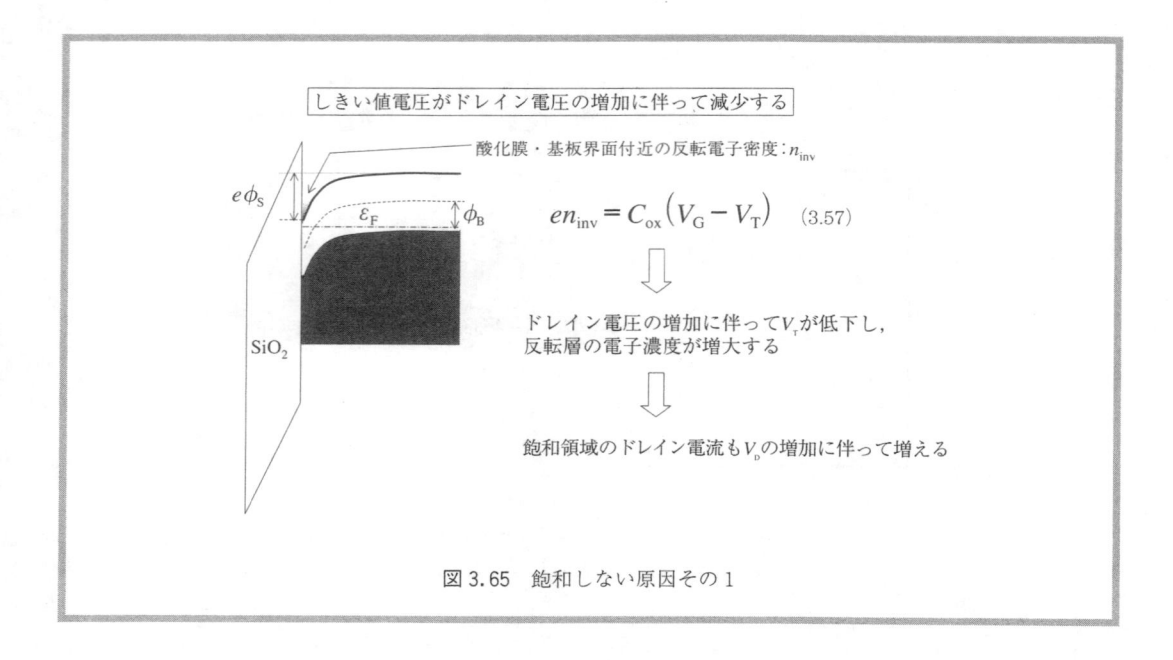

図 3.65 飽和しない原因その1

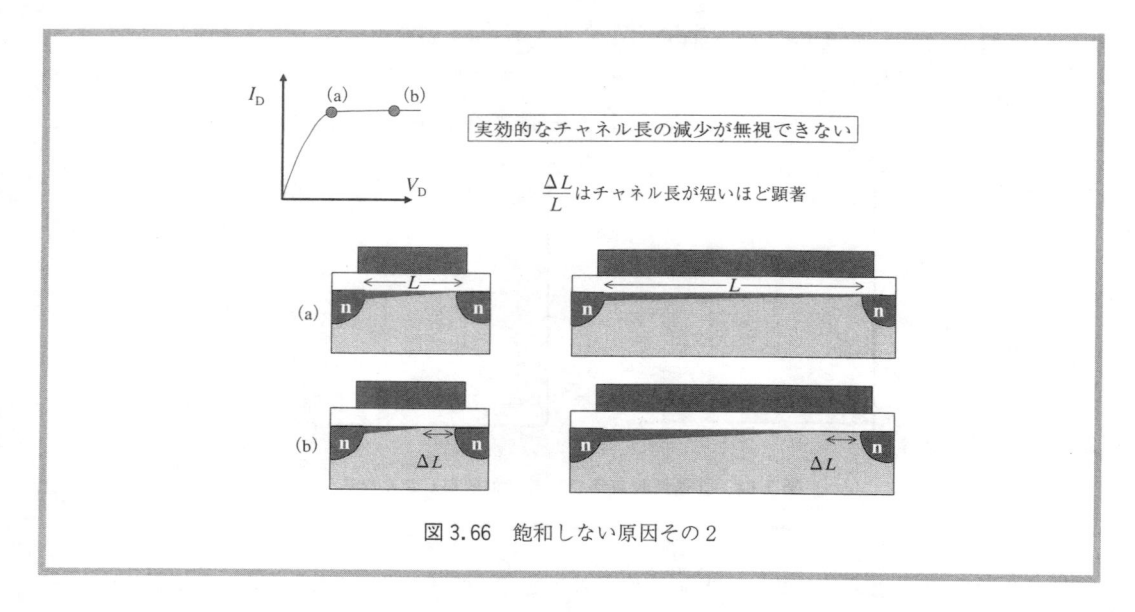

しきい値電圧がドレイン電圧の増加に伴って減少する

酸化膜・基板界面付近の反転電子密度：n_{inv}

$$en_{\text{inv}} = C_{\text{ox}}(V_G - V_T) \quad (3.57)$$

⇩

ドレイン電圧の増加に伴ってV_Tが低下し，反転層の電子濃度が増大する

⇩

飽和領域のドレイン電流もV_Dの増加に伴って増える

図 3.66 飽和しない原因その2

実効的なチャネル長の減少が無視できない

$\dfrac{\Delta L}{L}$ はチャネル長が短いほど顕著

界は平均$10^5\,\text{V/cm}$にも達しており，このような高電界では電子のドリフト速度は電界によらず，一定の飽和速度（$\sim 10^7\,\text{cm/s}$）で走行する．チャネル横方向電界と電子のドリフト速度との関係は式（3.58）によって近似することができる．E_sは電子のドリフト速度が飽和する「臨界電界」で，図3.67から，臨界電界は$10^5 \sim 10^6\,\text{V/cm}$程度であることがわかる．

短チャネルMOSFETではチャネルのドレイン近傍でドリフト速度の飽和が起こる．このため長チャネルMOSFETよりも低いドレイン電圧でソース・ドレイン電流は飽和し始める．このときの飽和ドレイン電流I_Dは図3.68中の式（3.59）で与えられる．ただしv_sは飽和ドリフト速度

3.6 短チャネル効果

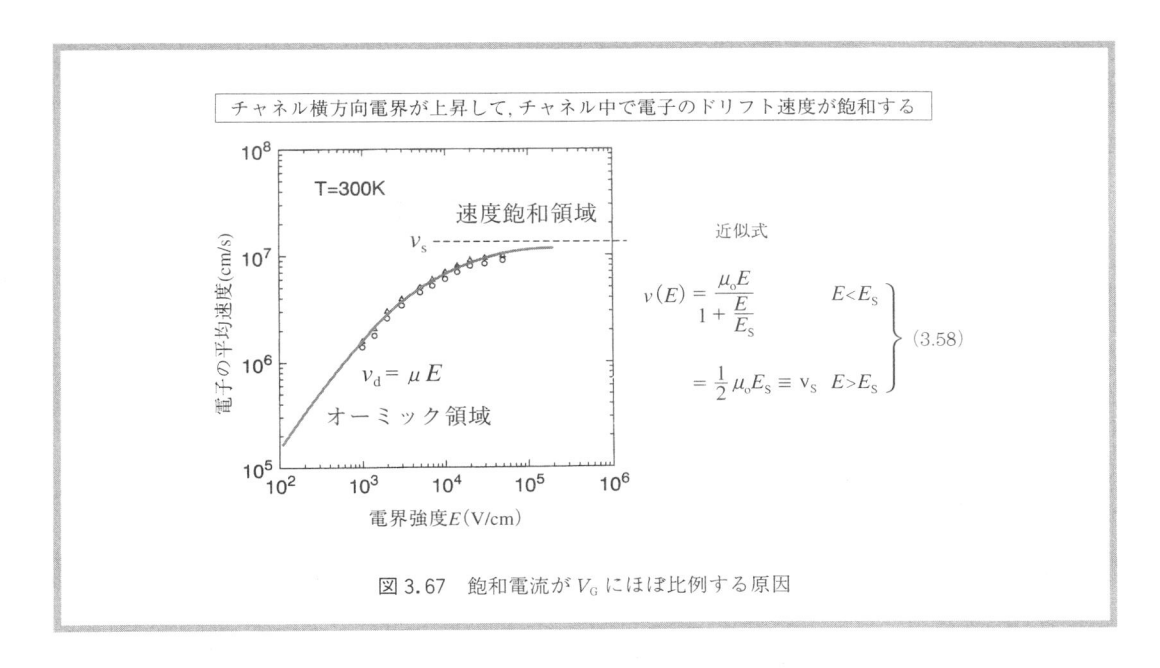

チャネル横方向電界が上昇して，チャネル中で電子のドリフト速度が飽和する

近似式

$$v(E) = \frac{\mu_o E}{1 + \dfrac{E}{E_S}} \qquad E < E_S$$

$$= \frac{1}{2}\mu_o E_S \equiv v_S \qquad E > E_S \qquad (3.58)$$

図 3.67　飽和電流が V_G にほぼ比例する原因

$$I_D = v_S W C_{ox}(V_G - V_T - \tfrac{1}{2}V_{D,sat}) \qquad (3.59)$$

$$V_{D,sat} = \frac{E_S L(V_G - V_T)}{E_S L + (V_G - V_T)} \qquad (3.60)$$

$$I_D = v_S W C_{ox}\left(V_G - V_T - \frac{1}{2}\frac{E_S L(V_G - V_T)}{E_S L + (V_G - V_T)}\right) \propto V_G - V_T \qquad (3.61)$$

チャネル長が短いと，I_D はゲート電圧にほぼ比例する

図 3.68　ドリフト速度飽和を考慮したドレイン電流

である．

　ここで式 (3.60) によって与えられる飽和ドレイン電圧 $V_{D,sat}$ を用いると，飽和ドレイン電流は式 (3.61) で与えられる．チャネル長が短いと分母の $E_S L$ が $(V_G - V_T)$ に比べて省略できるので，I_D は $V_G - V_T$ に比例する短チャネル MOSFET 特有の特性が得られる．

　最後に紹介する短チャネル効果は「パンチスルー」現象である．

　ソースとドレインが接近していると，双方から伸びる空乏層がソース・ドレイン間のポテンシャル（基板内部）の土手を押し下げる効果があり，ゲート電圧を印加しなくてもドレイン電圧を

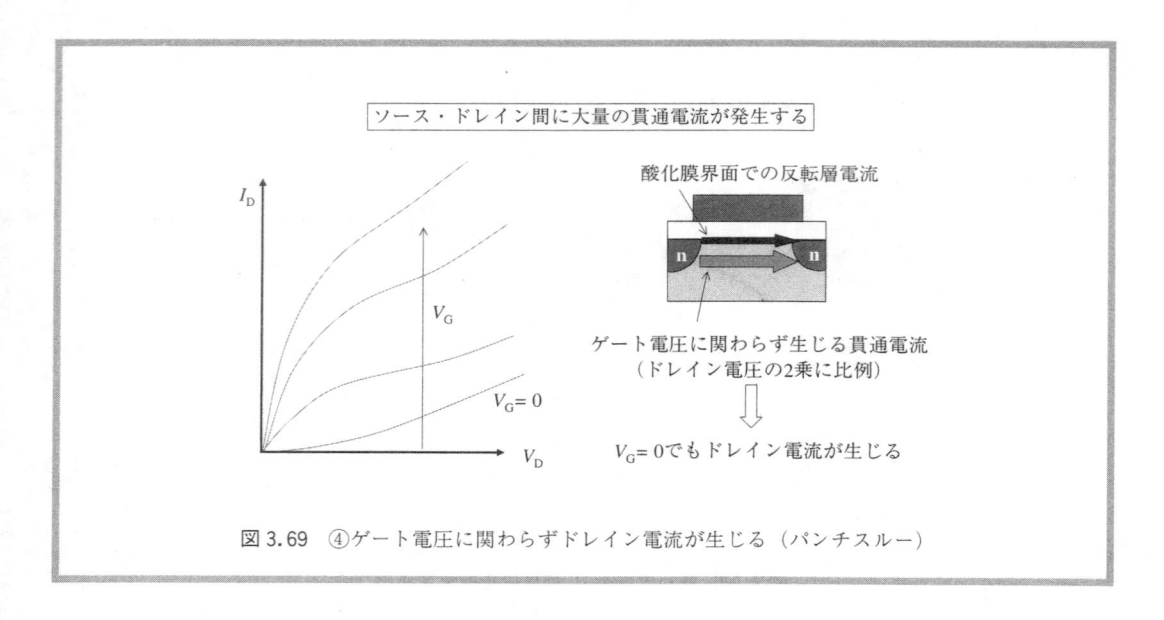

図3.69 ④ゲート電圧に関わらずドレイン電流が生じる（パンチスルー）

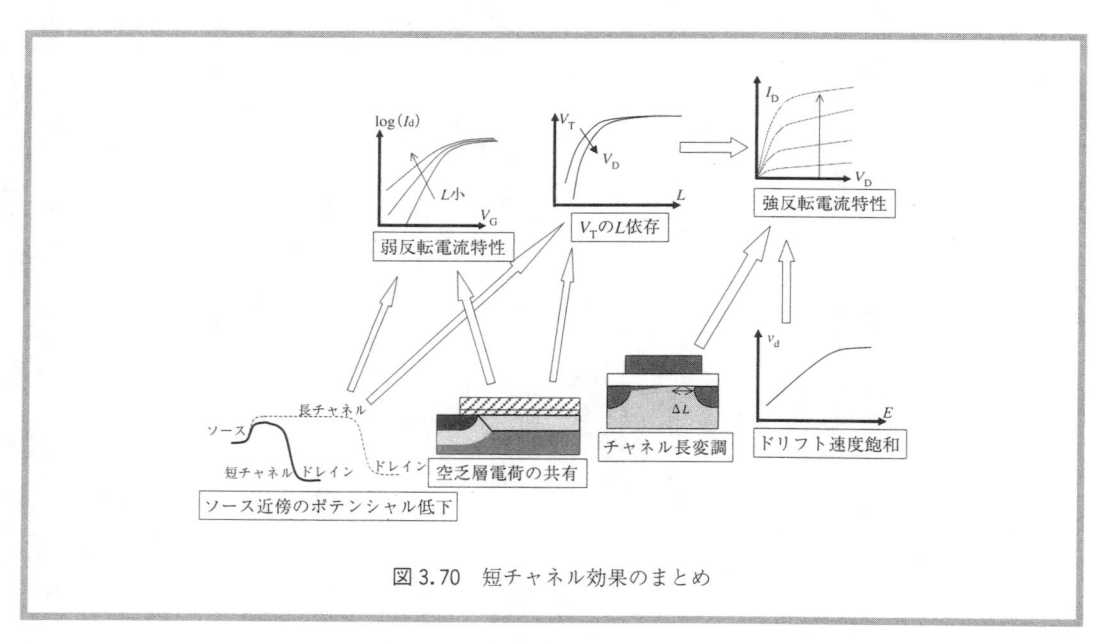

図3.70 短チャネル効果のまとめ

印加するだけでソース・ドレイン間の土手を乗り越えた電子による貫通電流が流れる．この貫通電流はドレイン電圧の2乗に比例する．ゲート電圧を印加するとこれに加えて反転電流が流れるため，MOSFETの電流電圧特性はこれらの電流の和として図3.69の左図のようになる．

図3.69はパンチスルーの生じているMOSFETの電流電圧特性を示したものである．ゲート電圧を印加しなくてもドレイン電圧の2乗の依存性を持つ電流が発生していることが認められる．

最後に短チャネル効果の原因と結果の関係をまとめて図3.70に示しておく．

演習問題

MOSFET に関する下記の問題について解答せよ．

3.1 一辺 $10\,\mu\mathrm{m}$ の正方形をした MOSFET のゲート酸化膜の容量を求めよ．酸化膜厚は $5\,\mathrm{nm}$ とする．

3.2 上記の n チャネル MOSFET のしきい値 V_T が $0.5\,\mathrm{V}$ であるとき，この MOSFET のゲート電極に $1.5\,\mathrm{V}$ を印加すると反転電子密度（単位：個/cm²）はいくらになるか．

3.3 上記の MOSFET のドレインに $0.05\,\mathrm{V}$ を印加したときのドレイン電流（線形特性領域）を求めよ．ただし，電子の移動度 μ を $300\,\mathrm{cm^2/V\,sec}$ とする．

3.4 上記の MOSFET は線形領域で動作しているので抵抗体とみなすことができる．この MOSFET の抵抗値を求めよ．

3.5 シリコン基板中のアクセプタ濃度 N_A を $3\times10^{16}\,\mathrm{cm^{-3}}$ とする．チャネル反転層下の空乏層幅 d を求めよ．ただし，表面反転電位 $2\phi_\mathrm{B}$ は $0.8\,\mathrm{V}$ とする．

3.6 上記の空乏層幅を用いて単位面積当たりの空乏層容量 $C_\mathrm{D}(=\varepsilon_\mathrm{Si}/d)$ を求めよ．

3.7 弱反転領域でも上記の空乏層容量が成り立つとすれば，ゲート電圧 V_G を $0.1\,\mathrm{V}$ 下げたときのドレイン電流 I_D はどの程度の割合で減少するのか．この計算に際して室温での $k_\mathrm{B}T/e=0.025\,\mathrm{V}$ とせよ．

3.8 上記の MOSFET の基板に $V_\mathrm{sub}=-1\,\mathrm{V}$ を印加すると，MOSFET のしきい値電圧は少し高くなる．このしきい値の変化量を求めよ．

3.9 上記の MOSFET のドレイン電極に $3\,\mathrm{V}$ を印加すると，ドレイン拡散層から基板側に伸びる空乏層幅を計算せよ．ドレインのドナー濃度 N_D は $1\times10^{20}\,\mathrm{cm^{-3}}$ とする．

3.10 電子の飽和速度が $1\times10^7\,\mathrm{cm/sec}$ であるとき，チャネル幅 $W=1\,\mu\mathrm{m}$，酸化膜厚 $5\,\mathrm{nm}$ の極短チャネル n-MOSFET のゲート電極に $1.5\,\mathrm{V}$ の電圧を印加したときの最大ドレイン電流を計算せよ．ただし，しきい値電圧は $0.5\,\mathrm{V}$ とする．

上記の計算に際して下記の物理パラメータを利用せよ．

酸化膜の誘電率　　$\varepsilon_\mathrm{SiO2}=3.9\times8.854\times10^{-14}\,\mathrm{F/cm}$,
シリコンの誘電率　$\varepsilon_\mathrm{Si}=11.7\times8.854\times10^{-14}\,\mathrm{F/cm}$,
電子の素電荷　　　$e=1.6\times10^{-19}\,\mathrm{C}$
真性キャリア濃度　$n_\mathrm{i}=10^{10}\,\mathrm{cm^{-3}}$ を用いる．

4 バイポーラ素子

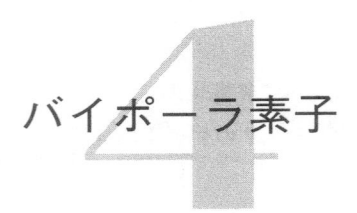

本章では，半導体素子のなかで MOSFET と双璧をなすバイポーラ素子の動作原理について解説する．

4.1 バイポーラ素子とは？

「バイポーラ」とは日本語では「両極性」と訳され"電子・正孔の両方が電流の担い手となる"という意味である．

1947 年に点接触型のバイポーラ素子がベル研究所で発明されて以来，バイポーラトランジスタがエレクトロニクス産業を牽引するエンジンとしての役割を演じてきた．最近の集積回路では，バイポーラ素子の機能は MOSFET で代用される場合が多いが，バイポーラ素子の個別半導体素子としての利用価値はいまなお高い．

バイポーラ素子の問題点は，
　①MOSFET に比べて消費電力が大きく，
　②微細化の点で MOSFET に劣る，
ことに集約され，バイポーラ素子を高密度に集積化することは難しい．しかし，電流駆動力（素子に流すことのできる電流量）が大きい特長を生かした長距離配線の駆動回路や高速動作を目的

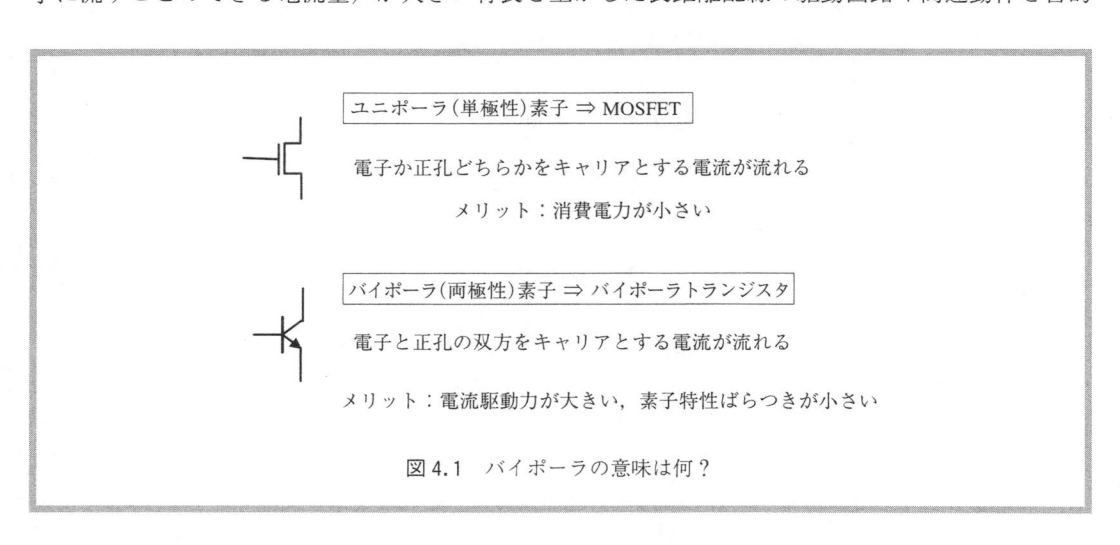

ユニポーラ（単極性）素子 ⇒ MOSFET

電子か正孔どちらかをキャリアとする電流が流れる
　　メリット：消費電力が小さい

バイポーラ（両極性）素子 ⇒ バイポーラトランジスタ

電子と正孔の双方をキャリアとする電流が流れる

メリット：電流駆動力が大きい，素子特性ばらつきが小さい

図 4.1　バイポーラの意味は何？

図4.2 バイポーラトランジスタの種類

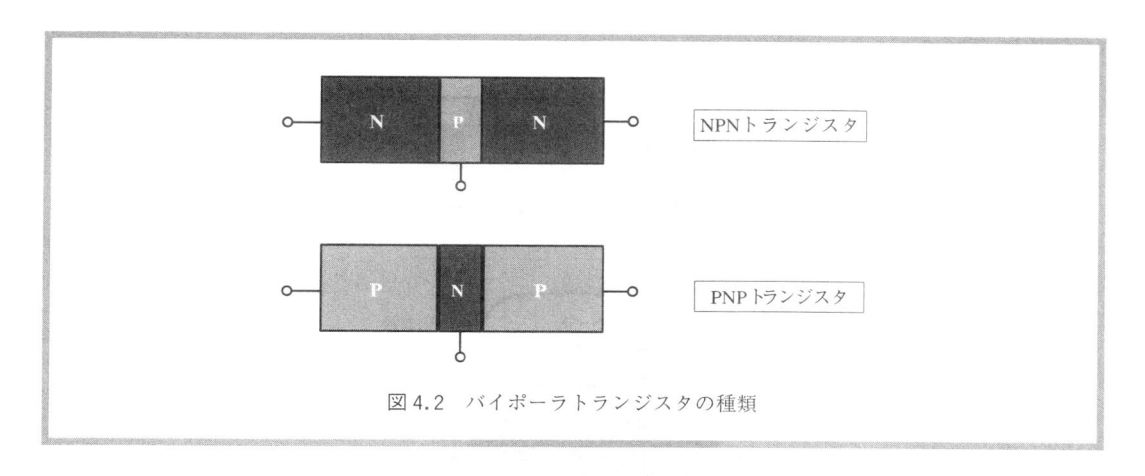

とした集積回路の中で使用されることも多い．このようなバイポーラ素子の高電流駆動性とMOSFETの低消費電力性をうまく組み合わせた回路（BiCMOS回路）は実際の集積回路で盛んに用いられている．

その他，素子特性のばらつきが小さい特長を生かした高精度のアナログ回路などでもバイポーラ素子はよく使用される．

バイポーラトランジスタは，異なる電導型のシリコン領域を図4.2のようにつなぎ合わせた構造をしている．図には単純な1次元構造でバイポーラ素子を表したが，実際の素子は複雑な3次元構造をしているため，電気的特性の詳細な解析に当たっては，素子の3次元構造を考慮した取扱いが必要となる場合もある．

バイポーラトランジスタは，図4.2のようにp型シリコン領域をn型シリコン領域で挟んだ「NPNトランジスタ」（上図）と，逆にn型シリコン領域をp型シリコン領域で挟んだ「PNPトランジスタ」（下図）とに分けられる．電子が主役を演じる前者（NPNバイポーラトランジスタ）は電子移動度の高さを生かした高速回路や高周波回路などで使用される．

4.2 バイポーラトランジスタの動作原理

本節ではNPNトランジスタを例として取り上げ，バイポーラトランジスタの基本的な電気的特性について説明する．

この節で説明する各種の式はキャリア種（電子→正孔）を入れ替えて読み直すことで，PNPトランジスタに対しても同様に適用できる．

4.2.1 バイポーラトランジスタの電流電圧特性

図4.3は基本的なNPNバイポーラ素子の模式図と素子内部におけるポテンシャルの様子を示している．

この図では，バイポーラ素子が「活性領域」で動作するバイアス電圧を印加している．すなわ

図 4.3　バイポーラトランジスタの構造とその内部のポテンシャル

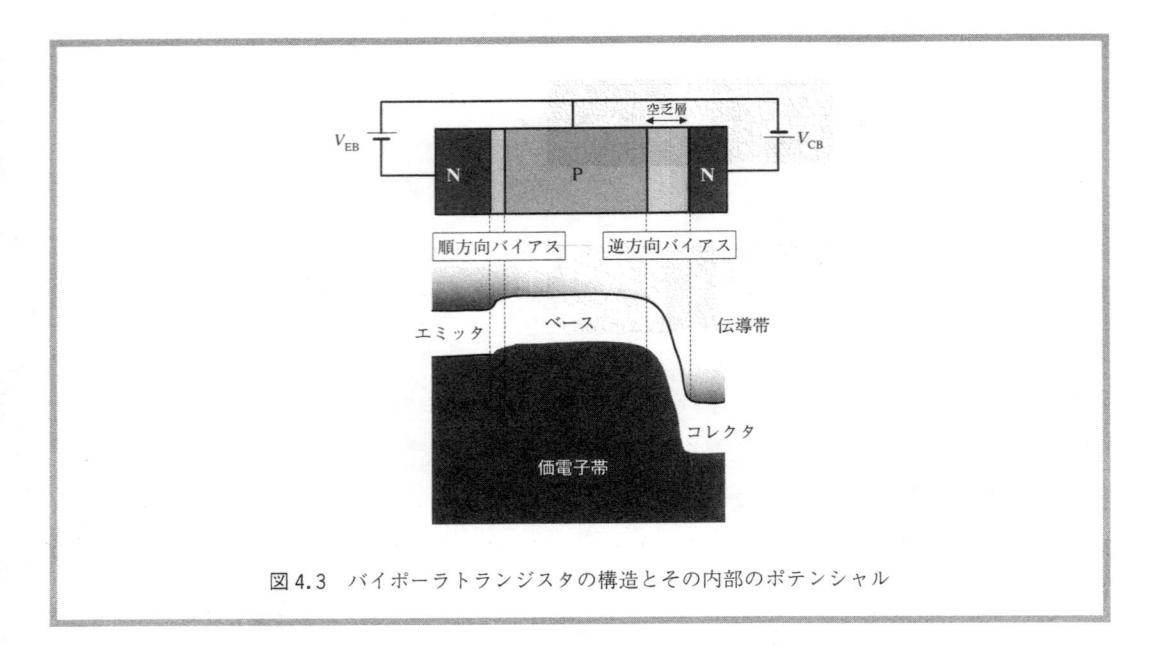

ち，左側の n 型領域は中央の p 型領域に対して負にバイアス（順方向バイアス）され，右側の n 型領域は中央の p 型領域に対して正にバイアス（逆方向バイアス）されている．

電子は順方向にバイアスされた左側の n 型領域から p 型領域に注入され，p 型領域を拡散して右側の n 型領域に収集される．この電子の挙動から想像できるように，左側の n 型領域を「エミッタ（Emitter：放出するもの）」，右側の n 型領域を「コレクタ（Collector：収集するもの）」とよぶ．残りの中央の p 型領域は，エミッタとコレクタを取り付けた「基板」の意味を持つ「ベース」とよばれている．

このポテンシャル図は MOSFET の弱反転層中のチャネルを流れる電子電流の図 3.24 とよく似ていることを思い出してほしい．

図 4.4 は NPN バイポーラトランジスタ中の電流成分（矢印）とキャリア分布を図示したものである．

エミッタから注入された電子はベース中を少数キャリアとして拡散し，コレクタ・ベース接合に収集されてコレクタ電流（大きさ I_{En}）となる．このとき，ベース内で生じる電子と正孔の再結合量はベース幅が狭いバイポーラデバイスでは無視することができる．

一方，ベース内の多数キャリアである正孔は順方向バイアスされたエミッタ・ベース接合を越えてエミッタ内に注入され，エミッタ内を拡散する間に電子と再結合する．この正孔電流（大きさ I_{Ep}）はエミッタ電流の一部となる．

この順方向にバイアスされたエミッタ・ベース pn 接合内では，第 2 章で学んだ電子と正孔の再結合による電流（大きさ I_R）も併せて流れている．

一方，逆バイアスされたベース・コレクタ間の pn 接合部の空乏層中では電子・正孔対が熱的に励起されている．以下では，この熱励起電流を I_G で表す．

$$\begin{cases} \text{エミッタ電流} & I_E = I_{En} + I_{Ep} + I_R \quad (4.1a) \\ \text{ベース電流} & I_B = I_{Ep} + I_R - I_G \quad (4.1b) \\ \text{コレクタ電流} & I_C = I_{En} + I_G \quad (4.1c) \end{cases} \qquad I_E + I_B + I_C = 0 \quad (4.2)$$

図 4.4 バイポーラトランジスタを流れる電流①

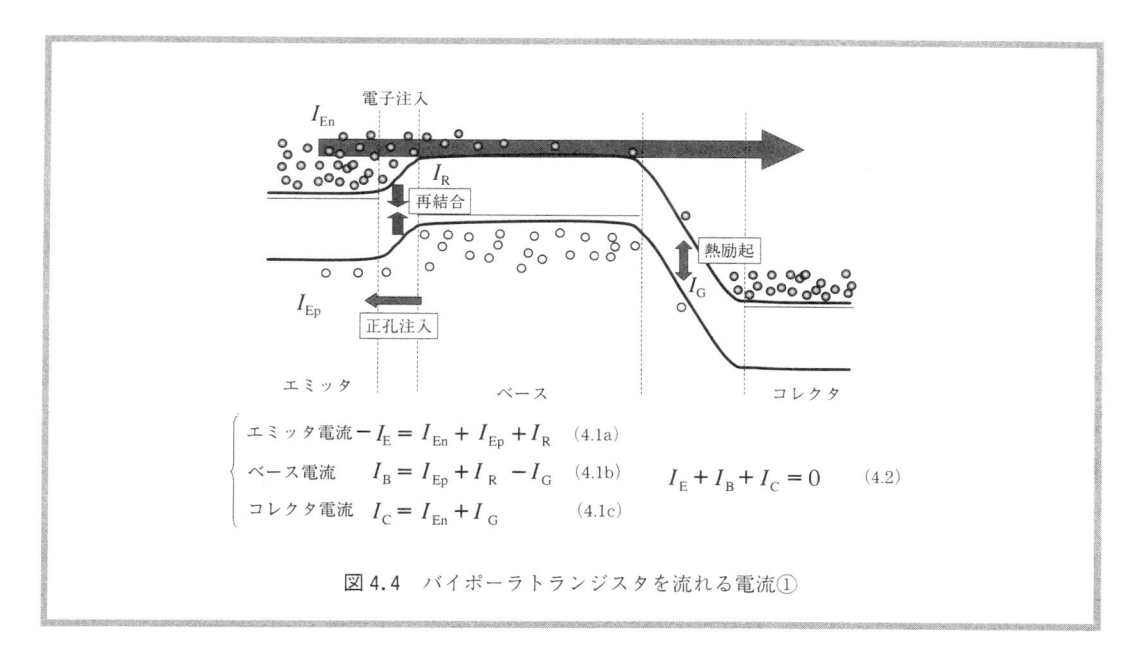

図 4.4 からわかるように，エミッタ，ベース，およびコレクタ電流は式 (4.1) によって表される．さらにこれらの電流の間には式 (4.2) が成立する．

NPN トランジスタが活性領域で動作するように電圧を印加すると，エミッタの多数キャリアである電子がベース領域に注入され，ベース領域中の電子濃度分布は図 4.5(b) のようになる．ここで，エミッタ・ベース間に加えた順方向バイアス電圧を V_{EB} とすれば，ベースのエミッタ側の電子濃度は式 (4.3) で表される．n_B は熱平衡状態（外部からバイアス電圧を印加していない

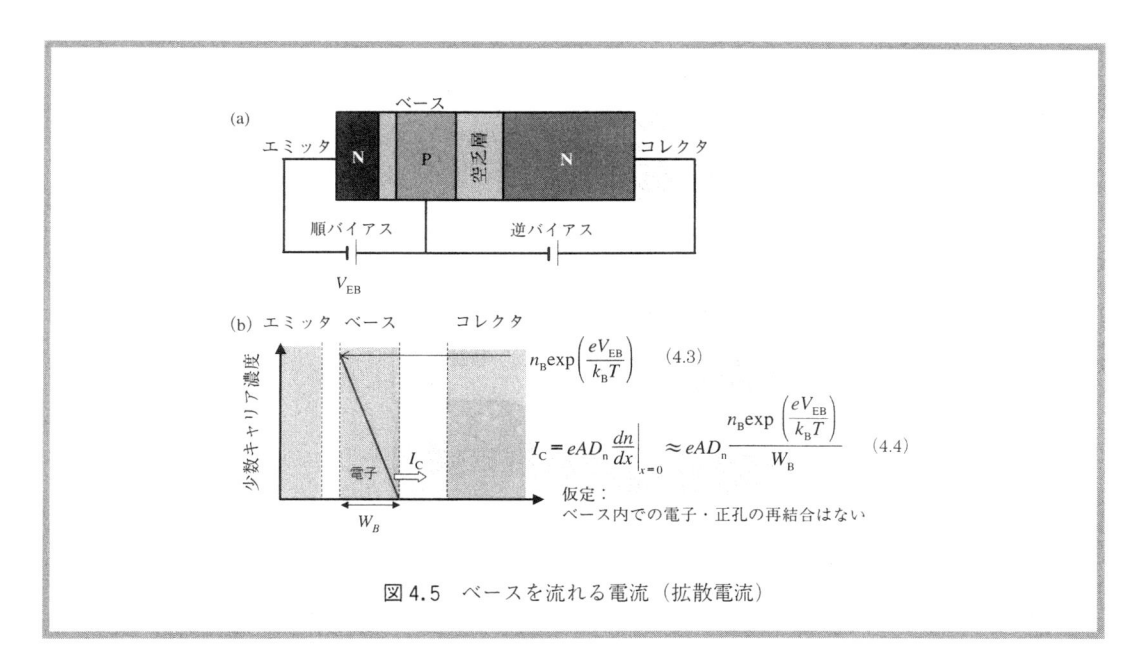

$$n_B \exp\left(\frac{eV_{EB}}{k_B T}\right) \quad (4.3)$$

$$I_C = eAD_n \left.\frac{dn}{dx}\right|_{x=0} \approx eAD_n \frac{n_B \exp\left(\frac{eV_{EB}}{k_B T}\right)}{W_B} \quad (4.4)$$

仮定：ベース内での電子・正孔の再結合はない

図 4.5 ベースを流れる電流（拡散電流）

状態）でのベース中の電子濃度である．一方，ベース領域中の右端（コレクタ側）の電子濃度は，コレクタ・ベース間が逆バイアス電圧 V_{CB} されていることから，無視できるほどの小さな値となる．

ベース領域に注入された電子（少数キャリア）は p 型（ベース領域）中の正孔（多数キャリア）とほとんど再結合しないので，ベース領域中の電子の濃度勾配は $n_B \exp(eV_{EB}/k_BT)/W_B$ で表される．ここで W_B はベース領域の幅である．以上のことから，ベース領域を拡散して流れる電子電流は，濃度勾配と断面積 A，拡散係数 D_n を用いて，式（4.4）のように表される．

次にベース領域からエミッタ領域に流れ込んだ正孔がどのように消滅してゆくかについて考えてみよう．図 4.6(a) は NPN バイポーラ素子のエミッタ・ベース領域における電子電流と正孔電流の大きさと方向を矢印で表している．ベース領域の正孔は図 4.6(b) に示すエミッタ・ベース間障壁の下を通り越してエミッタ側に流れ込み，そこでエミッタ中の伝導電子（多数キャリア）と再結合する．このため，エミッタ・ベース接合から離れるにしたがって正孔濃度が低下する．さらに金属・半導体（エミッタ）界面にまで達した正孔はそこで金属中の無数の電子と瞬時に再結合する．この場合，金属・シリコン界面（「正孔の墓場」）における正孔濃度は零とみなせるので，エミッタ層が薄い最新のバイポーラトランジスタではエミッタ内の正孔の濃度分布はほぼ直線で近似できる．

図 4.7 は NPN バイポーラトランジスタ内部の少数キャリア（ベース領域の電子とエミッタ領域の正孔）の分布を図示したものである．電子電流についてはすでに式（4.4）で説明したので，ここでは正孔電流に焦点を当てて説明する．

ベースからエミッタに注入された正孔は，エミッタ内に拡散していく過程で電子と再結合して消滅しつつ，その大半はエミッタ層と金属電極との界面にまで達し，そこで消滅する．エミッタ

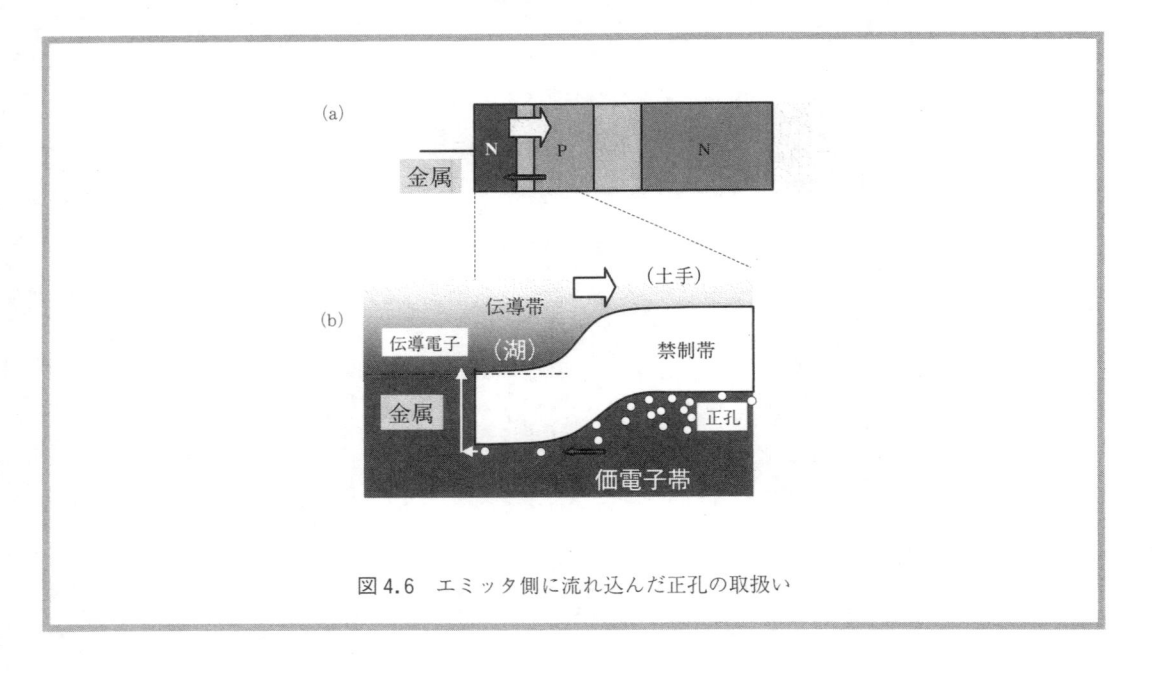

図 4.6　エミッタ側に流れ込んだ正孔の取扱い

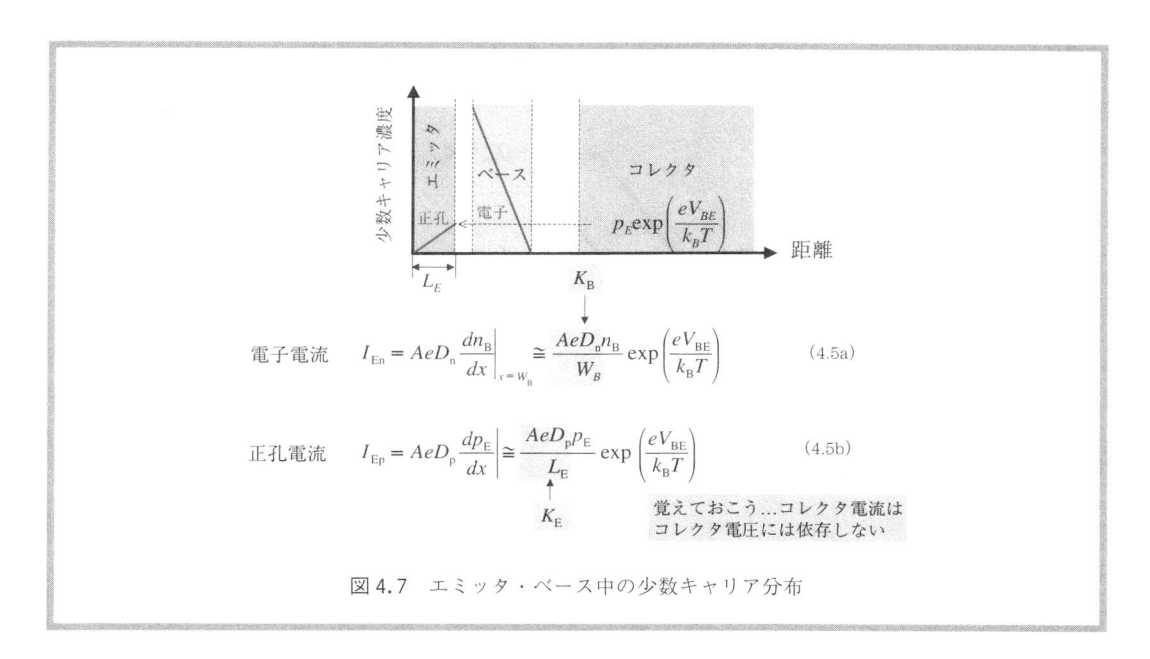

4.2 バイポーラトランジスタの動作原理

図 4.7 エミッタ・ベース中の少数キャリア分布

電子電流　$I_{En} = AeD_n \dfrac{dn_B}{dx}\bigg|_{x=W_B} \cong \dfrac{AeD_n n_B}{W_B} \exp\left(\dfrac{eV_{BE}}{k_B T}\right)$　　(4.5a)

正孔電流　$I_{Ep} = AeD_p \dfrac{dp_E}{dx}\bigg| \cong \dfrac{AeD_p p_E}{L_E} \exp\left(\dfrac{eV_{BE}}{k_B T}\right)$　　(4.5b)

覚えておこう…コレクタ電流はコレクタ電圧には依存しない

層が薄いバイポーラトランジスタでは，エミッタ層に注入された正孔の濃度は直線で近似できる．正孔の濃度勾配から正孔電流成分を求めると式 (4.5b) が得られる．ここで，L_E はエミッタ層の厚さ，A はバイポーラトランジスタの断面積である．これ以降，式を簡略標記するため，式 (4.5) の K_B，K_E を用いて電子電流と正孔電流を表す．

図 4.8 は式 (4.5a) と式 (4.5b) と，第 2 章で詳しく説明した再結合電流 I_R の順方向バイアス V_{EB} 依存性を図示したものである．

エミッタ・ベース間の pn 接合部を通過する電子電流 I_{En} と正孔電流 I_{Ep} は，キャリア濃度がボ

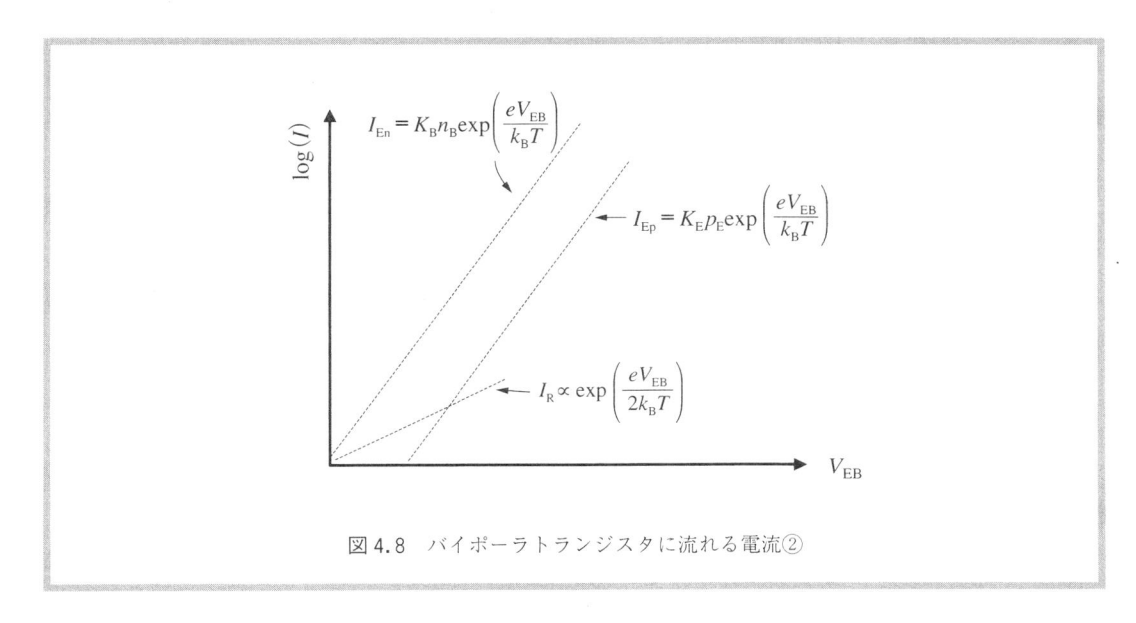

図 4.8 バイポーラトランジスタに流れる電流②

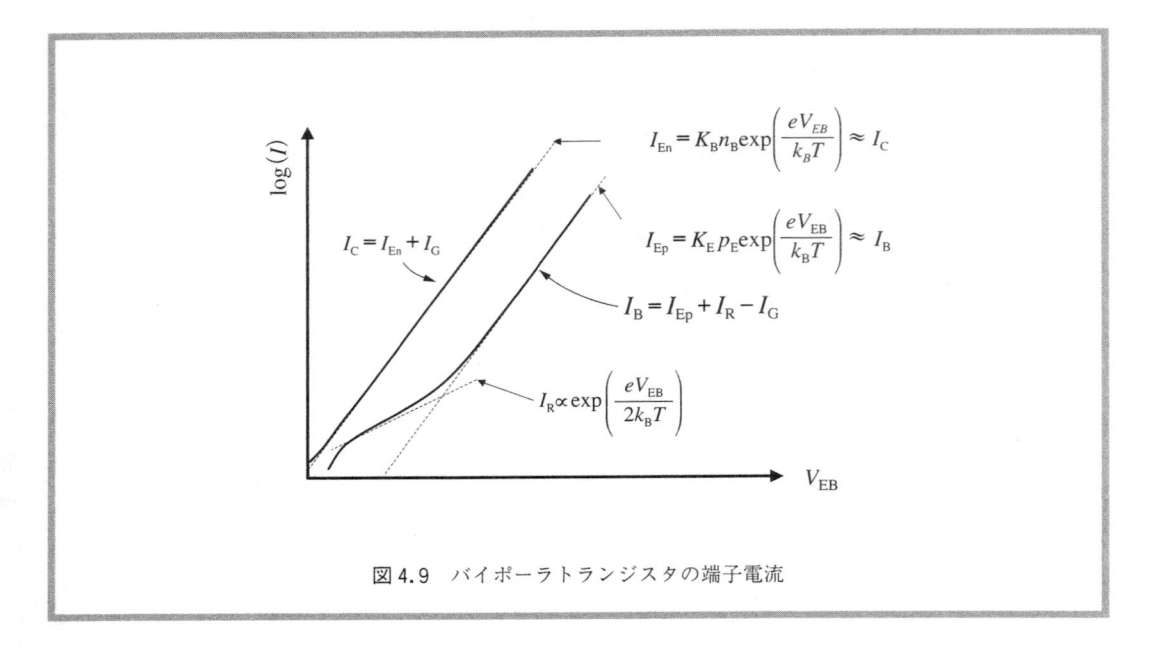

$$I_{En} = K_B n_B \exp\left(\frac{eV_{EB}}{k_B T}\right) \approx I_C$$

$$I_C = I_{En} + I_G$$

$$I_{Ep} = K_E p_E \exp\left(\frac{eV_{EB}}{k_B T}\right) \approx I_B$$

$$I_B = I_{Ep} + I_R - I_G$$

$$I_R \propto \exp\left(\frac{eV_{EB}}{2k_B T}\right)$$

図 4.9 バイポーラトランジスタの端子電流

ルツマン分布に従うことを反映して $eV_{EB}/k_B T$ の指数関数となる．また，第 2 章で説明したように順方向バイアス pn 接合の再結合電流 I_R も V_{BE} の指数関数で表されるが，I_{En} や I_{Ep} の指数関数内の係数 $(eV_{EB}/k_B T)$ の半分 $(eV_{EB}/2k_B T)$ である．次にバイポーラデバイスの各端子に流れる電流を計算してみよう．

エミッタからベースに注入された電子電流 I_{En} はベース内部で正孔とほとんど再結合せずコレクタ接合に流れ込む．このため，コレクタ電流 I_C はエミッタ・ベース間の電子電流 I_{En} とベース・コレクタ間の pn 接合部での熱励起電流 I_G の和として表される．なお，逆バイアスされたベース・コレクタ pn 接合部で発生する熱励起電流 I_G は I_R や I_{En}, I_{Ep} に比べて十分小さい．

ベース電流 I_B は式（4.1b）に示すようにエミッタ・ベース pn 接合部での正孔電流 $I_{Ep} + I_R$（再結合電流）$-I_G$（熱励起電流）で与えられる．エミッタ電流は $I_E = I_C + I_B$ より，$I_E = I_{En} + I_{Ep} + I_R$ となる．

図 4.9 からわかるように，再結合電流 I_R は低い V_{EB} 領域でのみ拡散電流を上回るものの，ある程度高い V_{EB}（実際の回路動作で用いる電圧）ではほとんど無視できる．

このため，次節以降で取り扱うバイポーラトランジスタの特性解析においては熱励起・再結合 (I_G, I_R) を無視する．

4.2.2 バイポーラトランジスタの特性パラメータ

この節ではバイポーラトランジスタの特性を特徴づける各種の物理パラメータを導入し，その概念を理解する．

まず，エミッタからベースに注入されたキャリアがコレクタに収集される効率を「ベース輸送効率 B」とよび，式（4.6）で定義する．

4.2 バイポーラトランジスタの動作原理

ベース輸送効率

$$B = \frac{I_{Cn}}{I_{En}} \quad (4.6) \implies B \cong 1$$

理想的バイポーラトランジスタ
活性領域で動作

エミッタからベースに注入されたキャリアが無事コレクタに収集される効率

図 4.10 ベース輸送効率

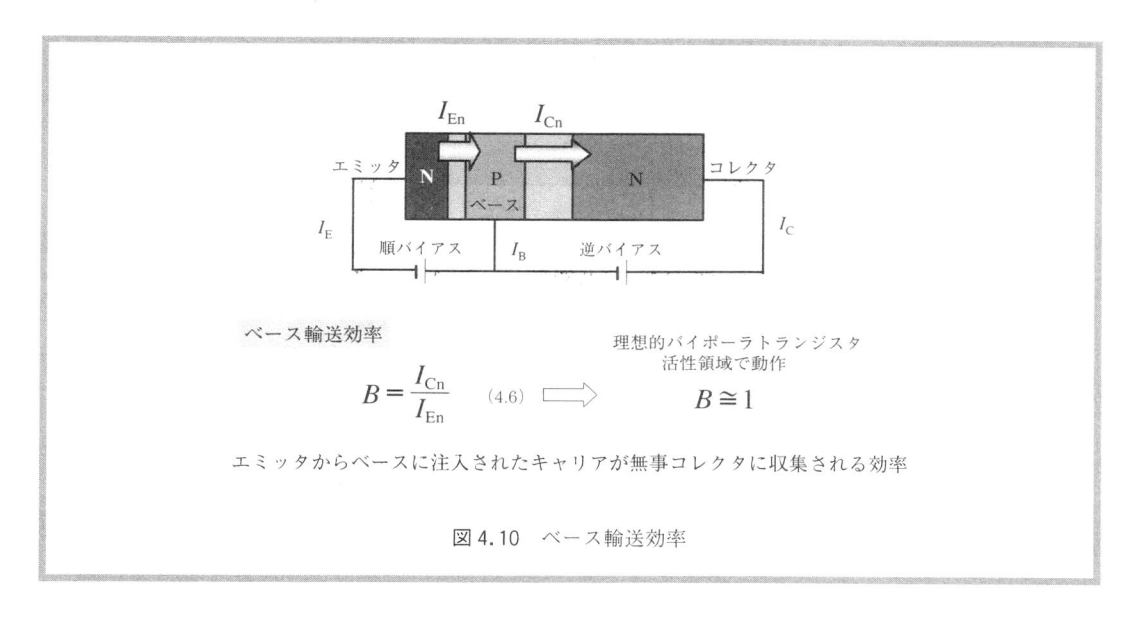

このベース輸送効率 B の値が 1 よりもやや小さな値となる理由は，

①ベース領域中で電子が正孔と再結合したり，

②ベース領域中に 3 次元的に拡がった電子の一部がベース電極部にて消滅したり，

③Si/SiO$_2$ 界面の界面準位を介して正孔と再結合したり，

するためである．

次に，エミッタ電流のうちエミッタからベースへ注入される電流成分の占める割合，「エミッタ注入効率 γ_e」を議論する．

活性領域で動作するバイポーラトランジスタのエミッタ電流 I_E はベースに流れ込む電子電流

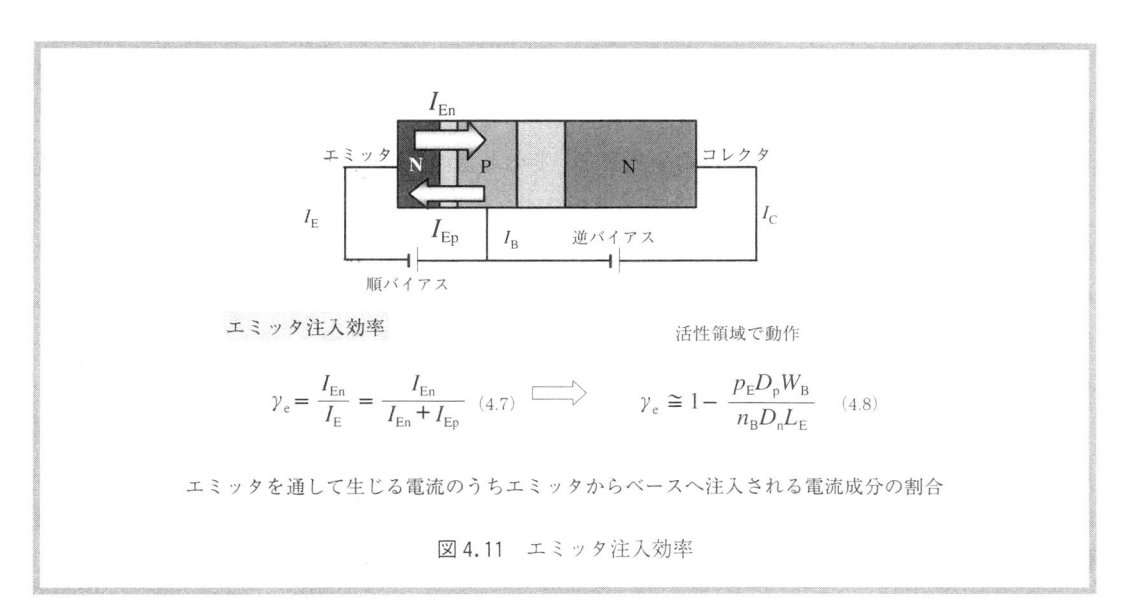

エミッタ注入効率

$$\gamma_e = \frac{I_{En}}{I_E} = \frac{I_{En}}{I_{En}+I_{Ep}} \quad (4.7) \implies \gamma_e \cong 1 - \frac{p_E D_p W_B}{n_B D_n L_E} \quad (4.8)$$

活性領域で動作

エミッタを通して生じる電流のうちエミッタからベースへ注入される電流成分の割合

図 4.11 エミッタ注入効率

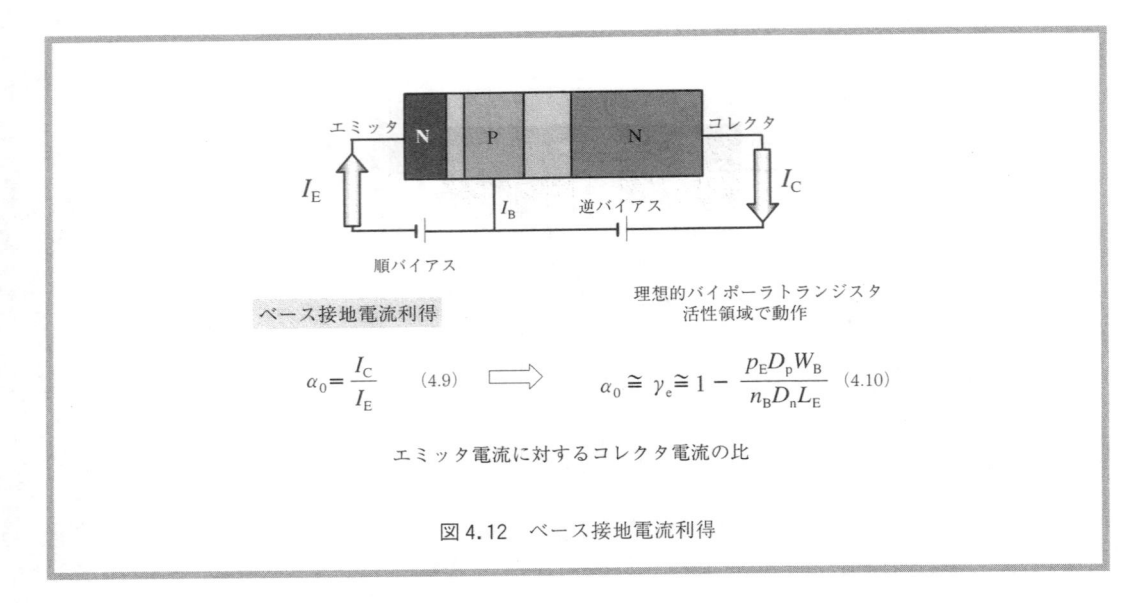

図4.12 ベース接地電流利得

ベース接地電流利得

$$\alpha_0 = \frac{I_C}{I_E} \quad (4.9)$$

エミッタ電流に対するコレクタ電流の比

理想的バイポーラトランジスタ
活性領域で動作

$$\alpha_0 \cong \gamma_e \cong 1 - \frac{p_E D_p W_B}{n_B D_n L_E} \quad (4.10)$$

I_{En} と，その逆にベース領域からエミッタに流れ出す正孔電流 I_{Ep} との和で表されるためエミッタ注入効率は式（4.7）で与えられる．式（4.7）に式（4.5a）と式（4.5b）を代入すると式（4.8）が得られる．p_E は熱平衡時のエミッタ領域の正孔濃度，n_B はベース領域の熱平衡電子濃度である．式（4.8）から，ベース幅 W_B を狭くすればエミッタ注入効率 γ_e が高くなることがわかる．

エミッタ電流に対するコレクタ電流の比は「ベース接地電流利得 α_0」とよばれ，式（4.9）によって定義される．なお，添え字の"0"は直流成分を表している．一方，小信号エミッタ電流 ΔI_E に対するコレクタ電流の変化分 ΔI_C の比を表すベース接地電流利得は添え字"0"のない α を用いる．

バイポーラトランジスタを3端子素子として回路で使用する際，3つの端子のどれを固定電位にするかで3種類の増幅回路ができる．ベース接地増幅回路では，ベース電極電位を固定し，エミッタを入力端子，コレクタを出力端子とする．そのときの入出力電流の比が α である．

活性領域で動作するバイポーラトランジスタではコレクタ電流 I_C がエミッタ電流 I_E を超えないため，このベース接地増幅率 α_0 は必ず1以下であり，文字通り"増幅"されているわけではない．式（4.10）で表される電流増幅率 α_0 は，エミッタ注入効率 γ_e とほぼ同じ表記（式（4.8））となる．式（4.10）より，ベース幅 W_B を狭くすると電流利得 α_0 が1に近づくことがわかる．

ベース電流に対するコレクタ電流の比を「エミッタ接地電流利得」とよび，式（4.11）で定義される．これはエミッタ接地増幅回路のベースから流れ込む電流 I_B が増幅されてコレクタ電流 I_C に変換される際の電流増幅利得 β を表している．添え字"0"は電流の直流成分に対する電流増幅利得を示している．

活性領域で動作するバイポーラトランジスタのエミッタ接地電流利得 β_0 は式（4.10）を用い

エミッタ　N P N　コレクタ

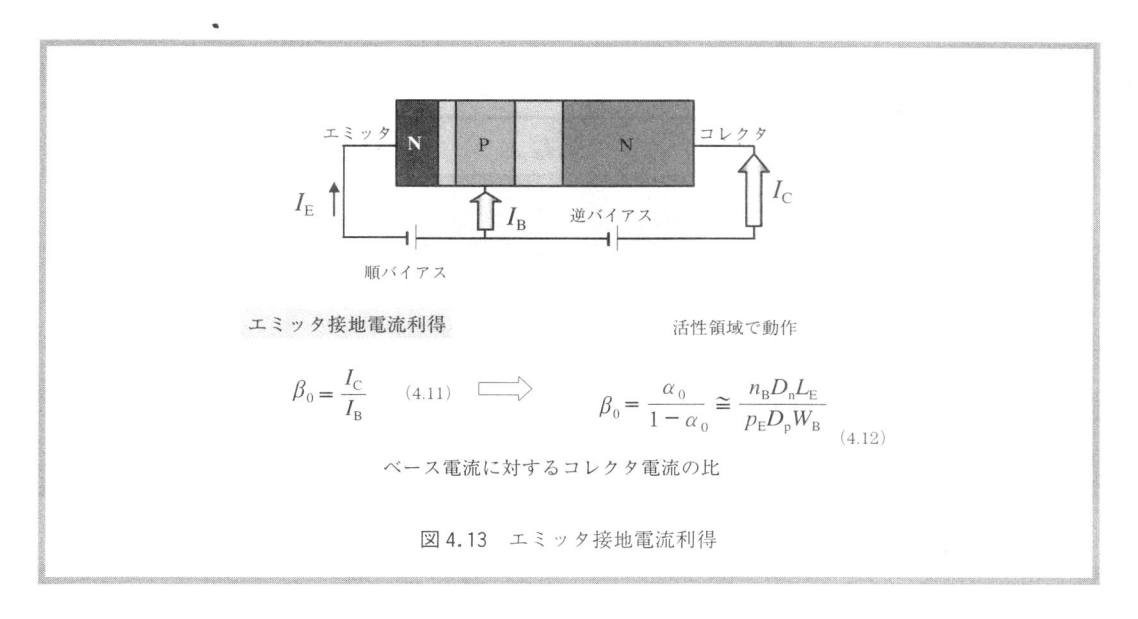

I_E ↑　↑ I_B　逆バイアス　I_C ↑

順バイアス

エミッタ接地電流利得　　　　活性領域で動作

$$\beta_0 = \frac{I_C}{I_B} \quad (4.11) \implies \beta_0 = \frac{\alpha_0}{1-\alpha_0} \cong \frac{n_B D_n L_E}{p_E D_p W_B} \quad (4.12)$$

ベース電流に対するコレクタ電流の比

図 4.13　エミッタ接地電流利得

て式 (4.12) のように表される．式 (4.12) から，ベース幅 W_B を狭くすると増幅率 β_0 が大きくなることがわかる．β_0 はベース電流がバイポーラトランジスタ素子を通ることで文字通り"増幅"されることを表している．たとえば α_0 が 0.99 であれば，β_0 の値は 100 近い値となる．つまり，エミッタ接地増幅回路では少量のベース電流をバイポーラ素子に注入し，その 100 倍ほどの電流をコレクタに取り出す仕組みになっている．

4.3　バイポーラトランジスタの素子特性

前節ではバイポーラトランジスタの基本的な特性パラメータの物理的な意味について述べた．

本節では回路に組み込んだバイポーラトランジスタ素子の入出力特性について考える．その際，以下の 2 つの前提を置く．

1 つは「バイポーラトランジスタは活性領域で動作している」という前提である．このとき，エミッタ・ベース接合部には順方向バイアス，コレクタ・ベース接合には逆方向バイアス電圧が印加されている．

2 つ目は，バイポーラトランジスタは「エミッタ注入効率 γ_e がほぼ 1」という前提である．この条件下では，エミッタ電流，コレクタ電流はベース内の電子濃度勾配で決まる．

バイポーラ素子を用いた回路の中でも最もよく使用されているエミッタ接地増幅回路を図 4.15 に示す．

この回路の入力ベース電極 (B) に電流 I_B を流すと，式 (4.11) より，コレクタにはその β_0 倍の電流 I_C が流れる．式 (4.4) から明らかなようにコレクタ電流 $I_C (= \beta_0 I_B)$ はコレクタ・エミッタ電圧 V_{CE} にほとんど依存せず，図 4.15 の横線で表した特性となる．

このコレクタ電流 ($I_C = \beta_0 I_B$) を負荷抵抗 R_L に流すと，図 4.16 に示すように出力電圧 (コレ

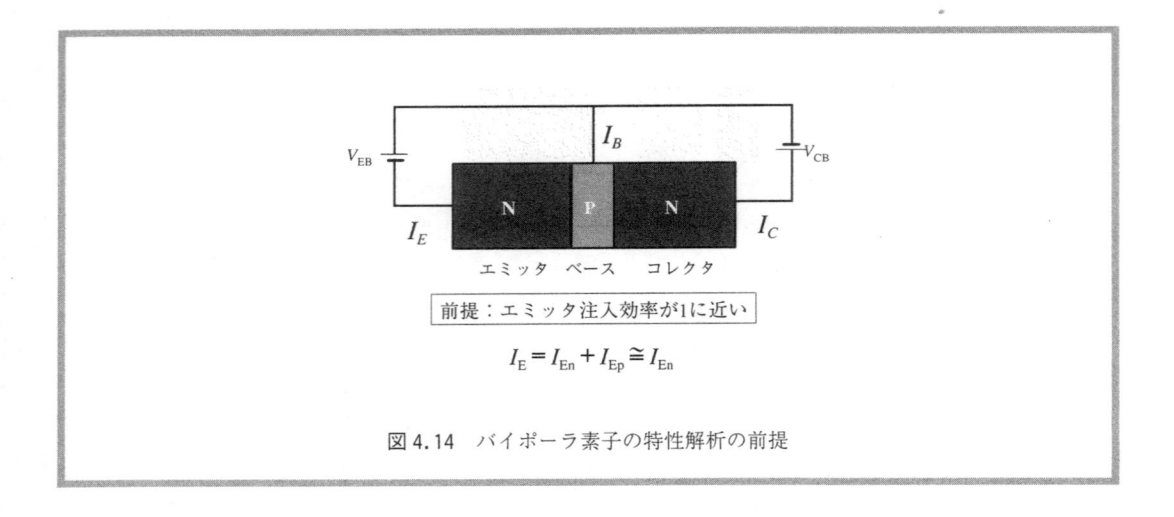

図4.14 バイポーラ素子の特性解析の前提

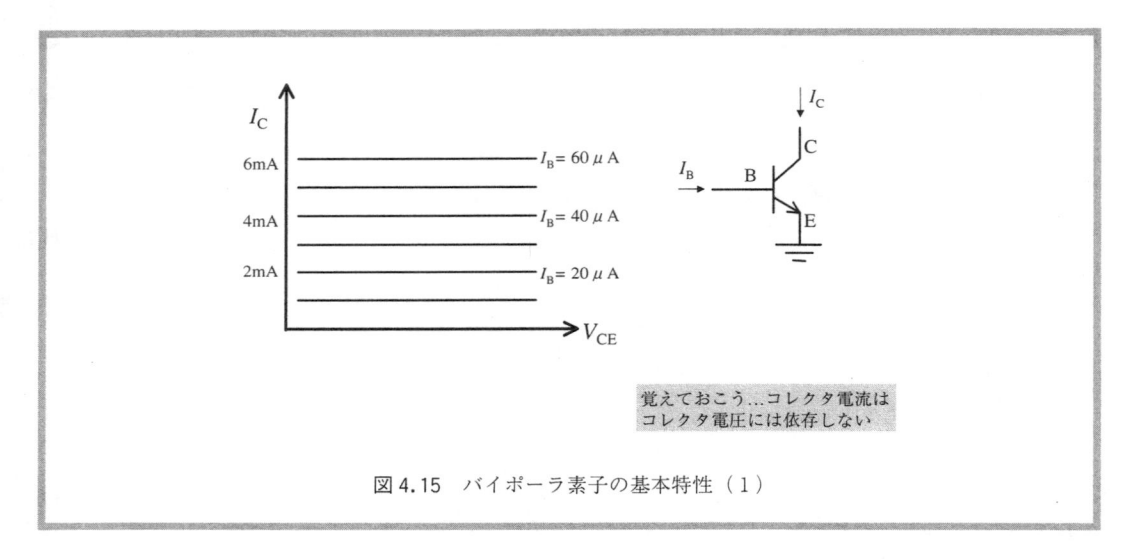

前提：エミッタ注入効率が1に近い

$$I_E = I_{En} + I_{Ep} \cong I_{En}$$

図4.15 バイポーラ素子の基本特性（1）

覚えておこう…コレクタ電流はコレクタ電圧には依存しない

クタ・エミッタ電圧）V_{CE} はコレクタ電流 I_C に比例して低下する．式（4.13）に表すこの関係式より，入力電流（ベース電流 I_B）はコレクタ電流 I_C を介して出力電圧 V_{out} に反映されることがわかる．また，直流ベース電流 I_B に加えた微小な入力信号電流（ベース電流 i_B）を出力電圧に大きく反映させるには電流増幅率 β が大きいバイポーラトランジスタの出力端子に大きな負荷抵抗 R_L を接続すればよい．

式（4.13）を I_C-V_{CE} 図上にプロットすると図4.16(b)の斜めの直線が得られる．入力ベース電流 I_B と負荷直線との交点が動作点となるので，ベース入力電流 I_B が大きくなると動作点は直線上を斜め左上に移動して出力電圧 V_{out} は低下する．

上の議論では，対象とするバイポーラトランジスタが活性領域（エミッタ・ベース接合とコレクタ・ベース接合がそれぞれ順バイアスと逆バイアス）で動作することが前提となっていた．しかし，V_{CE} が約1V以下になるとベース・コレクタ間が順バイアスされるので，上記の議論が成

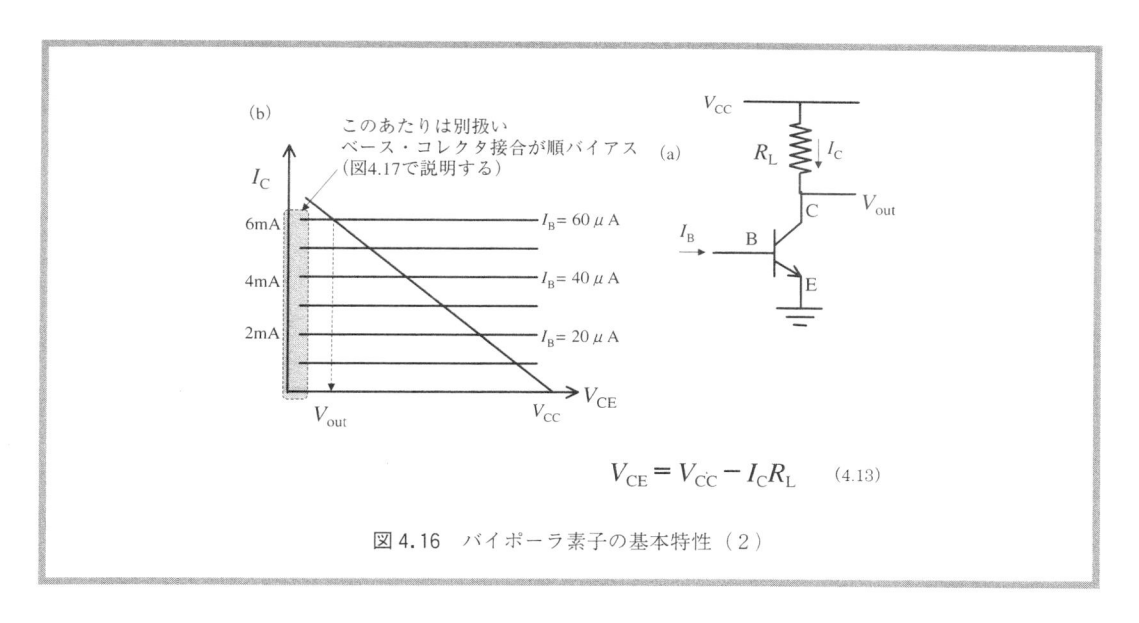

4.3 バイポーラトランジスタの素子特性

$$V_{CE} = V_{CC} - I_C R_L \quad (4.13)$$

図 4.16　バイポーラ素子の基本特性（2）

り立たない．

次に図 4.16(b) の点線で囲んだコレクタ・エミッタ間電圧 V_{CE} が小さい領域のコレクタ電流 I_C と V_{CE} との関係について考えてみる．

エミッタ・ベース接合が順方向バイアスされているバイポーラトランジスタの V_{CE} が十分小さければ，図 4.17 に示すようにコレクタ・ベース接合も順方向にバイアスされる．このバイアス条件下では前節で導いた活性動作領域の電流特性の式は使えない．

エミッタ・ベース接合とコレクタ・ベース接合の双方が順バイアスされると，エミッタ，ベース，コレクタ領域のキャリア密度分布は図 4.18(c) のようになる．この図はそれぞれの接合が順バイアスされた場合のキャリア分布（図 4.18(a) と (b)）を線形加算したものである．すなわち，図 4.18(a) はエミッタ・ベース接合が順方向バイアスされているときのキャリア分布，図 4.18(b) はコレクタ・ベース接合が順バイアスされている場合のキャリア分布である．この 2 つの図

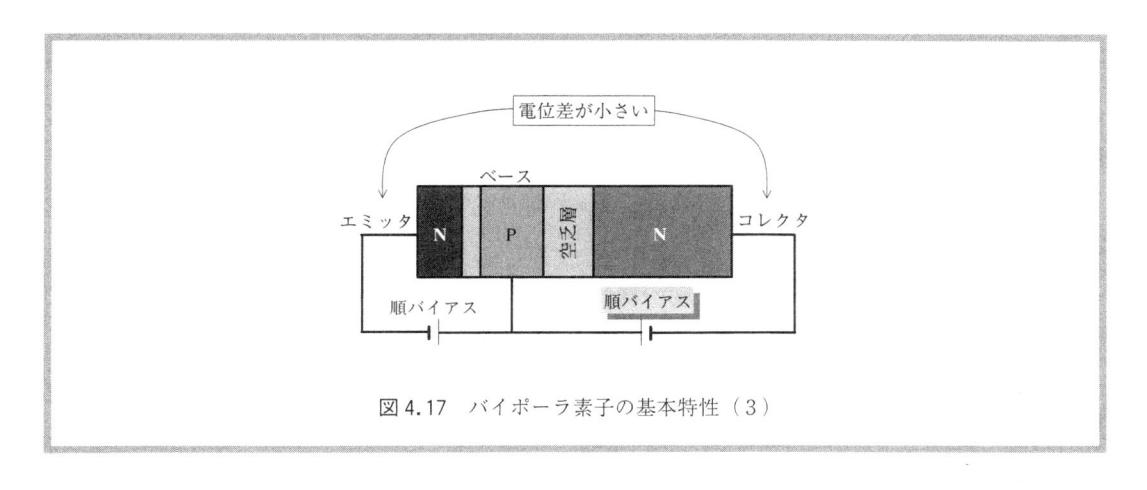

図 4.17　バイポーラ素子の基本特性（3）

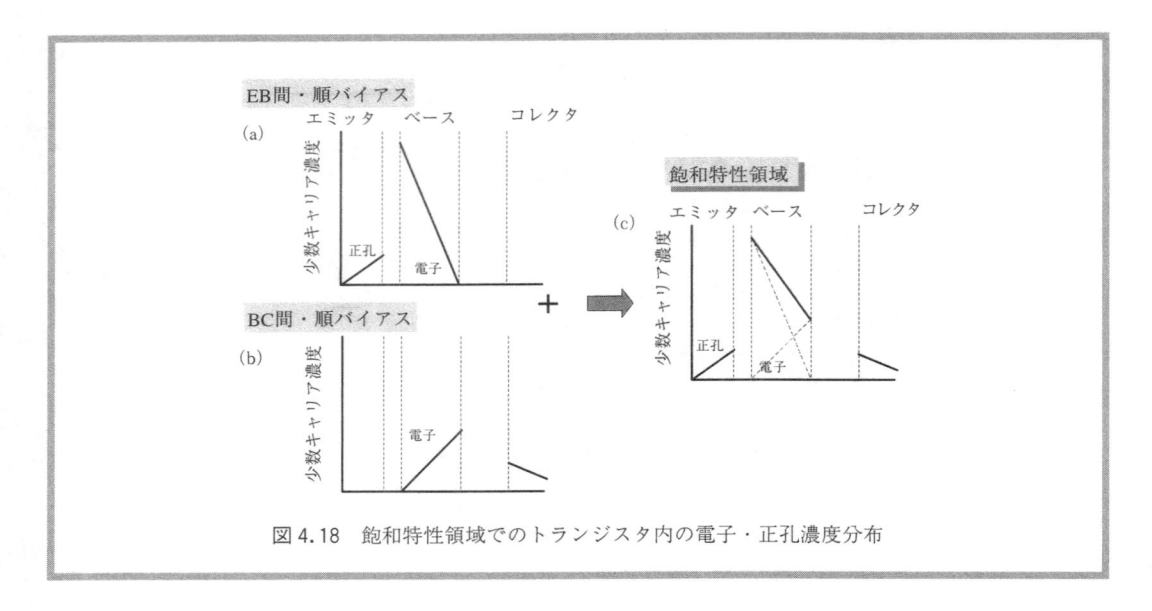

図4.18 飽和特性領域でのトランジスタ内の電子・正孔濃度分布

を合成すると V_{CE} が1V以下（両接合が順バイアスされている条件）のバイポーラ素子中のキャリア分布が図4.18(c)で表される．このように両接合が順バイアスされているバイポーラトランジスタの動作領域を飽和特性領域とよんでいる．

ここでは飽和特性領域で動作するバイポーラトランジスタを取り上げ，その内部のキャリア分布とコレクタ電流 I_C の V_{CE} 依存性を考える．

ベース・エミッタ間に順バイアス $V_{BE}\sim0.7\,\mathrm{V}$ を印加して一定のベース電流 I_B を流した状態で，コレクタ電圧 V_{CE} を1V以下にすると，ベース・コレクタ接合が逆バイアスから順バイアスに変わるので，コレクタ電流 I_C はコレクタ電圧 V_{CE} とともに大きく変化する．

図4.19(a)中の "1" で示す高いコレクタ電圧 V_{CE} では，V_{CB} 電圧が逆バイアスされており，NPN型バイポーラ素子は活性領域で動作する．このとき，コレクタ電流 I_C は V_{CE} によらずほぼ一定値となる．

しかし，コレクタ電圧が0.7V以下のベース・コレクタ接合が順方向にバイアスされている "2" と "3"（図4.19(a)）では双方が順方向バイアスされるので，図4.19(b)のようにベース中の電子の濃度勾配が小さく，コレクタに流れ込む電子電流（ベース領域中の電子濃度の勾配に比例）も激減する．

図4.20はバイポーラトランジスタの V_{EB}，V_{CB} の様々な組み合わせに対するベース内部の電子濃度分布を示したものである．

各電子濃度分布図の中の点線は，$V_{EB}=V_{CB}=0\,\mathrm{V}$ の時のベース中の電子濃度 n_B（熱平衡濃度）を表し，実線は電圧印加時の電子濃度分布を示している．

①の「順方向活性領域」は，前節で説明したバイポーラトランジスタの通常のバイアス条件に相当する．

②の「遮断領域」ではエミッタ・ベース接合，ベース・コレクタ接合がともに逆方向バイアス

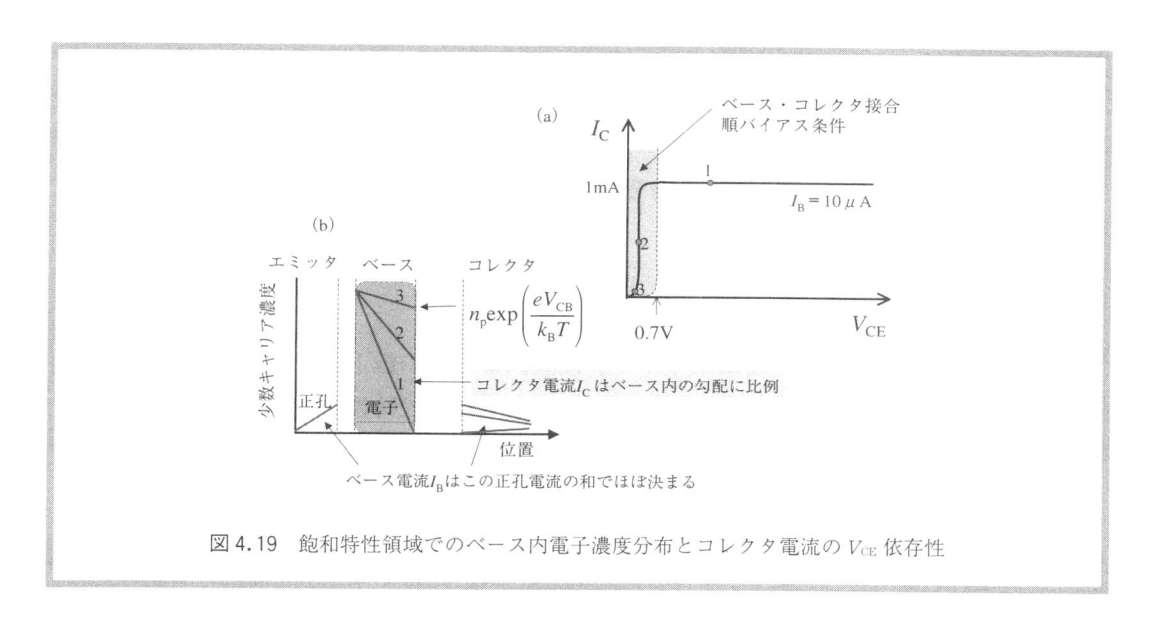

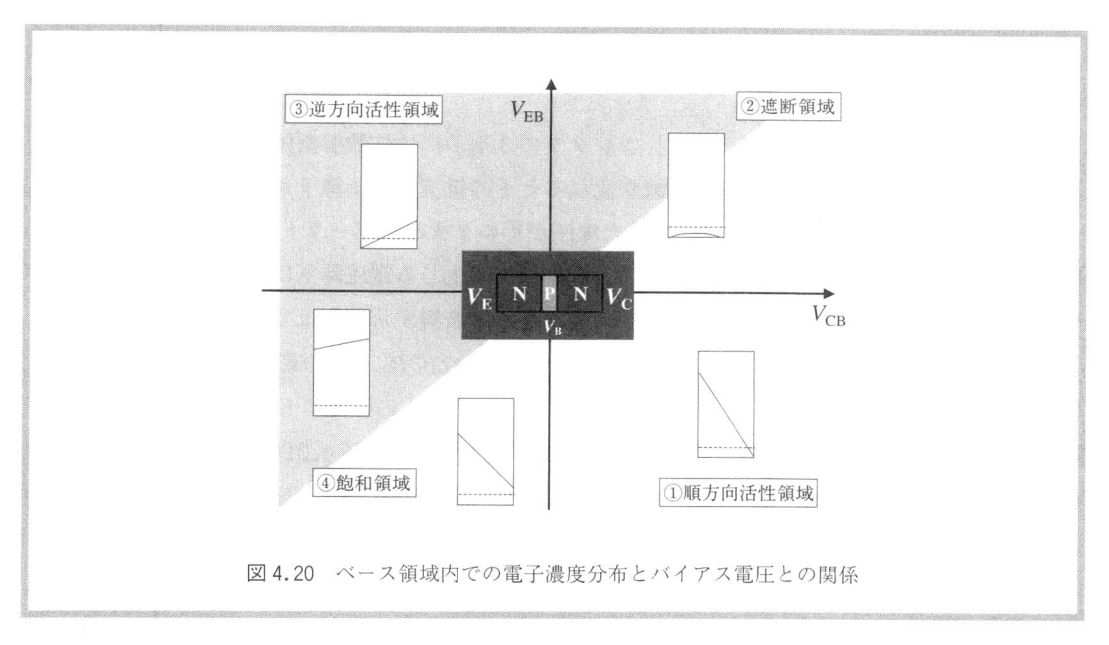

図 4.19 飽和特性領域でのベース内電子濃度分布とコレクタ電流の V_{CE} 依存性

図 4.20 ベース領域内での電子濃度分布とバイアス電圧との関係

されている.このバイアス条件ではベース領域には熱平衡状態での電子濃度 n_B 以下の電子しか存在しないので,エミッタ,ベース,コレクタの端子にはほとんど電流が流れず,エミッタとコレクタ間が遮断された状態にある.

③の「逆方向活性領域」は,①とは逆にコレクタ中の電子がベースに注入され,それらがベース中を拡散してエミッタで収集される.

残りの「飽和領域」とよばれる領域④では,エミッタ・ベース接合とベース・コレクタ接合は共に順方向バイアスされている.このときのベース中の電子濃度分布は両方の pn 接合から注入

される電子の量によって大きく左右される．つまり，V_{EB} および V_{CB} の値によって電流 I_E, I_C の方向（符号）も違ってくる．

> **バイポーラ素子特性をさらに詳しく理解するために考慮すべきポイント**
> 1. エミッタ，ベース，コレクタ抵抗
> 2. アーリー効果（ベース幅変調）
> 3. 高水準キャリア注入による β の低下
> 4. バイポーラトランジスタの降伏特性

ここまで説明してきたバイポーラトランジスタの電気的特性は暗黙のうちに最も単純なモデルを前提としていたが，実際のトランジスタには寄生抵抗があり，それがトランジスタの特性を変える働きをする．また，多量の電流が流れるバイアス条件下では，従来のトランジスタモデルが破綻するので，大電流領域に適用できる改良モデルが必須となる．この節では実際のバイポーラトランジスタの電気的な特性を解析する際に考慮すべきいくつかの問題を取り上げて詳しく説明する．

バイポーラ素子のエミッタ，ベース，コレクタの3端子には拡散層抵抗とコンタクト抵抗による寄生抵抗がある．この寄生抵抗に電流が流れるとその抵抗で電圧降下が生じる．このためエミッタ，ベース，コレクタの各端子に印加した電圧がそのままバイポーラトランジスタの2つの pn 接合に印加される電圧になるとは限らない．寄生抵抗で生じる電圧降下は，端子を流れる電流が小さいときには無視してもよいが，電流が大きくなると無視することはできない．

たとえば，コレクタに寄生抵抗 R_C がある（他の寄生抵抗 R_B, R_E の影響を無視する）と，式 (4.14) で示すようにベース・コレクタ接合に印加された電圧 $V_{CE}{}^0$ とコレクタ寄生抵抗での電圧降下 $I_C R_C$ の和が電極間に印加された電圧 V_{CE} となる．すなわち，図 4.21(a) の点線で囲った真性バイポーラ素子の電気的特性が図 4.21(b) の実線とすれば，寄生抵抗を考慮したときの素子特性は点線のように右側にシフトする．一点鎖線の右側の領域（活性領域）では，式 (4.4) のようにコレクタ電流 I_C はコレクタ電圧 V_{CE} にほとんど依存しないので，コレクタ抵抗 R_C の大小による特性の変化はほとんど認められない．

一方，ベースとエミッタに寄生抵抗があると活性領域で動作するバイポーラトランジスタの端子電流は寄生抵抗の関数として表される．すなわち，式 (4.15) に示すように，ベース・エミッタ端子に印加される電圧 V_{BE} はベース・エミッタ接合に印加される電圧 $V_{BE}{}^0$ と寄生抵抗での電圧降下 ΔV_{BE} の和となる．このため，図 4.22(b) に示すように大電流領域では点線の理想的なバイポーラ特性からはずれて実線のように右側にシフトした特性となる．一般に寄生抵抗の値はエミッタが1Ω程度，ベースは数kΩ程度である．

図 4.23(b) にバイポーラ素子の断面図を示す．エミッタの寄生抵抗 R_E はエミッタ層の拡散層

図 4.21　寄生抵抗による影響（1）

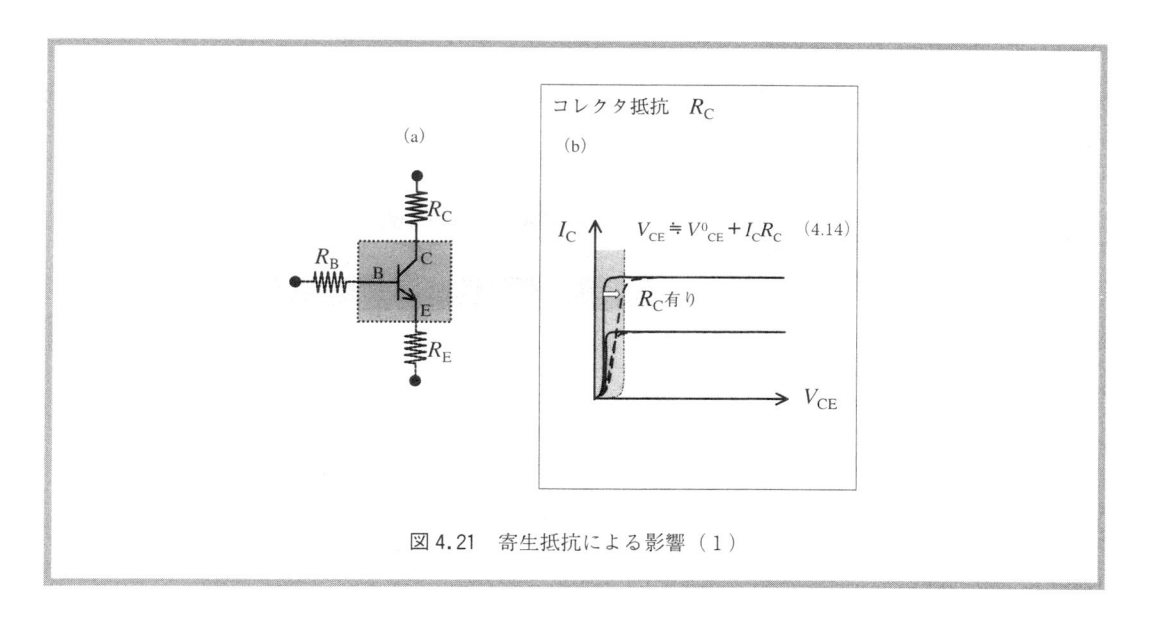

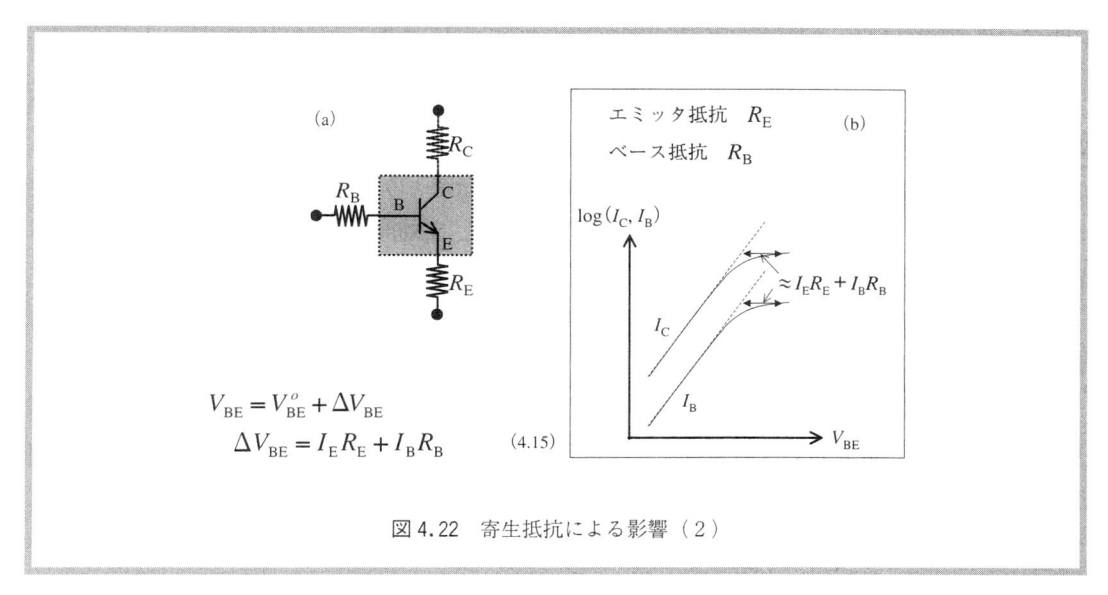

$$V_{CE} \simeq V^0_{CE} + I_C R_C \quad (4.14)$$

図 4.22　寄生抵抗による影響（2）

$$V_{BE} = V^o_{BE} + \Delta V_{BE}$$
$$\Delta V_{BE} = I_E R_E + I_B R_B \quad (4.15)$$

抵抗がその主要因であるが，ベースの寄生抵抗 R_B は，真性のベース抵抗 r_{bint} と外部ベース抵抗 r_{bext} との和で表される．

　エミッタ・ベース接合を順方向バイアスするとエミッタ層の電子はベース領域に注入される．その大半がエミッタ直下のベース領域を通過してコレクタに収集される．このコレクタ直下のベース領域の抵抗が真性拡がりベース抵抗 r_{bint} である．また，この真性ベース領域の周囲を低抵抗の外部ベース領域が囲っている．この領域の抵抗が外部ベース抵抗である．一般に，真性ベース抵抗 r_{bint} が外部ベース抵抗 r_{bext} を上回る値となることが多い．

図 4.23 ベース寄生抵抗の種類

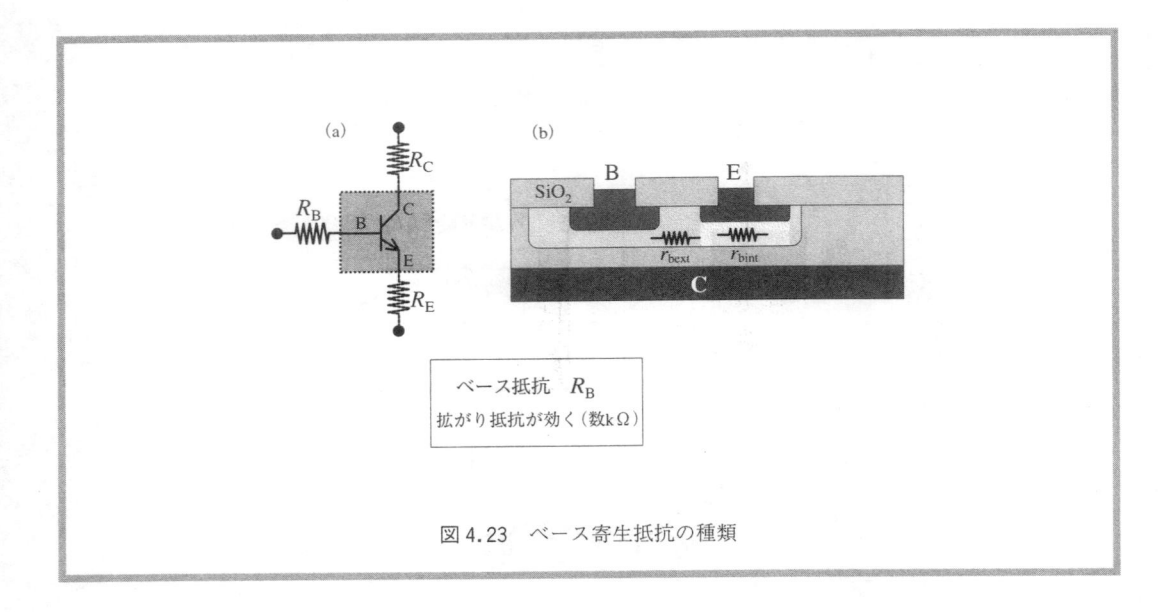

4.3.1 アーリー効果

前節まではバイポーラトランジスタのコレクタ電流 I_C がコレクタ電圧 V_{CE} に依存しないと仮定（図 4.15 参照）していた．しかし，バイポーラトランジスタのコレクタ電圧を高くするとコレクタ電圧 V_{CE} 依存性がみえてくる．これは図 4.24 に示すようにコレクタ電圧を高くすると逆バイアスしたベース・コレクタ接合の空乏層幅が拡張し，実効的にベース幅が狭くなってバイポーラ素子の電気的特性が変化するからである．

大きなコレクタ電圧の印加によってベース幅が短縮される現象を「アーリー効果」や「ベース幅変調効果」とよぶ．

このベース幅変調効果を理解するため，第 2 章で述べた逆バイアス pn 接合の特性について振り返ってみよう．pn 接合の空乏層幅は式 (4.16) で与えられる．ここで，n 型領域のドナー濃度 N_D と p 型領域の N_A とが与えられると，空乏層幅 w は印加電圧 V_R の関数となる．図 4.25 に示した式 (4.16) の関係から，空乏層幅 w は逆バイアス電圧 V_R に対してほぼ直線的に増加することがわかる．

ベース・コレクタ接合の空乏層幅 w が印加した逆バイアス電圧 V_{BC} に対してほぼ直線的に変化するので，ベース幅 W_B は式 (4.17) で近似できる．右辺の $W_B(0)$ は $V_{CB}=0\,\mathrm{V}$ のときのベース幅，V_A はアーリー電圧とよばれる素子固有の定数である．一般に，V_A は数十 V の大きさなので，5 V 以下の電源電圧で動作させている場合には「ベース幅変調効果」はあまり顕著にはみえない．しかし，大きなコレクタ電圧を印加するとベース幅が狭くなり，「ベース幅変調効果」が顕著に表れる．「ベース幅変調効果」が生じるとベース領域中の電子の濃度勾配が大きくなってコレクタ電流が増大する．このときベースのエミッタ側端での電子密度 $n(0)$ はエミッタ・ベース電圧 V_{EB} だけの関数となって，V_{CB} にはよらない．コレクタ電流 I_C を表す式 (4.4) のベース

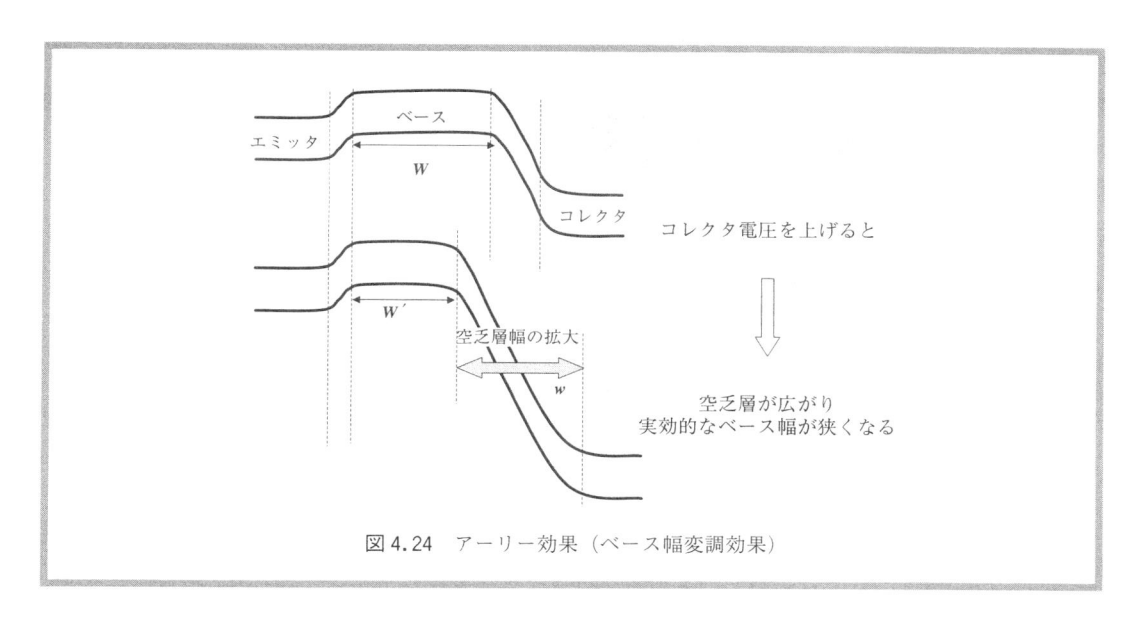

図 4.24 アーリー効果（ベース幅変調効果）

$$w + \sqrt{\frac{2\varepsilon(V_{bi}+V_R)}{eN_AN_D}(N_A+N_D)} \quad (4.16)$$

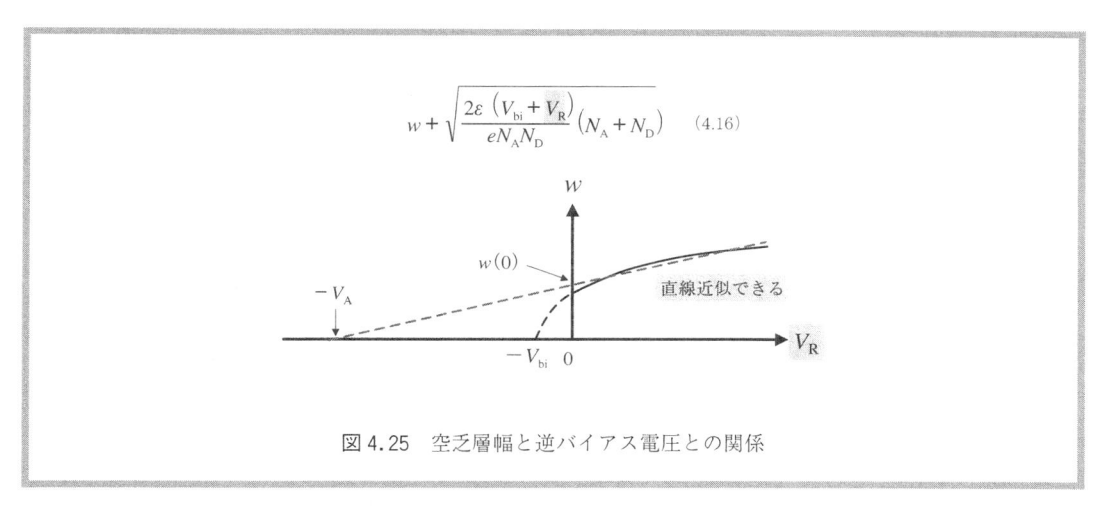

図 4.25 空乏層幅と逆バイアス電圧との関係

幅 W_B に式 (4.17) を代入すると式 (4.18) が得られる．この式からコレクタ電流は V_{CB} に対して緩やかに依存することがわかる．

図 4.27 はアーリー効果（ベース幅変調効果）を考慮したコレクタ電流 I_C とコレクタ電圧 V_{CE} との関係を示したものである．コレクタ電流 I_C は飽和することなく，徐々に増加する．なお，直線で近似できる領域の特性を外挿すると V_{CE} 軸の $V_{CE}=-V_A$（アーリー電圧）で交差する．

このアーリー効果による非飽和コレクタ電流特性はバイポーラトランジスタ増幅回路の電圧増幅利得を低下させる要因となるので，実デバイスを設計する際，このアーリー効果の影響が小さくなるような構造にする必要がある．

次に，エミッタ，ベース，コレクタの各領域の不純物原子濃度の最適化について考える．図 4.27 で示したアーリー効果（ベース幅変調効果）は高いコレクタ電圧によって生じるベース・コレク

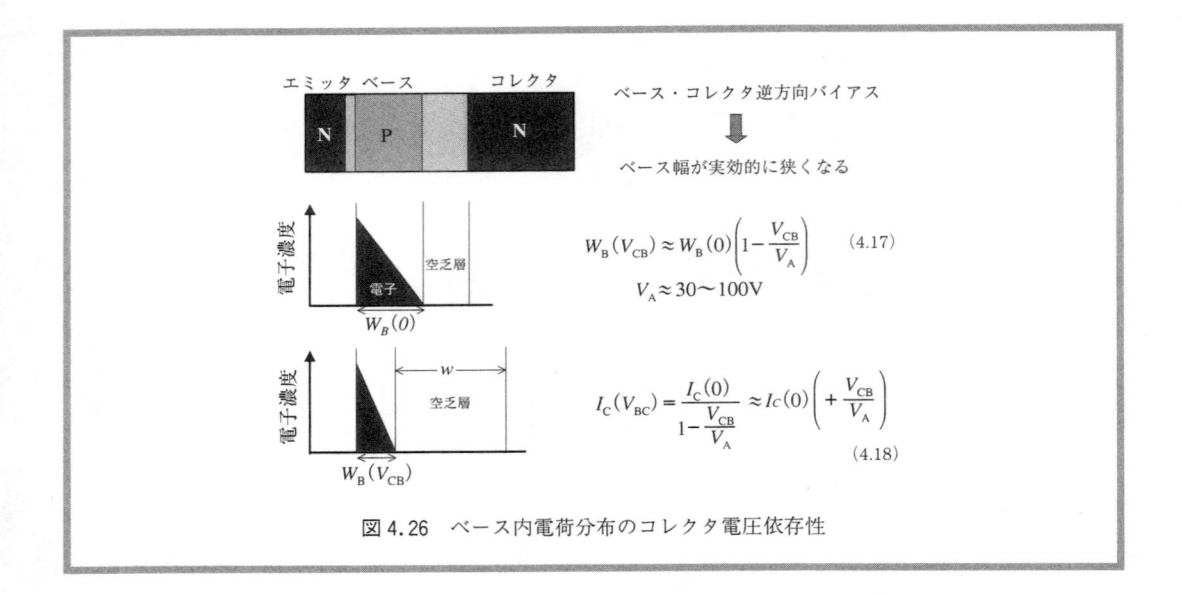

$$W_B(V_{CB}) \approx W_B(0)\left(1 - \frac{V_{CB}}{V_A}\right) \quad (4.17)$$

$$V_A \approx 30 \sim 100\text{V}$$

$$I_C(V_{BC}) = \frac{I_C(0)}{1 - \frac{V_{CB}}{V_A}} \approx I_C(0)\left(+\frac{V_{CB}}{V_A}\right) \quad (4.18)$$

図 4.26 ベース内電荷分布のコレクタ電圧依存性

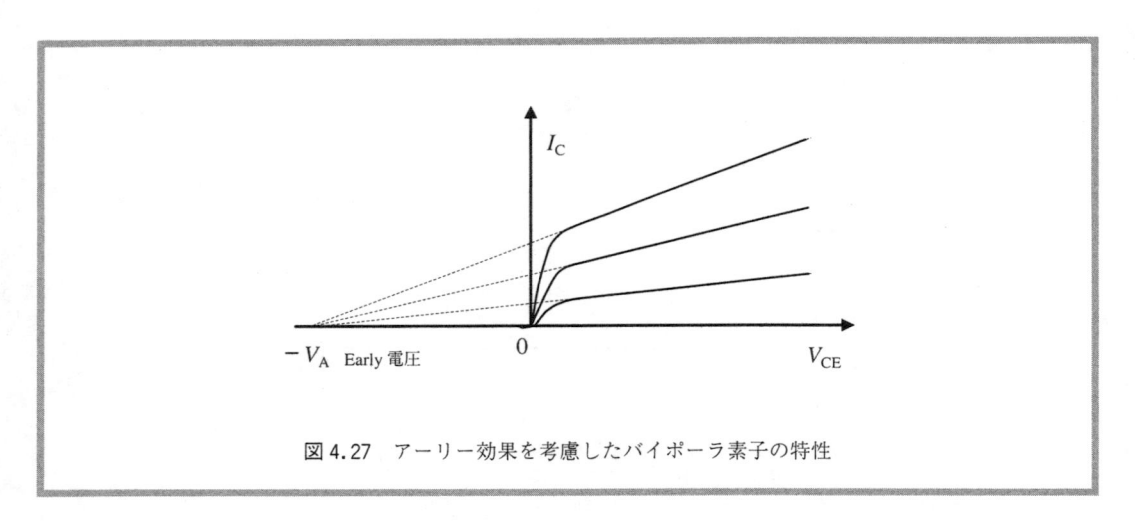

図 4.27 アーリー効果を考慮したバイポーラ素子の特性

タ接合の空乏層拡張が原因である．第2章で述べたようにpn接合の空乏層は不純物濃度の低い方に伸びるため，コレクタ領域の不純物濃度をベース領域の値より十分低く設定すれば，ベース側への空乏層の拡張は小さくなり，アーリー効果（ベース幅変調効果）を抑制することができる．このため一般に，コレクタ領域の不純物濃度はベース領域の濃度より1桁〜2桁程度低く設定されている．

一方，エミッタ領域の不純物濃度 (N_E) はベース領域の不純物濃度 (N_B) より高く設定する．これは，式 (4.10) からわかるように，エミッタ注入効率 γ_e をほぼ1（極限値）にしてバイポーラトランジスタの電流利得を高めるためである．通常のバイポーラトランジスタでは，コレクタ領域の不純物原子濃度 N_E をベース領域の不純物濃度 N_B より 100 倍程度高く設定している．

以上のことから，実際のバイポーラトランジスタの各領域の不純物原子濃度は図 4.28 に示す

$$\alpha_0 \cong \gamma_e \cong 1 - \frac{p_E D_p W_B}{n_B D_n L_E} = 1 - \frac{N_B D_p W_B}{N_E D_n L_E} \quad (4.10)$$

図4.28 各領域の不純物原子濃度

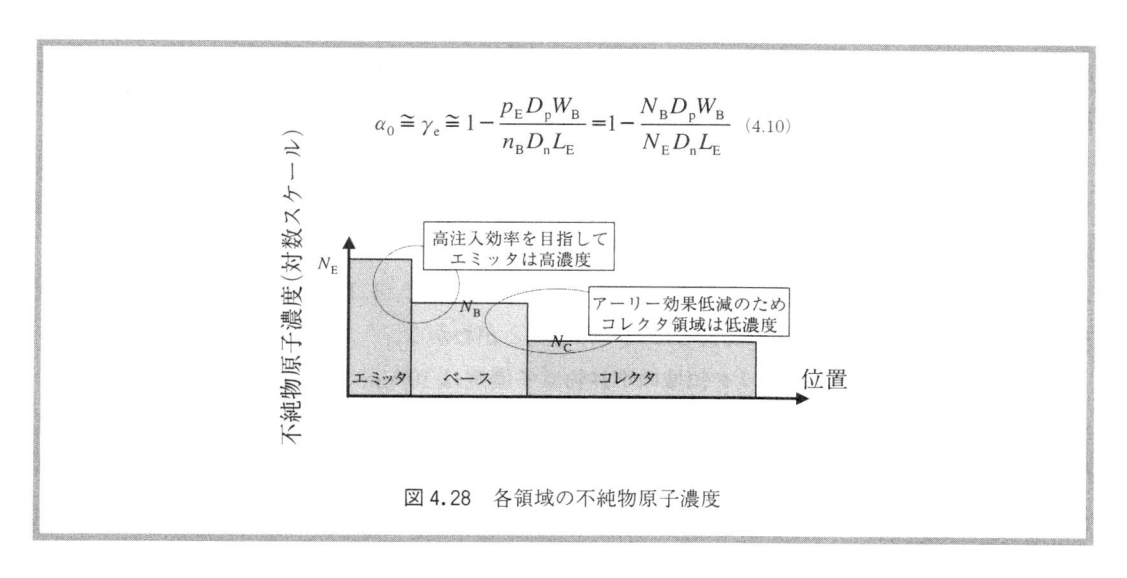

ように，エミッタ，ベース，コレクタの順に不純物濃度が小さくなるよう設定されている．なお，縦軸の不純物濃度は対数で表示されている．

ここまでの議論はエミッタ，ベース，コレクタの各領域中の不純物原子濃度が一定であることを仮定していたが，実際のバイポーラデバイスの製造工程を考えると各層の不純物原子濃度は均一ではない．特に，最先端バイポーラ素子の製造工程で広く使用されているイオン注入技術を用いると，注入された不純物原子の濃度は図4.29に示すようにシリコン表面側から少し奥に入ったところにピークを持ち，その両側で不純物濃度が急激に低下する分布となる．このような不均一な不純物原子分布を有するバイポーラトランジスタの電気的特性はここまで述べてきた均一濃度分布のデバイスとは多少違ってくることが予想される．

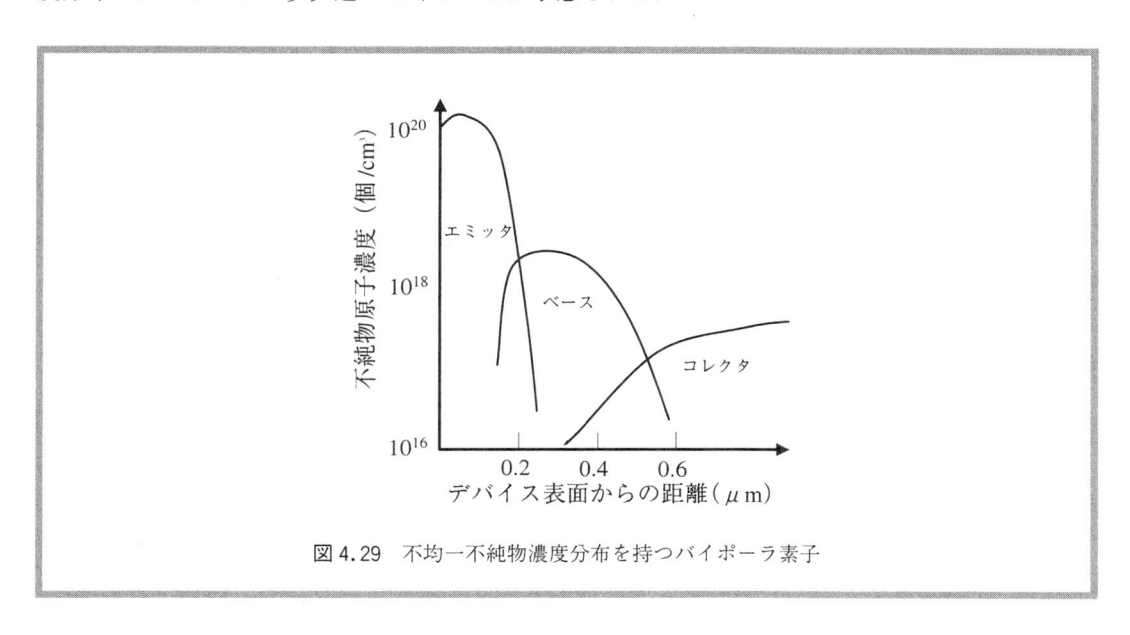

図4.29 不均一不純物濃度分布を持つバイポーラ素子

均一な不純物原子濃度分布を持つバイポーラトランジスタのコレクタ電流特性は式 (4.19) で与えられる．ベース領域では $pn=n_i^2$ が成り立つことから，式を変形すれば式 (4.19) の右辺が得られる．ここで，n_i は真性キャリア密度である．一方，不均一濃度を持ったバイポーラトランジスタのコレクタ電流 I_C を表す式の導出はここでは省略するが，詳しい計算によれば式 (4.20 a) で表されることが知られている．G_B（ベース領域のガンメル数）はベース領域の全アクセプタ密度である．ベース領域の不純物原子濃度が均一である場合には $G_B=N_A W_B$ なので，式 (4.20 a) は式 (4.19) に帰着する．言い換えると，式 (4.20 a) は，式 (4.19) を拡張して不均一濃度分布に対しても適用できるように改良した式であることがわかる．

図 4.29 に示したようにエミッタ領域の不純物原子濃度は $10^{20} \mathrm{cm}^{-3}$ もの高濃度に設定されている．このような高濃度不純物領域では，混入された不純物原子間の相互作用が顕著に表れ，電気伝導に関与する様々な物性値が低濃度不純物領域とは違ってくる．たとえば，真性シリコン結晶のバンドギャップは室温では約 1.1 eV であるが，高濃度不純物層ではこの値が 1.1 eV をやや下回ることが知られている．この理由は，高濃度不純物層中では不純物原子間の距離が短く，不純物準位に捕獲された電子も不純物原子間をホッピングしながら伝導することができるので，見掛け上，伝導帯の底がドナー準位近くまで降りてくるからである．なお，バンドギャップの低下量 $\Delta\varepsilon_g$ は図 4.31(b) に示すように不純物濃度の関数で表される．さらに，高濃度不純物拡散領域での真性キャリア密度 $n_{i,\mathrm{high}}$ もバンドギャップの変化に応じて式 (4.21) のようになる．

エミッタ領域の真性キャリア密度 n_{iE} はバンドギャップの低下による影響（バンドギャップナローイング効果）で式 (4.22 a) のようになる．この真性キャリア密度 n_{iE} を用いれば，エミッタ領域の正孔濃度と電子濃度の積は式 (4.22 b) のようになる．不純物濃度の低いベース領域でも同様な式 (4.22 c) が成り立つので，(4.22 a)–(4.22 c) からベース領域の電子濃度とエミッタ領域の正孔濃度の比 n_B/p_E を計算すると式 (4.23) が得られる．これを式 (4.12) に代入すればエ

$$I_C \approx eAD_n \frac{n_B \exp\left(\dfrac{eV_{EB}}{k_B T}\right)}{W_B} = eAD_n \frac{n_i^2}{N_A W_B} \exp\left(\dfrac{eV_{EB}}{k_B T}\right) \quad (4.19)$$

不均一濃度のバイポーラ素子に対して適用できるように一般化すると

$$I_C \approx eAD_n \frac{n_i^2}{G_B} \exp\left(\dfrac{eV_{EB}}{k_B T}\right) \quad (4.20\mathrm{a})$$

ガンメル数： $G_B = \displaystyle\int_0^{W_B} N_A(x)dx$ ⟶ ベース領域の全不純物量 　(4.20b)

図 4.30　不均一不純物濃度分布を持つバイポーラ素子のコレクタ電流

$$n_{i,\text{high}}^2 = n_i^2 \exp\left(\frac{\Delta\varepsilon_g}{k_B T}\right) \quad (4.21)$$

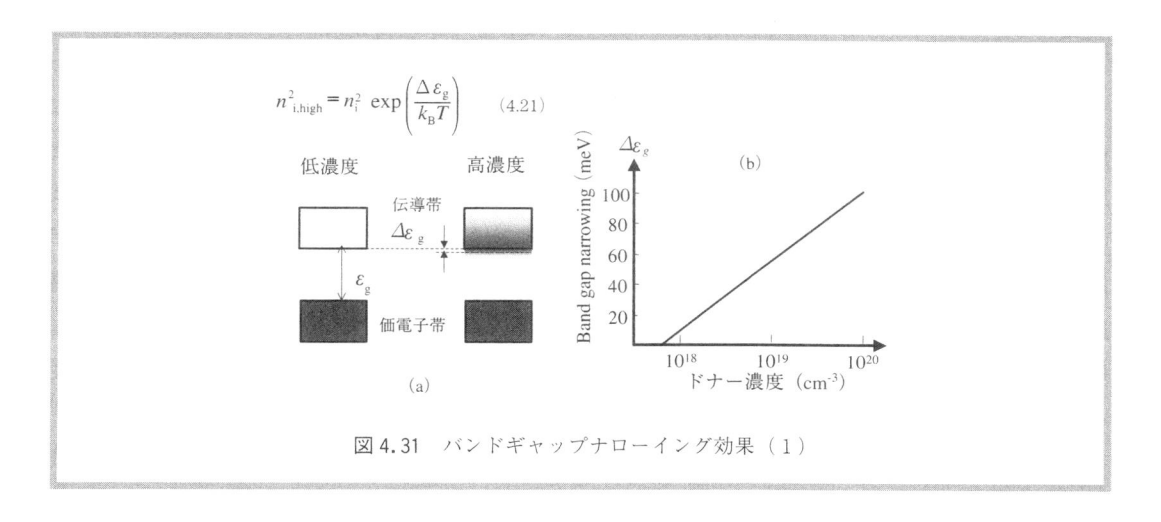

図 4.31 バンドギャップナローイング効果（1）

$$n_{iE}^2 = n_i^2 \exp\left(\frac{\Delta\varepsilon_g^E}{k_B T}\right) \quad (4.22\text{a}) \qquad n_E p_E = n_{iE}^2 \quad (4.22\text{b}) \qquad n_B p_B = n_i^2 \quad (4.22\text{c})$$

$$\frac{n_B}{p_E} = \frac{n_i^2}{n_{iE}^2} \cdot \frac{n_E}{p_B} = \frac{n_E}{p_B} \exp\left(-\frac{\Delta\varepsilon_g^E}{k_B T}\right) \quad (4.23)$$

$$\beta_0 \approx \frac{n_B D_n L_E}{p_E D_p W_B} = \frac{N_E}{N_B} \cdot \frac{D_n L_E}{D_p W_B} \exp\left(-\frac{\Delta\varepsilon_g^E}{k_B T}\right) \quad (4.24)$$

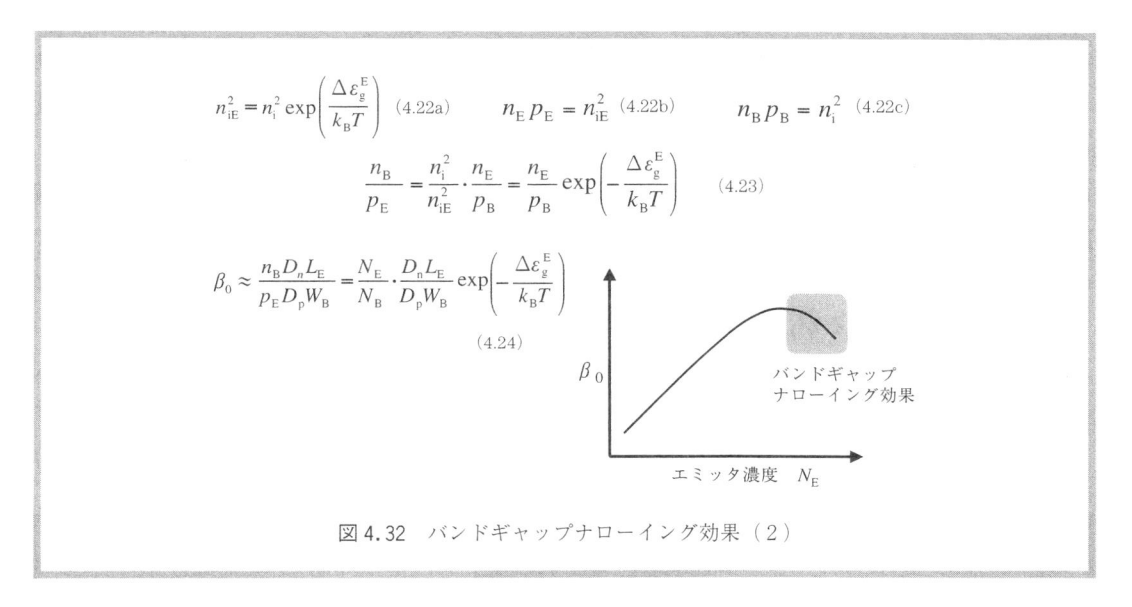

図 4.32 バンドギャップナローイング効果（2）

ミッタ接地増幅回路の電流増幅率 β_0 が式（4.24）となる．

この式から，β_0 はエミッタ領域の不純物原子濃度 N_E に比例して増加するが，N_E が十分高くなって式（4.22 a）によるバンドギャップナローイング効果が効いてくると β_0 は減少に転ずることがわかる．

4.3.2 高水準キャリア注入

ここまでの説明では，エミッタからベース領域に注入される電子濃度はベースのアクセプタ濃度より十分低いこと（低水準注入）を暗黙のうちに仮定していた．しかし，注入電子濃度がベース領域のアクセプタ濃度以上になるバイアス条件下では今までの取扱いができなくなる．この節では，エミッタ・ベース間の順バイアスが強く，上記の低水準注入条件が成り立たない「高水準

キャリア注入領域」でのバイポーラトランジスタの特性について説明する．

ベース領域に注入された電子の濃度がアクセプタ不純物濃度よりも十分低いとき（低水準キャリア注入時）には，ベース中の正孔濃度 p_B は注入された電子量によらずほぼ一定（ベース領域のアクセプタ濃度）である．このとき，ベース中の正孔濃度 p_B はベース領域のアクセプタ濃度 N_B にほぼ等しい（式 (4.25)）．一方，注入された電子濃度 n_B がベースのアクセプタ濃度 N_B 以上の高水準キャリア注入条件下では，ベース領域が電気的に中性となるようにベース内の正孔が増大し，式 (4.26) を満たすキャリア濃度となる．すなわち，高水準キャリア注入では，電子濃度 n_B とほぼ同数の正孔濃度 p_B がベース領域に現れる．この様子を図 4.33 に示す．電子数（丸印）がアクセプタイオン（⊖）を大幅に上回っている高水準キャリア注入条件下では，電子濃度と正孔（h^+）濃度はほぼ等しくなる．

高水準キャリア注入条件下では，図 3.34 に示すようにベース領域の至る所で電子濃度と正孔濃度はほぼ等しくなる．ベースのエミッタ側の端を $x=0$ とし，ベース中のキャリア濃度を $n_\mathrm{B}(x)$, $p_\mathrm{B}(x)$ で表すと，$x=0$ における電子濃度 $n_\mathrm{B}(0)$ と正孔濃度 $p_\mathrm{B}(0)$ の積は第 2 章の pn 接合で述べたようにベース・エミッタ電圧 V_EB の指数関数として式 (4.27) で表される．この式に高水準キャリア注入の条件である式 (4.26) を代入すれば，$x=0$ における電子濃度 $n_\mathrm{B}(0)$ が式 (4.28) で表される．コレクタ電流 I_C は式 (4.29) で表されるので，結局，I_C は $\exp(eV_\mathrm{EB}/2k_\mathrm{B}T)$ に比例する．なお，式 (4.19) と比較すればわかるように，高水準キャリア注入条件下では指数関数項の中の係数が違っている．なお，式 (4.29) 中の D_eff は電子と正孔が同数存在する領域でのキャリアの実効的な拡散係数（両極性拡散係数）である．この D_eff は電子と正孔の移動度などを用いて導出可能であるが，ここでは省略する．

式 (4.19) に示した低水準キャリア注入条件下でのコレクタ電流 I_C と高水準のキャリア注入条件下での式 (4.29) をグラフに表すと図 4.35 のようになる．ベース・エミッタ間に低いバイアス電圧 V_EB を印加したときにはその勾配が大きいが，高水準注入のバイアス条件（$V_\mathrm{EB} > 0.85\,\mathrm{V}$）

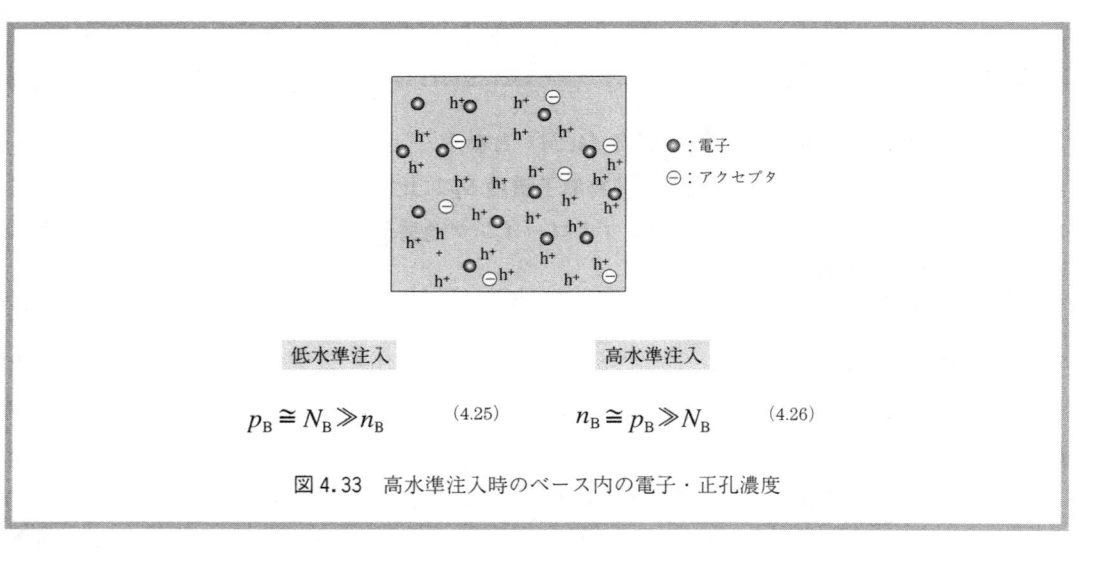

低水準注入	高水準注入
$p_\mathrm{B} \cong N_\mathrm{B} \gg n_\mathrm{B}$　　(4.25)	$n_\mathrm{B} \cong p_\mathrm{B} \gg N_\mathrm{B}$　　(4.26)

図 4.33　高水準注入時のベース内の電子・正孔濃度

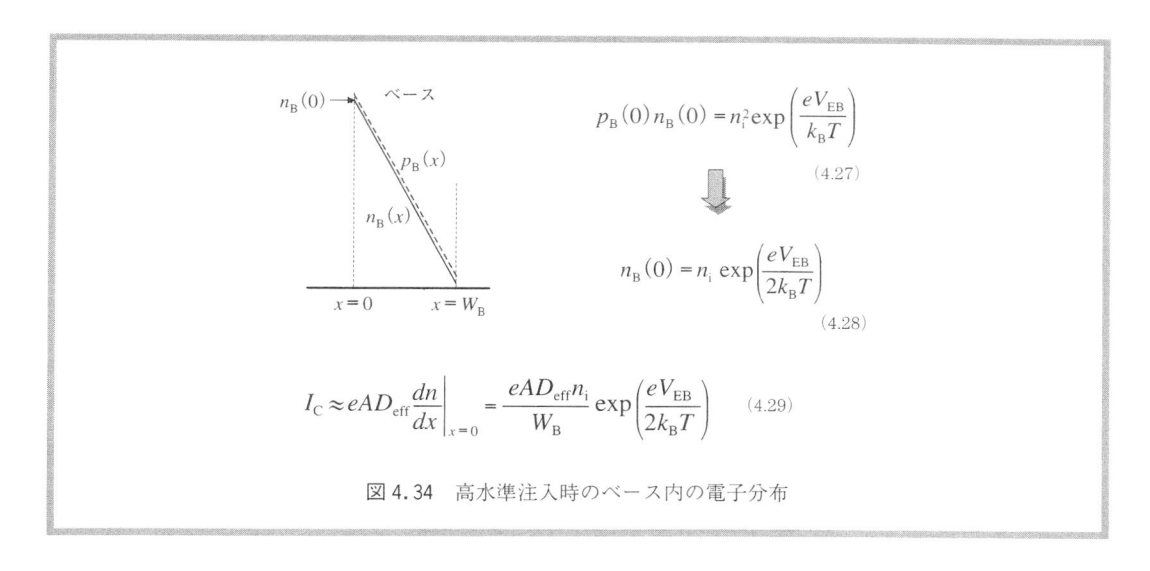

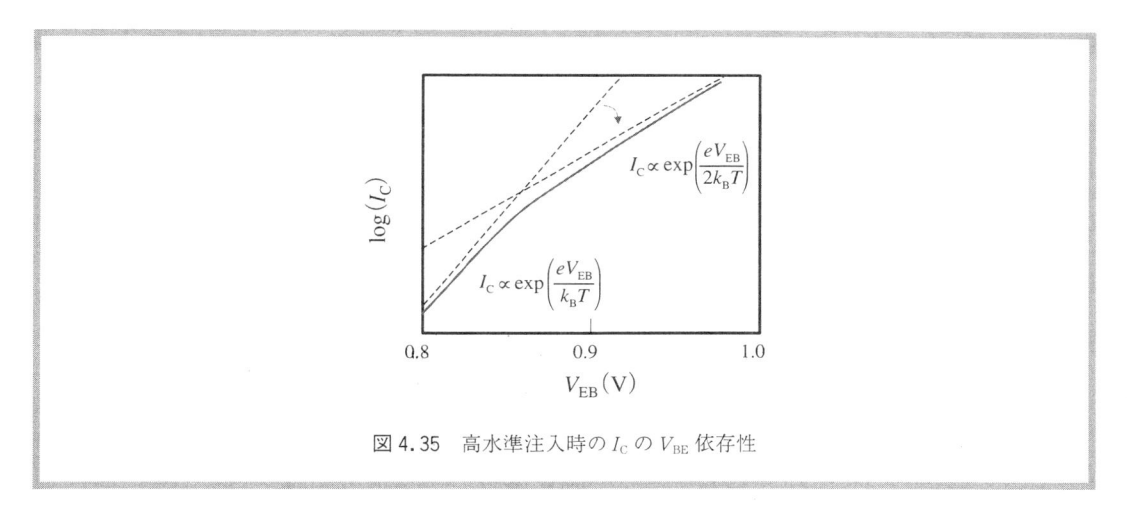

$$p_B(0)n_B(0) = n_i^2 \exp\left(\frac{eV_{EB}}{k_B T}\right) \quad (4.27)$$

$$n_B(0) = n_i \exp\left(\frac{eV_{EB}}{2k_B T}\right) \quad (4.28)$$

$$I_C \approx eAD_{eff}\left.\frac{dn}{dx}\right|_{x=0} = \frac{eAD_{eff}n_i}{W_B}\exp\left(\frac{eV_{EB}}{2k_B T}\right) \quad (4.29)$$

図 4.34　高水準注入時のベース内の電子分布

図 4.35　高水準注入時の I_C の V_{BE} 依存性

になると緩やかな勾配に変わる．

図 4.9 に示した低水準キャリア注入領域の電圧・電流特性を高水準キャリア注入領域にまで拡張すると図 4.36 のようになる．エミッタ領域からベース領域に注入される電子量が少ない「低水準キャリア注入領域」では，ベース・エミッタ間の電位差 V_{EB} に対してエミッタ電流は指数関数的に増加する．しかし，印加電圧 V_{EB} が大きく，注入される電子濃度がアクセプタ濃度と同程度になると図 4.36 の点線 A で囲った領域のようにエミッタ電流の増加が鈍って「高水準キャリア注入」の兆候がみえてくる．

エミッタ接地電流利得 β_0（コレクタ電流 I_C のベース電流 I_B に対する比）はバイポーラトランジスタの構造によって決まる．図 4.37 に示すように低い注入電流ほど pn 接合での再結合電流①の割合が増して，電流利得 β_0 はコレクタ電流 I_C の平方根にほぼ比例する．

一方，高水準キャリア注入（高電流）領域②ではコレクタ電流の増加が鈍る分だけ電流利得 β_0

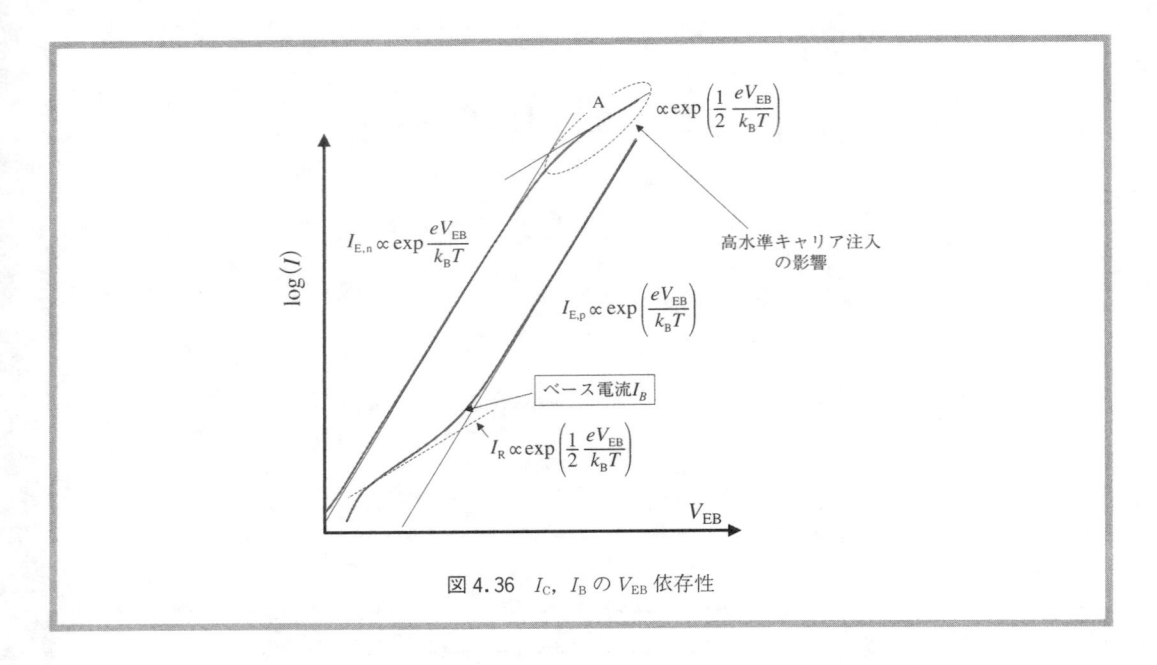

図 4.36 I_C, I_B の V_{EB} 依存性

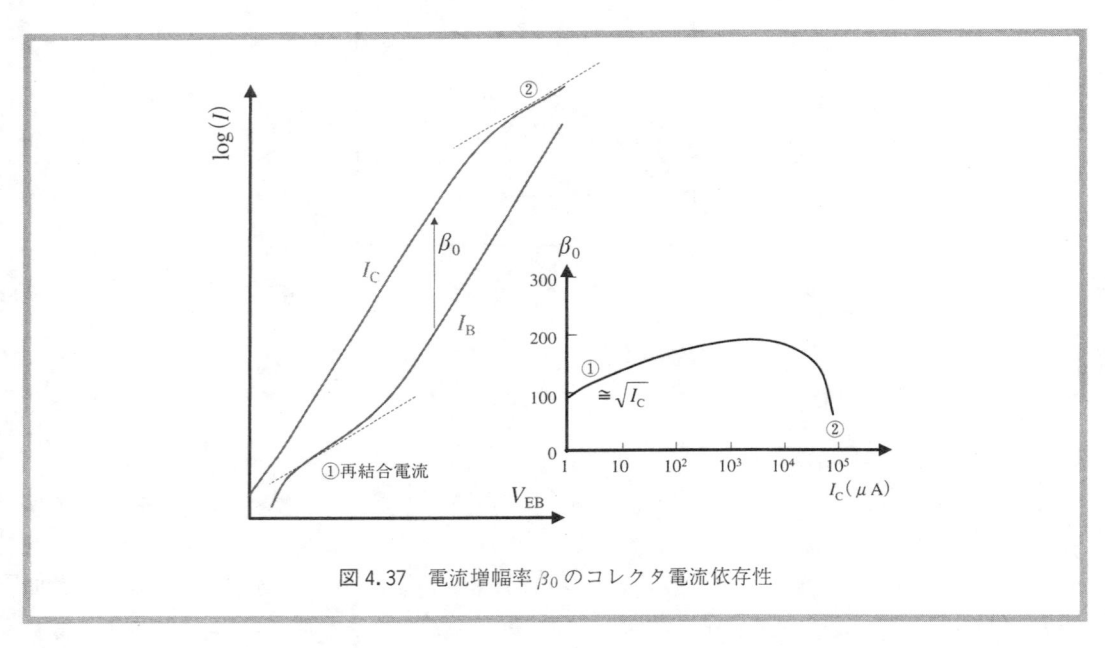

図 4.37 電流増幅率 β_0 のコレクタ電流依存性

がコレクタ電流 I_C とともに急激に低下する.

式 (4.12) に示したように, エミッタ接地回路の電流増幅率 β_0 はほぼエミッタ領域の全ドナー濃度 (ガンメル数) とベース領域の全アクセプタ濃度 (ガンメル数) との比で決まる. この式 (4.12) からは β_0 は電子と正孔の拡散係数の温度依存性程度の小さな温度変化しか現れないが, 実際のバイポーラトランジスタの β_0 の温度依存性は図 4.38 のように高温になるほど値が大きくなる. これは先に述べたバンドギャップナローイング効果 (式 (4.24)) の影響を反映している.

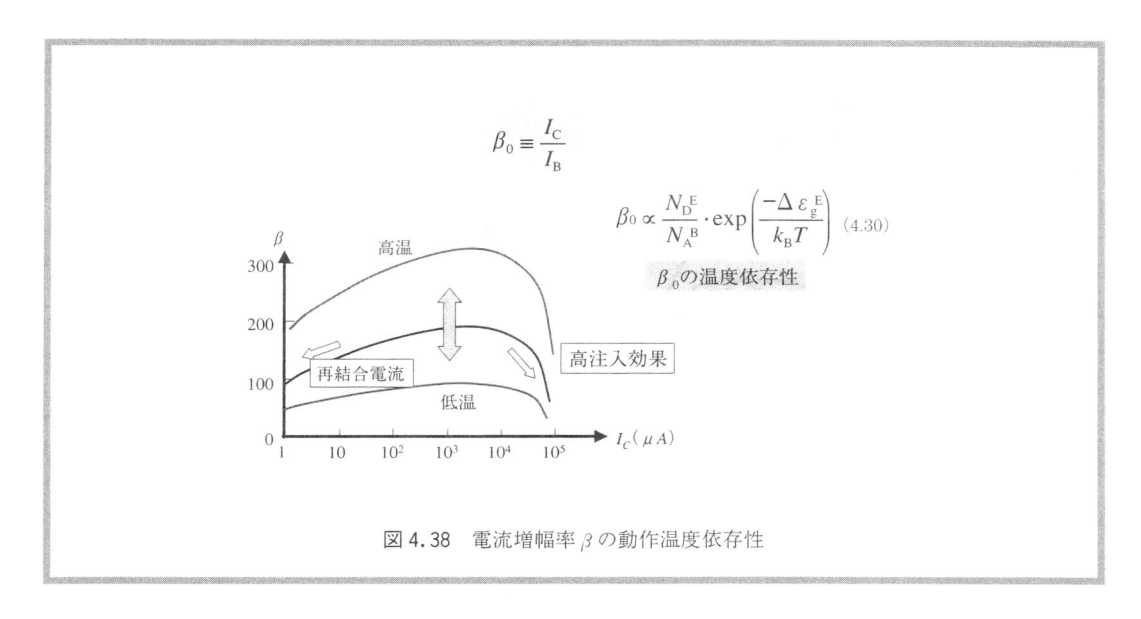

$$\beta_0 \equiv \frac{I_C}{I_B}$$

$$\beta_0 \propto \frac{N_D^E}{N_A^B} \cdot \exp\left(\frac{-\Delta \varepsilon_g^E}{k_B T}\right) \quad (4.30)$$

β_0 の温度依存性

図 4.38　電流増幅率 β の動作温度依存性

この効果を取り入れたエミッタ接地電流増幅率 β_0 を式 (4.30) に示す．この式から温度が高くなると増幅率 β_0 は大きくなることがわかる．

4.3.3　素子動作の破壊

第 2 章において，pn 接合に強い逆バイアスを印加すると「アバランシェ破壊（なだれ破壊）」現象が起こることを述べた．

バイポーラトランジスタでもコレクタ電極に高い電圧を印加するとベース・コレクタ間の pn 接合でこの現象が生じる．すなわち，ベース・コレクタ接合に極めて大きな逆方向バイアスを印加すると，この接合の空乏層内の電界が極めて大きくなる．そしてベース領域を通過した電子がこの空乏層領域に入るとその電界で加速される．運動エネルギーがバンドギャップ以上になると，電子が価電子と衝突して衝突電離を起こす．このとき新たに発生した電子と正孔は再び pn 接合の内部電界で加速され，高エネルギーになって再び衝突電離を起こす．このようにキャリアが次々と衝突電離を起こして電子・正孔がねずみ算的に増加する現象をアバランシェ増倍とよんでいる．

通常，コレクタ電流 I_C はエミッタ電流 I_E の主成分である電子電流 I_{En} にほぼ等しいので，コレクタ電流 I_C はベース接地電流利得 α_0 を用いて $\alpha_0 I_E$ と表されるが，アバランシェ破壊時にはインパクトイオン化による電流が加わる．

このアバランシェ破壊発生時の倍増係数を M とすると，コレクタ電流は式 (4.31) によって与えられる．

ベース・コレクタ接合領域でアバランシェ破壊を引き起こしてコレクタ電流が増大する際の電流増倍係数 M は経験的に式 (4.32) で表される．この式を用いて V_{CB} とコレクタ電流 I_C との関係を図示すると図 4.40 のようになる．アバランシェ破壊が発生するコレクタ電圧領域 BV_{CBO} 付

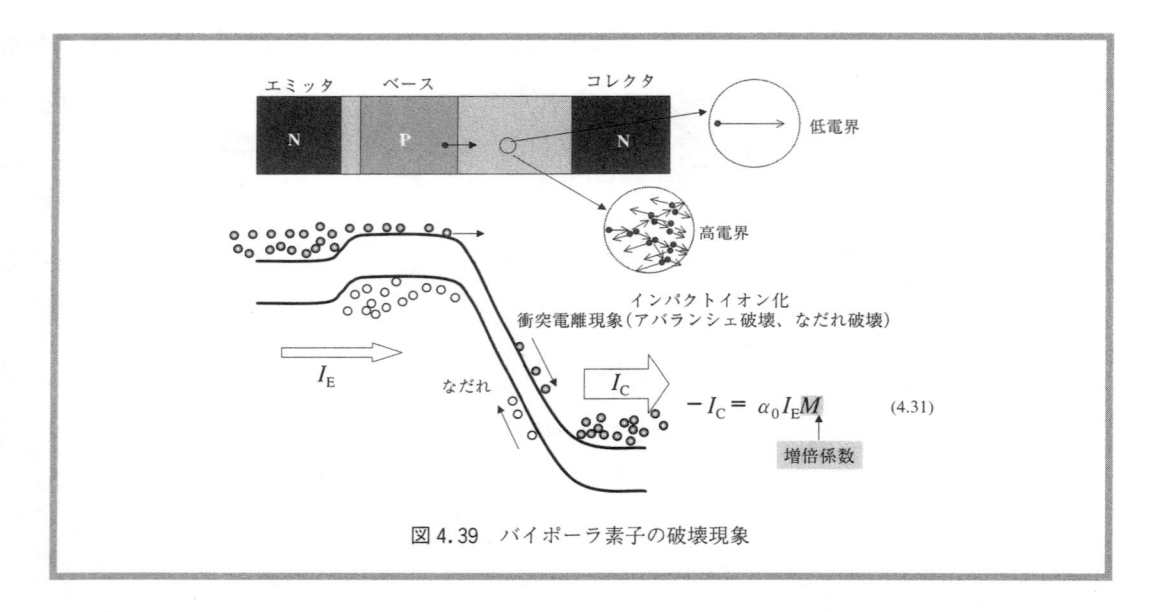

図 4.39 バイポーラ素子の破壊現象

近でコレクタ電流 I_C が急激に増加する．BV_{CBO} の添字の最後にある "O" はエミッタ電極が開放されていることを意味している．

なお，このようなバイポーラトランジスタ動作の破壊は構造的な破壊（不可逆的な破壊）をもたらすわけではなく，"動作特性が破壊する" という意味である．つまり，コレクタ電流とコレクタ電圧との積（ジュール熱）がある臨界値以下なら，アバランシェ破壊に至っても可逆的な素子特性が再現される．

次にエミッタ電極を接地したときの破壊特性について考えてみよう．

ベース・コレクタ接合でアバランシェ破壊が起こると，空乏層中で発生した正孔がベース領域

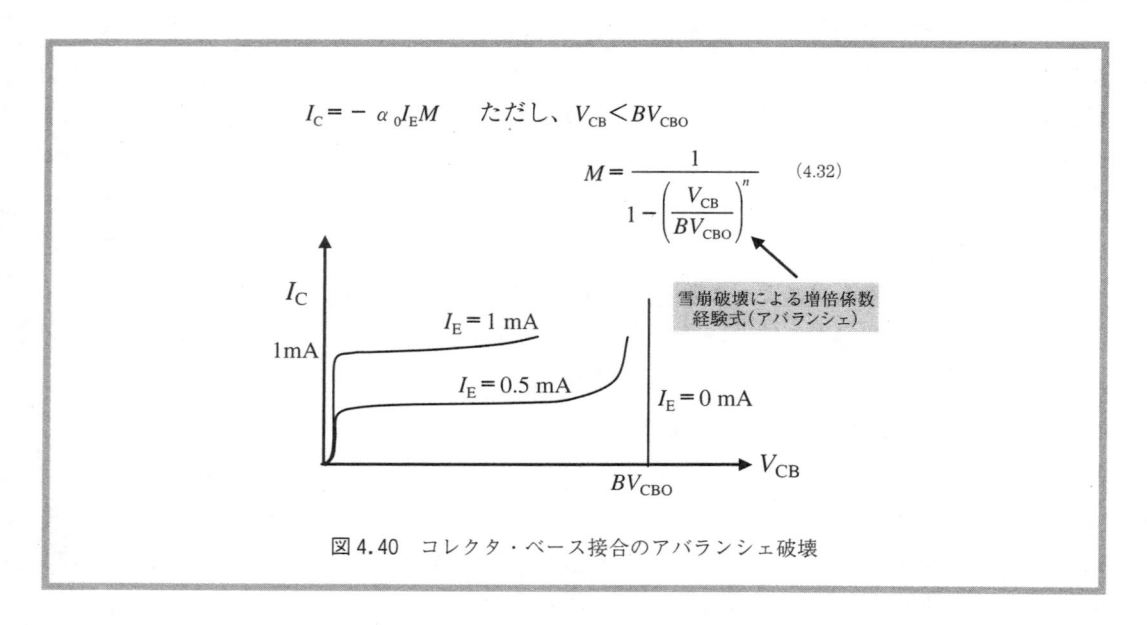

図 4.40 コレクタ・ベース接合のアバランシェ破壊

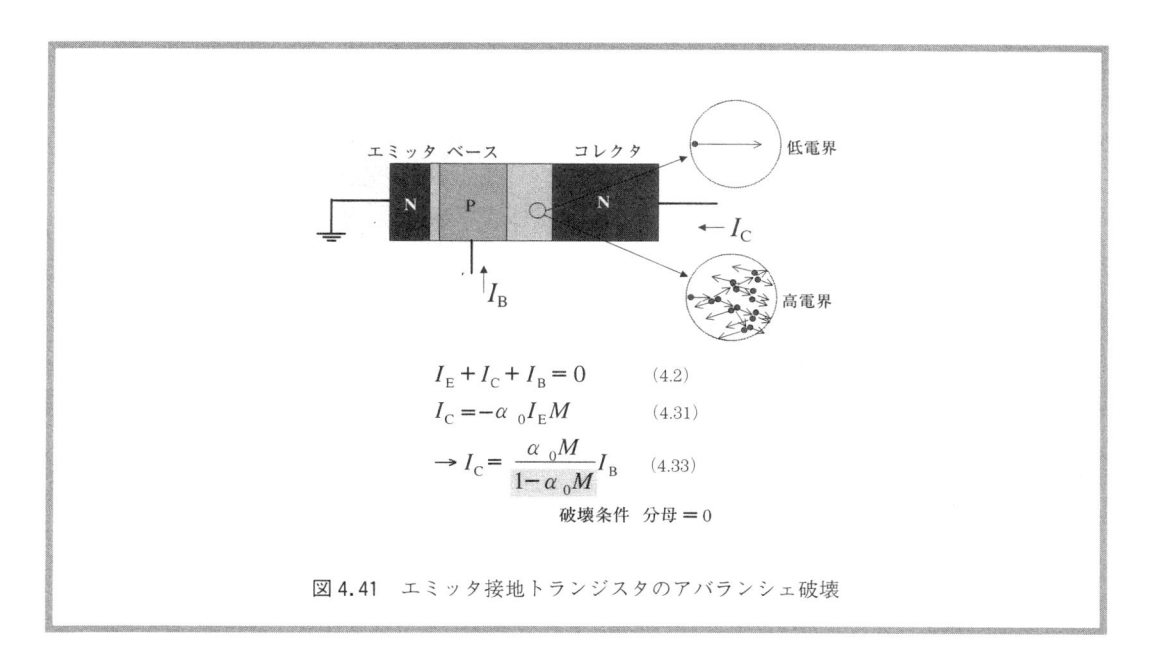

4.3 バイポーラトランジスタの素子特性

$$I_E + I_C + I_B = 0 \quad (4.2)$$
$$I_C = -\alpha_0 I_E M \quad (4.31)$$
$$\rightarrow I_C = \frac{\alpha_0 M}{1 - \alpha_0 M} I_B \quad (4.33)$$

破壊条件　分母 = 0

図 4.41 エミッタ接地トランジスタのアバランシェ破壊

$$\alpha_0 M = 1 \quad \rightarrow \quad \frac{\alpha_0}{1 - \left(\dfrac{BV_{CEO}}{BV_{CBO}}\right)^n} = 1 \quad \rightarrow \quad BV_{CEO} \cong BV_{CBO} \sqrt[n]{1 - \alpha_0} \quad (4.35)$$

(4.34)　　　　　　　　　　　　　　　　　　　　　　　1より小さい　　　$n \approx 4$

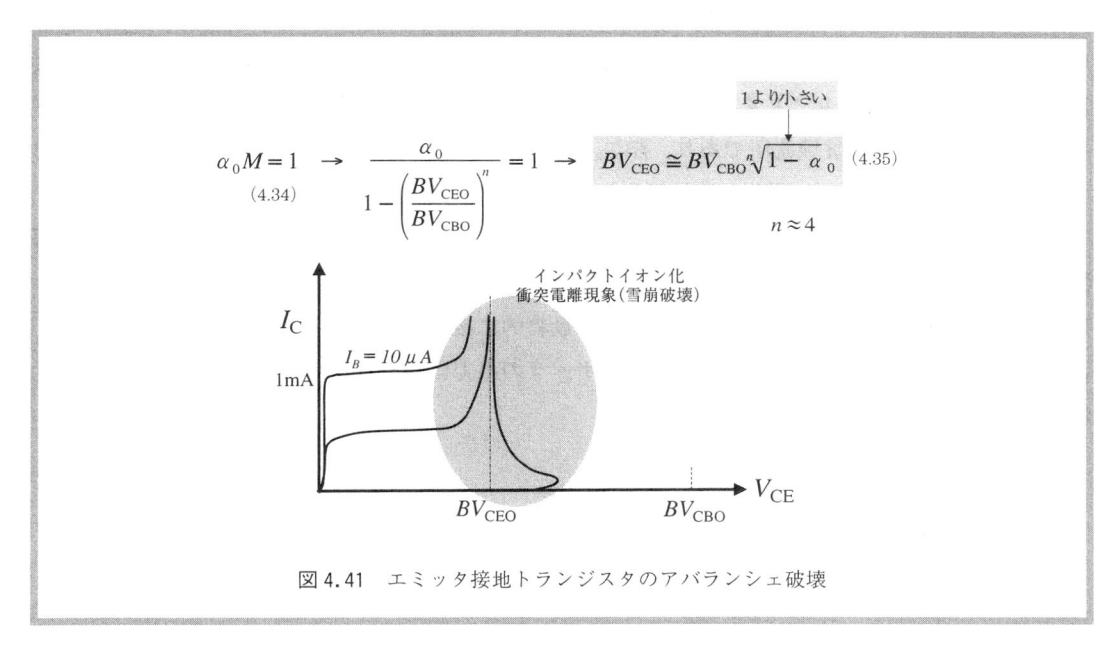

図 4.41 エミッタ接地トランジスタのアバランシェ破壊

に流れ込み，実効的にベース電流が増加する．この過剰な正孔がエミッタ・ベース間の順方向バイアスを大きくしてエミッタからの電子注入量をさらに増す．これをきっかけにしてエミッタから過剰な電子がコレクタ空乏層に注入されて，それがさらにアバランシェを引き起こす．この正帰還のためエミッタ接地トランジスタではアバランシェ破壊電圧の低下がみられる．

この様子は式 (4.2) に式 (4.31) を代入して得られる式 (4.33) から理解できる．すなわち，式 (4.33) では分母が零となるバイアス条件でコレクタ電流が無限大となり，トランジスタが破

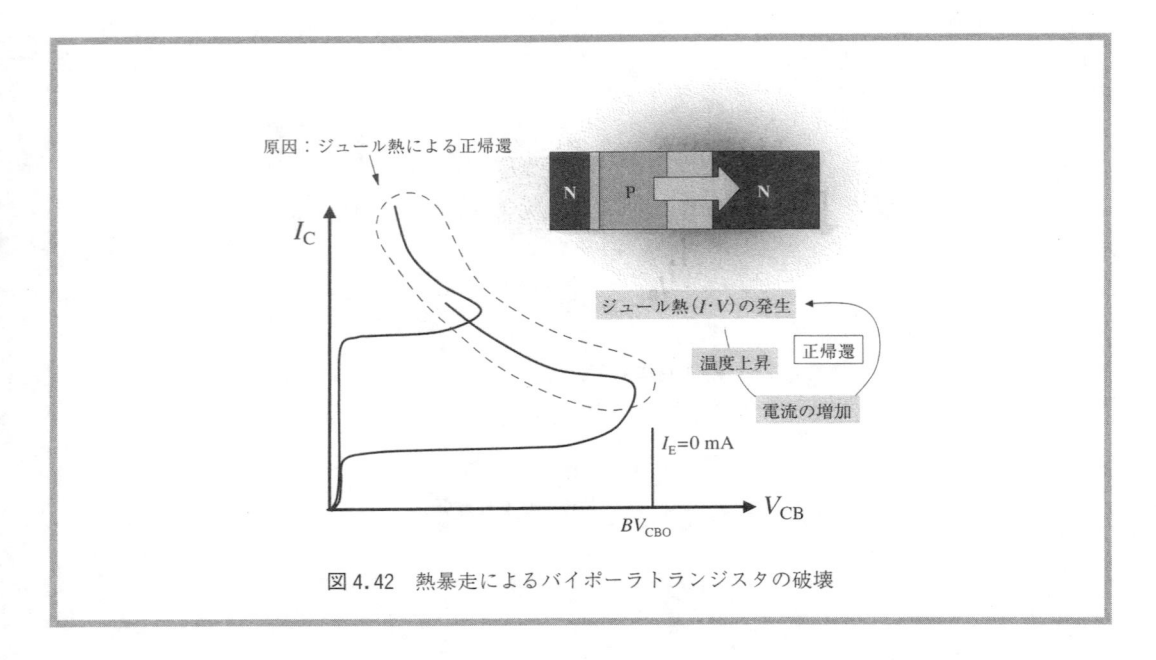

図 4.42 熱暴走によるバイポーラトランジスタの破壊

壊する．つまり，エミッタ接地トランジスタのアバランシェ破壊電圧 BV_{CEO} は式（4.34）で与えられる．この式に式（4.32）を代入すると式（4.35）が得られる．α_0 が 1 以下の値であることと n が 4 程度の値であることを考慮すれば，BV_{CEO} は BV_{CBO} より小さくなる．なお，BV_{CEO} はベースを開放したときの破壊電圧であり，BV_{CBO} はエミッタを開放したときの破壊電圧である．

　コレクタ電圧とコレクタ電流の双方が大きいとコレクタ空乏層でジュール発熱が大きくなり，トランジスタ全体の温度が高くなる．このような状況ではエミッタからのキャリア注入が指数関数的に増加して，ジュール熱の発生がさらに加速される正帰還が生じる．こうなると印加電圧を下げない限りトランジスタの温度上昇が続き，最終的に接合が融解する不可逆的な破壊に至る．この現象を熱暴走とよんでいる．実際，バイポーラの出力回路ではこのような熱的な破壊を避けるため保護回路が使われている．

演習問題

4.1 NPN バイポーラトランジスタには3つの領域があります．集積回路で用いられる NPN トランジスタの断面構造を示し，各領域の名称を記せ．

4.2 上記のバイポーラトランジスタが活性領域で動作しているときの各端子に印加したバイアス電圧の向きを電池の記号を使って表せ．

4.3 上記の活性領域で動作しているバイポーラトランジスタのエミッタ・コレクタ電圧とコレクタ電流の関係をグラフに表せ．

4.4 NPN トランジスタのエミッタ濃度，ベース濃度，コレクタ濃度をそれぞれ 10^{20} cm^{-3}，10^{18} cm^{-3}，10^{16} cm^{-3}，エミッタ拡散層厚 $L_E=0.1\,\mu$m，ベース層厚 $W_B=0.2\,\mu$m，接合断面積 $S=1\times10^{-4}$ cm^2，としたとき下記の問に答えよ．ただし，電子のベース中での拡散係数は 25 cm^2/Vsec，エミッタ中の正孔の拡散係数は 5 cm^2/Vsec，動作温度は室温とする．

(1) ベース領域における熱平衡時の電子濃度を求めよ．ただし，真性キャリア濃度 $n_i=10^{10}$ cm^{-3} とする．

(2) 順方向バイアス 0.6 V をエミッタ・ベースに印加したとき，ベース領域内のエミッタ接合側の電子濃度を計算せよ．

(3) 順方向バイアス 0.6 V をエミッタ・ベースに印加したとき，ベース領域に注入された電子の全電荷量を計算せよ．ただし，ベース・コレクタ間には十分大きな逆方向バイアスが印加されているものとする．

(4) ベースからエミッタに注入された正孔電流の大きさを求めよ．

(5) エミッタ注入効率を求めよ．

(6) エミッタ接地電流利得を計算せよ．

5 光デバイス

人類は過去数十年間に電子の挙動を制御して様々な機能を持つ電子デバイスを作り出してきた.この電子デバイスと並行して発展してきた「光デバイス」も今日の生活には欠かせないものである.

たとえば,CDやDVDのデータを読みとるには半導体レーザが用いられている.ディジタルカメラやディジタルビデオは光量を電気信号に変換するフォトディテクタと,電気信号を効率よく転送するCCDからできている.その他,ブロードバンド時代を支える光ファイバを用いた大容量高速通信網にとっても,光電変換素子は欠かせない.

電子デバイスの独壇場である演算機能を光デバイスで実現するにはまだ時間がかかりそうであるが,光情報と電気情報のインタフェースとしての光デバイスの役割は今後ますます重要になる.

本章では半導体を用いた光デバイスの構造と機能を,前章までに学んだ半導体物理・工学の知識を用いて理解していくことにする.

5.1 半導体の発光・受光の物理

最初に,半導体と光との相互作用について考える.

前章までは半導体といえばシリコンであったが,光デバイスではシリコンよりむしろ化合物半導体,たとえばGaAs(ガリウム砒素)やGaN(窒化ガリウム)が主役である.したがって,本章では必ずしも"半導体=シリコン"ではないことに注意して読み進めてほしい.

5.1.1 光と物質の相互作用

まず,光について簡単に復習しておこう.

電磁気学の授業では「光は電磁波である」と教えられ,量子力学の授業では「光は光子である」と教えられる.この得体の知れない「光」とはいったい何なのだろうか?

簡単に言うと,光とは図5.1のように電場と磁場が"波打つ"現象である.電磁場の"波"は水面の波のように空間中を伝わるが,ただ1つだけ水の波打ちと異なる点がある.それは"波打ちの強さは任意ではなく,離散的な振幅を持って波打つことが許される"という点である.この"最小基本単位の波"は「光子」と呼ばれ,式(5.1)(5.2)のようなエネルギーと運動量を持つ.ここでνは波の振動数であり,λは波の波長,そしてhは「プランク定数」とよばれる普遍定

光とは？	E, B, λ	$\varepsilon = h\nu$ (5.1)
		$p = \dfrac{h}{\lambda}$ (5.2)
電場と磁場の"波打ち"		$c = \lambda\nu$ (5.3)
	電磁場の波の最小単位＝光子	

大量の光子の流れ

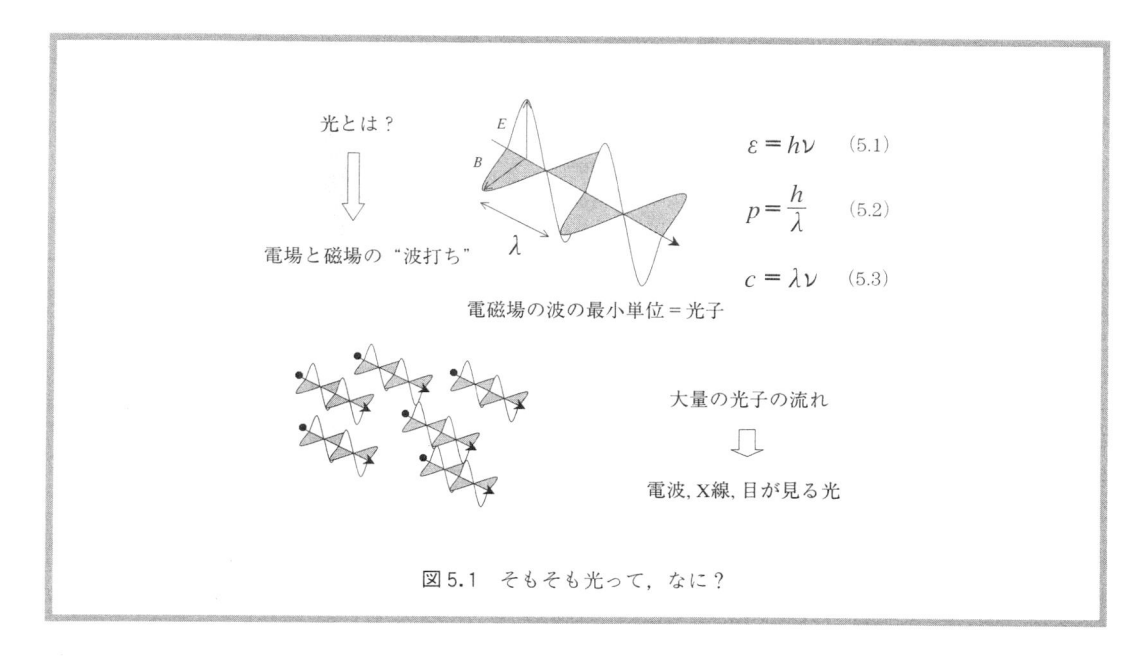

電波, X線, 目が見る光

図5.1　そもそも光って，なに？

数である．

　この波は式 (5.3) で表される速度で空間中を伝わる．真空中での伝播速度は「光速」である．

　私たちが目で見る光（電磁波）は大量の光子の流れであるため，光子1つ1つの性質は現れない．これはちょうど多量の水分子の流れに相当する川の流れには水分子1つ1つの性質は現れないことに対応している．

　図 5.1 中の式 (5.1)～(5.3) は光子の性質をミクロに表したものである．これに対して，電磁気学で計算する電磁波のエネルギーや運動量の式は光子の流れをマクロに捉えたものである．ただし「光の波長」「光の周波数」は，ミクロに見た"光子の波長""光子の周波数"と同じであるが，「光の強度」は光を構成する"光子の数"に対応する．

　光はその波長（したがって周波数，エネルギー）によって，図 5.2 のように電波，赤外線，可視光，紫外線，X 線，そして γ 線に分類される．

　電波は主として通信で利用されているが，衛星から地球を観測するリモートセンシングや電子レンジなどでも用いられている．

　赤外線は常温の物質が熱的に発する光子のエネルギー領域に対応する．温度センサや温度計以外にも，テレビやビデオのリモコンや暗視スコープ，赤外線カメラにも利用されている．一方，紫外線，X 線，γ 線に対応する光子は高いエネルギーを持っている．なかでも X 線や γ 線は生体に深刻な悪影響をもたらすが，X 線は現代医療に欠かせないレントゲン写真の光源として用いられる．

　私たちが目にする光は，波長にして約 $0.4\,\mu\mathrm{m}$ から $0.8\,\mu\mathrm{m}$ という非常に狭い範囲に限られている（外科手術によって目のレンズを取り去れば紫外線を見ることもできる）．眼球に入った光はレンズによって収束され，眼球内の光受容体が光を電気信号に変換して視神経を経て脳へと送

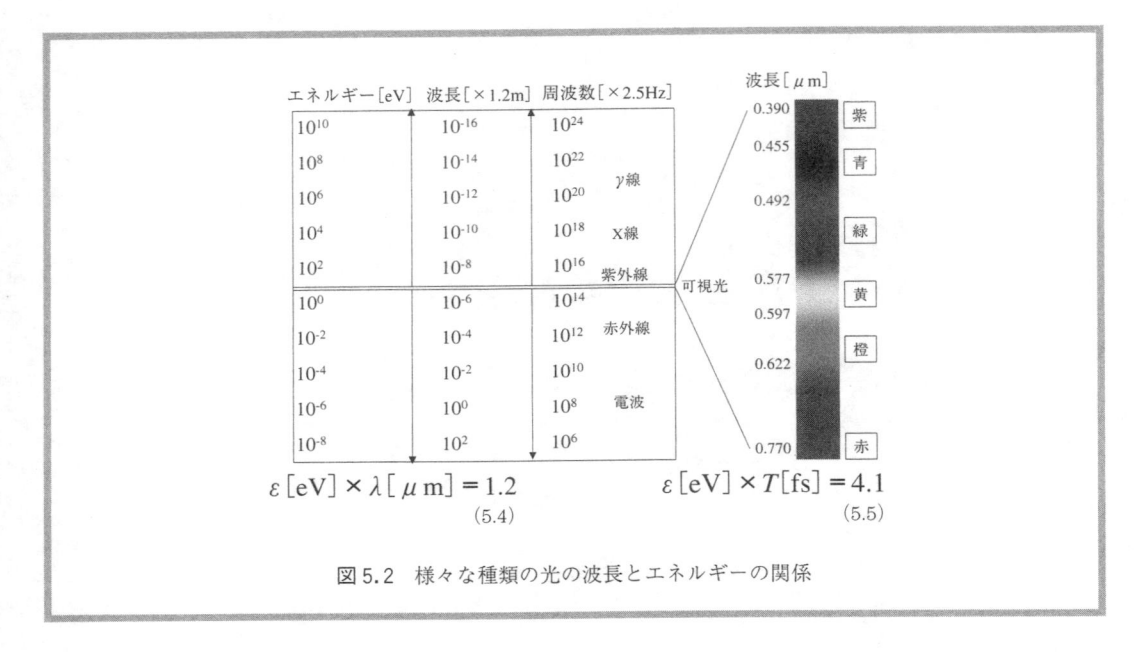

エネルギー[eV]	波長[×1.2m]	周波数[×2.5Hz]		波長[μm]	
10^{10}	10^{-16}	10^{24}		0.390	紫
10^{8}	10^{-14}	10^{22}	γ線	0.455	青
10^{6}	10^{-12}	10^{20}		0.492	緑
10^{4}	10^{-10}	10^{18}	X線	0.577	黄
10^{2}	10^{-8}	10^{16}	紫外線 可視光	0.597	橙
10^{0}	10^{-6}	10^{14}		0.622	
10^{-2}	10^{-4}	10^{12}	赤外線		
10^{-4}	10^{-2}	10^{10}		0.770	赤
10^{-6}	10^{0}	10^{8}	電波		
10^{-8}	10^{2}	10^{6}			

$$\varepsilon[\text{eV}] \times \lambda[\mu\text{m}] = 1.2 \quad (5.4)$$

$$\varepsilon[\text{eV}] \times T[\text{fs}] = 4.1 \quad (5.5)$$

図5.2 様々な種類の光の波長とエネルギーの関係

られる．

ちなみに，光子のエネルギー ε，波長 λ，そして周期 T ($=1/f$) の間にはそれぞれ式 (5.4)，(5.5) の関係が成り立っている．

次に，光と半導体との相互作用について考えてみよう．

放送局から送られてくる電波は家庭のアンテナを介して微小電圧に変換され，それをテレビやラジオの受信回路が増幅することを利用して情報を伝えている．このような長波長の光は電磁気学を使ってマクロな量として取り扱えるため比較的理解しやすい．しかし，原子レベルのミクロな世界で生じる可視光と物質との相互作用は，光を光子として捉えて"光子と原子・電子との相互作用"という扱いが必要となる．

光子が図5.3のように物質中に入射すると，物質中の電子に式 (5.6) のエネルギーを与えて消滅する．このとき，1つの光子はそのエネルギーによらずただ1つの電子に全エネルギーを与えて消滅する．金属では伝導帯の電子が伝導帯中のさらにエネルギーの高い状態に励起される「バンド内吸収」によって光子を吸収するが，半導体では主として価電子帯の電子が伝導帯に励起される「バンド間吸収」で光子を吸収する．

この逆過程である伝導電子と正孔とが再結合すると光子が放出される．この場合にも，1つの電子正孔対が消滅すると1つの光子が放出される．このとき，ほぼ半導体のバンドギャップエネルギーに等しいエネルギーが光子に転嫁されるので，発生した光子の周波数は式 (5.7) によって与えられる．ε_g は半導体のバンドギャップエネルギーである．

電子正孔対が光子と相互作用をして光を吸収・放出するプロセスには，図5.4に示された2種類のメカニズムが関与している．

第1のメカニズムは，電子正孔対と光子1個が直接相互作用する「直接遷移」である．これは

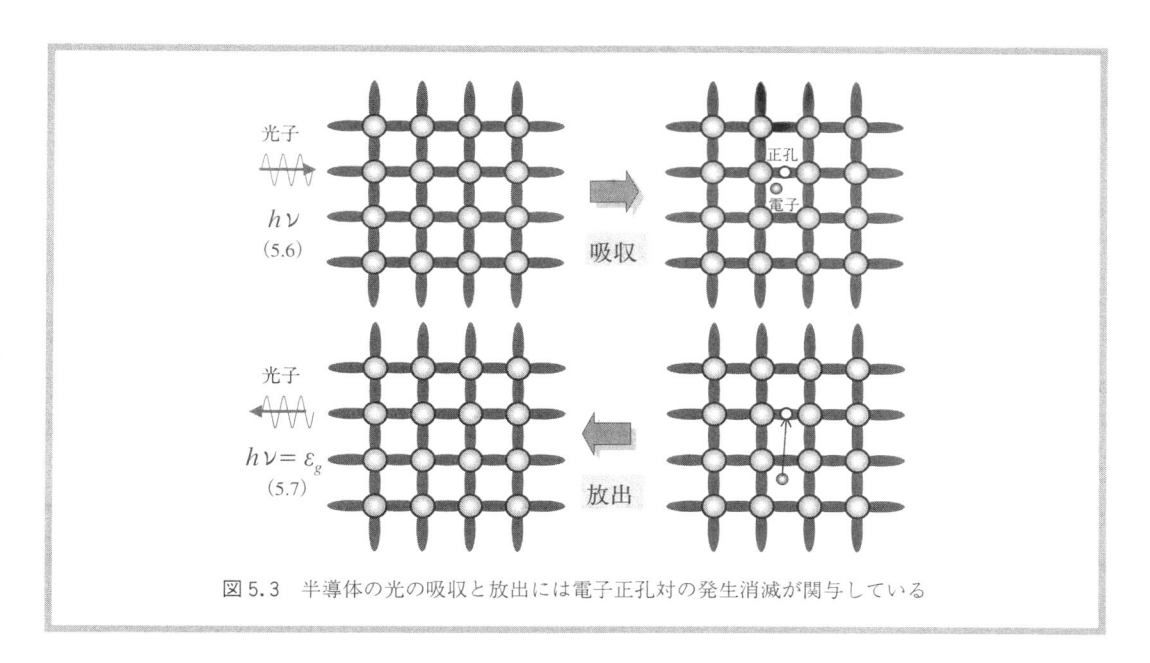

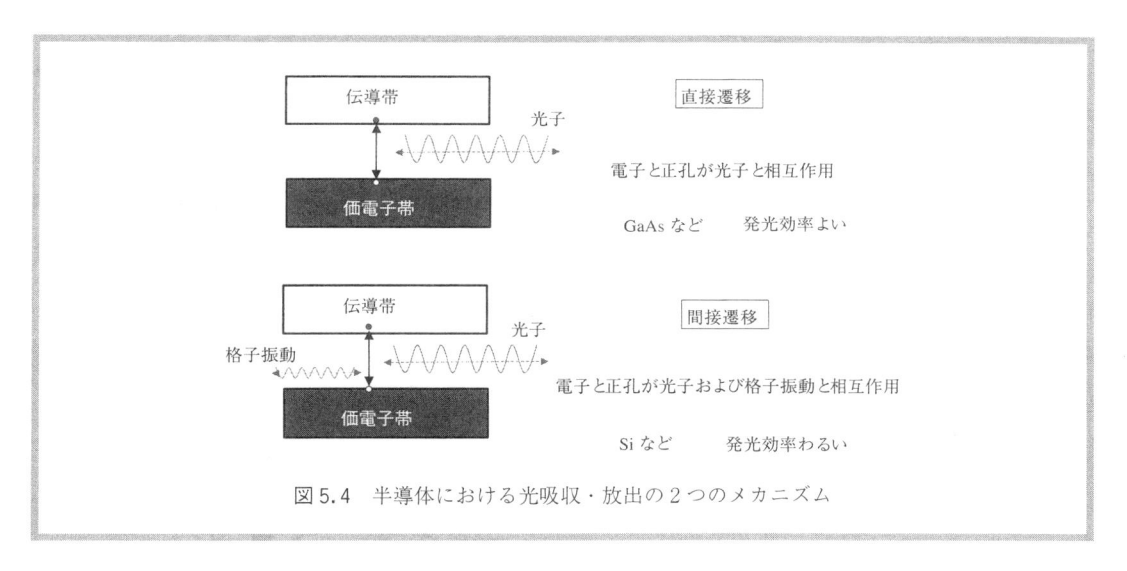

図 5.3 半導体の光の吸収と放出には電子正孔対の発生消滅が関与している

図 5.4 半導体における光吸収・放出の 2 つのメカニズム

GaAs などの化合物半導体でよく見られる.

　第 2 のメカニズムは，電子正孔対と光子が相互作用する際に格子振動（フォノン）が必要となる「間接遷移」である．これはシリコンなどの元素半導体でよく見られる．

　直接遷移による光の吸収と放出は格子振動という参加者が不要であるため，間接遷移による光の吸収・放出メカニズムに比べて 100 倍以上発生頻度が高い．このため，光デバイスの用途には Si よりも GaAs などの「直接遷移型半導体」がよく用いられる．

5.1.2 光素子に用いる材料

半導体光素子を設計する上で重要なポイントは，

　①発光・受光効率がよいこと

　②所望の波長の光と相互作用すること

の2点である．

前述したようにシリコンは間接遷移型の半導体であるため，①の条件を満たすことができない．このため，光デバイスには主にGaAsなど直接遷移型の化合物半導体が用いられる．

半導体と相互作用する光の波長は半導体材料のバンドギャップによってきまるため，②の条件から，光デバイスは使用目的に応じて異なるバンドギャップを持つ半導体材料で作られる．

本節では所望のバンドギャップを持つ半導体材料を特定する上で重要な材料科学について解説する．

図5.5は，いろいろな種類の半導体に対して格子定数とバンドギャップの関係を示したものである．半導体を構成する元素の属する周期律表の"族"（図1.14参照）を使ってIV族，III-V族，II-VI族などに分類すると，構成元素の平均原子量が大きな（格子定数が大きい）半導体ほどバンドギャップが小さくなる傾向にある．このような知識は，複雑な構造のヘテロ接合デバイスを作る際にも重要となる．

図中には，ウルツ鉱型結晶構造(a)と立方格子構造(c)の安定構造をとる2つの異なる結晶構造のGaNやInNについてもプロットしている．

図中に示された異なる性質を持つ半導体を混ぜ合わせて新しい半導体結晶（混晶）を作ると，その混合比によって所望のバンドギャップを持つ半導体を作り出すことができる．たとえばGaAsとAlAsを混ぜ合わせると，図中でこれら2点を結んだ線上の任意のギャップを持つ半導体を作り出すことができる．このように所望のバンドギャップを持つ半導体材料を作ることができる．

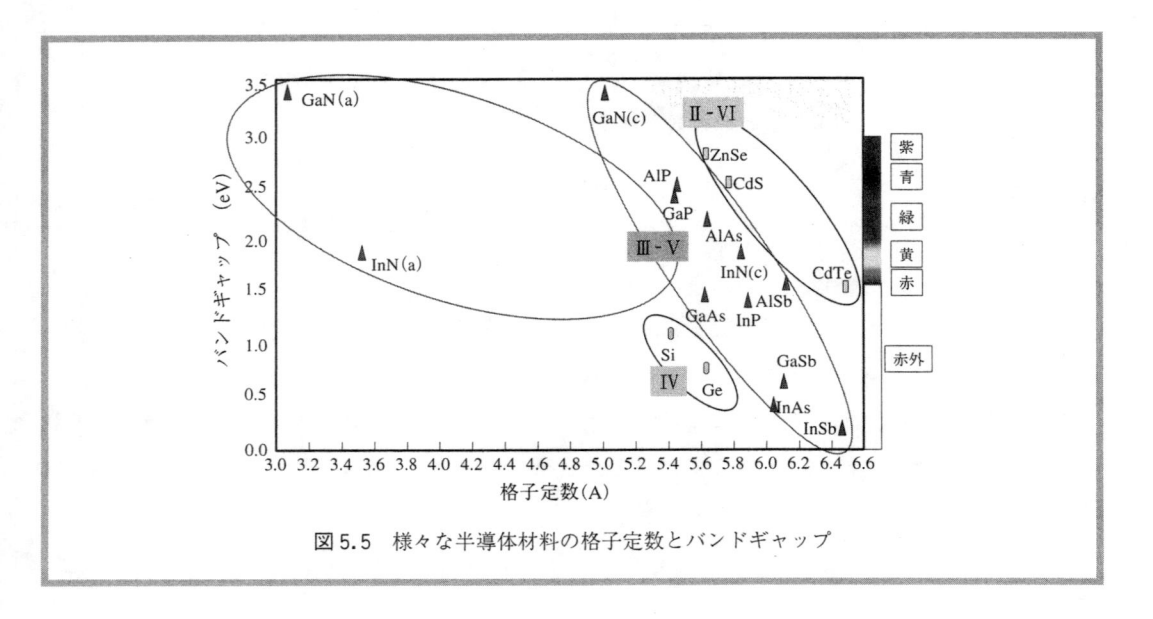

図5.5 様々な半導体材料の格子定数とバンドギャップ

5.2 発光素子

私たちの身近には可視光領域の光を出す発光ダイオードが数多く使われている．これらに使われる半導体材料は主に $In_{1-x}Ga_xP$ や $Ga_{1-x}Al_xAs$，そして $In_{1-x}Ga_xN$ などである．ここで，組成比 x は0から1の値をとる．

最近は各種の半導体材料が開発され，図5.6に示されているように可視光領域のほとんどの波長に対応した発光ダイオードが製品化されている．また，青色発光ダイオードと蛍光剤を組み合わせて白色光を発する発光ダイオードも照明用として実用化されている．

赤外線領域で用いられる光デバイスの中で代表的なものは光通信用の発光・受光素子である．光通信はグラスファイバを通して行われるため，ファイバ中での信号の損失を抑えれば長距離通信が可能となる．

図5.7は一般的に光通信で用いられる光ファイバ材料の光損失特性である．長波長の光ほどレ

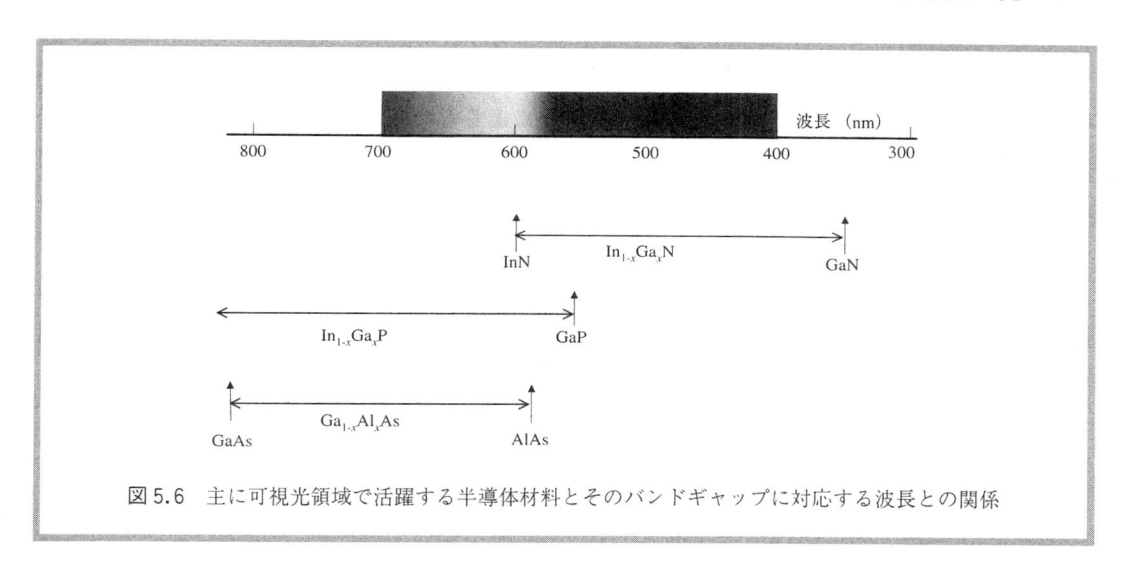

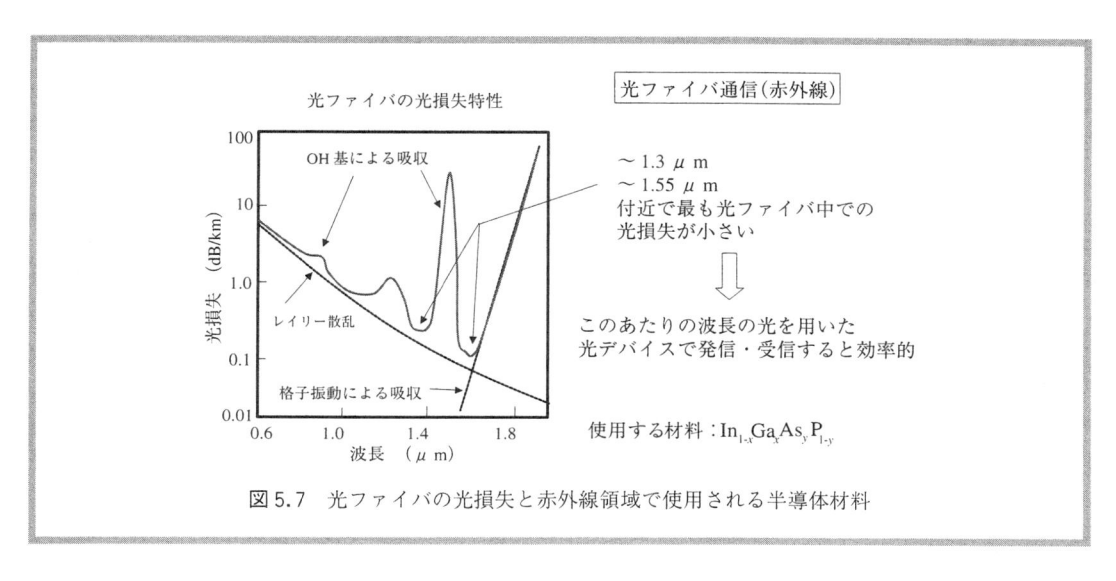

図5.6 主に可視光領域で活躍する半導体材料とそのバンドギャップに対応する波長との関係

図5.7 光ファイバの光損失と赤外線領域で使用される半導体材料

イリー散乱を受けにくい特徴が現れているものの，1.6μm より長波長では逆にファイバの格子振動による光吸収が顕著になる．このため光通信では 0.8〜1.55μm の赤外光が用いられる．特に波長が 1.3μm および 1.55μm 付近には光損失の極小点があり，これらの波長での通信が最も効率的であることを示している．このような赤外線領域に対しては $In_{1-x}Ga_xAs_yP_{1-y}$ などの半導体材料が用いられる．

5.2 発光素子

光デバイスは「発光素子」と「受光素子」に分類することができる．

本節では発光素子として代表的な LED（Light Emitting Diode）やレーザダイオード（LD：Laser Diode）の動作メカニズムについて詳しく説明する．

これらの発光素子は，すでに私たちの日常生活に幅広く用いられている．携帯電話の着信を知らせる光や電気製品の表示ランプなどは全て LED によるものである．さらにスケールの大きな大型ディスプレイや小型照明などにも LED が使用されている．一方，指向性の高いレーザダイオードは CD や DVD のデータの読みとりや，レーザプリンタ，そしてプレゼンテーションやライフル狙撃に欠かせないレーザポインタなどに用いられている．

このように半導体発光素子が生活に急速に浸透した背景には，固体発光素子が小型で消費電力が低く故障しにくいという特長があげられる．家庭で使用されている電球の寿命はほぼ 1 年程度であることを考慮すると半導体発光デバイスの寿命は格段に優れている．

5.2.1 発光ダイオード

まずはレーザダイオードより動作原理が理解しやすい発光ダイオードについて解説する．この発光ダイオードの動作原理は，さらに複雑なレーザダイオードを理解する上で欠かせない基礎知識となる．

LED の基本構造は図 5.8 に示す pn 接合である．第 2 章で解説したように，pn 接合に順バイアスを印加すると n 型領域の電子が p 型領域側へ，そして p 型領域の正孔が n 型領域側へ注入される．このとき p 型領域，n 型領域，および空乏層中で電子と正孔が再結合し，バンドギャップエネルギーに相当する波長の光子が放出されるのである．発光は空乏層の狭い領域を中心に，その両側の n 型領域，p 型領域におけるキャリアの拡散距離程度の範囲で生じる．

pn 接合で生じた光はデバイスの外に取り出されるまでに図 5.9 に示された様々な損失を受け，実質的な発光効率が低下する．

LED での主な光損失は
　①半導体中での光の減衰
　②半導体・空気界面でのフレネル損失
　③半導体・空気界面での全反射
の 3 つである．

5.2 発光素子

LEDは，単にpn接合そのものである．

図5.8 発光ダイオード（LED）の原理

図5.9 LEDの光損失メカニズム

① 半導体中での光の減衰

$$I(x) = I_0 \exp(-\alpha x) \quad (5.8)$$

α：減衰係数

② 半導体・空気界面での反射（フレネル損失）

反射率：$R = \left(\dfrac{n_{\mathrm{GaAs}} - n_{\mathrm{air}}}{n_{\mathrm{GaAs}} + n_{\mathrm{air}}} \right)^2 \cong 0.33$ (5.9)

③ 半導体・空気界面での全反射

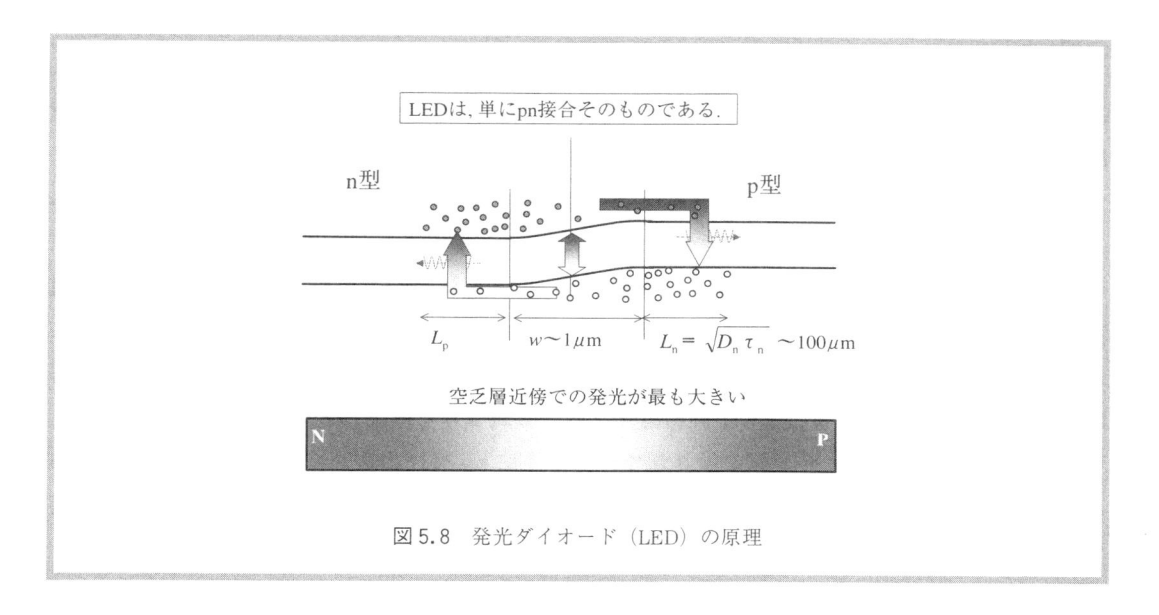

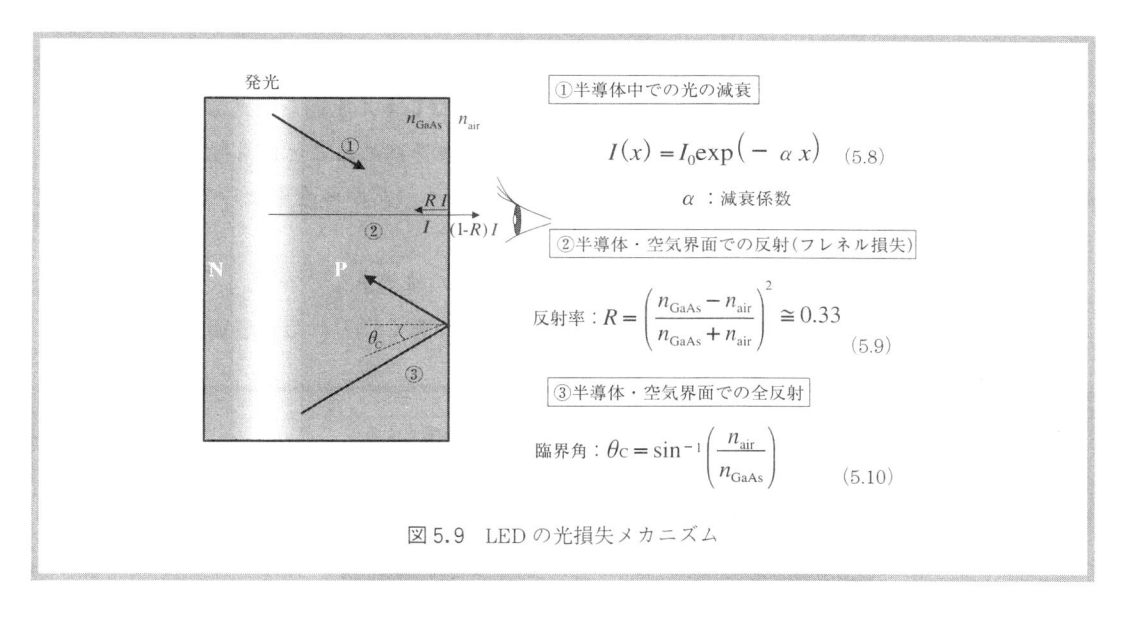

臨界角：$\theta_{\mathrm{C}} = \sin^{-1}\left(\dfrac{n_{\mathrm{air}}}{n_{\mathrm{GaAs}}} \right)$ (5.10)

まず①番目の"光の減衰"は，半導体中を光が進む間に電子正孔対を生成して光子が失われることに起因している．この光強度は光の走行距離 x に対してして式（5.8）のように指数関数的に減少する．ここで波長依存性を持つ減衰係数 α は，物質のエネルギーバンド構造によって決まる．

②番目は光が屈折率の異なる物質の界面に入射したときに受ける反射である．光が界面に垂直に入射したときの反射係数 R（反射光強度の入射光強度に対する比）は式（5.9）によって与えられる．

たとえば，GaAsではバンドギャップ付近の波長の光に対して反射率は0.33程度であり，33％

の光は界面で跳ね返されることを意味している．

③番目のメカニズムは光の全反射現象である．全反射の臨界角は式 (5.10) によって与えられ，GaAs では 16° である．これよりも大きな入射角で半導体・空気界面に入射した光は空気中に放出されることなく半導体内に全反射される．

①の半導体中での光の減衰による効率低下を抑えるために，以下のような工夫がなされている．

第 1 の方法は，図 5.10 の上図に示されているように，できるだけ半導体の表面近傍で発光させる方式である．これは，図中右側（p 型領域側）が半導体表面とすれば，pn 接合を流れる電流の大半を電子電流にして表面近傍での発光を支配的にすることに相当する．順方向バイアスした pn 接合の全電流に対する電子電流の比は式 (5.11) で表される．この電子注入効率をできる限り 1 に近づけるには n 型領域の不純物濃度を p 型領域よりも大幅に高濃度にすればよい．

第 2 の方法は，図 5.10 の下図に示されているように pn 接合の表面側の膜厚をより薄くすることである．図の例では p 型領域をできるだけ薄くして p 型領域内を進行する光の減衰を抑えて出力光量を高めている．

②の半導体・空気界面での反射，および③の全反射を抑制するには，図 5.11 のように半導体空気界面に半導体の屈折率よりも小さな透明樹脂を塗布することが効果的である．これは樹脂の屈折率の方が空気の屈折率よりも大きいため，半導体界面での反射係数が式 (5.12) のように抑制されるためである．透明膜の塗布は式 (5.12) のようにフレネル反射を抑えるだけでなく，式 (5.13) のように全反射の臨界角が増大することで出射効率を高めることにも役立つ．いったん樹脂に入射した光は樹脂内ではほとんど減衰することはなく（だから透明なのである），やがて空気中へ放出される．

以上の説明からわかるように，典型的な LED は図 5.12 の構造をしている．

n 型領域の下部は負の電極に接続され，n 型領域に比べて薄く作られた p 型領域は正の電極に

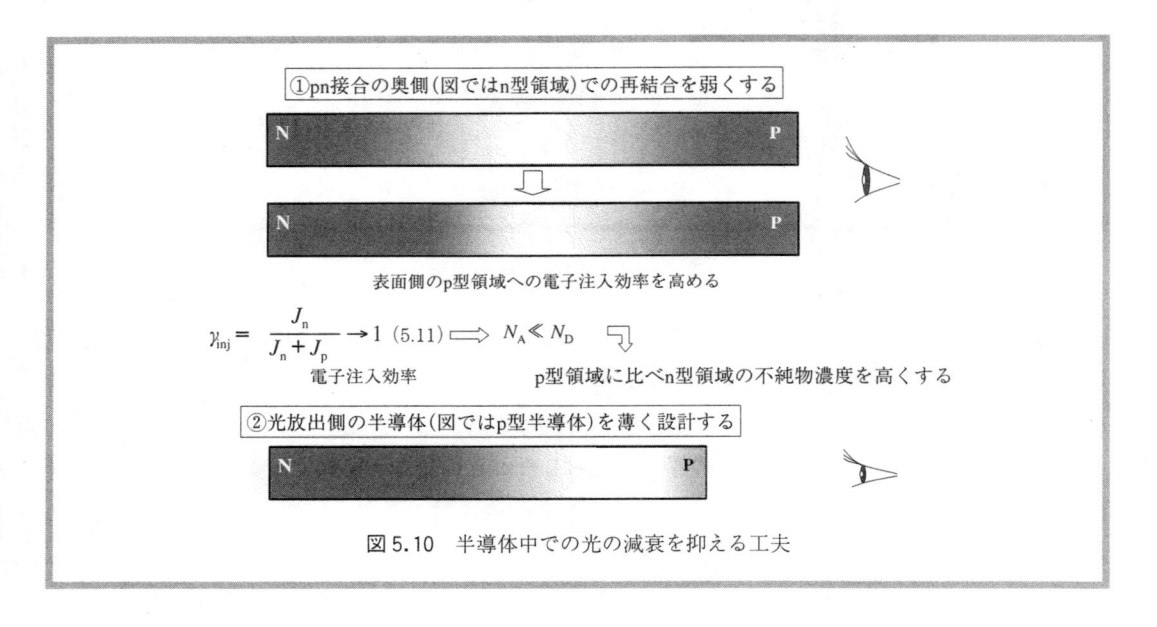

①pn 接合の奥側（図では n 型領域）での再結合を弱くする

表面側の p 型領域への電子注入効率を高める

$$\gamma_{inj} = \frac{J_n}{J_n + J_p} \to 1 \quad (5.11) \implies N_A \ll N_D$$

電子注入効率　　　　　　　　p 型領域に比べ n 型領域の不純物濃度を高くする

②光放出側の半導体（図では p 型半導体）を薄く設計する

図 5.10　半導体中での光の減衰を抑える工夫

5.2 発光素子

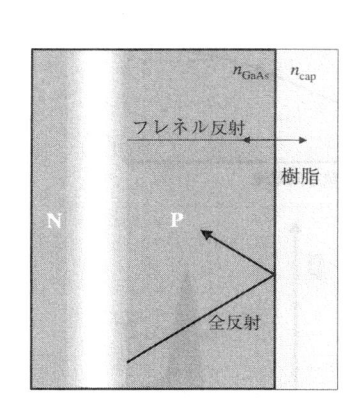

フレネル反射の抑制

$$R' = \left(\frac{n_{\text{GaAs}} - n_{\text{cap}}}{n_{\text{GaAs}} + n_{\text{cap}}}\right)^2 < \left(\frac{n_{\text{GaAs}} - n_{\text{air}}}{n_{\text{GaAs}} + n_{\text{air}}}\right)^2 \quad (5.12)$$

全反射臨界角の増大（全反射の抑制）

$$\theta_c' = \sin^{-1}\left(\frac{n_{\text{cap}}}{n_{\text{GaAs}}}\right) > 16° \quad (5.13)$$

図 5.11 半導体界面での反射を抑える工夫

配線されている．そして pn 接合 LED 全体は透明な樹脂によって覆われている．発光ダイオードが順方向にバイアスされるように電圧を印加すると多量の電子が p 型領域に流れ込み，そこで正孔と再結合してバンドギャップに近い波長の光が放出される．

このようにして作られた LED の発光量は，ほぼ pn 接合に流す電流量に比例するが，極端に大電流を流すと図 5.13 の上図のように pn 接合の温度が上昇して発光効率が低下する．

また，伝導電子のエネルギーは伝導体の底から熱エネルギー程度（$\sim k_B T$）の広がりを持っており，同様に，正孔も価電子帯の頂上から熱エネルギー程度の範囲で分布している．このため，これらのキャリアが再結合して発生する光のエネルギースペクトルは図 5.13 の下図のようにバ

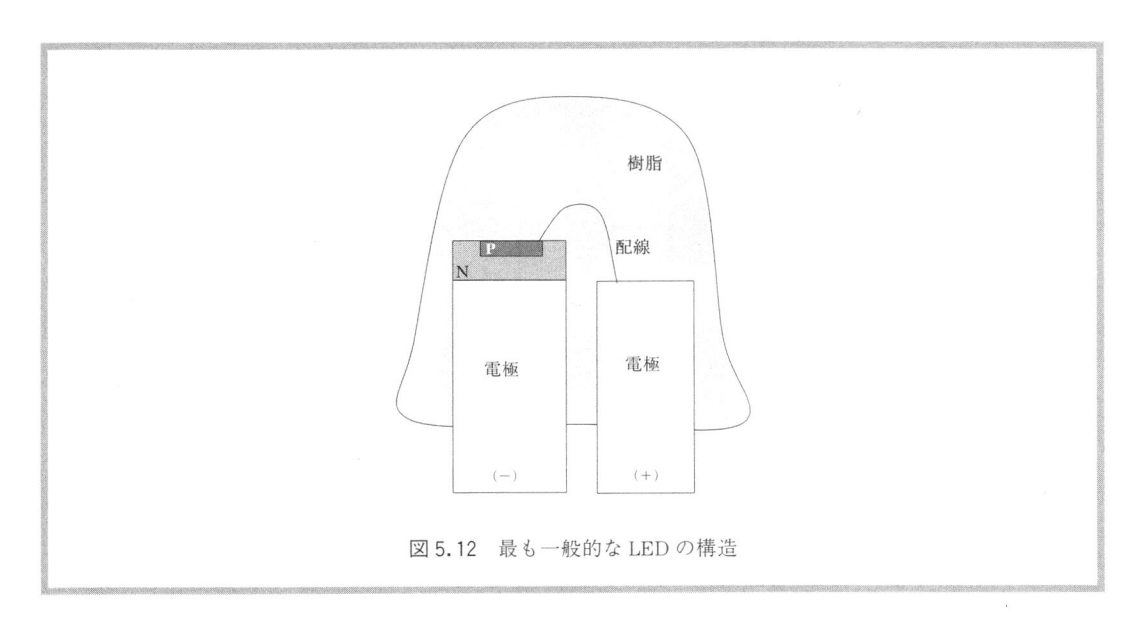

図 5.12 最も一般的な LED の構造

図5.13 LEDの一般的特性

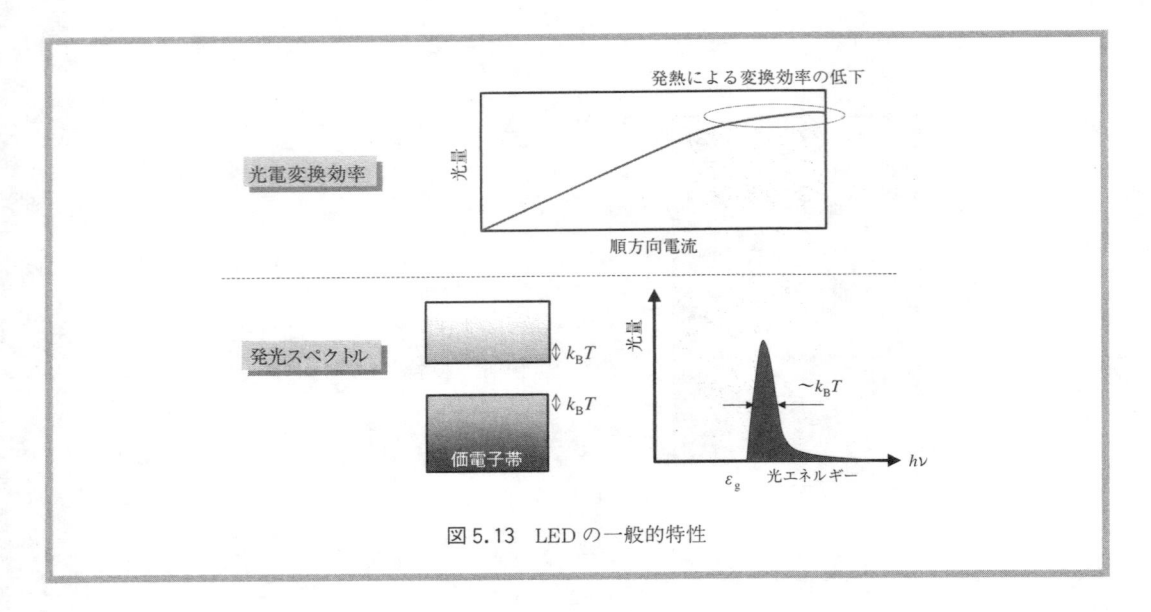

ンドギャップエネルギーから熱エネルギー程度の幅を持って分布している．

一般的な構造のLEDよりもさらに発光効率の高いLEDとして，図5.14に示すヘテロ接合のLEDがある．

ここで「ヘテロ接合」とは，異なる種類の半導体結晶を格子整合させて作った人工のpn接合のことである．図のようにGaAsをバンドギャップエネルギーの大きな$Al_xGa_{1-x}As$で挟んでpn接合をつくると，電子・正孔が狭いGaAs層に閉じ込められるため効率よく再結合し，高効率の発光が得られる．また，AlGaAsのバンドギャップはGaAsに比べて大きく吸収係数が図5.14中の右図のようになっている．このため，GaAs層で生じたバンドギャップと同程度のエネルギー

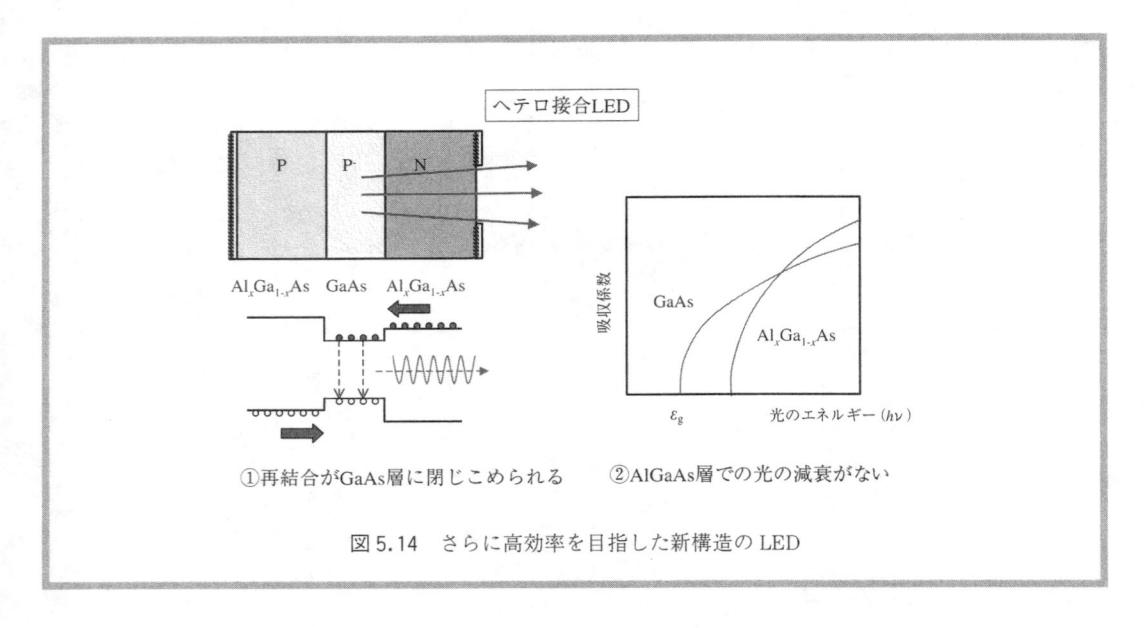

図5.14 さらに高効率を目指した新構造のLED

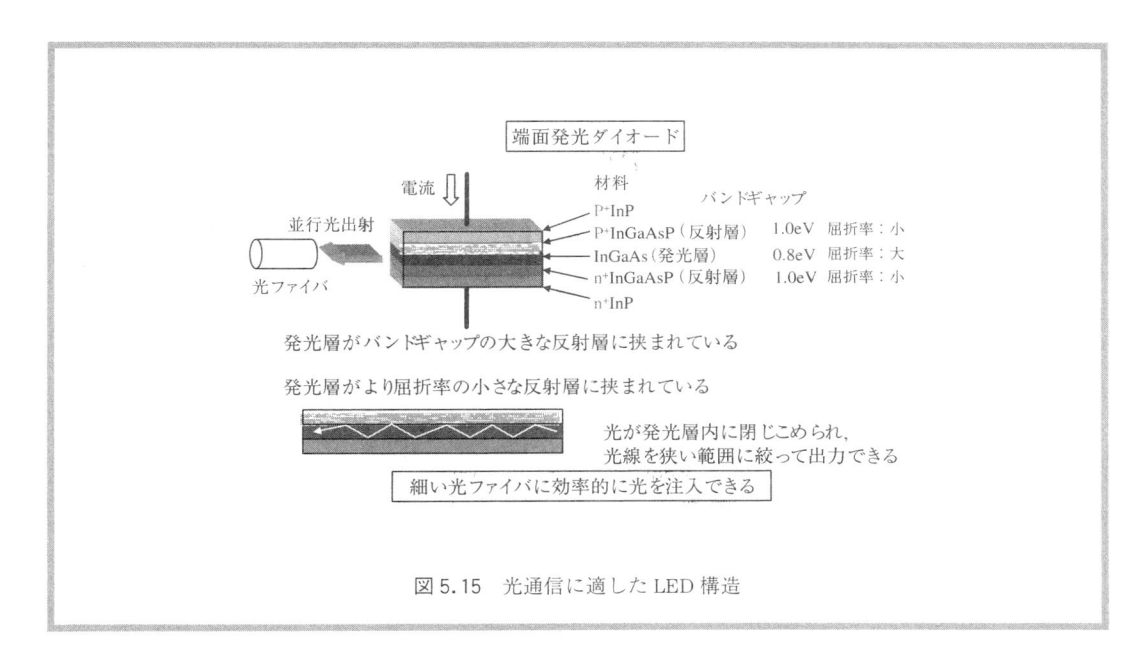

図 5.15 光通信に適した LED 構造

を持つ光は AlGaAs 中ではほとんど吸収されず効率よく外部へ取り出される．

光通信などで用いられる LED は直径の小さな光ファイバに出射光を効率よく収束することが要求される．このため，できるだけ光を狭い範囲に集中して出射しなければならない．

この要求を満たすため，光通信用の LED には図 5.15 のように光が pn 接合の断面部から出射する「端面発光 LED」が用いられる．この LED は屈折率の大きな発光層を屈折率の小さな反射層でサンドイッチした構造をしており，全反射を利用して光を発光層中に閉じこめている．この LED は，

　①発光層からの光が直接外部に抜けるために出射効率が高く，

　②発光層の幅で絞られた光が効率よくグラスファイバに注入される，

という特長を持っている．

5.2.2　レーザダイオード

次に，もう 1 つの発光素子である半導体レーザダイオードについて解説する．

ここでレーザ発振を理解するために発光の基本的なメカニズムを振り返ってみる．

相対性理論を生み出したあの有名なアインシュタインは，発光の基本的なメカニズムには図 5.16 のような「自然放出」と「誘導放出」があることを 1905 年に指摘した．半導体を例にして説明すると，「自然放出」とはその名の通り半導体中の電子と正孔が再結合することで"自発的に"光を放出するメカニズムである．LED はこのメカニズムで発光している．一方，「誘導放出」は，半導体のバンドギャップエネルギーと同程度のエネルギーを持つ光子が半導体中を通過するとき，この光に"つられて"電子と正孔の再結合が生じて光放出が誘発される現象である．これは光が持つ"自分と同じ性格の仲間を増やそうとする傾向"によってもたらされたものであ

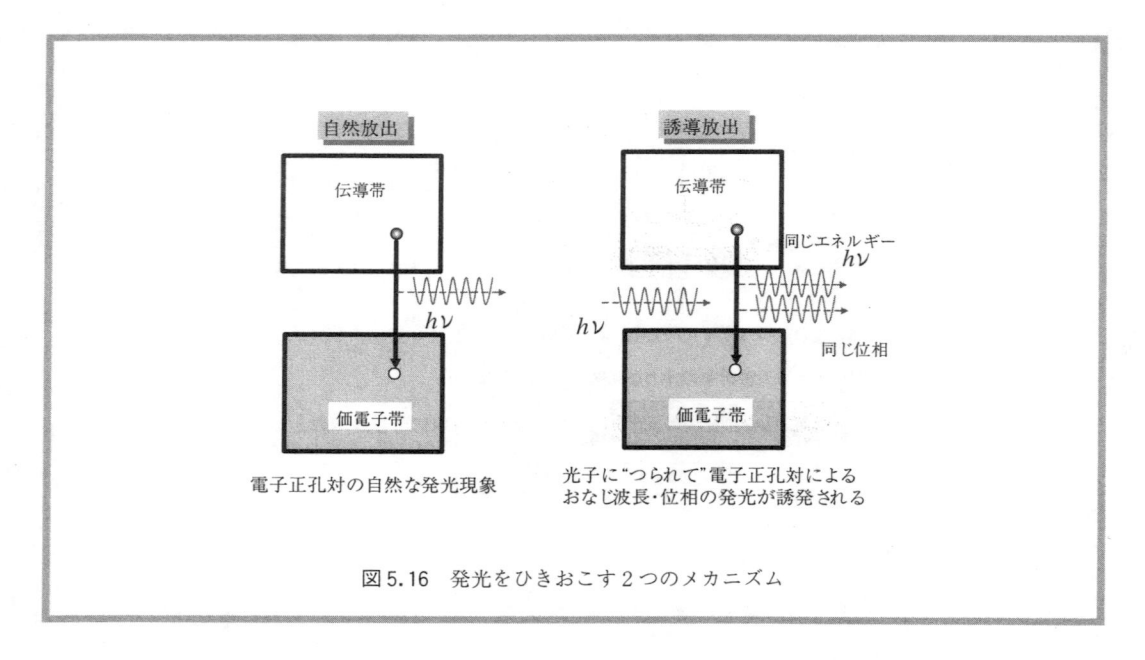

図5.16 発光をひきおこす2つのメカニズム

る．誘導放出によって発生した光はそれを誘った光と同じエネルギー（波長），同じ位相を持つ点が特徴的である．誘導放出は仲間の光子数に比例してさらに強められるため，誘導放出が連鎖的に発生しやすく，光の放出量は"なだれ"的に増加する．レーザダイオードはこのような誘導放出によって光を発するデバイスであり，LEDに比べて強い発光が得られる．

ここで同じ位相を持つ（コヒーレント）光の意味について，図5.17を用いてもう少し詳しく考えてみよう．

"光の位相"とは電磁波の振動の山・谷の位置を表す指標である．自然放出による光では，各光子の振動の山・谷の位置がずれており，その合成波形は複雑なものである．一方，誘導放出による発光では，放出された光子の振動の山・谷がそれを誘起した元の光子にそろう性質を持っているので，それらを合成した波はほぼ完全な正弦波となる．

図5.18は半導体レーザダイオードの構造を模式的に示したものである．

レーザダイオードはLEDとほとんど同じ構造をしているが，光を活性層（発光層）内に閉じこめるため，出射方向の面にも鏡面加工がほどこされている．この鏡面の反射率は99%程度であり，レーザ発振した光のごく一部を外部に取り出している．レーザダイオードに電流を流すと，このダイオードは光子の自然放出を始める．しかし鏡で囲まれた活性層の中に閉じ込められた光子の大半はデバイスの外に出られず，活性層の中で光子は充満する．さらに電流量を増加させて，活性層内の電子・正孔数や光子数がある一定の条件を満たせば，誘導放出が発生して強い発光が生じる．

活性層内での光増幅のメカニズムを詳しく理解するために，光子の生成と消滅の過程について考えてみよう．

図5.19は活性層中における光子，電子，そして正孔の挙動を模式的に表したものである．前

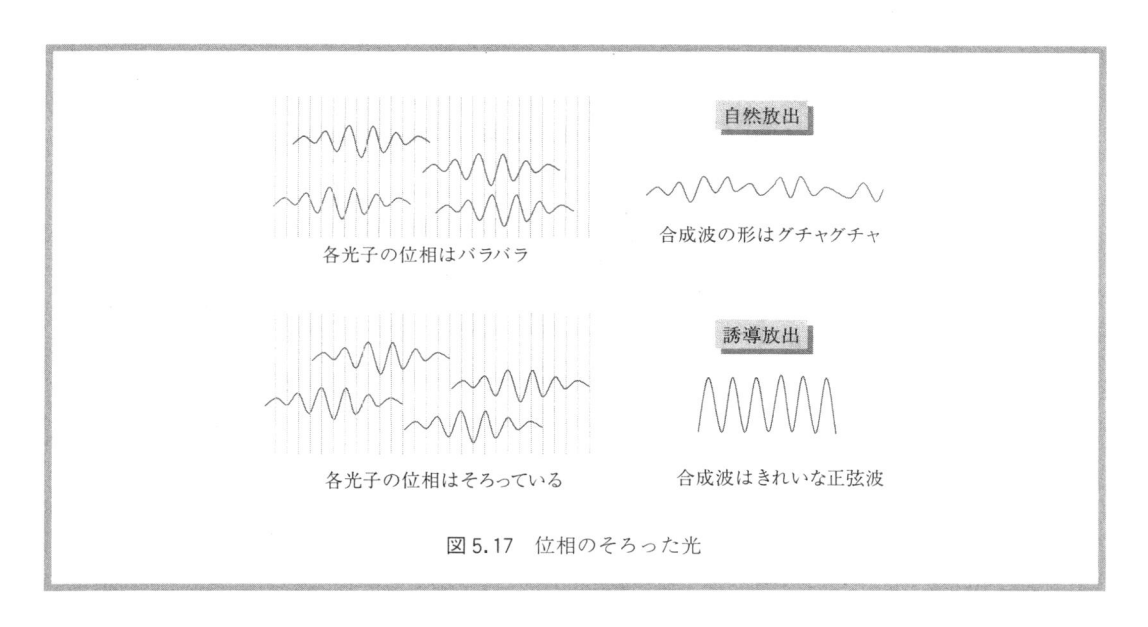

図 5.17 位相のそろった光

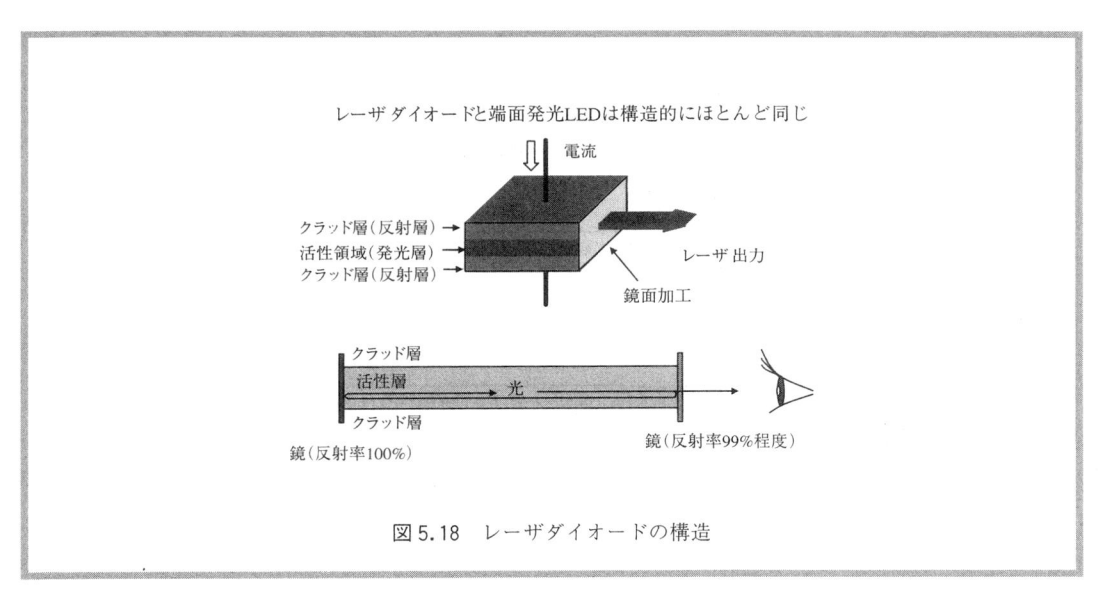

各光子の位相はバラバラ／合成波の形はグチャグチャ（自然放出）

各光子の位相はそろっている／合成波はきれいな正弦波（誘導放出）

図 5.18 レーザダイオードの構造

レーザダイオードと端面発光LEDは構造的にほとんど同じ

電流／クラッド層（反射層）／活性領域（発光層）／クラッド層（反射層）／鏡面加工／レーザ出力

クラッド層／活性層／クラッド層／光／鏡（反射率100%）／鏡（反射率99%程度）

述した自然放出と誘導放出の発光過程のどちらのメカニズムでも，1つの光子が発生する際に一対の電子正孔対が消滅する．この電子正孔の再結合によって生じた光子はバンドギャップエネルギー程度のエネルギーを持っているため，半導体内では再びその逆過程である価電子帯の電子を伝導体に励起する（電子正孔対の生成）プロセスも同時に起こる．このとき光子のエネルギーは励起された電子に与えられ，光子は消滅する．

ここで，これら3つの粒子が関与する光子・電子・正孔の相互作用を簡単な数式で表す．ただし本書ではその導出過程に詳しく立ち入ることはせず，結果だけを示す．

まず，半導体中の単位体積・単位時間に自然放出される光子数（自然放出レート）は図5.20

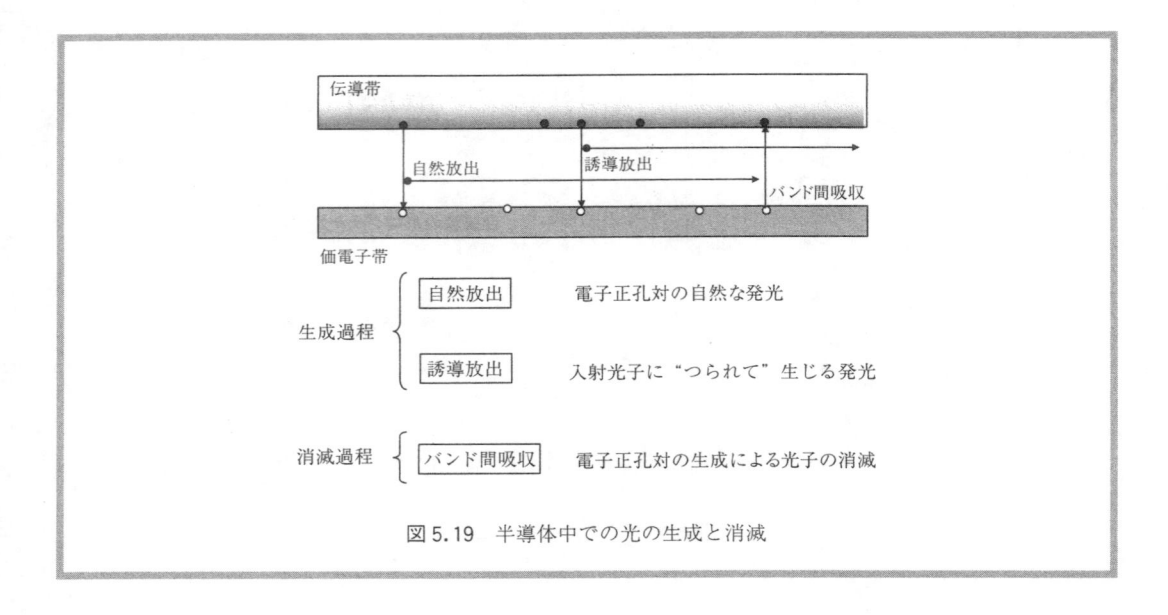

```
                        伝導帯
                    自然放出    誘導放出
                                         バンド間吸収
                        価電子帯
```

生成過程 { 自然放出 電子正孔対の自然な発光
          誘導放出 入射光子に"つられて"生じる発光

消滅過程 { バンド間吸収 電子正孔対の生成による光子の消滅

図5.19 半導体中での光の生成と消滅

自然放出:
$$r_{\mathrm{spon}}(h\nu) = A(h\nu)D(h\nu)f_c(1-f_v) \quad (5.14)$$

$A(h\nu)$:遷移確率
$D(h\nu)$:エネルギー差が$h\nu$である状態数
f_cおよびf_v:伝導帯,価電子帯中での電子の存在確率

誘導放出:
$$r_{\mathrm{stim}}(h\nu) = B(h\nu)D(h\nu)f_c(1-f_v)P(h\nu) \quad (5.15)$$

$B(h\nu)$:遷移確率　　$P(h\nu)$:半導体内の光子密度
$B(h\nu) \propto A(h\nu)/(h\nu)^2$ （アインシュタインの関係）

バンド間吸収:
$$r_{\mathrm{abs}}(h\nu) = B(h\nu)D(h\nu)f_v(1-f_c)P(h\nu) \quad (5.16)$$

遷移確率は誘導放出と等しい(アインシュタインの関係)

図5.20 光の生成と消滅のレート

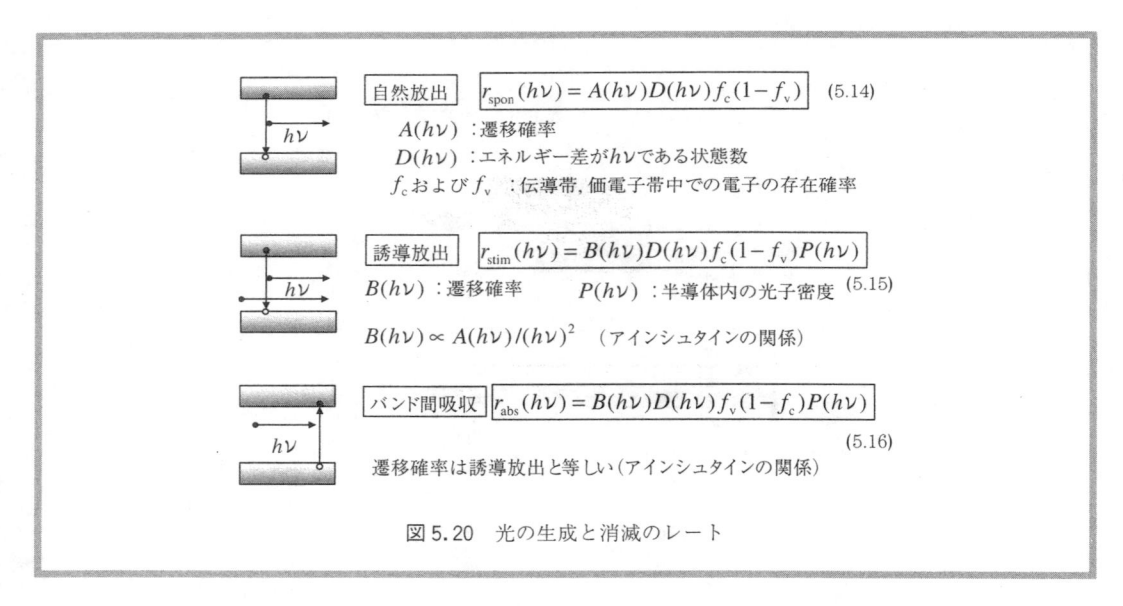

中の式（5.14）で表される．ここでAは電子が伝導帯から価電子帯に遷移する確率であり，Dはこのような遷移を起こすことのできる状態の数である．そしてf_c, f_vはそれぞれ伝導帯，価電子帯中での電子の存在確率を表す．自然放出には電子正孔対が必要であるため，自然放出レートは電子の存在確率f_cと正孔の存在確率$1-f_v$の積に比例する．

次に，「誘導放出レート」は式（5.15）で表される．自然放出と同様，誘導放出のレートは電子濃度と正孔濃度の積に比例する．また，半導体中に存在する光子数に比例して誘導放出レートが強くなるため，この式には光子密度Pが含まれている．Bは誘導放出の遷移確率であり，自然放出の遷移確率Aとは式の「アインシュタインの関係」によって結ばれている．さらに光子

5.2 発光素子

の「バンド間吸収レート」は式 (5.16) によって与えられる．これによる光子の吸収レートは価電子帯中の電子濃度と伝導帯中の空席数の積に比例し，光子密度に比例する．遷移確率 r_{abs} には誘導放出の式と同様，B が含まれている．これもアインシュタインが誘導放出に関する議論の中で導き出した関係である．

レーザダイオードでは図 5.18 に示すように光子が鏡面で囲まれた活性層中を往復するうちに光の生成・消滅過程を繰り返して光子数は増幅あるいは減衰する．

このような半導体中の光子流の増幅や減衰の特性を表す指針として「光利得係数」$g(h\nu)$ が用いられる．位置 $x=0$ で発生した光子が半導体中を伝播する際，増幅されたり減衰したりするため，光強度 I は位置 x に依存する式 (5.17) によって与えられる．ここで，「光強度」の定義は"単位面積を通して単位時間あたりに光子流が運ぶエネルギー"である．この式から，光利得係数 g が負であれば光の強度は半導体中を伝播するうちに指数関数的に減衰するが，逆に正で

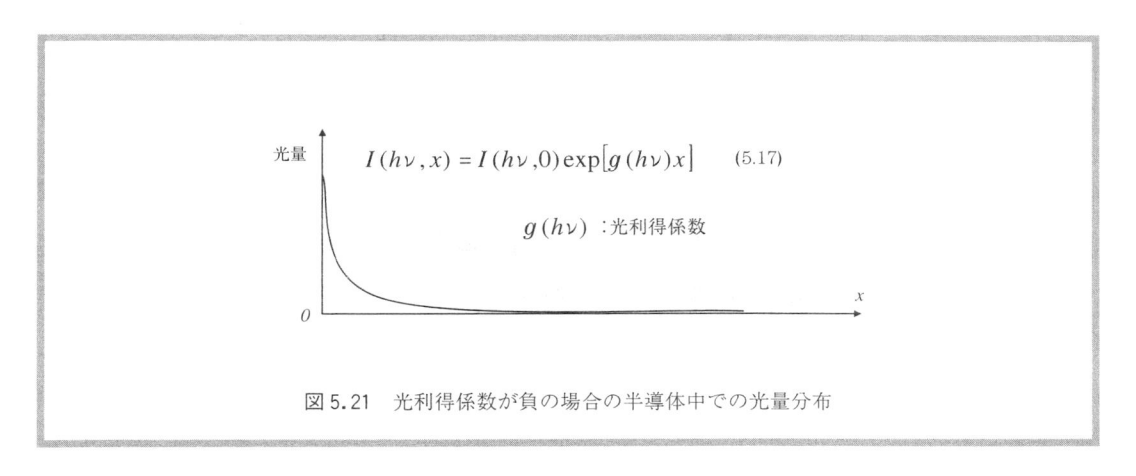

$$I(h\nu, x) = I(h\nu, 0) \exp[g(h\nu) x] \quad (5.17)$$

$g(h\nu)$：光利得係数

図 5.21　光利得係数が負の場合の半導体中での光量分布

光子に対する粒子数保存の式

$$\underbrace{\frac{\partial P}{\partial t} = -\frac{d}{dx}[cP]}_{\substack{\text{光子のわき出し}\\(c\text{ は半導体中での光速})}} = \underbrace{r_{stim}}_{\substack{\text{誘導放出}\\\text{レート}}} - \underbrace{r_{abs}}_{\substack{\text{バンド間吸収}\\\text{レート}}} \quad (5.18)$$

定常状態で左辺はゼロ

$$P \propto I \quad (5.19)$$

$$I(h\nu, x) = I(h\nu, 0) \exp\left[\frac{r_{stim} - r_{abs}}{c} x\right] \quad (5.20)$$

$$\boxed{g(h\nu) = B(h\nu) D(h\nu) (f_c - f_v)/c} \quad (5.21)$$

図 5.22　光利得係数の計算（r_{stim}，r_{abs} は定数とした）

あれば指数関数的に増加することがわかる.

活性層中の光利得係数 g は簡単な計算によって求めることができる.

活性層中の光子密度は,式 (1.17) からの類推で誘導放出による光子の生成 r_{stim} とバンド間吸収による光子の消滅 r_{abs} を伴って図 5.22 の式 (5.18) のように関連付けられる.左辺は光子の生成レート,右辺は光子の生成と消滅を表している.$P(h\nu, x)$ は位置 x での光子密度である.

P に関する微分方程式を解くと,式 (5.19) の光強度 I が光子密度 P に比例することから式 (5.20) が得られる.式 (5.20) の指数部分に誘導放出レートおよびバンド間吸収レートの式 (5.15),(5.16) を代入すると,光利得係数 g は式 (5.21) で表される.

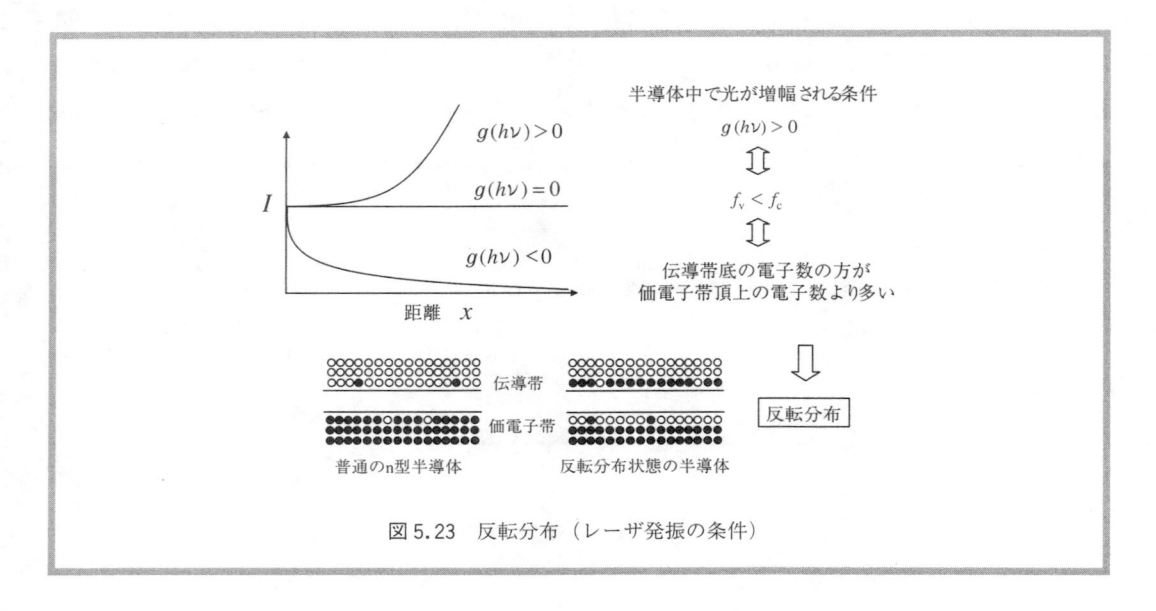

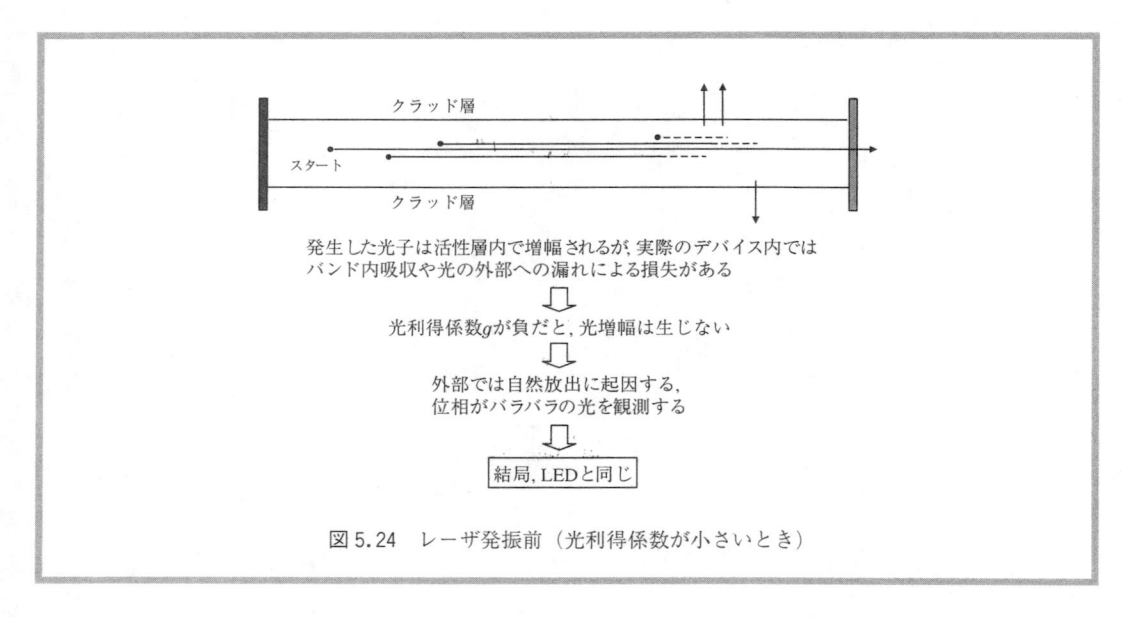

図 5.23　反転分布（レーザ発振の条件）

図 5.24　レーザ発振前（光利得係数が小さいとき）

5.2 発光素子

光利得係数 g が正であれば半導体中で光子流は増幅される．式 (5.21) から，g が正であることは伝導帯底の電子数の方が価電子帯頂上の電子数よりも多いことに対応している（図 5.23）．たとえ高濃度 n 型半導体でも価電子帯頂上付近の電子数の方が伝導帯底の電子数よりも圧倒的に多いことを考慮すると，光利得係数 g が正となる条件下では"エネルギーの高い伝導帯底部の電子濃度が価電子帯上部の電子濃度より多い，上下反転した電子分布になっている"と言える．このような特殊な電子分布を「反転分布」とよぶ．言い換えると，活性層内で電子の反転分布が実現されるほど多量の電子・正孔をこの領域に供給するとダイオードが誘導放出によって強力なレーザ光を発するのである．

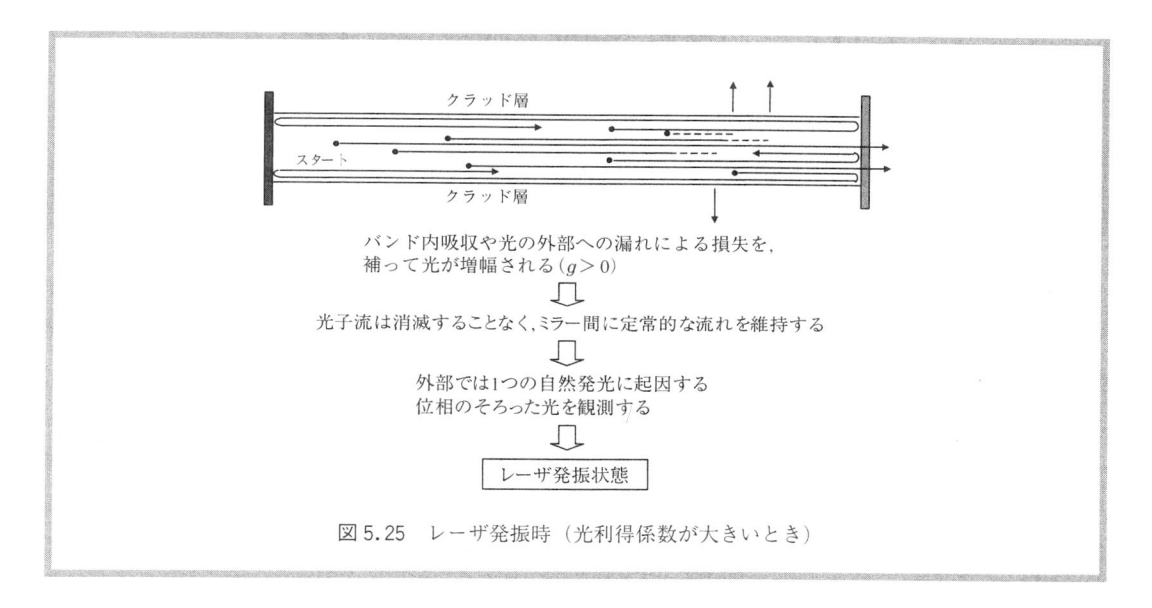

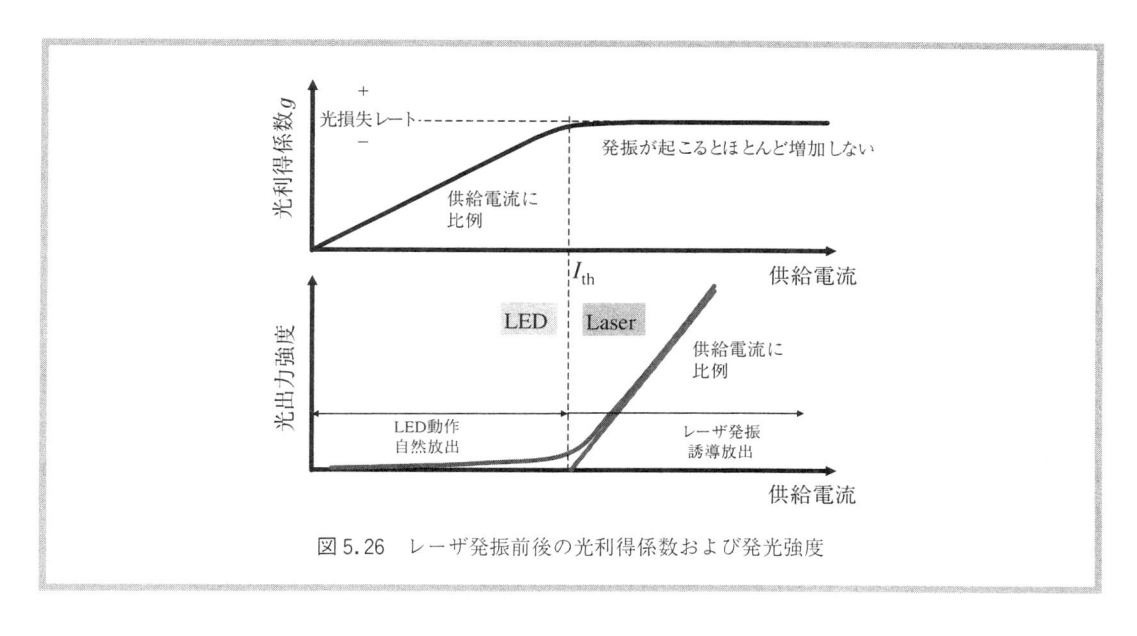

図 5.25 レーザ発振時（光利得係数が大きいとき）

図 5.26 レーザ発振前後の光利得係数および発光強度

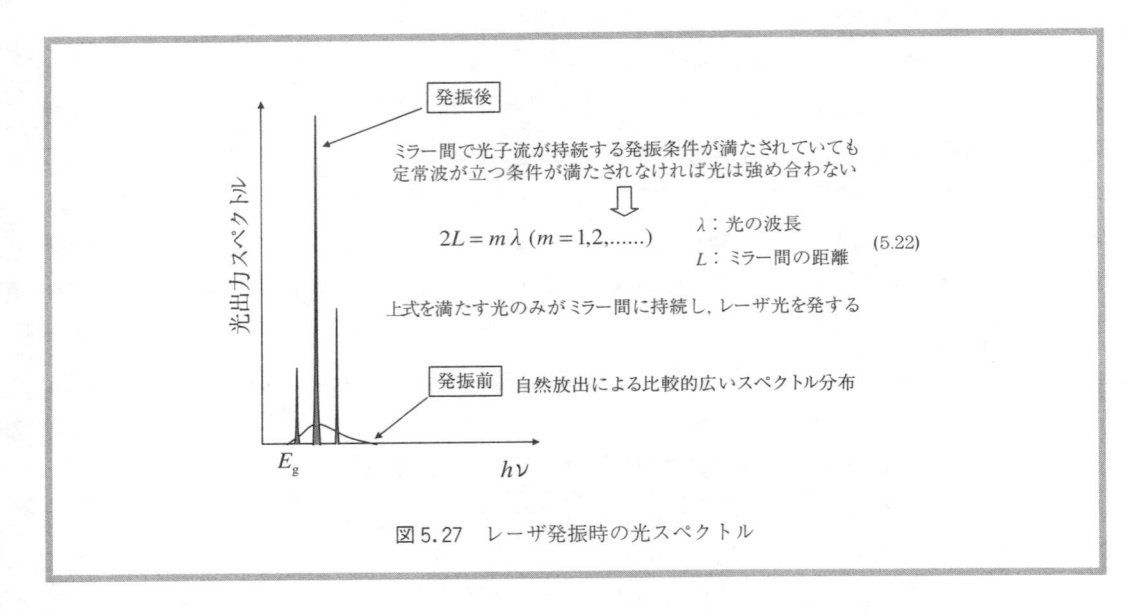

```
                            発振後
                    ┌─────┐
                    │発振後│ ミラー間で光子流が持続する発振条件が満たされていても
                    └─────┘ 定常波が立つ条件が満たされなければ光は強め合わない
  光
  出              ⇩
  力         $2L = m\lambda\ (m = 1, 2, \ldots\ldots)$    $\lambda$：光の波長      (5.22)
  ス                                                       $L$：ミラー間の距離
  ペ         上式を満たす光のみがミラー間に持続し，レーザ光を発する
  ク
  ト        ┌─────┐
  ル        │発振前│ 自然放出による比較的広いスペクトル分布
            └─────┘

          $E_g$            $h\nu$
```

図 5.27 レーザ発振時の光スペクトル

しかし，実際のデバイス内部では光の閉じ込めが完全ではなく，活性層端部からも光が漏れるので，これらの光損失を補うだけの光利得係数 g がなければ，結局，図 5.24 のように光は活性層内で減衰する．このような場合には，自然放出光が優勢となり実質的に LED 発光となる．

ところが活性層領域中の電子・正孔量を増すと，光損失を上回る光利得係数 g が得られる．この条件下では，誘導放出による光子の増幅が維持され，光子流は図 5.25 のように強力な光量を活性層内で持続する．このような位相のそろった光子流の一部が端部の鏡面を通して外部に出力されても，それを上回る光子の増幅作用により，活性層内に強力な光子流は持続する．この状態が「レーザ発振」である．このときの光の強度は非常に強く，光の位相もそろっている．

レーザダイオードの光利得係数 g と光出力強度をダイオード電流量の関数としてプロットすると図 5.26 が得られる．

ダイオード電流が少ないときには自然放出による光が放出される．光出力強度は供給電流とともに緩やかに増加する．この電流範囲では光利得係数 g は供給電流量にほぼ比例して増加するが，バンド間吸収などの光損失レートに打ち勝つレベルには達していないため，負である．

ダイオード電流量をしきい値レベル以上にすると活性層内でレーザ発振が起こり，光出力強度は供給電流量に比例して急増する．なお，レーザ発振している素子の光利得係数 g はダイオード電流に依存しなくなる．

さらに，レーザ発振の際，発生した光の位相がそろうには活性層を挟み込んだ鏡面間に光の定在波が立つことがレーザ発振の条件となる．この結果，レーザダイオードからの発光スペクトルは図 5.27 に示す離散的な波長を複数含むレーザ光となる．活性層内での定常波条件から，光の周波数は鏡面間距離 L を用いて式 (5.22) で表される．

5.3 受光素子

発光素子に続いて，本節では受光素子の構造と動作原理について説明する．

半導体受光素子は発光素子と同様，私たちの生活の中に浸透している．特にディジタルカメラやディジタルビデオの"目"は半導体受光素子とCCDによって構成されている．以下では，イメージセンサの概略を説明した後，半導体受光素子のメカニズムとCCDの動作原理について述べる．

5.3.1 CCDイメージセンサーの仕組み

CCDという言葉は広く使用されているが，CCDカメラの動作原理を理解している人は少ないだろう．受光素子を説明する前に，CCDカメラの動作原理を概観して受光素子がどのように使われているかを知っておこう．

CCDチップとは，2次元に配列した受光素子上に映し出された被写体の像を電気信号に変換するデバイスである．

図5.28に模式的に示したように，被写体で反射した光はレンズによって数mm四方程度の大きさに絞られる．このとき，CCDチップの表面にくっきりと像を結ぶようにレンズの焦点が調節されている．CCDチップの各画素では光量に応じた電荷量を生成する．その電荷は転送バスを通して順次読み出され，出力アンプを通して電圧信号として取り出される．さらに，この出力電圧データはADコンバータ（Analog–Digital Converter）でディジタル化されてメモリに送り込まれて記憶される．また，データを直接，液晶などの画像表示デバイスに送り，取り込み画像を再生することもできる．

このシステムは人間の目と基本的に同じ構造をしており，レンズは"眼球"，CCDチップは"網膜"，そしてデータバスは"視神経"に相当している．

CCDチップを細かく見ると，図5.29のように「フォトダイオード部」と「CCD部（電荷転送部）」から構成されている．

フォトダイオード部は色の3原色のそれぞれを透過させるフィルタを備えており，各部の分担する色の光強度に応じた電荷量を生成する．これを読み出すときにはフォトダイオードに接続されたMOS型スイッチをオンにして，電荷パケットをCCDに送り込む．図では「ベイヤー方式」とよばれる3原色フィルタの配列を示したが，他にも様々な配列方法が考えられている．

データ転送部分に用いられるCCDはCharge–Coupled Deviceの略である．これは各フォトダイオードで生成された電荷パケットを順次正確に出力アンプに送り出すためのデバイスであり，いわば"電荷パケットのベルトコンベヤ"である．

なお，最近は電荷転送にCCDを用いない「CMOSイメージセンサ」も商品化されている．

CMOSイメージセンサの受光感度はCCDイメージセンサに比べて劣るものの，消費電力や製造コストがCCDよりも安いため，主に高画質の要求されない携帯電話付属の小型カメラなどで

図5.28 ディジタルビデオ・カメラの仕組み

図5.29 CCDチップの構造

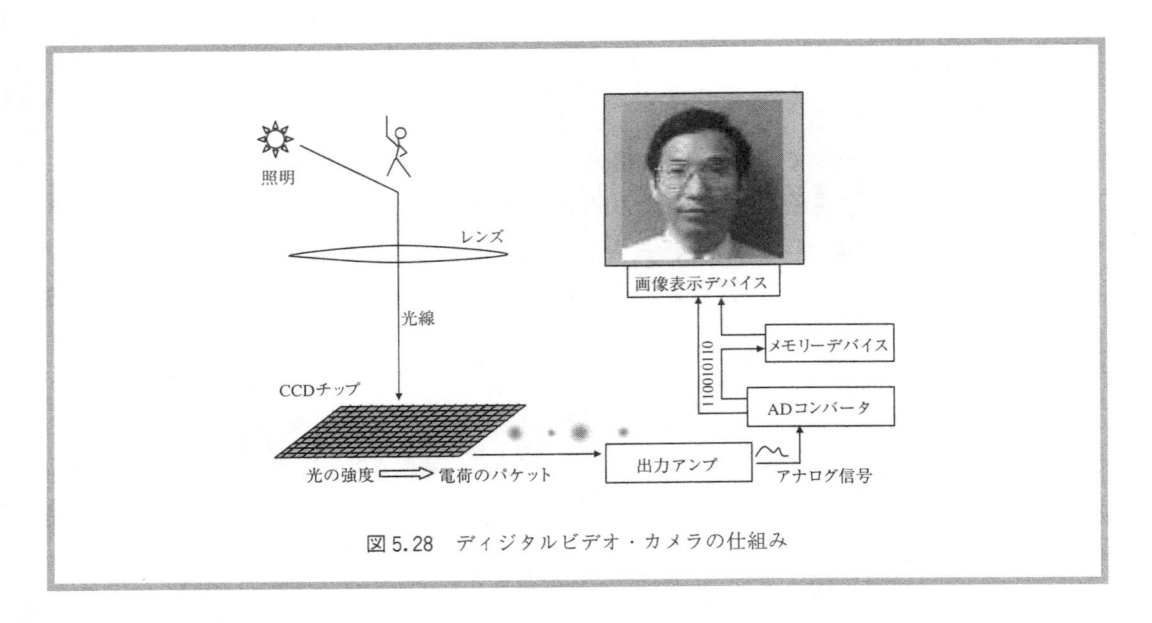

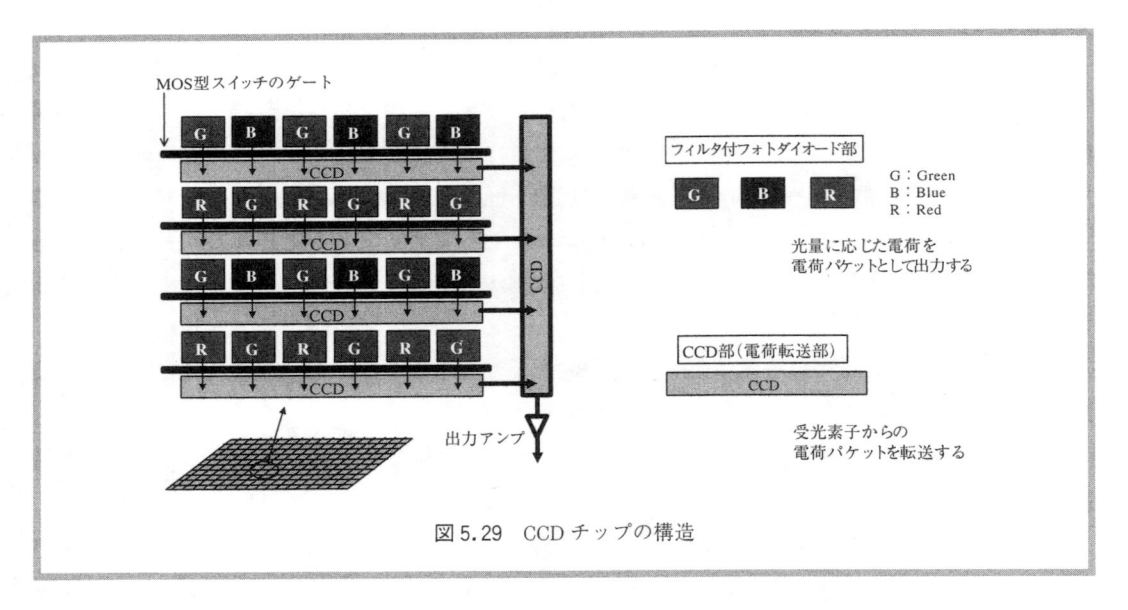

使用されている.

5.3.2 フォトダイオード

ここではCCDチップに組み込まれているフォトダイオードの受光メカニズムを理解する.
まずフォトダイオードの動作原理について詳しく説明しよう.

図5.30にCCDチップで使用されているフォトダイオード部の構造を示す.

pn接合フォトダイオード構造（後述）以外の領域は遮光板（アルミ）によって光を遮断している．光強度を電気信号に変換するフォトダイオードには光の波長を判別する機能はないので，

5.3 受光素子

各フォトダイオード上に 3 原色のいずれかの波長を透過するフィルタを置き，特定の波長の光の強度だけを電気信号に変換する．フィルタ上部のマイクロレンズはフォトダイオード部に照射される光量を増やして受光感度を高める目的で使用されている．

半導体受光素子の構造と動作原理を説明する前に，図 5.31 を参考にして半導体の光吸収についてまとめておこう．

光子が半導体に入射すると，光子は価電子帯の電子にエネルギーを与えて消滅し，電子正孔対が新たに生じる．このため，半導体に照射された光の強度は半導体中を進みながら指数関数的に減少する．この減衰の程度を表す指標を「吸収係数」とよぶ．これは前節で述べた光利得係数 g の符号を変えたものである．前節での議論から，吸収係数 α は遷移確率 B，状態数 D などを用いて式 (5.23) のように表される．特に反転分布のない半導体では吸収係数 α は式 (5.24) で書き表される．遷移確率 B は式 (5.25) に示すように光子エネルギーの逆数に比例し，状態数 D は半導体のバンドギャップエネルギーと光のエネルギーを用いて式 (5.26) で表されるので，吸収係数 α は光子エネルギーの関数として式 (5.27) で与えられる．

Si および GaAs の吸収係数 α と光子エネルギーとの関係を図 5.32 に示す．

Si のバンドギャップは 1.1 eV で GaAs は 1.4 eV である．いずれの場合もバンドギャップエネルギー以下のエネルギーを持つ光子は半導体内でほとんど吸収されない．逆にエネルギーの大きな光（波長の短い光）は半導体中で式 (5.28) で表されるように，指数関数的に減衰することが理解できよう．

光子が消滅すると半導体中で電子正孔対が生成することを利用すれば，光子を電気的な信号に変換するフォトディテクタ（光検出器）を作ることができる．

図 5.33 の逆バイアスした pn 接合に光を照射すると，空乏層内で生成された電子正孔対は空乏層電界によって引き離され，それぞれ別々の端子に流れ込む．また，空乏層に近い半導体領域

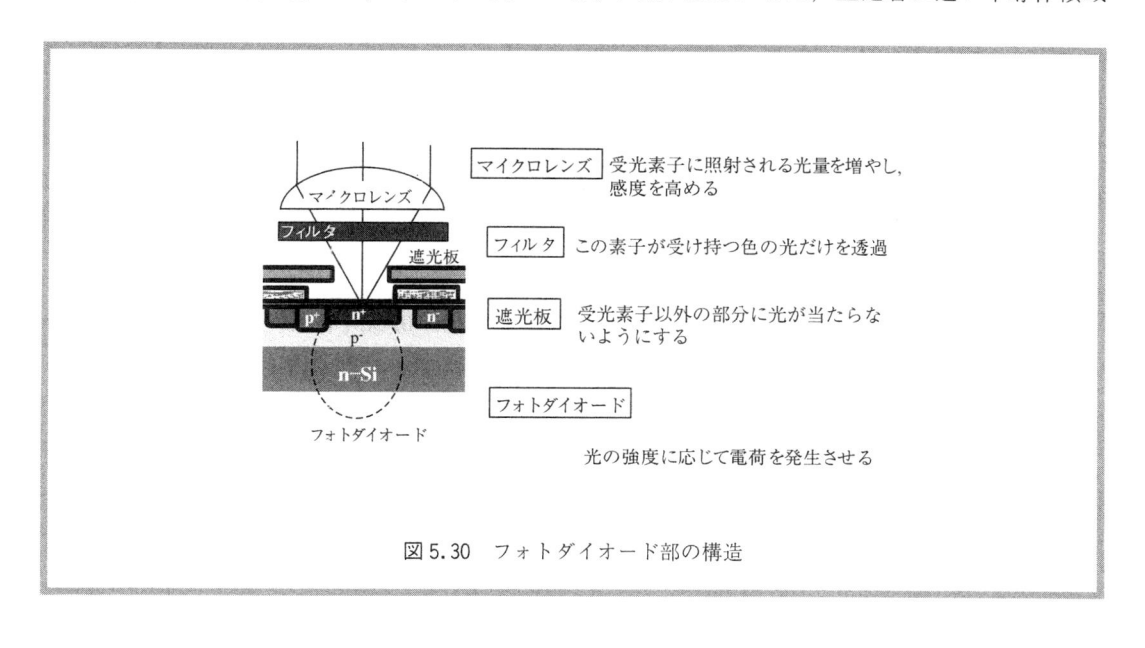

図 5.30 フォトダイオード部の構造

で発生した電子正孔対のうち，少数キャリアは空乏層中に流れ込むので，やはり電子と正孔は分離される．このような光照射に起因する電流を「光電流」とよぶ．

光量と電荷の変換の効率を高めた pn 接合がフォトダイオードであり，光照射による電流出力を高めた pn 接合が太陽電池である．これら 2 つのデバイスの基本的な動作原理は全く同じである．ただし，フォトダイオードでは動作中に PN 接合にあらかじめ一定のバイアスが印加されるのに対し，太陽電池では PN 接合にバイアスが印加されない点が異なる．

最も単純なフォトダイオードである pn 接合フォトダイオードの構造を例にとり，光照射によって発生する電流量を計算しよう．ここで用いる光電流の計算手法は様々な構造のフォトディテ

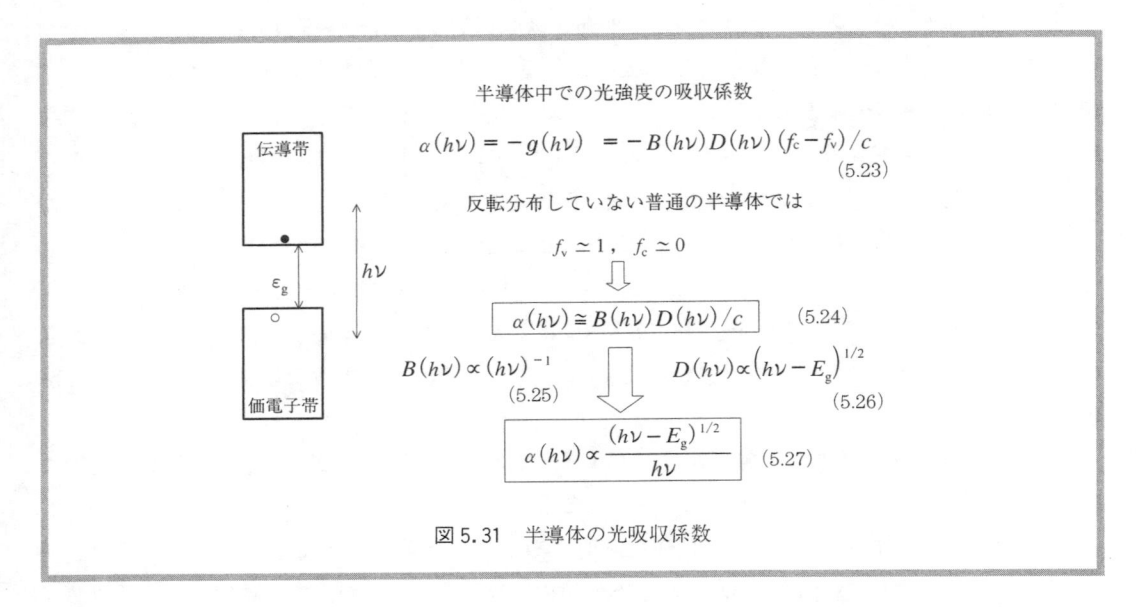

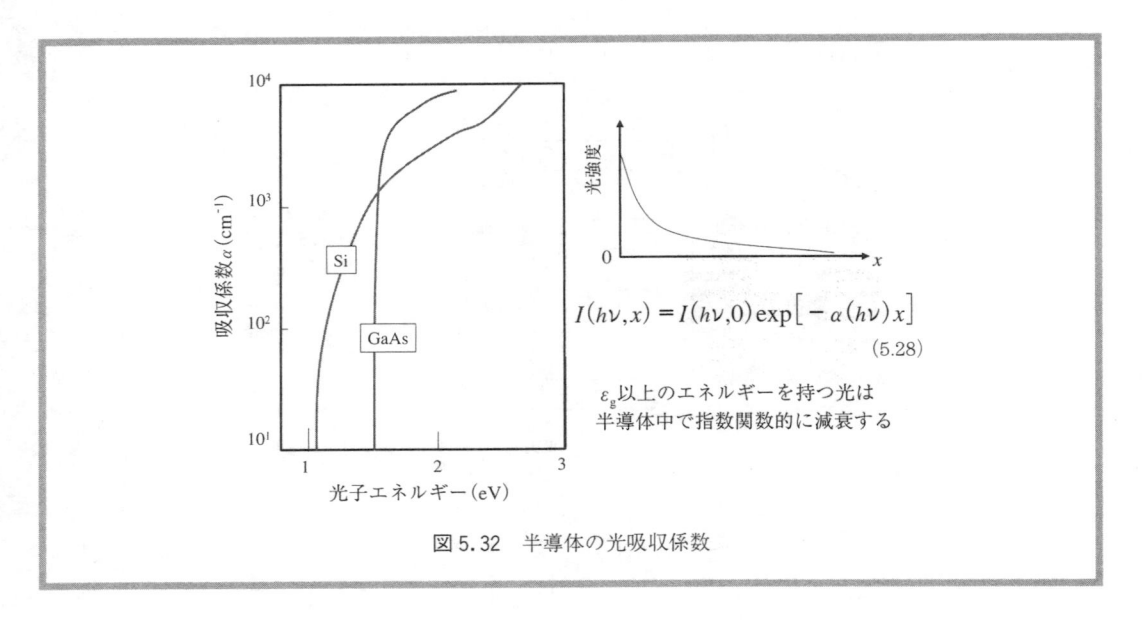

半導体中での光強度の吸収係数

$$\alpha(h\nu) = -g(h\nu) = -B(h\nu)D(h\nu)(f_c - f_v)/c \quad (5.23)$$

反転分布していない普通の半導体では

$$f_v \simeq 1, \quad f_c \simeq 0$$

$$\alpha(h\nu) \cong B(h\nu)D(h\nu)/c \quad (5.24)$$

$$B(h\nu) \propto (h\nu)^{-1} \quad (5.25) \qquad D(h\nu) \propto (h\nu - E_g)^{1/2} \quad (5.26)$$

$$\alpha(h\nu) \propto \frac{(h\nu - E_g)^{1/2}}{h\nu} \quad (5.27)$$

図 5.31　半導体の光吸収係数

$$I(h\nu, x) = I(h\nu, 0)\exp[-\alpha(h\nu)x] \quad (5.28)$$

ε_g 以上のエネルギーを持つ光は半導体中で指数関数的に減衰する

図 5.32　半導体の光吸収係数

5.3 受光素子

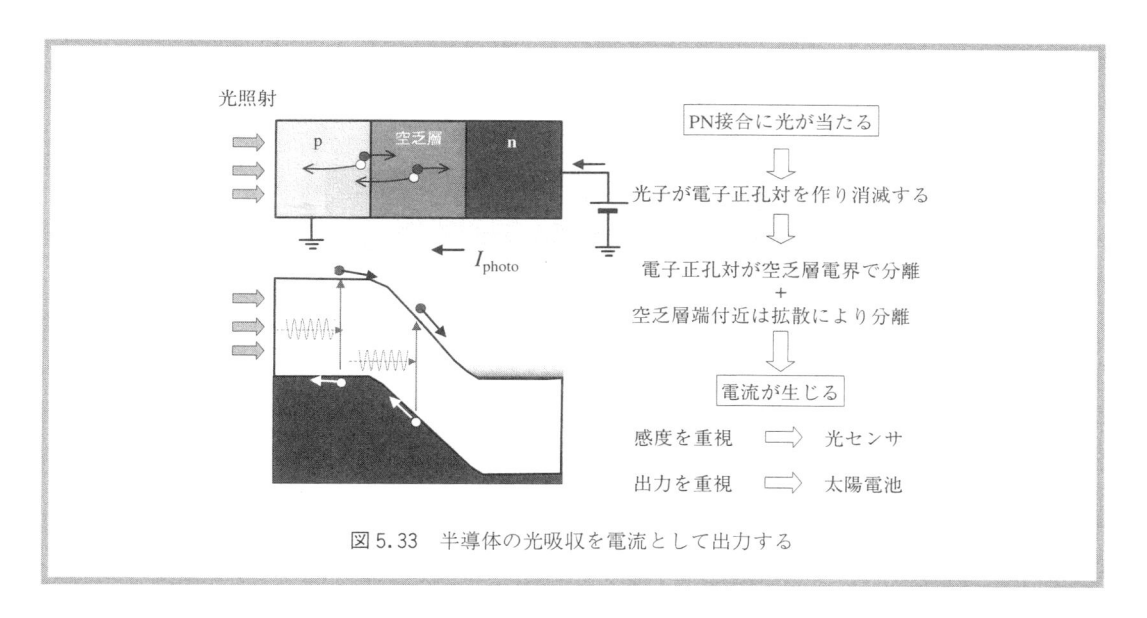

図5.33 半導体の光吸収を電流として出力する

クタにも適用できる.

図 5.34 のように pn 接合の片側から光を照射するタイプのフォトダイオードでは，光が照射される側の半導体領域を薄く設計する．これは空乏層に到達する光量の減衰を抑える効果がある．特に吸収係数の大きな短波長の光を受光するフォトダイオードでは重要な条件となる．

フォトダイオードの表面層（p 型領域）側から入射した光の強度分布を図 5.35 に示す．吸収係数 α は半導体中のキャリア濃度にはほとんどよらないため，深さに関係なく一定であると仮定する．図中左側から入射した光の強度 I_0 は半導体表面で反射率 R の反射を受けるので，実際に半導体中に進入する光の強度は $(1-R)I_0$ となる．その後，光は深さ方向に進むにつれて式 (5.29) のように指数関数的に減衰する．この光子流が深さ x において単位時間・単位体積あたりに生成する電子正孔対の数は式 (5.30) によって表される．

空乏層内で生成された電子正孔対は，図 5.36 に示されるように空乏層の内部電界によって分離され，端子電流として観測される．このような光照射によって生じる電流量は，電子正孔対生成レート $G(x)$ を空間的に積分することで得られ，式 (5.31) のように表される．ただし W は空乏層幅であり，p 型領域の幅は W に比べて十分小さく無視できると仮定した．

実際のデバイスでは，空乏層を通過した光は n 型領域のなかでも電子正孔対を生成する．この n 型領域の空乏層近辺で生成された電子正孔対の正孔は図 5.35 のように空乏層内に転がり込み，光電流として観測される．n 型領域で生成された過剰正孔の濃度は，第 1 章の粒子数保存の式と拡散電流の式を用いて得られた微分方程式を境界条件の下で解いて求められる．

計算の結果，入射強度 I_0 の光が pn 接合フォトダイオードで生成する光電流は式 (5.31) の指数関数項を $1+\alpha L_\mathrm{P}$ で割った式 (5.32) で近似できる．この式から，光電流は空乏層幅 W が広いほど大きいことがわかる．

フォトディテクタの性能を決める重要な 3 つの要素がある．

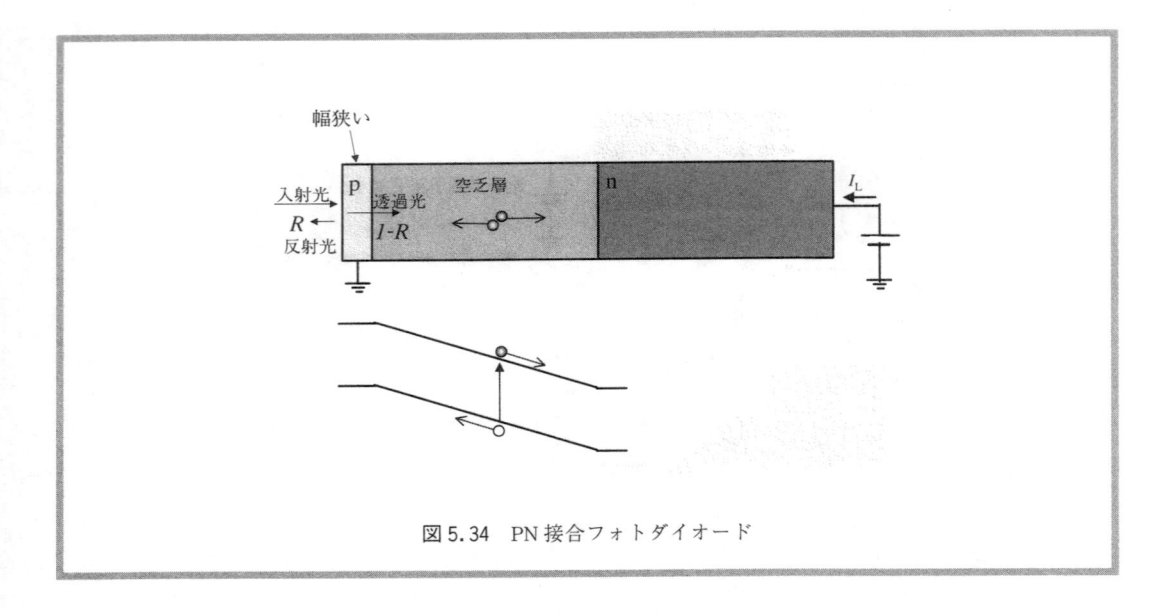

図5.34 PN接合フォトダイオード

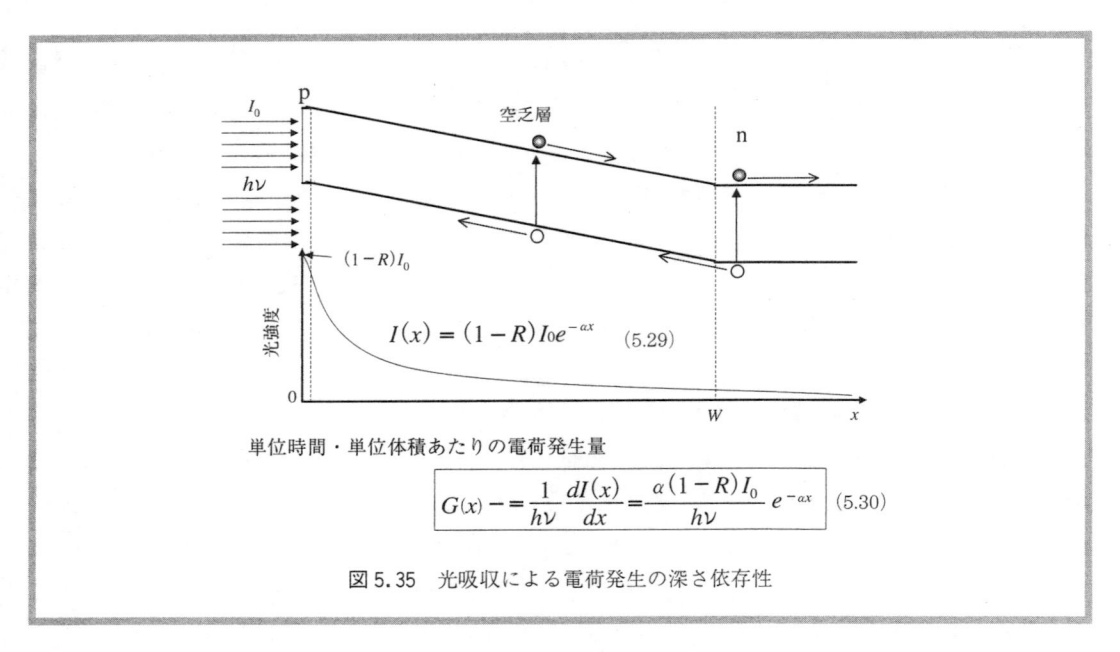

$$I(x) = (1-R)I_0 e^{-\alpha x} \quad (5.29)$$

単位時間・単位体積あたりの電荷発生量

$$G(x) = -\frac{1}{h\nu}\frac{dI(x)}{dx} = \frac{\alpha(1-R)I_0}{h\nu}e^{-\alpha x} \quad (5.30)$$

図5.35 光吸収による電荷発生の深さ依存性

1. 光電変換効率
2. 高周波応答性能
3. 雑音

このうち，第1項の光電変換効率についてはすでに議論したので，以下では高速応答性と雑音について述べる．

「光電変換効率」とは，フォトディテクタが光子を電流に変換する効率の指標であり，入射した光子1個あたりの出力電子数で表される．先ほど求めた光電流の式 (5.32) をここに代入する

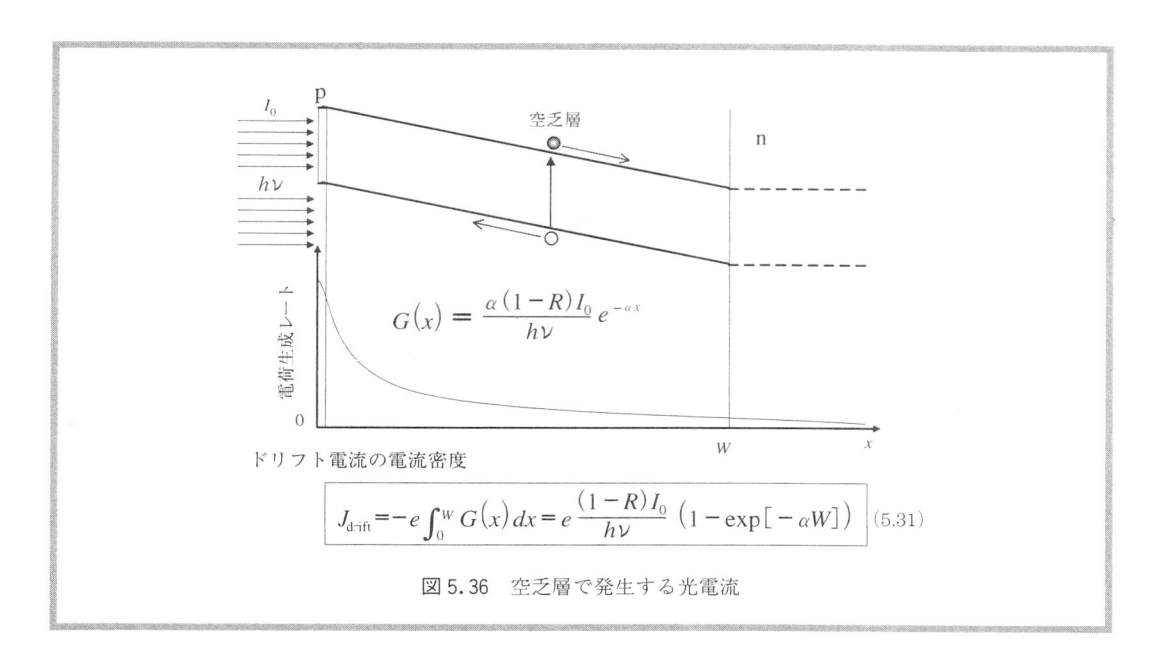

5.3 受光素子

$$G(x) = \frac{\alpha(1-R)I_0}{h\nu} e^{-\alpha x}$$

ドリフト電流の電流密度

$$J_{\text{drift}} = -e\int_0^W G(x)dx = e\frac{(1-R)I_0}{h\nu}\left(1-\exp[-\alpha W]\right) \quad (5.31)$$

図5.36 空乏層で発生する光電流

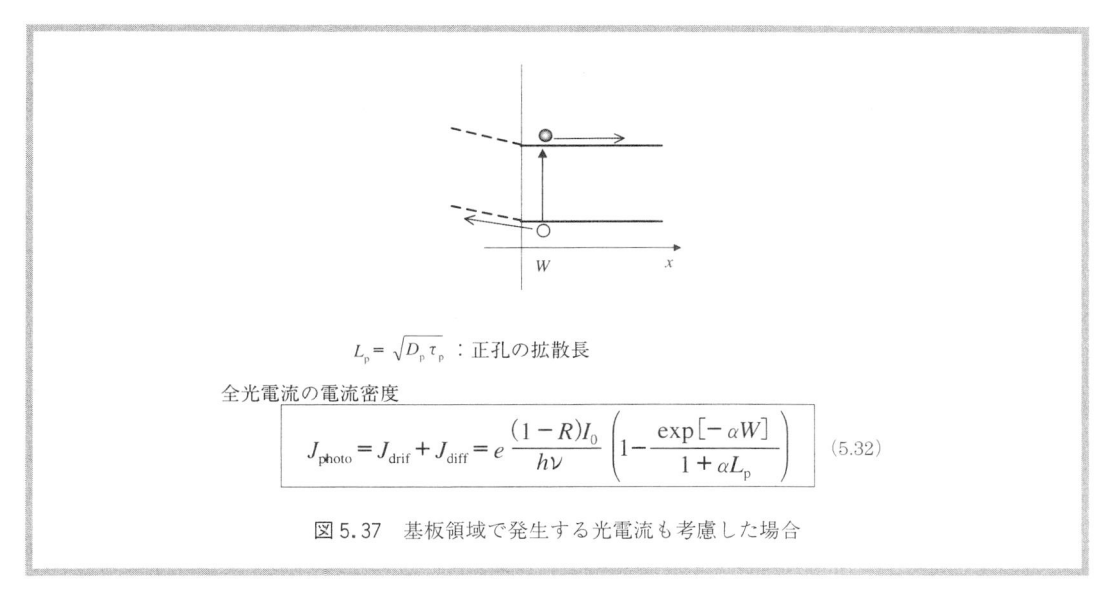

$L_p = \sqrt{D_p \tau_p}$: 正孔の拡散長

全光電流の電流密度

$$J_{\text{photo}} = J_{\text{drif}} + J_{\text{diff}} = e\frac{(1-R)I_0}{h\nu}\left(1 - \frac{\exp[-\alpha W]}{1+\alpha L_p}\right) \quad (5.32)$$

図5.37 基板領域で発生する光電流も考慮した場合

と，pn接合フォトディテクタの光電変換効率は図5.38中の式(5.33)で与えられる．

式(5.33)から，光電変換効率を高めるためには半導体表面での反射率を下げ，真性半導体領域の幅を大きくするとよいことがわかる．また，式(5.33)は受光素子の構造と材料のみによって決まる値であるため，光電流量は光照射量に比例することがわかる．（フォトディテクタによってはこのような比例関係が成り立たないものもある）

半導体表面での反射率は半導体の屈折率で決まるが，実際のフォトディテクタでは表面での反射を抑えるために「反射防止コーティング（Anti-Reflection Coating）」とよばれる表面加工が施

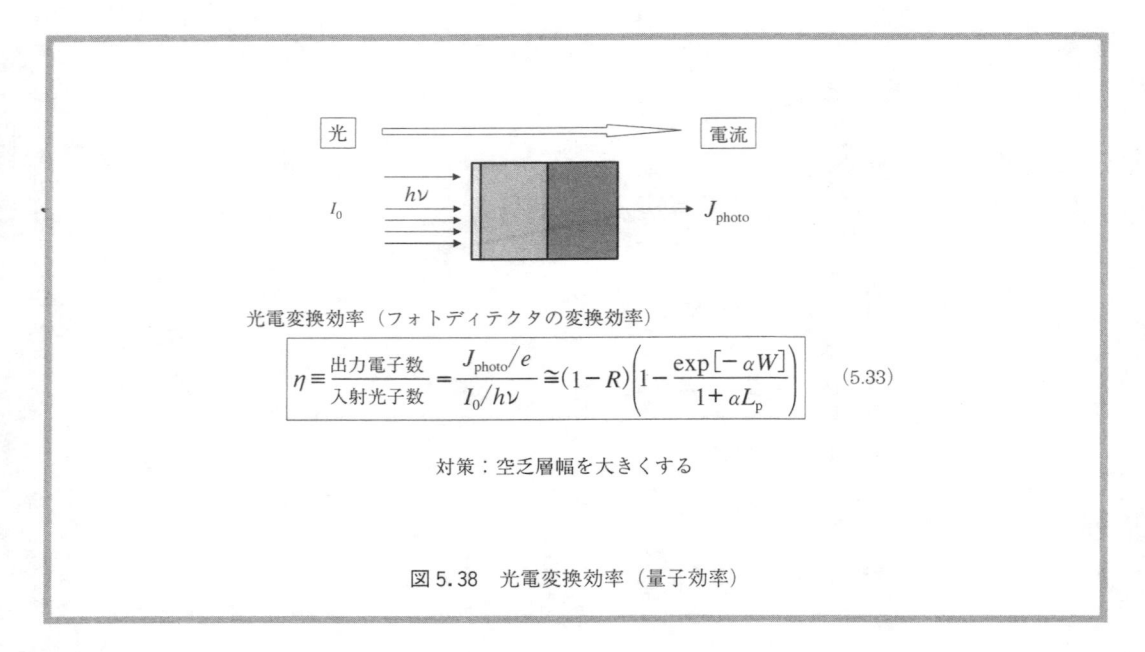

光電変換効率（フォトディテクタの変換効率）

$$\eta \equiv \frac{\text{出力電子数}}{\text{入射光子数}} = \frac{J_{\text{photo}}/e}{I_0/h\nu} \cong (1-R)\left(1 - \frac{\exp[-\alpha W]}{1+\alpha L_p}\right) \quad (5.33)$$

対策：空乏層幅を大きくする

図 5.38 光電変換効率（量子効率）

されている．

第2番目の性能決定要因は，高周波応答性である．

フォトディテクタに入射する光信号はいつも一定であるとは限らない．フォトディテクタが光量の急速な変化に追随できなければ，光通信では通信エラーを引き起こす．

フォトダイオードの光応答性を決める3つの要因がある（図5.39）．

これらは，

①生成されたキャリアが空乏層を通過する時間，

②半導体中での少数キャリア寿命，

③フォトダイオード回路の RC 遅延，

である．③の RC 遅延時間はダイオードの持つ電気容量 C と負荷抵抗 R の積によって与えられる．応答速度を速めるには空乏層幅 W を大きくして空乏層容量を下げて外部の負荷抵抗を小さくすることが肝要である．

いずれにせよ，フォトダイオードの空乏層幅が高周波特性を大きく左右する．このため，光電変換効率，空乏層でのキャリア走行距離に起因する遅延，そして空乏層容量の低減，などを考慮して空乏層幅を最適化しなければならない．

もう1つの性能決定要素は，フォトディテクタの雑音である．

雑音発生要因としては，

1. 暗電流
2. ショットノイズ

が挙げられる．

「暗電流」とは，光の照射がないときの熱励起電流である（図5.40）．本質的に空乏層が必要

5.3 受光素子

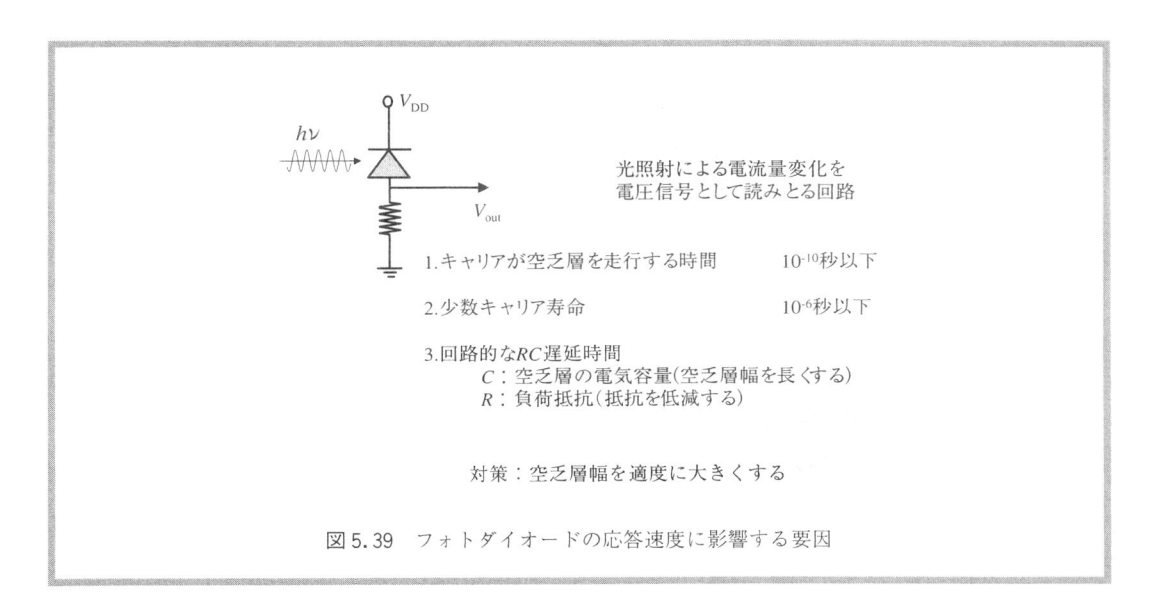

```
          V_DD
          ○
  hν     ▽
 ∿∿∿∿→  ─┬─        光照射による電流量変化を
         │  V_out  電圧信号として読みとる回路
        ⎕
        │
        ⏚
```

1. キャリアが空乏層を走行する時間　　　10^{-10} 秒以下
2. 少数キャリア寿命　　　　　　　　　　10^{-6} 秒以下
3. 回路的な RC 遅延時間
　　　C：空乏層の電気容量（空乏層幅を長くする）
　　　R：負荷抵抗（抵抗を低減する）

対策：空乏層幅を適度に大きくする

図 5.39　フォトダイオードの応答速度に影響する要因

なフォトダイオードでは空乏層中での熱励起による電流が多かれ少なかれ存在する（第2章参照）．このような暗電流は光電流に比べると微弱であるが，信号に重畳する雑音となるため画像品質を劣化させる要因となる．暗電流を少なくするために重金属汚染を抑えたり，引き上げ結晶の質を高めるなどの工夫がされている．さらに天体観測用の CCD カメラなどではチップを液体窒素で −100〜200℃ 程度にまで冷却して暗電流雑音を減らしている．

「ショットノイズ」は光が光子という粒で構成されていることに起因する雑音である．雨の中で傘をさしていると，「パラパラ」と雨粒1つ1つの音が聞こえる．フォトディテクタでも同様に，光が当たることで生じた信号の中に光子1つ1つの「パラパラ」による雑音が含まれている．これがショットノイズである．一定の光を照射したフォトディテクタが計測する光子数は図 5.41 のように平均値のまわりにある標準偏差でばらついている．

ノイズに対する信号の比は「SN 比」とよばれ，フォトディテクタの低ノイズの指標として用いられる．ショットノイズによる SN 比は式 (5.34) で表される．

pn 接合フォトダイオードよりも光電変換効率が高く，応答速度も速いデバイスとして，図 5.42 のような「p–i–n フォトダイオード」がある．これは p 型領域と n 型領域の間に真性領域を挟んだ構造をしており，真性領域の幅に応じて空乏層幅を大きくすることができる．大きな空乏層幅の p–i–n フォトダイオードを用いれば，式 (5.33) から光電変換効率を高めることができるだけでなく，空乏層容量を減らして応答速度を高めることができる．p–i–n フォトダイオードはその高速性を生かして，テレビやビデオのリモコンの赤外線受信器として用いられる．

空乏層電界で発生した電子正孔対を分離して電流として取り出す機能を持つフォトディテクタは，pn 接合以外のデバイスでも実現することができる．

図 5.43 は金属と半導体を接触させたときに空乏層が形成されることを利用した「金属-半導体（ショットキー型）フォトダイオード」である．金属では半導体よりも伝導帯の電子濃度が高く，

図 5.40 雑音（暗電流）

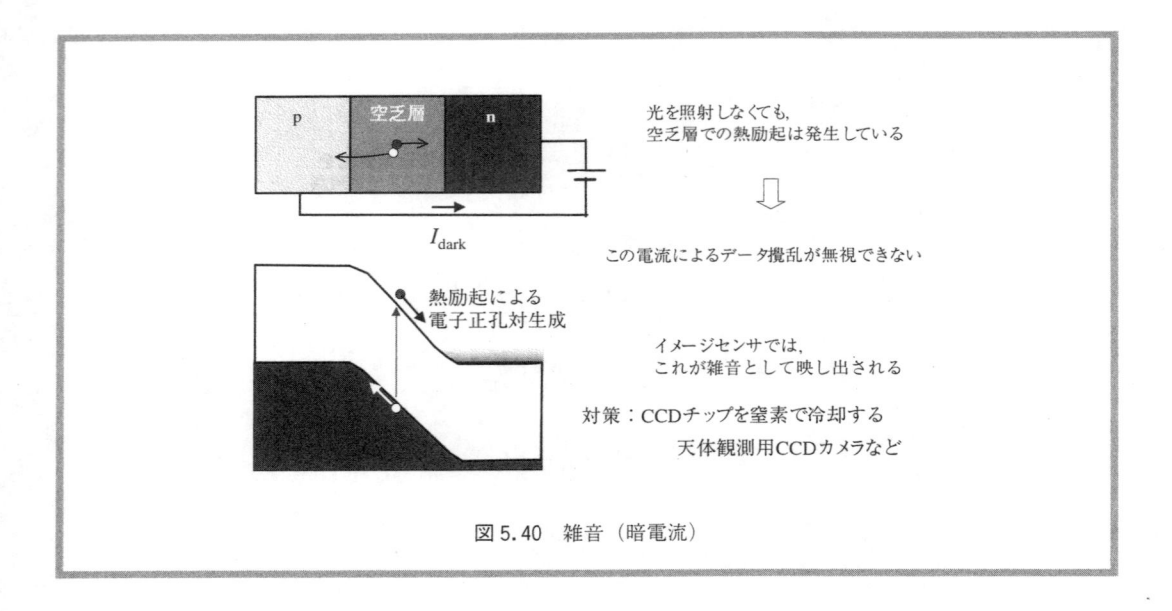

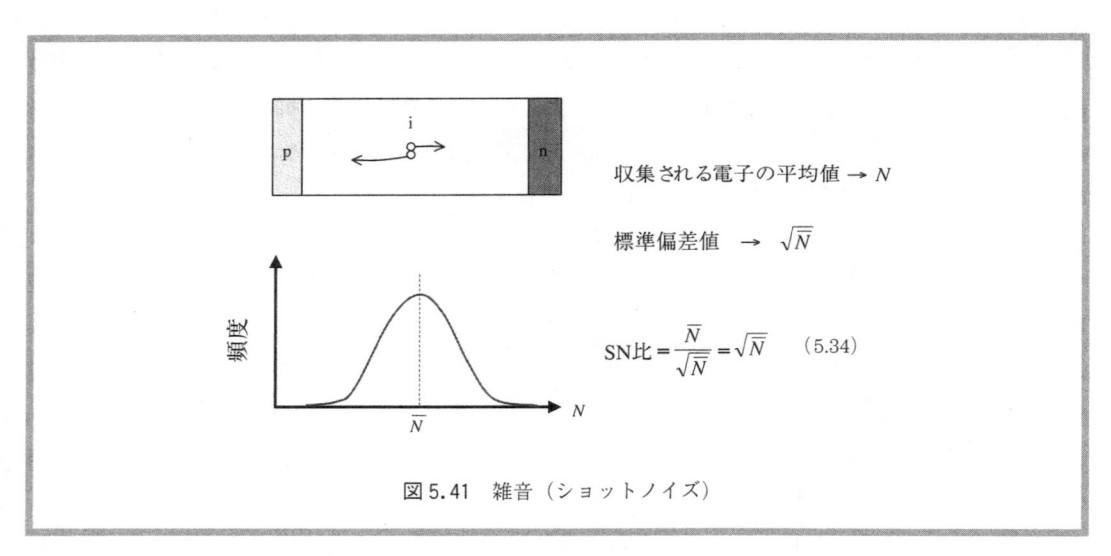

図 5.41 雑音（ショットノイズ）

バンド内吸収が顕著に現れることから，半導体に比べて吸収係数が高い．このため，金属−半導体フォトディテクタでは表面に堆積した金属膜厚を 10 nm 程度にまで薄膜化して光の減衰を抑えている．空乏層の位置が表面に近い金属−半導体フォトダイオードは，物質中で減衰が大きい短波長領域の光を効率よく光電変換することができる．

　光電変換効率をさらに高めるために，図 5.44 のような「アバランシェ・フォトダイオード（Avalanche Photo Diode：APD）」による光検出器も考案されている．

　基本的な動作原理は p–i–n フォトダイオードと同じであるが，光励起によって生じたキャリアは空乏層（あるいは i 型領域）中の高電界によりアバランシェ増幅される原理を応用している（第 2 章を参照）．この構造では光子流が生成する電子正孔対よりも多くの電子正孔対を電流とし

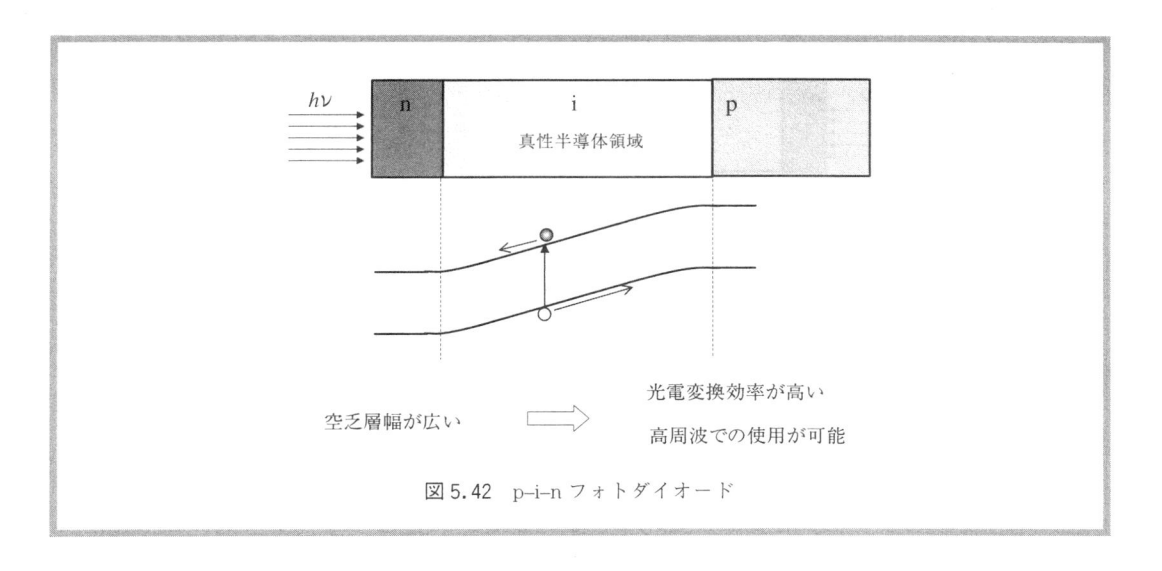

図5.42　p–i–n フォトダイオード

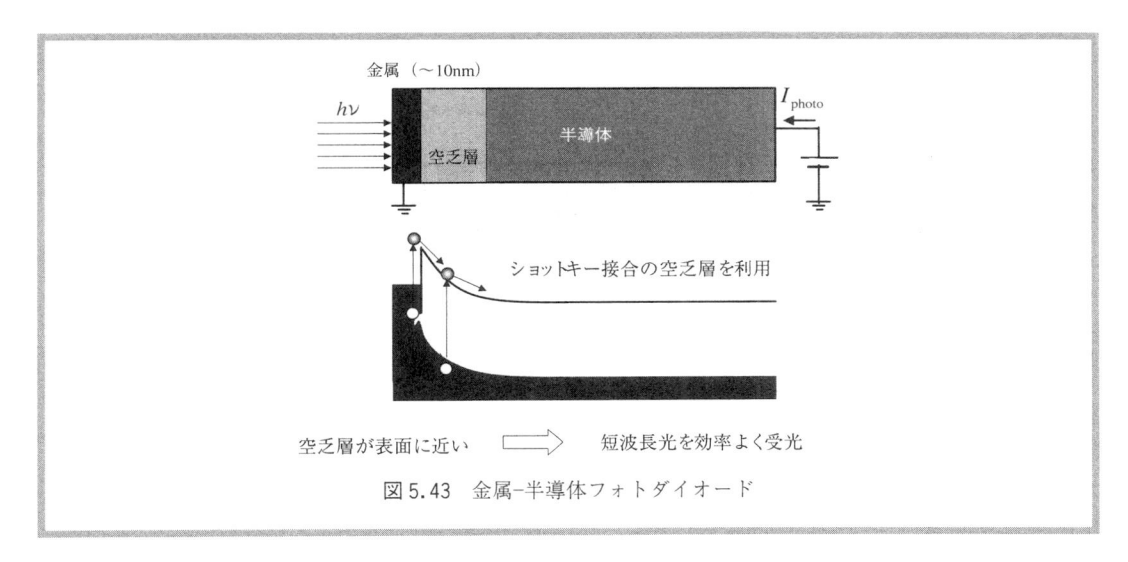

図5.43　金属–半導体フォトダイオード

て取り出すことができるので，1以上の光電変換効率（量子効率）を実現することができる．このようなアバランシェ増幅は，p–i–n フォトダイオードに大きな逆バイアスを印加することによっても得られる．

アバランシェ・フォトダイオードは光電変換効率が高く，微弱な光を観測することが要求される高感度カメラなどに用いられる．

最後に，バイポーラトランジスタ構造を応用した受光素子である「フォトトランジスタ」について説明しておこう．

基本的な構造は図5.45のようなバイポーラトランジスタであるが，ベース端子を電気的に浮遊状態にして使用する．ベース・コレクタ間のpn接合で生成された正孔は，空乏層内の電界によってベース中に流れ込み，ベースにおける電子のポテンシャルを低下させる．これは実効的に

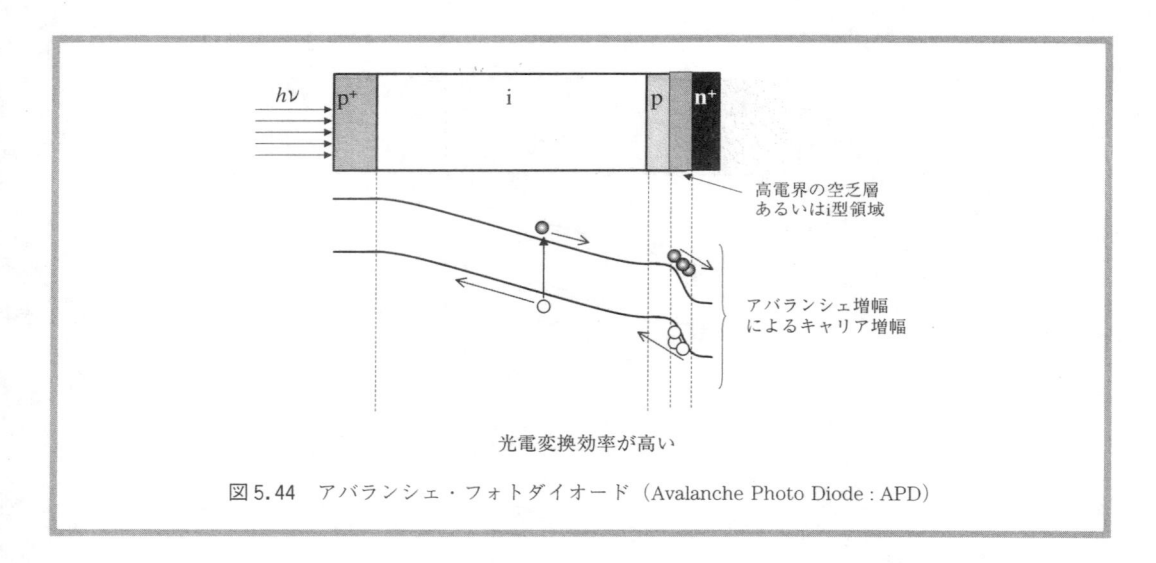

図 5.44 アバランシェ・フォトダイオード (Avalanche Photo Diode : APD)

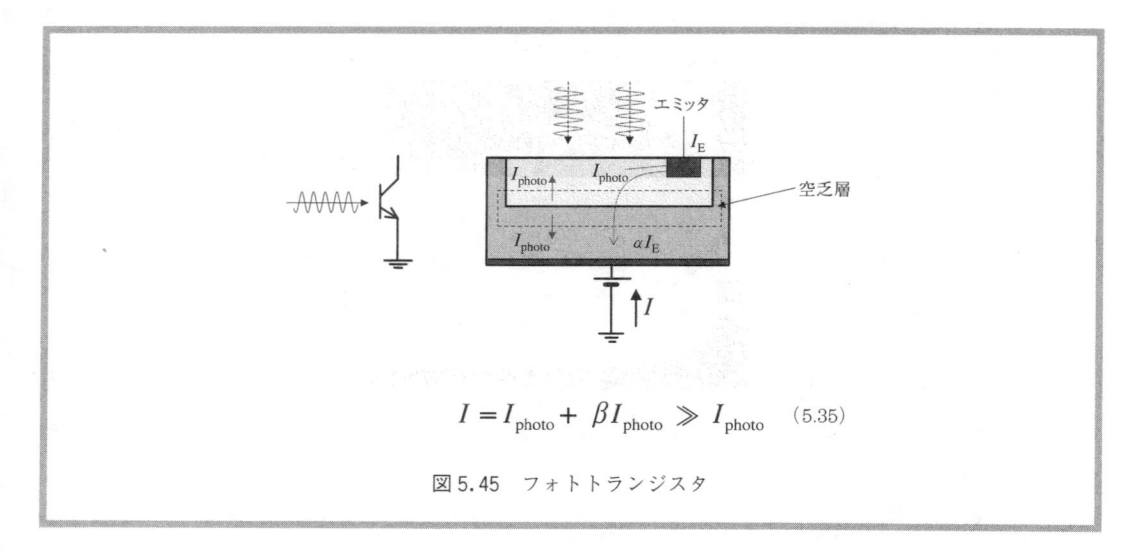

$$I = I_{photo} + \beta I_{photo} \gg I_{photo} \quad (5.35)$$

図 5.45 フォトトランジスタ

外部からベース電流を注入したことと等価となり，この正孔注入によってエミッタ・コレクタ間に式（5.35）の電流が発生する．ただし，β は第 5 章で解説したエミッタ接地電流利得である．β は 100 程度の大きな値であるため，光電変換効率を非常に大きくすることができる．その一方でダイオードに比べて構造が複雑な上，占有面積も大きいことが欠点である．

5.3.3 CCD（Charge–Coupled Devices）

以上で CCD チップの受光部を受け持つフォトダイオードの動作原理は理解できたであろう．
次は，CCD チップを構成するもう 1 つの重要な半導体デバイスである CCD について説明する．
CCD とは，フォトダイオードで蓄積された電荷パケット量を損なうことなく正確に転送するデバイスである．

5.3 受光素子

コピー機やスキャナで用いられる1次元のCCDイメージセンサ（リニアCCD）の動作原理を図5.46に示す．フォトダイオード部に発生した電荷パケットは，フォトダイオードとCCDを隔てるMOS型スイッチをオンにしてCCD部へ流し込む．その後，電荷パケットはCCD（ベルトコンベヤ）で出力端子まで運ばれる．出力端子では電荷量を出力アンプで電圧値に変換することで各フォトダイオードに照射された光量を電気信号として取り出す．

図5.47は，フォトディテクタに蓄積された電荷量の大小を円形の寸法に対応させて表した電荷転送の様子を図示している．構造的には先ほど示したリニアCCDを2次元的に配置したものである．

まず各フォトダイオードに蓄積された電荷パケットは「ライン間転送CCD」（横方向のCCD）に一斉に送り込まれる（①）．CCDはクロック信号に応じて一斉に電荷パケットを右に転送する．このとき，一番右の列のフォトダイオードで生成された電荷パケットが「フレーム転送CCD」（縦方向のCCD）に送り込まれる（②）．ライン間転送CCDはここで一旦小休止し，その間にフレーム転送CCDがパケットを縦に転送して，1つ1つの電荷パケット量を出力アンプによって順次読みとっていく（③, ④）．フレーム転送CCDにあるすべてのパケットを読み終えたら（⑤），再度，ライン間転送CCDにある電荷パケットを一斉に一段右に転送し，再び小休止させる（⑥）．フレーム転送CCDには右から2番目の列のフォトダイオードで生成された電荷パケットが入る，フレーム転送CCDはそれらを縦方向に順次送りだして出力信号として読み出す（⑦, ⑧）．これを繰り返すことで，すべてのフォトダイオードからの電荷パケットを読みとるのである．

次に，CCDがどのような原理で電荷を転送しているかを詳しく見ていこう．

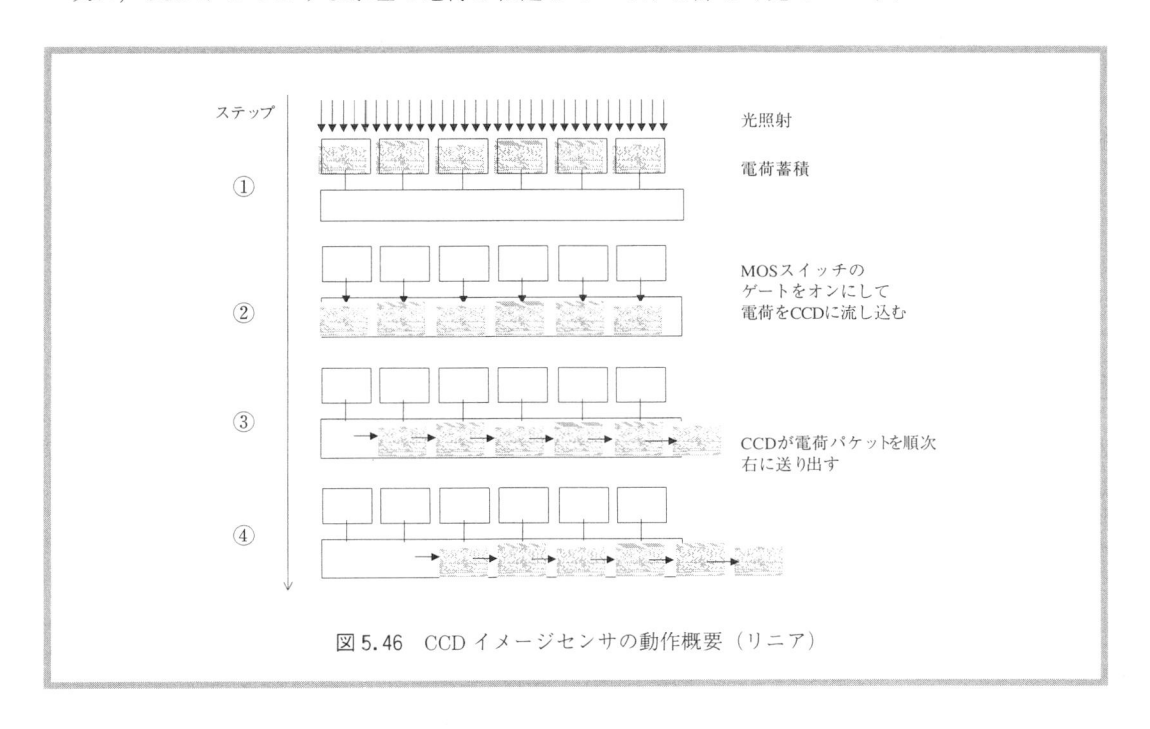

図5.46 CCDイメージセンサの動作概要（リニア）

図5.48のように柔らかいソファーの上にミカンを置いて，その近くを指で押してへこませると，ミカンはそのへこみに向かって移動する．へこみが常にミカンのすぐそばにあるように指を動かすと，ミカンは指に誘導されて転がりながら動く．CCDはこれと同じ原理を電荷の転送に対して適用している．ただし，CCDではミカンの代わりに電荷パケットを転送する．

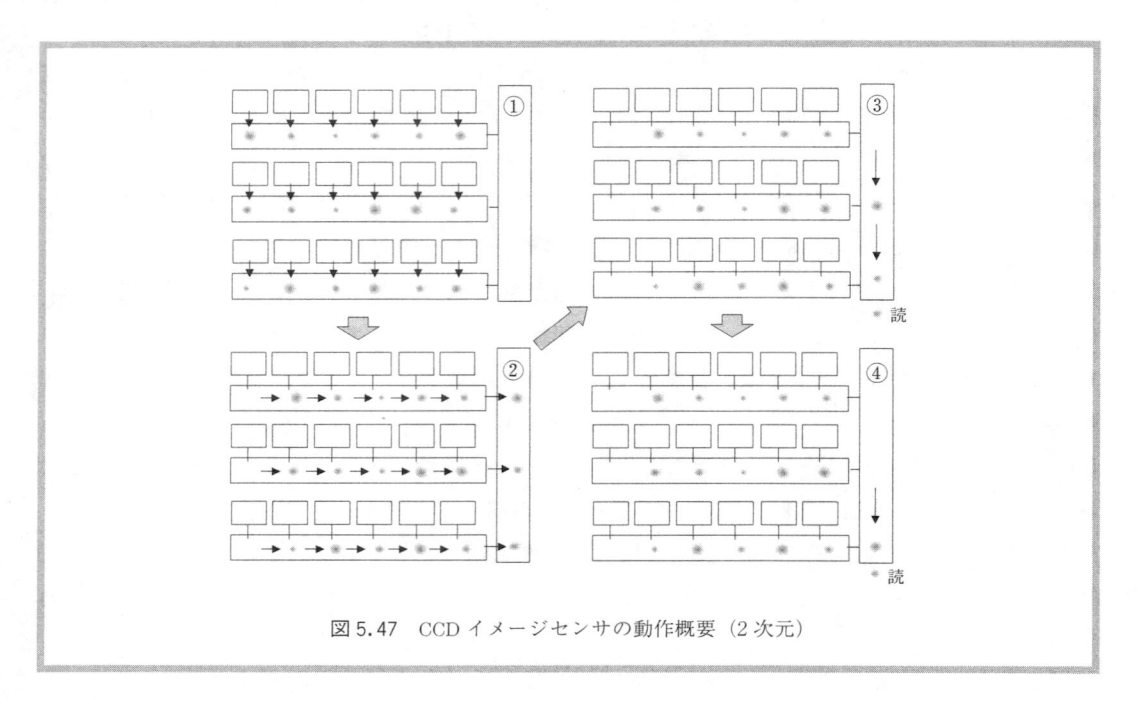

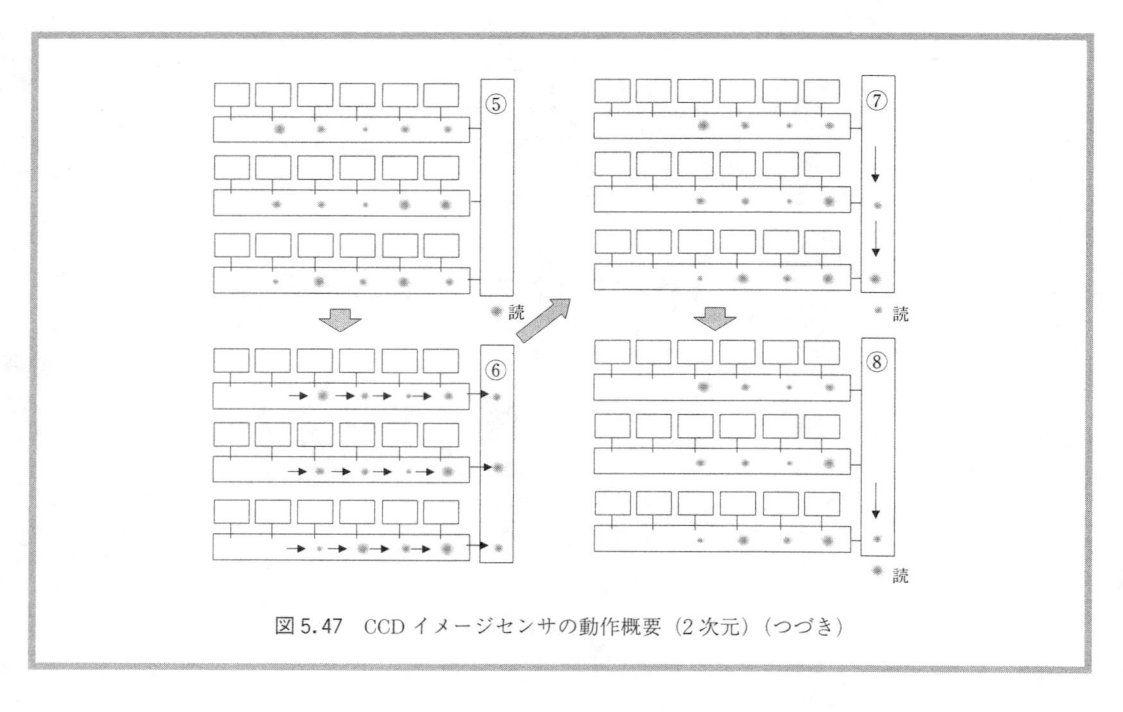

図5.47　CCDイメージセンサの動作概要（2次元）

図5.47　CCDイメージセンサの動作概要（2次元）（つづき）

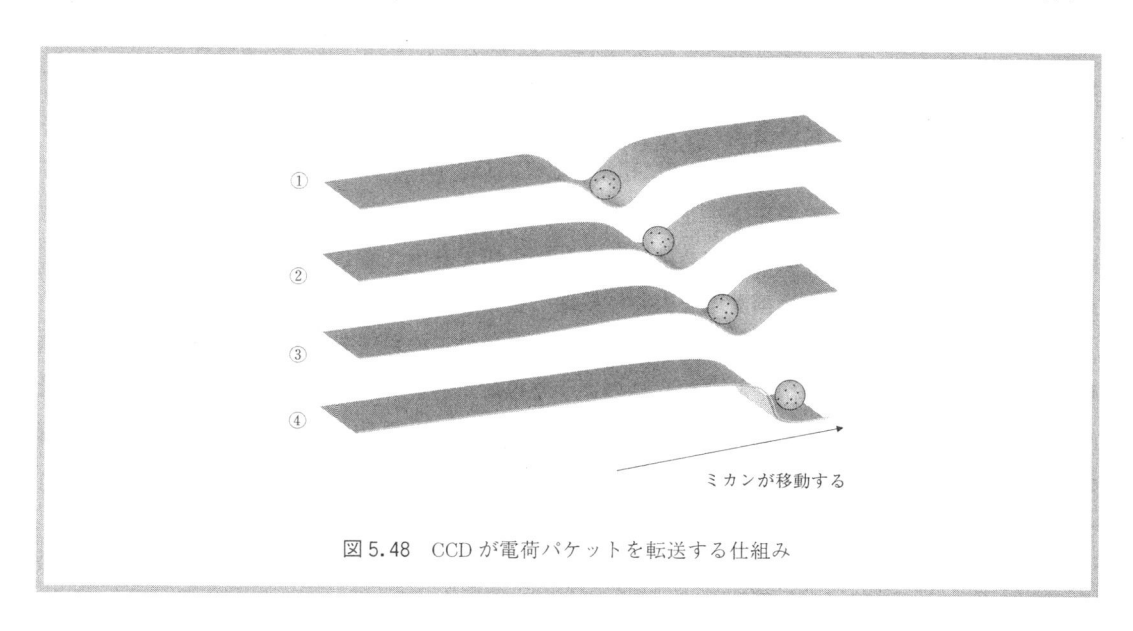

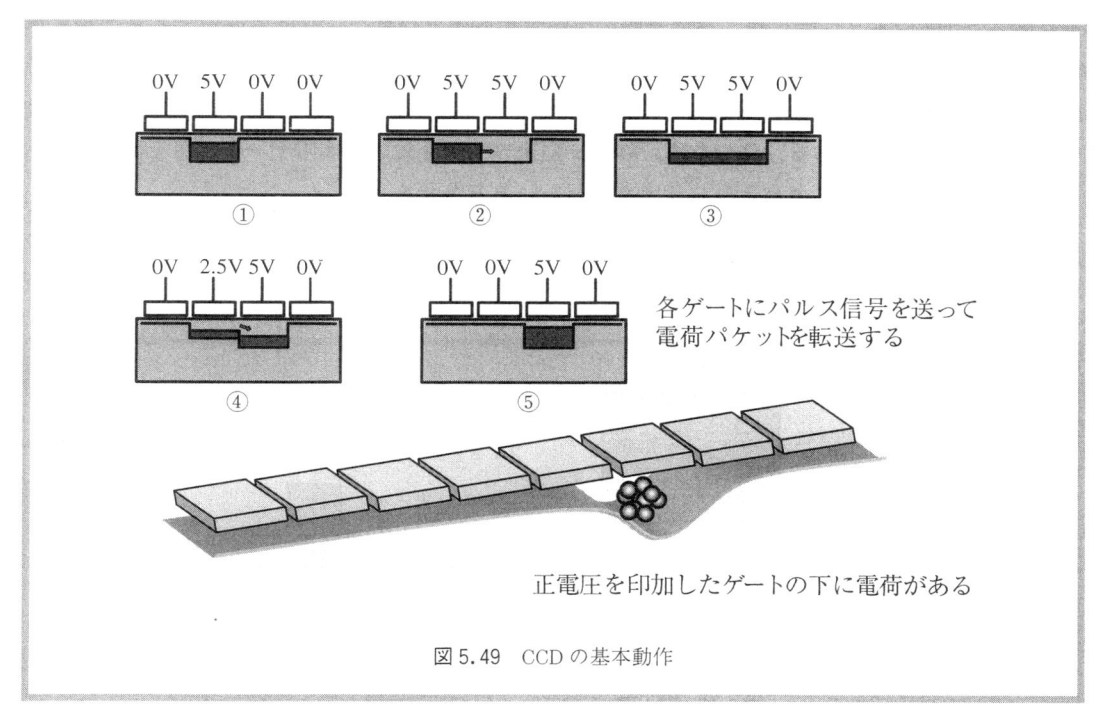

図5.48 CCDが電荷パケットを転送する仕組み

図5.49 CCDの基本動作

図5.49はCCDの断面構造を示したもので，p型シリコン基板上のゲート酸化膜を介してゲート電極が配置された構造となっている．①〜⑤はゲート電圧を制御しながらバケツリレー的に電荷を移送する様子を示している．最初（①），ゲート電位 $V_G=5\,\mathrm{V}$ のゲート下に蓄えられていた電子が隣接ゲートの電位を5Vにすることで横に流れ出し（②），等分配される（③）．さらに元のゲート電極の電位を5Vから2.5Vに下げる（④）と，電荷パケットは次段のゲート下に排出

される．さらに2.5 Vのゲート電位を零にまで戻す（⑤）と，すべての電子は隣接するゲート下に移動する．このように，電荷転送用クロック電位を適切に各ゲート電極に与えると，ゲート下の電子は左から右に移送される．

フォトダイオード部の電荷をCCD部に移動させるには，図5.50のフォトダイオード部の横に配置した転送ゲートに正の電圧を印加する．フォトダイオード部からCCD部へ電荷を引き出す際，フォトダイオード中の電荷を完全に抜くことが大切である．もし残留する電荷が残っていれば，次の露光時に影響し，動画が尾を引く"残像"とよばれる現象が生じる．

ここで1つの疑問がわいてくる．それは「ゲート電極に正の電圧を印加すると，その下に反転層が形成されるのではないか？」，「もしこのような電荷があると，それが転送電荷パケットの量に影響するのではないか？」という疑問である．電荷パケットの量を攪乱することなく正確に転送するには，半導体表面付近に"電子の湧かない半導体"を用意しなければならない．

電子の湧かない半導体をどのようにして得るか考えてみよう．

図5.51(a)はゲートに電圧を印加していない時の，ゲート酸化膜およびp型半導体での電子の感じるポテンシャルを示したものである．第3章で見たように，このゲートに正の電圧を印加すると図5.51(b)のように酸化膜・基板界面に反転層が形成される．この電子はポテンシャルを曲げることによって価電子帯から徐々にわき出したものである．しかし，価電子帯から電子がわき出して図5.51(b)の状態に落ち着くにはある有限の時間τが必要である．この時間τはSiやGeでは数秒〜数分程度である．このため，時間τに比べて十分短い時間でゲート電圧を変化させると，価電子帯からの電子のわき出しはほとんどないとみなせる．

一方，価電子帯内での正孔の移動速度は非常に速く，ゲート電圧の急激な変化にも追随できる．この結果，ゲート電圧を印加した瞬間，ゲート電極からの電気力線は図5.51(c)に示すように空

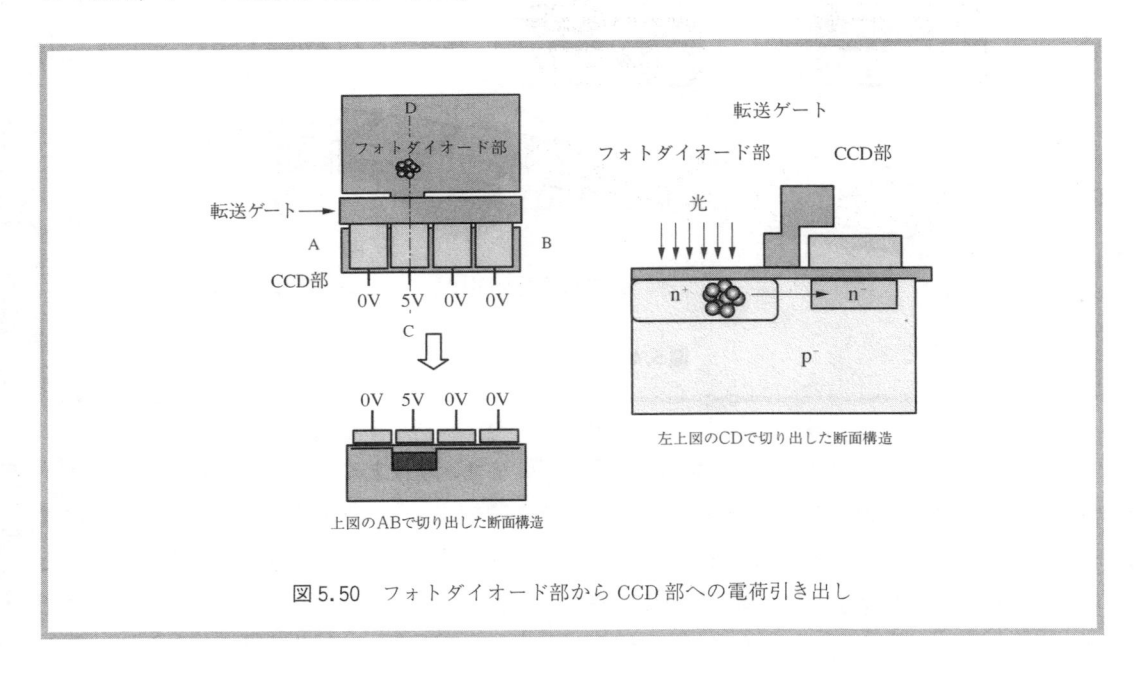

図5.50 フォトダイオード部からCCD部への電荷引き出し

図5.51 電子の湧かない半導体

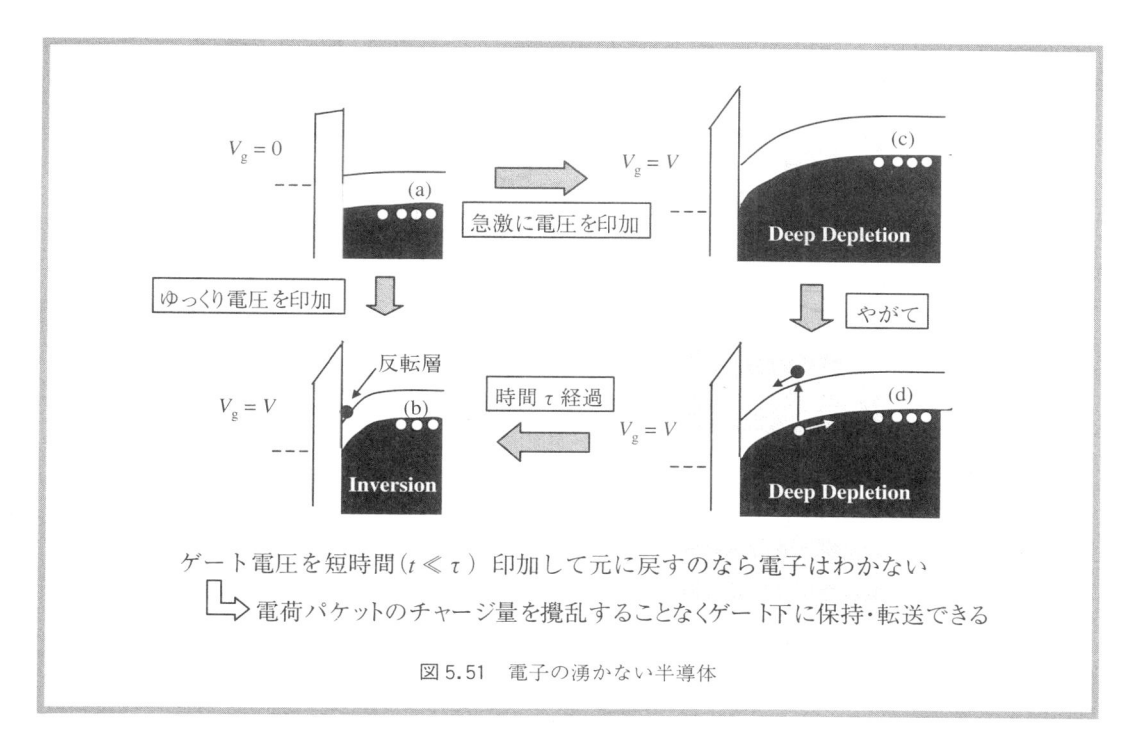

乏層のアクセプタイオンで終端する．この状態を「ディープ・ディプリーション（Deep Depletion：深い空乏化）」とよぶ．

ちなみに，ゲート電圧をこのまま保持しておくと，図(d)のように価電子帯からわき出した電子が酸化膜・基板界面に溜まり，時間 τ 以上経過した後に図5.51(b)の状態に落ち着く．

以上の考察から，τ に比べて十分短い時間，ゲート電極に正電位を印加し，再びゲート電圧をゼロに戻せば，実効的に価電子帯からの電子のわき出しは起こらないとみなせる．すなわち，CCDで電荷パケットを転送する際，各ゲートに印加する電圧パルスの周期をわき出しの時定数 τ よりも十分短く設定してパケット転送すればよい．こうすることで，p型シリコン基板は"電子のわかない半導体"とみなし，転送中に電荷パケット量は攪乱を受けない．

第3章で見たように，p型半導体の表面が反転していると，ゲート電圧 V_g と表面電位 ϕ_s の差（これは酸化膜電圧に等しい）は図5.52中の式（5.36）で表される．ここで Q_{inv} は反転層電子の面電荷密度であり，表面電位は式（5.37）によって与えられる．

ディープ・ディプリーションの条件下では反転層は形成されておらず，ゲートからの電気力線はすべて空乏層内のアクセプタイオンで終端しているため，ゲート電圧とこのときの表面電位の差は式（5.38）で与えられる．表面層付近に信号面電荷 Q_{sig} が存在していれば，式（5.39）のようになる．

ディープ・ディプリーション時の信号面電荷 Q_{sig} と表面電位 ϕ_{sig} の関係は式（5.40）で表される．それをプロットすると図5.53のように，表面電位は信号面電荷量に対して直線的に変化する．

$$V_g - \phi_S = \frac{Q_{inv} + Q_d}{C_{ox}} = \frac{Q_{inv} + eN_A W}{C_{ox}}$$

$$= \frac{Q_{inv}}{C_{ox}} + \frac{eN_A}{C_{ox}} \sqrt{\frac{2e_{si}\phi_S}{eN_A}} \qquad \phi_S \cong 2\phi_B$$

(5.36) (5.37)

$$V_g - \phi_{deep} = \frac{Q_d}{C_{ox}} = \frac{eN_A W}{C_{ox}} = \frac{eN_A}{C_{ox}} \sqrt{\frac{2e_{si}\phi_{deep}}{eN_A}}$$

(5.38)

$$V_g - \phi_{sig} = \frac{Q_{sig} + Q_d}{C_{ox}} = \frac{Q_{sig} + eN_A W_{sig}}{C_{ox}}$$

$$= \frac{Q_{sig}}{C_{ox}} + \frac{eN_A}{C_{ox}} \sqrt{\frac{2\varepsilon_{Si}\phi_{sig}}{eN_A}} \quad (5.39)$$

図 5.52　ゲート電圧，表面電位と信号電荷量の関係

これを井戸の水にたとえると，ゲート直下にある電荷量が井戸の中の水量，表面ポテンシャルは水面から井戸の縁までの高さに相当する．このモデルは「井戸モデル」とよばれ，CCD の解

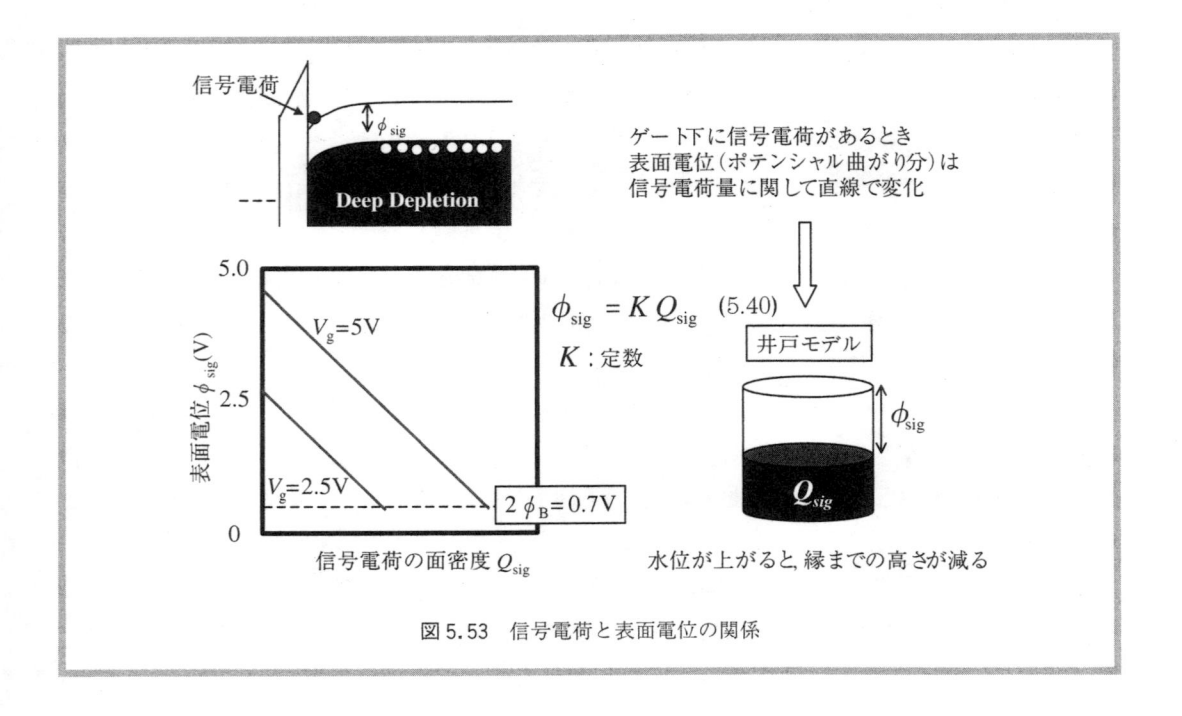

$$\phi_{sig} = K Q_{sig} \quad (5.40)$$

K：定数

ゲート下に信号電荷があるとき表面電位（ポテンシャル曲がり分）は信号電荷量に関して直線で変化

井戸モデル

水位が上がると，縁までの高さが減る

図 5.53　信号電荷と表面電位の関係

5.3 受光素子

自己電界によるドリフト電流

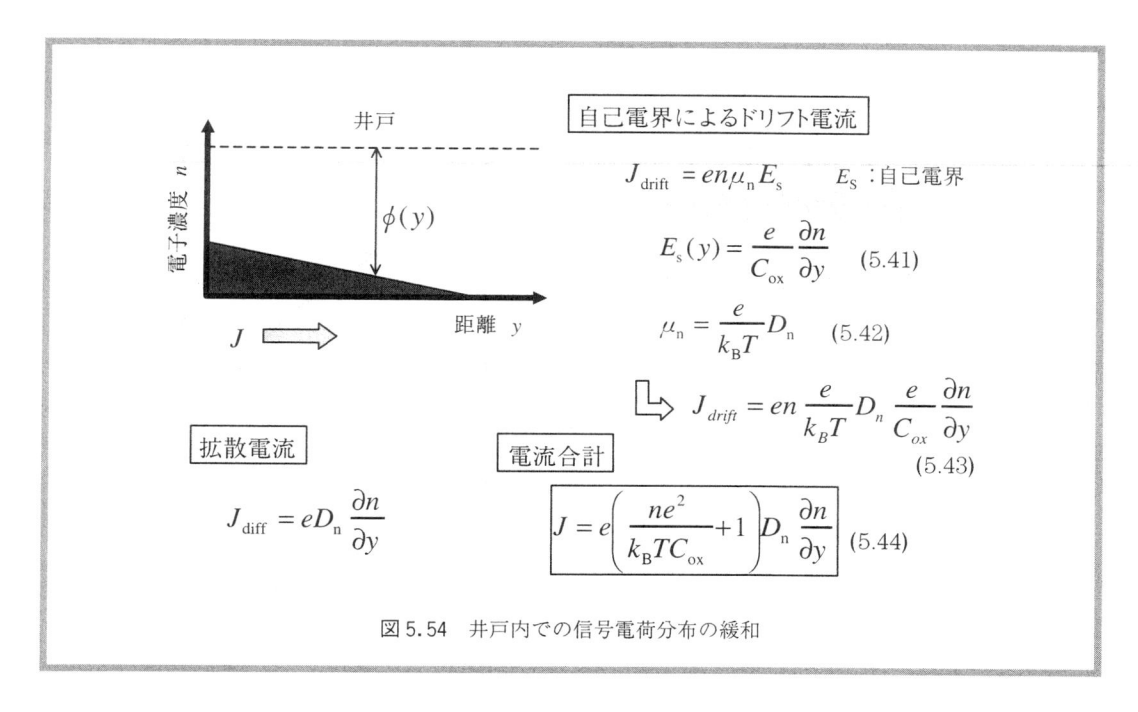

$$J_{\text{drift}} = en\mu_n E_s \quad E_s:\text{自己電界}$$

$$E_s(y) = \frac{e}{C_{ox}} \frac{\partial n}{\partial y} \quad (5.41)$$

$$\mu_n = \frac{e}{k_B T} D_n \quad (5.42)$$

$$\hookrightarrow J_{\text{drift}} = en \frac{e}{k_B T} D_n \frac{e}{C_{ox}} \frac{\partial n}{\partial y} \quad (5.43)$$

拡散電流

$$J_{\text{diff}} = eD_n \frac{\partial n}{\partial y}$$

電流合計

$$J = e\left(\frac{ne^2}{k_B T C_{ox}} + 1\right) D_n \frac{\partial n}{\partial y} \quad (5.44)$$

図 5.54 井戸内での信号電荷分布の緩和

析や動作を理解をする上でよく用いられるアナロジーである．

電荷転送プロセスの②で示したように，井戸の幅が広がると，井戸の中の信号面電荷は再分布する．この再分布に要する時間は，ゲートに印加するクロックの周波数やゲート電極長を規定する重要な物理量である．

井戸の中で電子濃度に勾配があると，この勾配を緩和するメカニズムは拡散電流と「自己電界」によるドリフト電流である（図 5.54）．なお，計算に際して式（5.39）右辺第 2 項を無視した．自己電界とは荷電粒子が濃度勾配を持つことで生じる電界であり，式（5.39）を y で微分することにより式（5.41）で与えられる．アインシュタインの関係式によって移動度は拡散係数を用いて式（5.42）で表されるため，自己電界によるドリフト電流は式（5.43）になる．これに拡散電流成分を加算すると，位置 y での電流密度は式（5.44）で表される．この式から，自己電界によるドリフト電流は残留電荷量 n に比例することがわかる．転送の初期は自己電界によって多量のドリフト電流が流れるが，残留電荷量が少なくなると急速にドリフト成分が減少することがわかる．

実際の CCD では，隣り合ったゲート電極の影響によって図 5.55 のように井戸内に緩やかなポテンシャルの勾配が存在する．このポテンシャル勾配は隣接するゲート電極の電位差に比例し，ゲート幅の 2 乗に反比例することが経験的に知られている．この電界は「端部電界」E_f とよばれる．この電界の存在により，井戸内での電荷再分布の速度を速める効果がある．

たとえば，ゲート電極 V_2 下に信号電荷が保持されている時に，電極 V_3 に大きな電圧を印加して井戸を深くすると，ゲート V_2 下に存在する信号電荷は時間の経過に伴って指数関数的に減少し，ゲート電極 V_3 下に集まる．ゲート電極 V_2 下の残留電荷量の時間経過をプロットすると図

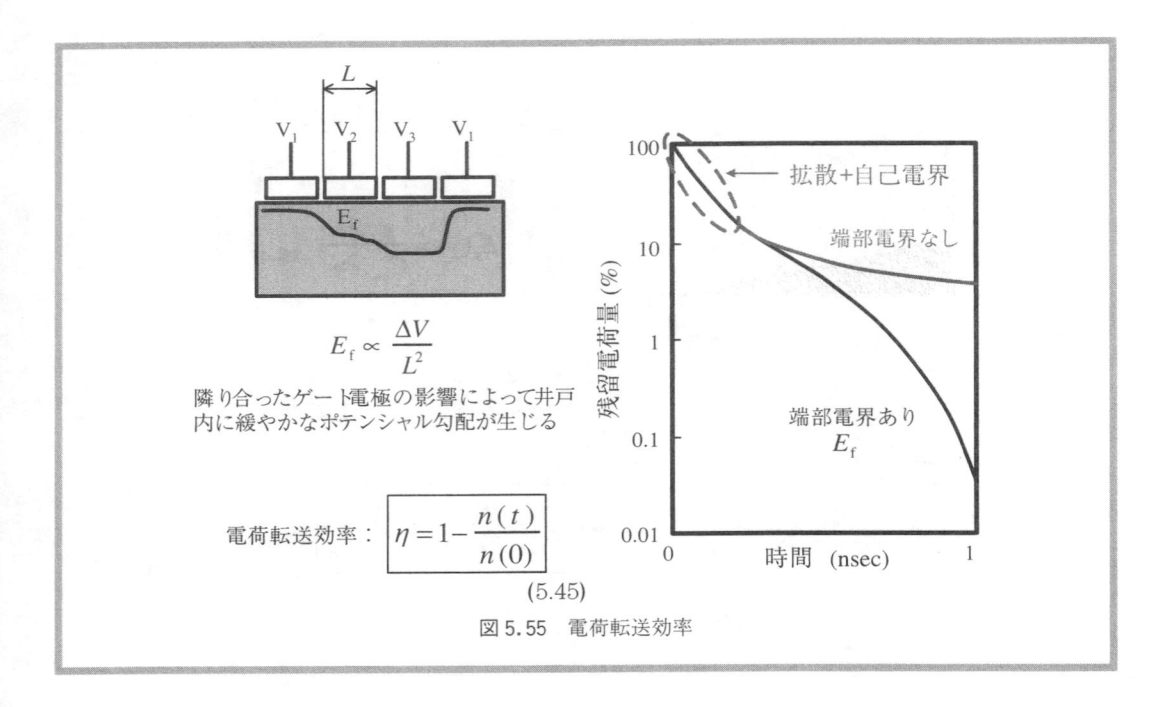

$$E_f \propto \frac{\Delta V}{L^2}$$

隣り合ったゲート電極の影響によって井戸内に緩やかなポテンシャル勾配が生じる

電荷転送効率：
$$\eta = 1 - \frac{n(t)}{n(0)} \quad (5.45)$$

図 5.55　電荷転送効率

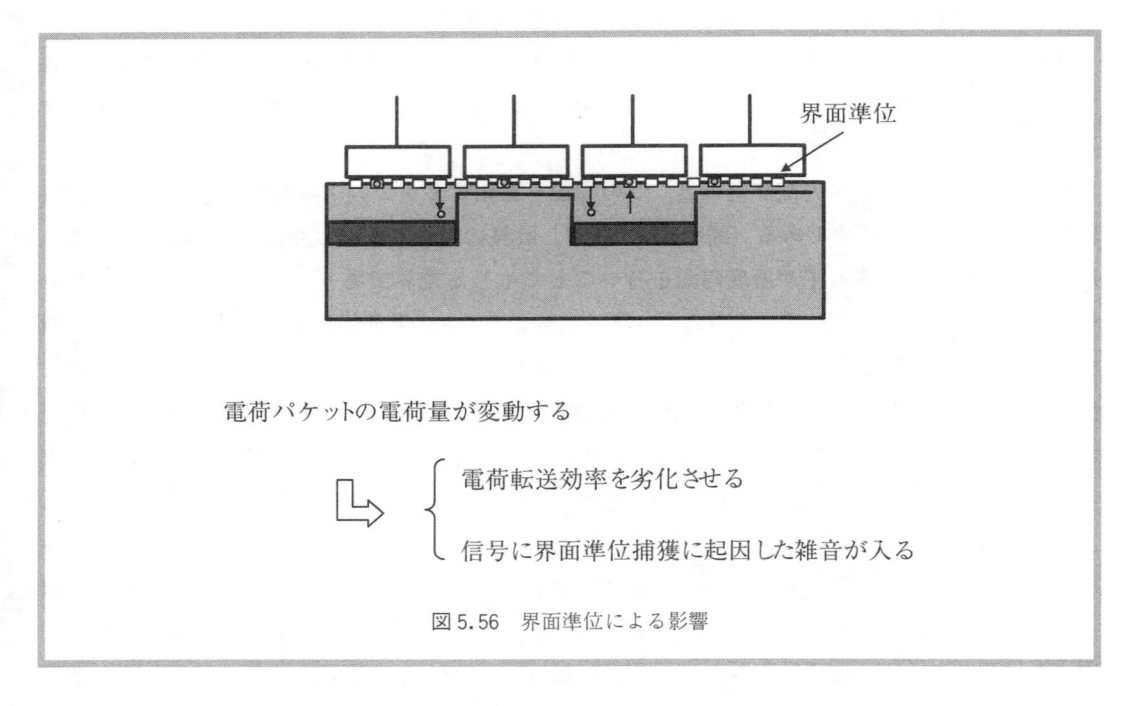

電荷パケットの電荷量が変動する

↳ { 電荷転送効率を劣化させる
　　信号に界面準位捕獲に起因した雑音が入る }

図 5.56　界面準位による影響

5.55 のグラフが得られ，端部電界があることで電荷はより効率よく次段のゲートに転送されていることがわかる．

「電荷転送効率」は残留電荷量を用いて式（5.45）によって定義される．これは CCD を駆動するクロック周波数の上限を定める重要な指標である．

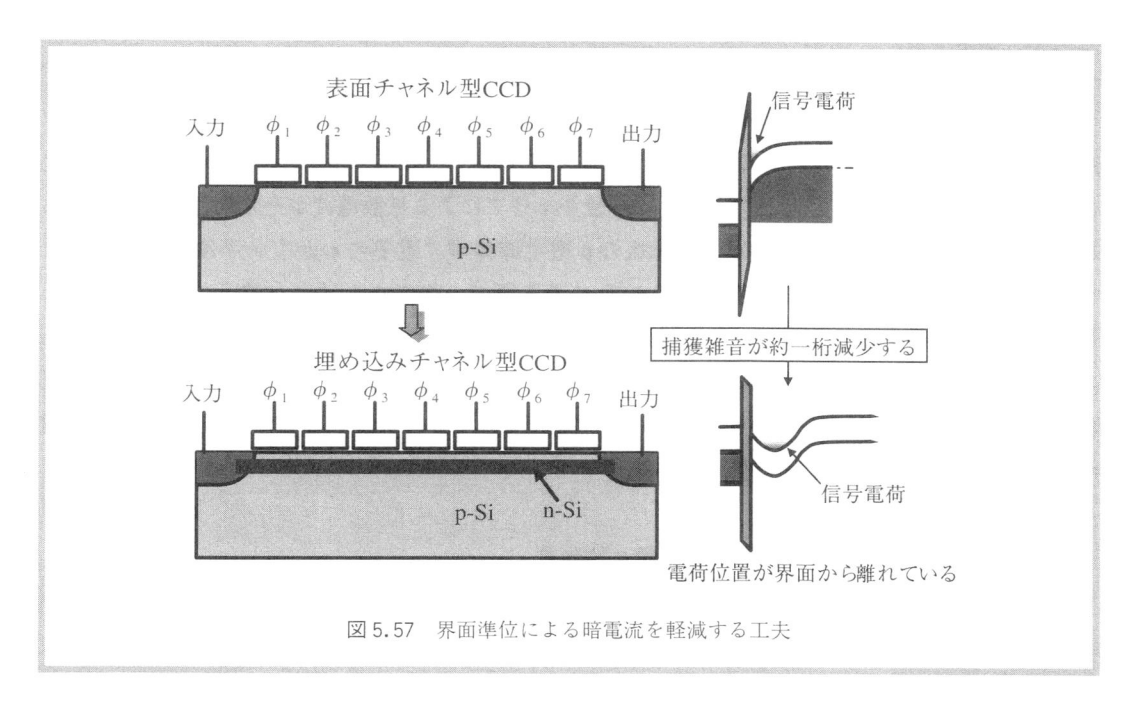

図5.57 界面準位による暗電流を軽減する工夫

　また，CCDの電荷転送効率は，酸化膜・基板界面にある界面準位（原子レベルの電子を捕獲する場所）の影響を受けて著しく劣化する（図5.56）．これは電荷を捕獲した界面準位がその電荷を放出するまでに時間がかかり，電荷を転送した後に"スポンジ"に染込ませた水がしたたり落ちるようにじわじわと電荷を放出するからである．この界面準位で電荷が捕獲されたり放出されたりすると電荷パケット量に撹乱が生じ，それが出力にノイズとなって現れる．

　最近では，界面準位の影響を抑制するため，図5.57のように信号電荷を転送するチャネルを

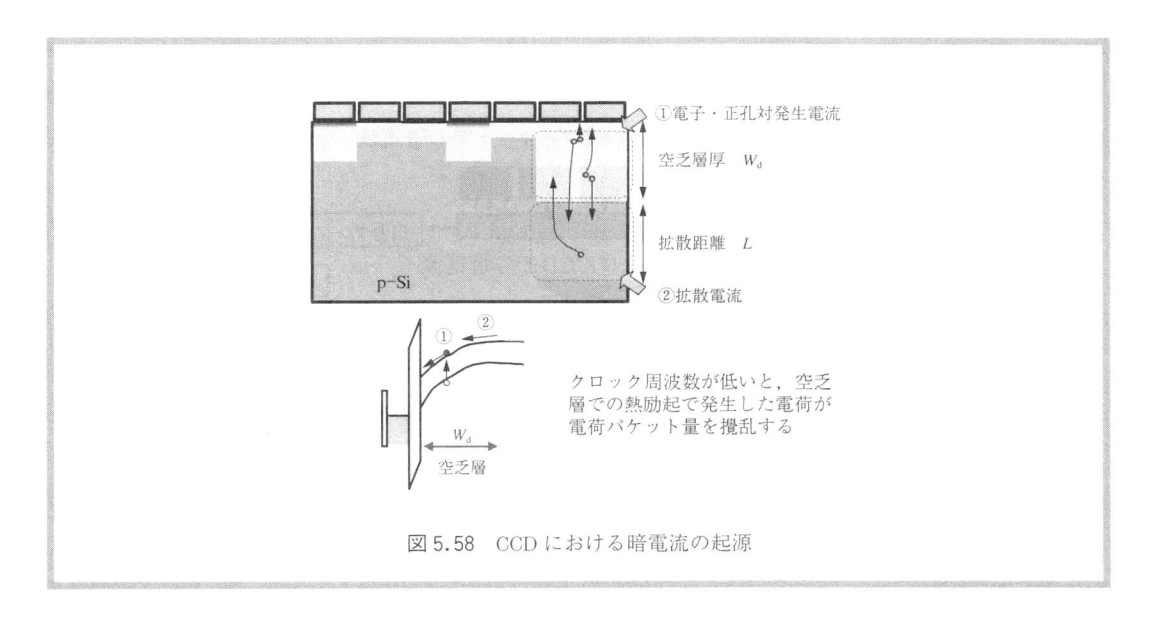

図5.58　CCDにおける暗電流の起源

酸化膜・基板界面から離して形成する「埋め込みチャネル型CCD」が使われている．これによって電荷転送効率は改善され，電荷捕獲に起因する雑音も一桁近く減少する．

CCDを駆動するクロック周波数の下限は価電子帯から熱励起される電荷量とSN比との関係で決まる．このSN比を劣化させる原因は「CCDの暗電流」であり，図5.58に示すように①空乏層中で発生する電子・正孔対と②基板中の少数キャリアによる拡散電流がその物理的な起源である．つまり，クロック周波数が遅いと基板のp型半導体が"電子のわかない半導体"とみなせなくなることを意味している．暗電流がCCDの至る所で一様であれば出力電圧のオフセットとして観測されるので，オフセット補正回路によって電気的に除去することができる．しかし実際は各素子の暗電流が微妙に違っているのでオフセット補正回路では完全には除去できない．暗電流による信号ノイズはCCDの温度を10℃下げるごとに1/2に低減するため，低温でのCCD動作は暗電流防止策として非常に有効である．

5.3.4 CCDイメージセンサの性能指標と諸現象

最後に，CCDイメージセンサの性能を表す指標と，実際のイメージセンサで観測される様々な現象についてまとめてこの章の締めくくりとしよう．

図5.59はCCDイメージセンサの性能を決める要素をまとめたものである．

①画素数：チップ内の受光素子数はピクセル（pixel：画素）で表される．縦横1024×128個なら1024×128ピクセルである．一般にこれが多いほど高品質の画像を得られる．

②受光面積：受光面の対角線長を1/2インチ，1/3インチなどの単位で表す．

③位置分解能：隣接する2つの信号を分離することができる最小の寸法を分解能とよび，これ

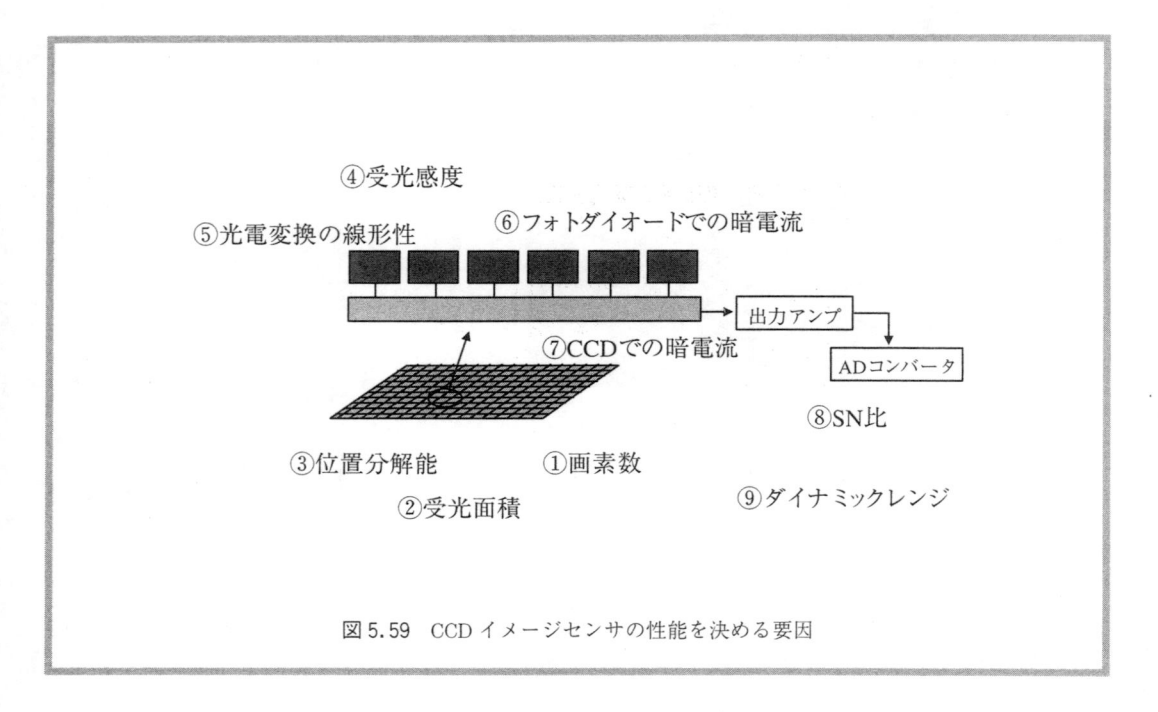

図5.59 CCDイメージセンサの性能を決める要因

が小さいほど鮮明な画像が得られる．画素数が多いほど分解能がよくなる傾向がある．

④受光感度：フォトダイオードの光に対する感度．ダイオードの光電変換効率やマイクロレンズの集光能力などによって決まる．これが高いほど微弱な光を観測できる．

⑤光電変換の線形性：前述したフォトダイオードの解析では光電流の大きさは光量に比例していたが，出力回路の構成によってはこのような線形性が得られない場合がある．

⑥フォトダイオードの暗電流：フォトダイオードの空乏層内部で発生する暗電流が雑音レベルを上げる．素子の動作温度を下げたり，ノイズキャンセル回路を組み込んだりして回避する．

⑦CCDの暗電流：CCDの暗電流による雑音も用途によっては無視できない．一般のデジタルカメラなどでは余り問題にはならないが，天体観測などで用いられるイメージセンサではこのCCDでの暗電流が最大のノイズ源となるので，観測時の素子温度を下げて対応する．

⑧SN比：信号強度とCCDイメージセンサで発生するノイズとの比をSN比とよび，この値が大きいほどダイナミックレンジが大きい．イメージセンサのノイズ成分としては，

1. 出力アンプ，ADコンバータでの「量子化ノイズ」，
2. フォトダイオードやCCDの暗電流に起因する「ダークチャージノイズ」（これらは「固定パターンノイズ」と総括される），
3. フォトダイオードでの「ショットノイズ」，

がある．

最後の⑨ダイナミックレンジとは，CCDイメージセンサ計測可能な最大信号レベルと最小信号レベルの比である．

イメージセンサの最大信号強度は，図5.60に示すようにフォトダイオードに蓄えられる電荷

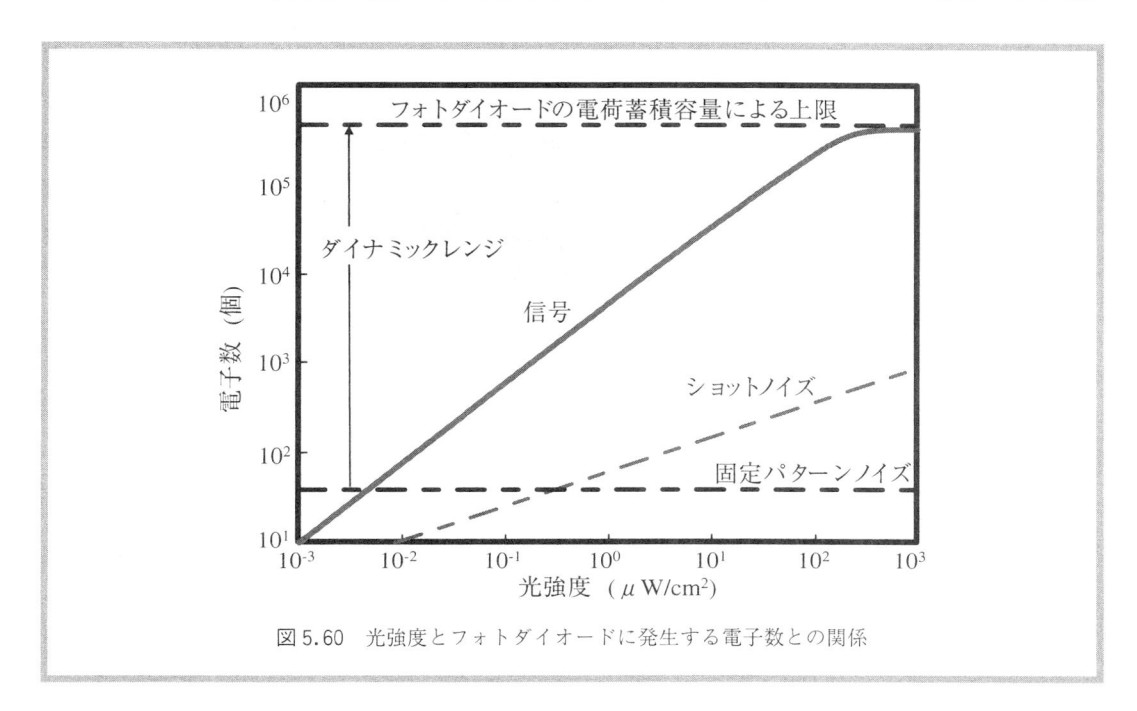

図5.60 光強度とフォトダイオードに発生する電子数との関係

パケット量の最大値によって決まる．一方，検出可能な信号レベルの最小値はノイズで決まる．

ダイナミックレンジが大きいほど，強い光から弱い光まで幅広く観測することができる．たとえば，快晴の日にビルや森を撮影するときに，明るいところにいる被写体も暗いところにいる被写体も同時に色飛びすることなくきれいにとれるためには，広いダイナミックレンジが必要となる．最近の映画撮影では，フィルムを用いた撮影からCCDイメージセンサを用いたビデオ撮影に切り替わりつつあるものの，ダイナミックレンジの面では未だフィルムには及ばない．このため，映像表現力を落としたくないという理由からフィルム撮影は未だに根強く支持されている．

ここからはCCDイメージセンサで起こる様々な現象について説明する．

フォトダイオードに蓄積される電荷パケット量がフォトダイオードの電荷蓄積容量の限界を超えると，その電荷が横方向，深さ方向に漏れ出してゆく．この蓄積電荷のオーバーフローが原因で図5.61のように受光信号がCCDの転送ラインに沿ってぼやけることを「ブルーミング」という．

ブルーミング対策の1つとして，図5.61のようにフォトダイオード部の直下にn型半導体基板層を設けることがある．こうすることで，フォトダイオード部で過剰の電子が発生するとその負電荷の影響でポテンシャルが上昇し，そこからあふれた電荷が横のCCD部ではなく，基板側へと流れ込み，ブルーミングを抑えることができる．この構造は「縦型耐ブルーミング構造」とよばれる．

これ以外にも，フォトダイオードの横にオーバーフロー電荷を排出する通路を設けた横型耐ブルーミング構造もある．しかし，この構造は実効的な受光面積が小さくなる欠点がある．

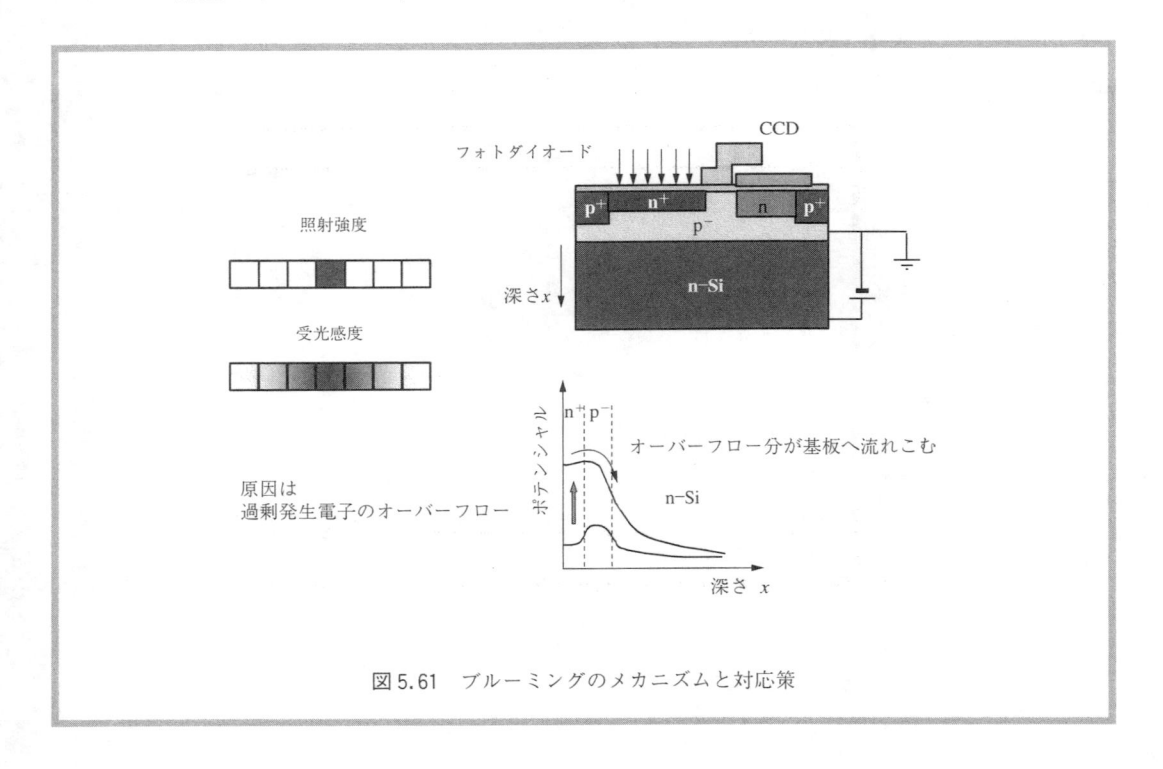

図5.61 ブルーミングのメカニズムと対応策

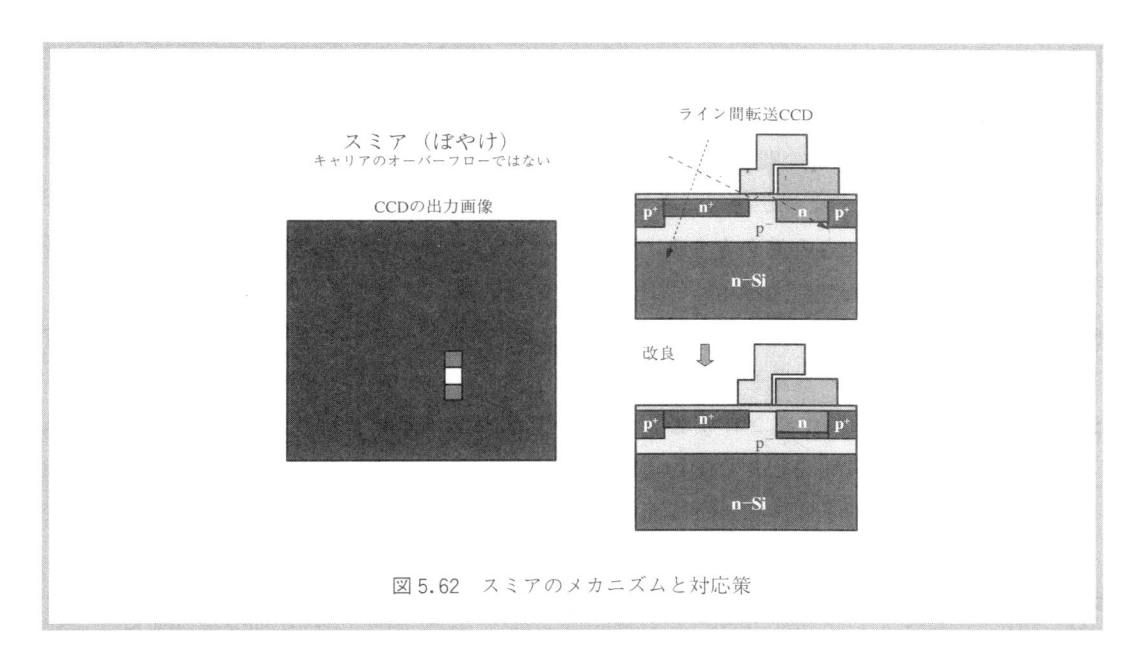

図 5.62　スミアのメカニズムと対応策

現在は縦型耐ブルーミング構造の採用により，ブルーミングは実用上は問題のない程度に抑えられている．

CCD イメージセンサでは CCD 部に光が入射しないよう遮光板を取り付けるなどしているが，フォトダイオード部に入射した光が多重散乱などによって CCD 部に漏れ込む場合がある．このような光は CCD 内部で光励起による電子正孔対を生成し，これが画像に図 5.62 の「スミア (Smear：染み，汚れといった意)」とよばれるボヤケを生じる．光が CCD 部へ入射することで生じるスミアは，マイクロレンズによって光をフォトダイオード中央に集中させることによってある程度低減することができる．

スミアは，CCD の p 型領域にまで迷い込んできた光によって生成された電子が，CCD 部に流れ込むことによっても生じる．図 5.62 のように CCD 構造の下に p 型拡散層を埋め込むことで電子の流入量を低減することができる．この p 型拡散層によるポテンシャルの壁が，CCD 部に流入する電子の"バリア"として働くからである．

演習問題

光デバイスに関する下記の問題について解答せよ．

5.1 波長 800 nm の光子 1 個が持つエネルギー[J]を求めよ．また，この光子のエネルギーを eV 単位で表現したときの値を求めよ．ただし，プランク定数，素電荷，光速は，それぞれ $h=6.6\times10^{34}$[J・s]，$e=1.6\times10^{-19}$[C]，$c=3.0\times10^8$[m/s] とする．

5.2 1 mW のパワーを有する波長 800 nm の光が受光半導体素子に照射されているとき，単位時間あたりに照射される光子量を計算せよ．

5.3 1 個の光子によって生成される電子・正孔対の数を量子効率という．量子効率が 0.2 であるとすると，演習問題 5.2 で与えた光が半導体に入り，そこで発生する単位時間あたりの電子数と，受光素子の外部回路に流れる電流を計算せよ．ただし，発生した電子はすべて回収されるものとする．

5.4 pn 接合発光ダイオードの動作原理を説明せよ．

5.5 発光強度を高めるための方法を挙げて，その理由を説明せよ．また，発光波長を変えるにはどのような材料を用いればよいか．

5.6 この素子を，レーザ発振させるためには，どのようなことをすればよいか．

5.7 CCD デバイスの動作原理を簡単に説明せよ．

演習問題略解

1.1 アボガドロ数の Si 結晶の体積 $= \dfrac{28}{2.3} = 12.2$ cm^3 → $\dfrac{6 \times 10^{23}}{12.2} \approx 5 \times 10^{22}$ [個/cm^3]

1.2 14個．そのうち10個が内殻電子であり，残りの4個が最外殻電子として隣接する原子との化学結合手として働く．

1.3 $\dfrac{28}{6 \times 10^{23}} \approx 4.7 \times 10^{-23}$ [g]

1.4 ①3,　②アクセプタ,　③負,　④ドナー

1.5 ①5,　②ドナー,　③正

1.6 $np = n_\mathrm{i}^2$　$n = 10^{18}$ cm^{-3} → $p = \dfrac{n_\mathrm{i}^2}{n} = \dfrac{10^{20}}{10^{18}} = 10^2$ [cm^{-3}]

1.7 $\dfrac{1}{2} mv^2 = \dfrac{2}{3} k_\mathrm{B} T$ → $v = \sqrt{\dfrac{3 k_\mathrm{B} T}{m}} = \sqrt{\dfrac{3 \times 1.4 \times 10^{-23} \times 300}{9 \times 10^{-31}}} \approx 1.2 \times 10^5$ [m/sec]

1.8 $R = \rho \dfrac{L}{S} = 10 \times \dfrac{100}{1} = 10^3$ [Ω]

1.9 (1) $\dfrac{D}{\mu} = \dfrac{k_\mathrm{B} T}{e}$ → $D = 0.025 \times 1000 = 25$ [cm^2/sec]

　　(2) $J = eD \dfrac{n}{L} = 1.6 \times 10^{-19} \times 25 \dfrac{10^{17}}{100 \times 10^{-4}} = 40$ [A/cm^2]

　　(3) $v_\mathrm{d} = \mu E = 1000 \times 1000 = 10^6$ [cm/sec]

　　(4) $J = env_\mathrm{d} = 1.6 \times 10^{-19} \times 10^{16} \times 10^6 = 1.6 \times 10^3$ [A/cm^2]

　　(5) $p = \dfrac{n_\mathrm{i}^2}{n} = \dfrac{10^{20}}{10^{16}} = 10^4$ [個/cm^3]

1.10 $L = 2\sqrt{Dt} = 2\sqrt{30} \approx 11$ [cm]

2.1 $n_\mathrm{n} = 10^{16}$ cm^{-3}, $p_\mathrm{n} = \dfrac{n_\mathrm{i}^2}{n_\mathrm{n}} = 10^4$ [cm^{-3}]　　n 型領域

　　$p_\mathrm{p} = 10^{18}$ cm^{-3}, $n_\mathrm{p} = \dfrac{n_\mathrm{i}^2}{p_\mathrm{p}} = 10^2$ [cm^{-3}]　　p 型領域

2.2 $\dfrac{n_\mathrm{p}}{n_\mathrm{n}} = \exp\left(-\dfrac{eV_D}{k_\mathrm{B} T}\right)$ → $V_\mathrm{bi} = \dfrac{k_\mathrm{B} T}{e} \ln\left(\dfrac{n_\mathrm{n}}{n_\mathrm{p}}\right) = 0.025 \times \ln\left(\dfrac{10^{16}}{10^2}\right) = 0.8$ [V]

2.3 $V_\mathrm{bi} \approx \dfrac{eN_D}{2\varepsilon_\mathrm{Si}\varepsilon_\mathrm{o}} W_\mathrm{d}^2$

$$\rightarrow \quad W_\mathrm{d} \approx \sqrt{\frac{2\varepsilon_\mathrm{Si}\varepsilon_\mathrm{o} V_\mathrm{bi}}{eN_D}} = \sqrt{\frac{2\times 11.7\times 8.85\times 10^{-14}\times 0.8}{1.6\times 10^{-19}\times 10^{16}}} = 3.2\times 10^{-5} \quad [\mathrm{cm}]$$

2.4 $\displaystyle C = \frac{\varepsilon_\mathrm{Si}}{W_\mathrm{d}} S = \frac{11.7\times 8.85\times 10^{-14}}{3.2\times 10^{-5}} 100\times 10^{-8} = 32\times 10^{-15} \quad [\mathrm{F}]$

2.5 $\displaystyle W_\mathrm{d} \approx \sqrt{\frac{2\varepsilon_\mathrm{Si}\varepsilon_\mathrm{o}(V_\mathrm{bi}+V)}{eN_D}} = \sqrt{\frac{2\times 11.7\times 8.85\times 10^{-14}\times (0.8+3)}{1.6\times 10^{-19}\times 10^{16}}} = 7.0\times 10^{-5} \quad [\mathrm{cm}]$

2.6 $L_\mathrm{n} = \sqrt{D_\mathrm{n}\tau_\mathrm{n}} = \sqrt{30\times 10^{-5}} = 1.7\times 10^{-2} \quad [\mathrm{cm}]$

$L_\mathrm{p} = \sqrt{D_\mathrm{p}\tau_\mathrm{p}} = \sqrt{10\times 10^{-5}} = 1.0\times 10^{-2} \quad [\mathrm{cm}]$

2.7 $\displaystyle I_\mathrm{n} = eD_\mathrm{n}\frac{n_\mathrm{p}}{L_\mathrm{n}}\exp\left(\frac{0.25}{0.025}\right) = 1.6\times 10^{-19}\times 30\times \frac{10^4}{1.7\times 10^{-2}}\exp(10) = 6.2\times 10^{-8} \quad [\mathrm{A}]$

$\displaystyle I_\mathrm{p} = eD_\mathrm{p}\frac{p_\mathrm{n}}{L_\mathrm{p}}\exp\left(\frac{0.25}{0.025}\right) = 1.6\times 10^{-19}\times 10\times \frac{10^2}{1.0\times 10^{-2}}\exp(10) = 3.5\times 10^{-10} \quad [\mathrm{A}]$

[注意] 高濃度不純物原子拡散領域での少数キャリア寿命は演習問題2.6に示した値よりかなり小さくなるので，実際のpn接合では上で計算した電流値より大きくなる．

2.8 計算ではL_pの代わりにドナー不純物の拡散深さx_jを用いるとよい．

$\displaystyle I_\mathrm{p} = eD_\mathrm{p}\frac{p_\mathrm{n}}{x_\mathrm{j}}\exp\left(\frac{0.25}{0.025}\right) = 1.6\times 10^{-19}\times 10\times \frac{10^2}{0.1\times 10^{-4}}\exp(10) = 3.5\times 10^{-7} \quad [\mathrm{A}]$

3.1 $\displaystyle C = \frac{\varepsilon_\mathrm{ox}}{t_\mathrm{ox}} S = \frac{3.9\times 8.85\times 10^{-14}}{5\times 10^{-7}}\cdot (10\times 10^{-4})^2 = 6.9\times 10^{-13} \quad [\mathrm{F}]$

3.2 $\displaystyle n_\mathrm{inv} = \frac{Q_\mathrm{inv}}{e} = \frac{C_\mathrm{ox}(V_\mathrm{G}-V_\mathrm{T})}{e} = \frac{6.9\times 10^{-7}}{1.6\times 10^{-19}} = 4.3\times 10^{12} \quad [個/\mathrm{cm}^2]$

3.3 $\displaystyle I_\mathrm{D} = \frac{W}{L}\mu C_\mathrm{ox}\left[(V_\mathrm{G}-V_\mathrm{T})-\frac{1}{2}V_\mathrm{D}\right]V_\mathrm{D}$

$\displaystyle \quad = \frac{10\times 10^{-4}}{10\times 10^{-4}} 300\times 6.9\times 10^{-7}[(1.5-0.5)-0.025]0.05 = 1.0\times 10^{-5} \quad [\mathrm{A}]$

3.4 $\displaystyle R = \frac{V_\mathrm{D}}{I_\mathrm{D}} = \frac{0.05}{1.0\times 10^{-5}} = 5\times 10^3 \quad [\Omega]$

3.5 $\displaystyle d = \sqrt{\frac{2\varepsilon_\mathrm{Si}(2\phi_\mathrm{B})}{eN_\mathrm{A}}} = \sqrt{\frac{2\times 11.7\times 8.85\times 10^{-14}\times 0.8}{1.6\times 10^{-19}\times 3\times 10^{16}}} = 1.85\times 10^{-5} \quad [\mathrm{cm}]$

3.6 $\displaystyle C_\mathrm{D} = \frac{\varepsilon_\mathrm{Si}}{d} = \frac{11.7\times 8.85\times 10^{-14}}{1.85\times 10^{-5}} = 5.6\times 10^{-8} \quad [\mathrm{F/cm}^2]$

3.7 $\displaystyle \exp\left[\frac{e\Delta V_\mathrm{G}}{k_\mathrm{B}T}\left(\frac{C_\mathrm{ox}}{C_\mathrm{ox}+C_\mathrm{D}}\right)\right] = \exp\left[-\frac{0.1}{0.025}\cdot \frac{6.9\times 10^{-7}}{6.9\times 10^{-7}+5.6\times 10^{-8}}\right]$

$\displaystyle \qquad = \exp(-4\times 0.924) = 0.025$

3.8 $\Delta V_\mathrm{T} = \dfrac{\sqrt{2\varepsilon_\mathrm{Si} e N_\mathrm{A}(2\phi_\mathrm{B}-V_\mathrm{sub})}}{C_\mathrm{ox}} - \dfrac{\sqrt{2\varepsilon_\mathrm{Si} e N_\mathrm{A}(2\phi_\mathrm{B})}}{C_\mathrm{ox}}$

$= \dfrac{\sqrt{2\times 11.7\times 8.85\times 10^{-14}\times 1.6\times 10^{-19}\times 3\times 10^{16}}}{6.9\times 10^{-7}} (\sqrt{1.8}-\sqrt{0.8}) = 0.065$ 〔V〕

3.9 $V_\mathrm{bi} = \dfrac{k_\mathrm{B}T}{e}\ln\left(\dfrac{N_\mathrm{A}N_\mathrm{D}}{n_\mathrm{i}^2}\right) = 0.025\ln\left(\dfrac{3\times 10^{16}\times 10^{20}}{(10^{10})^2}\right) = 0.96$

$d = \sqrt{\dfrac{2\varepsilon_\mathrm{Si}(V_\mathrm{bi}+V_\mathrm{D})}{eN_\mathrm{A}}} = \sqrt{\dfrac{2\times 11.7\times 8.85\times 10^{-14}\times (0.95+3.0)}{1.6\times 10^{-19}\times 3\times 10^{16}}} = 4.11\times 10^{-5}$ 〔cm〕

3.10 $I_\mathrm{D}^{\max} = v_\mathrm{s}WC_\mathrm{ox}(V_\mathrm{G}-V_\mathrm{T}) = 10^7\times 10^{-4}\times 6.9\times 10^{-7}\times (1.5-0.5) = 6.9\times 10^{-4}$ 〔A〕

4.1 図 4.5 を参照.

4.2 図 4.5 を参照.

4.3 図 4.15 を参照.

4.4 (1) $n_\mathrm{B} = \dfrac{n_\mathrm{i}^2}{p_\mathrm{B}} = \dfrac{(10^{10})^2}{10^{18}} = 10^2$ 〔個/cm^3〕

(2) $n_\mathrm{B}(0) = n_\mathrm{B}\exp\left(\dfrac{eV_\mathrm{EB}}{k_\mathrm{B}T}\right) = 10^2\exp\left(\dfrac{0.6}{0.025}\right)$

(3) $Q = \dfrac{1}{2}en_\mathrm{B}\exp\left(\dfrac{eV_\mathrm{EB}}{k_\mathrm{B}T}\right)W_\mathrm{B}S = \dfrac{1}{2}\times 1.6\times 10^{-19}\times 10^2\times \exp\left(\dfrac{0.6}{0.025}\right)\times 0.2\times 10^{-4}\times 10^{-4}$

(4) $I_\mathrm{Ep} = eD_\mathrm{p}\dfrac{p_\mathrm{E}\exp\left(\dfrac{eV_\mathrm{BE}}{k_\mathrm{B}T}\right)}{L_\mathrm{E}}S = 1.6\times 10^{-19}\times 5\times \dfrac{1\times \exp\left(\dfrac{0.6}{0.025}\right)}{0.1\times 10^{-4}}\times 10^{-4}$ 〔A〕

(5) $\gamma_\mathrm{e} \approx 1 - \dfrac{p_\mathrm{E}D_\mathrm{p}W_\mathrm{B}}{n_\mathrm{B}D_\mathrm{n}L_\mathrm{E}} = 1 - \dfrac{1\times 5\times 0.2\times 10^{-4}}{10^2\times 25\times 0.1\times 10^{-4}} = 1 - \dfrac{1}{250} = 0.996$

(6) $\beta_0 \approx \dfrac{n_\mathrm{B}D_\mathrm{n}L_\mathrm{E}}{p_\mathrm{E}D_\mathrm{p}W_\mathrm{B}} = 250$

5.1 $\varepsilon = h\nu = 6.6\times 10^{-34}\times \dfrac{3\times 10^8}{800\times 10^{-9}} = 2.48\times 10^{-19}$ 〔J〕

$\dfrac{2.48\times 10^{-19}}{1.6\times 10^{-19}} = 1.55$ 〔eV〕

5.2 $\dfrac{P}{h\nu} = \dfrac{1\times 10^{-3}}{2.48\times 10^{-19}} \approx 4.0\times 10^{15}$ 〔個/秒〕

5.3 $n = \dfrac{P}{h\nu}\cdot \gamma = 4\times 10^{15}\times 0.2 = 8\times 10^{14}$ 〔個/秒〕

$I_\mathrm{photo} = en = 1.6\times 10^{-19}\times 8\times 10^{14} = 1.28\times 10^{-4}$ 〔A〕

5.4 5.2 節参照.

5.5 5.2 節参照. 発光ダイオードに用いる直接遷移型半導体のバンドギャップを変えるとよい.

5.6 5.2.2 項参照.
（1）pn ダイオードに流す電流を大きくして反転分布を作りだす.
（2）ヘテロ構造の pn 接合のへきかいした端面に金属膜を堆積する.

5.7 5.3.3 項参照.

索 引
(五十音順)

あ 行

アーリー効果　124
アーリー電圧　125
アインシュタインの関係　152
アインシュタインの関係式　24
アクセプタ　12
アクセプタ準位　13
アバランシェ・フォトダイオード　166
アバランシェ破壊　54, 133
アバランシェ破壊電圧　136
アボガドロ数　2
暗電流　164, 178

イオン化不純物散乱　17, 19
移動度　23
インパクトイオン化現象　20
インパクトイオン化率　21

ウェーハ　60
埋め込みチャネル　95
埋め込みチャネル型 CCD　177
ウルツ鉱型結晶構造　142
運動エネルギー　17

エネルギー準位　3
エネルギーバンド構造　4
エミッタ　110
エミッタ接地増幅回路　117
エミッタ接地電流利得　116
エミッタ注入効率　115
エミッタ電流　114
エンハンスメント型 MOSFET　94

オームの法則　23
オフセット補正回路　178
オフ電流　75

か 行

外部ベース抵抗　123
界面準位　97, 177
拡散距離　40
拡散係数　22
拡散現象　21, 31
拡散電位　33
拡散電流　76
拡散容量　49
可視光領域　143
過剰正孔　51
過剰電子　51
カスコード接続回路　91
活性領域　109
価電子帯　4
間接遷移　141
ガンメル数　128, 132

基板バイアス　89
基板バイアス効果　89, 90
逆バイアス　43
逆方向活性領域　121
キャパシタ　46
キャリア　7
キャリア寿命　28
吸収係数　159
強反転条件　79
金属　1
金属-半導体フォトダイオード　165

空乏層　34
空乏層容量　47
クーロン相互作用　19

ゲート　60
ゲート酸化膜　60
原子番号　2
原子量　2

光子　138
高周波特性　164
高水準キャリア注入領域　129
光電変換効率　162
コヒーレント　150
コレクタ　110
コレクタ電流　114
混晶　142
コンタクト抵抗　98

さ 行

再結合電流　113
サブスレッショルド係数　87, 102
残留電荷量　175

しきい値電圧　68, 74
自己電界　175
仕事関数　96
自然放出　149
自然放出の遷移確率　152
弱反転条件　75
遮断領域　120
順バイアス　37
順方向活性領域　120
順方向バイアス　37
少数キャリア　43
衝突イオン化散乱　17, 20
衝突電離　20
障壁　97
ショットキー接合　96, 98

ショットノイズ　164
シリコン基板　60
真性キャリア濃度　9
真性半導体　12
真性フェルミエネルギー　15
真性ベース抵抗　123
真性領域　14

スミア　181

正孔　8
生成・再結合　27
整流作用　46
整流特性　45
絶縁体　1
線形特性領域　86
線形領域　81
線形領域特性　82
全反射　146
全反射の臨界角　146

相互コンダクタンス　87
ソース　60

た 行

ダイナミックレンジ　179
ダイヤモンド構造　5
太陽電池　160
端部電界　175
端面発光 LED　149

チャネル　60, 62, 68
チャネル長依存性　100
チャネル長変調効果　92, 103
直接遷移　140

ツェナー効果　55

低水準キャリア注入　130

低水準キャリア注入領域　131
ディプリーション型 MOSFET　94
出払い領域　14
電荷転送効率　175
電荷パケット　169
電荷分担率　101
電気的中性条件　70
電子親和力　97
電子正孔対生成レート　161
伝導帯　4
電流増倍係数　133
電流密度　39
電流密度の式　26

ドナー　11
ドナー準位　12
ドリフト　22
ドリフト拡散現象　24
ドリフト速度　23
ドリフト電流　79
ドレイン　60
トンネル電流　97
トンネル破壊　54

な　行

二酸化シリコン　64

熱生成電流　44
熱速度　17
熱電子放出電流　97
熱励起　14

は　行

バイポーラ素子　108
バイポーラトランジスタ　108
パウリの排他律　3
バックゲート　91
反射係数　145
反射防止コーディング　163

反転　68
反転層　70
反転分布　155
半導体　1
バンド間吸収　140, 154
バンドギャップ　4
バンドギャップナローイング効果　128
バンド内吸収　140

光電流　160
光利得係数　153
ピクセル　178
非平衡状態　31
表面電位　67, 71
表面反転層　68
ピンチオフ点　83
ピンニング効果　97

フェルミエネルギー　15
フォトダイオード　157, 158
フォトディテクタ　159
フォトトランジスタ　167
フォノン散乱　17, 18
深い空乏化　173
歩留まり　100
ブラウン運動　19
フリーズアウト領域　14
ブルーミング　180
フレーム転送 CCD　169
フレネル損失　144

平衡状態　31
ベース　110
ベース接地増幅回路　116
ベース接地電流利得　116
ベース電流　114
ベース幅変調効果　124
ベース輸送効率　114
ヘテロ接合　148

ポアソンの式　25
飽和特性領域　86
飽和ドリフト速度　104
飽和ドレイン電流　85
飽和領域　81, 121
捕獲中心　27
ボルツマン定数　10
ボルツマン分布　10

ま 行

マイクロプロセッサ　57

面電荷密度　71

や 行

誘導放出　149
誘導放出の遷移確率　152

ら 行

ライン間転送 CCD　169

リソグラフィ技術　59
立方格子構造　142
リニア CCD　169
両極性拡散係数　130
量子化ノイズ　179
量子数保存の式　27
臨界電界　104

励起　8
レーザ発振　156

欧 文

BiCMOS 回路　109
CCD　157
CMOS イメージセンサ　157
CPU　57
Intel　58
LED　144
MOSFET　57
MOS 型電界効果トランジスタ　57
NPN トランジスタ　109
n チャネル MOSFET　62
Pentium　58
p–i–n フォトダイオード　165
PNP トランジスタ　109
PN 接合　31
PN 接合の破壊　53
p 軌道　3
p チャネル MOSFET　63
RC 遅延時間　164
SN 比　165
sp^3 混成軌道　3
s 軌道　3
Transistor　60

著者略歴

谷口 研二（たにぐち けんじ）
1975年　大阪大学大学院工学研究科
　　　　電子工学専攻博士課程中退
　　　　大阪大学大学院工学研究科
　　　　教授をへて
現　在　奈良工業高等専門学校校長
　　　　工学博士

宇野 重康（うの しげやす）
2002年　大阪大学大学院工学研究科
現　在　立命館大学理工学部准教授
　　　　博士（工学）

絵から学ぶ
半導体デバイス工学　　　　　　定価はカバーに表示

2003年 4 月16日　初版第 1 刷
2014年 9 月15日　新版第 1 刷
2023年 8 月10日　　　第 7 刷

　　　　　　　　著　者　谷　口　研　二
　　　　　　　　　　　　宇　野　重　康
　　　　　　　　発行者　朝　倉　誠　造
　　　　　　　　発行所　株式会社　朝倉書店
　　　　　　　　　　　　東京都新宿区新小川町 6-29
　　　　　　　　　　　　郵便番号　162-8707
　　　　　　　　　　　　電　話　03（3260）0141
　　　　　　　　　　　　F A X　03（3260）0180
　　　　　　　　　　　　hpps://www.asakura.co.jp

〈検印省略〉

Ⓒ 2014 〈無断複写・転載を禁ず〉　　　　Printed in Korea

ISBN 978-4-254-22165-7　C 3055

JCOPY ＜（社）出版者著作権管理機構 委託出版物＞
本書の無断複写は著作権法上での例外を除き禁じられています．複写される場合は，そのつど事前に，（社）出版者著作権管理機構（電話 03-3513-6969，FAX 03-3513-6979，e-mail:info@jcopy.or.jp）の許諾を得てください．

前阪大 浜口智尋・阪大 谷口研二著

半導体デバイスの基礎

22155-8 C3055　　A 5 判 224頁 本体3600円

集積回路の微細化，次世代メモリ素子等，半導体の状況変化に対応させてていねいに解説。〔内容〕半導体物理への入門／電気伝導／pn接合型デバイス／界面の物理と電界効果トランジスタ／光電効果デバイス／量子井戸デバイスなど／付録

前青学大 國岡昭夫・信州大 上村喜一著

新版 基礎半導体工学

22138-1 C3055　　A 5 判 228頁 本体3400円

理解しやすい図を用いた定性的説明と式を用いた定量的な説明で半導体を平易に解説した全面的改訂新版。〔内容〕半導体中の電気伝導／pn接合ダイオード／金属―半導体接触／バイポーラトランジスタ／電界効果トランジスタ

前名大 赤﨑 勇編

電気・電子材料

22017-9 C3054　　A 5 判 244頁 本体4300円

技術革新が進んでいる電気・電子材料について，半導体，誘電体および磁性体材料に焦点を絞り，基礎に重点をおき最新データにより解説した教科書。〔内容〕電気・電子材料の基礎物性／半導体材料／誘電・絶縁材料／磁性材料／材料評価技術

前阪大 浜口智尋・阪大 森 伸也著

電子物性
―電子デバイスの基礎―

22160-2 C3055　　A 5 判 224頁 本体3200円

大学学部生・高専学生向けに，電子物性から電子デバイスまでの基礎をわかりやすく解説した教科書。近年目覚ましく発展する分野も丁寧にカバーする。章末の演習問題には解答を付け，自習用・参考書としても活用できる．

前阪大 浜口智尋著

半導体物理

22145-9 C3055　　B 5 判 384頁 本体5900円

半導体物性やデバイスを学ぶための最新最適な解説。〔内容〕電子のエネルギー帯構造／サイクロトロン共鳴とエネルギー帯／ワニエ関数と有効質量近似／光学的性質／電子-格子相互作用と電子輸送／磁気輸送現象／量子構造／付録

東北大 八百隆文・東北大 藤井克司・産総研 神門賢二訳

発光ダイオード

22156-5 C3055　　B 5 判 372頁 本体6500円

豊富な図と演習により物理的・技術的な側面を網羅した世界的名著の全訳版〔内容〕発光再結合／電気的特性／光学的特性／接合温度とキャリア温度／電流流れの設計／反射構造／紫外発光素子／共振導波路発光ダイオード／白色光源／光通信／他

前日本工大 菅原和士著

太陽電池の基礎と応用
―主流である結晶シリコン系を題材として―

22050-6 C3054　　A 5 判 212頁 本体3500円

現在，市場で主流の結晶シリコン系太陽電池の構造から作製法，評価までの基礎理論を学生から技術者向けに重点的に解説。〔内容〕太陽電池用半導体基礎物性／発電原理／素材の作製／基板の仕様と洗浄／反射防止膜の物性と形成法評価技術／他

元京大 田中哲郎著

物性工学の基礎

21003-3 C3050　　A 5 判 200頁 本体3900円

工学関係の学生に固形物理に関する基礎知識を与えることを目的に，物質の電気的・磁気的性質，光学的性質，熱的性質，力学的性質，化学的性質について平易に解説。〔内容〕量子力学の基礎／統計学の基礎／結晶の状態／固体の電子論

前東工大 森泉豊栄・東工大 岩本光正・東工大 小田俊理・日大 山本 寛・拓殖大 川名明夫編

電子物性・材料の事典

22150-3 C3555　　A 5 判 696頁 本体23000円

現代の情報化社会を支える電子機器は物性の基礎の上に材料やデバイスが発展している。本書は機械系・バイオ系にも視点を広げながら"材料の説明だけでなく，その機能をいかに引き出すか"という観点で記述する総合事典。〔内容〕基礎物性（電子輸送・光物性・磁性・熱物性・物質の性質）／評価・作製技術／電子デバイス／光デバイス／磁性・スピンデバイス／超伝導デバイス／有機・分子デバイス／バイオ・ケミカルデバイス／熱電デバイス／電気機械デバイス／電気化学デバイス

前電通大 木村忠正・東北大 八百隆文・首都大 奥村次德・前電通大 豊田太郎編

電子材料ハンドブック

22151-0 C3055　　B 5 判 1012頁 本体39000円

材料全般にわたる知識を網羅するとともに，各領域における材料の基本から新しい材料への発展を明らかにし，基礎・応用の研究を行う学生から研究者・技術者にとって十分役立つよう詳説。また，専門外の技術者・開発者にとっても有用な情報源となることも意図する。〔内容〕材料基礎／金属材料／半導体材料／誘電体材料／磁性材料・スピンエレクトロニクス材料／超伝導材料／光機能材料／セラミックス材料／有機材料／カーボン系材料／材料プロセス／材料評価／種々の基本データ

上記価格（税別）は 2023年 7月現在